Exchange Server 2019

序

記得網際網路剛興起的時候，筆者在資訊展的現場發現有許多資訊廠商在推行 Email 信箱的託管服務，從個人到企業的服務應有盡有。由於當時 Intranet 的架構概念還沒有出現，因此確實有許多企業都選擇這樣的服務。

不過，隨後 Intranet 的架構開始盛行，許多企業 IT 開始將 e 化的重點聚焦在企業網路。其中將 Mail Server 部署於企業網路之內也成為熱門選項，進而延伸出 Microsoft Exchange/Outlook 以及 IBM Lotus Domino/Notes 的協同合作平台，其它則還有包含周邊的整合方案，包括了像是垃圾郵件伺服器、郵件信箱防毒系統、郵件封存伺服器等等。

換句話說在 Intranet 盛行的時期，企業幾乎將所有 e 化解決方案的軟硬體重兵部署，通通投資在組織的內網之中。如今雲端世代的來臨，各資訊大廠又開始回頭大力推行 Email 的託管服務。想想看這些標榜以雲端架構為基礎的 Email 託管服務，在技術層面上相較於 Internet 時期的有何不同？其實主要的差別就在於底層基礎架構不同，因為 Internet 時期採用的仍是實體主機，而雲端世代採用的則是虛擬化平台技術，前者無論是在可用性、可靠度、安全性、延展性以及彈性的管理能力皆遠不於後者。

儘管雲端技術已蓬勃發展，但筆者仍強烈建議企業 IT 的整體運作架構，一樣必須以私有雲為重公共雲為輔，就算是對於 Microsoft Exchange 的架構規劃，也是一樣必須先安內再攘外。畢竟在私有雲內的一切是可以被您完全掌控的，而一旦上了公共雲，即便廠商提供了再先進的熱備援等保證，只要提供您企業網路服務的 ISP 廠商出了狀況，再偉大的 IT 服務都將立即停擺。

最後祝福每一位 IT 先進，有一個美好的使用經驗！

顧武雄 (Jovi Ku)

目錄

14 用戶端關鍵學習指引 391

15 整合第三方解決方案強化管理 423

Windows Server 2019 快速上手必學技法

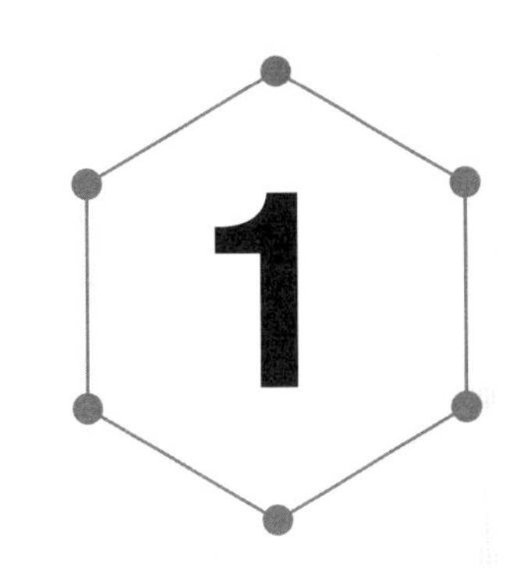

Microsoft 打從 Windows Server 2012 版本開始，便奠定了雲端作業系統（Cloud OS）的霸主地位，如今已再邁入了第七個年頭，不僅增加了更多與 Azure 整合有關的新功能，在私有雲的管理部分不僅大幅度強化了安全性設計，以及提升整體效能運行的表現，更是加入了全新打造的雲端管理工具 Windows Admin Center，讓管理人員可隨時隨地開啟瀏覽器進行連線管理，不再受限於傳統 MMC 管理工具。只是縱然有再好的作業系統與工具，如果沒有打好基礎的學習，也無法成就出一個優質的雲端運算架構。今日就讓我們一起動手實戰，部署組織中的第一部 Windows Server 2019 伺服器。

1.1 簡介

現今在任何組織的 IT 環境之中，無論是伺服器還是用戶端使用最普及的肯定是 Windows 作業系統，因為它相容全世界大部分的應用程式，且視窗介面也最貼近使用者的設計，即便近幾年許多開源視窗作業系統的崛起，也難以撼動它的地位。

以伺服器作業系統來說，請仔細想想看為何近二十年來，以 Linux 發行版本為主的作業系統，仍無法明顯瓜分掉 Windows Server 的 IT 市場？其實根本的原因長久以來都是不變的，那就是 Microsoft 永遠站在企業 IT 管理與應用的需求角度，來持續迅速發展新的版本，並且不斷設計出更加簡化與友善的操作介面，因此深得 IT 工作者對它的忠誠度。

儘管 Microsoft 從 Windows Server 2012/R2 版本開始，便已經鞏固了在 IT 業界雲端作業系統的地位，但是它仍繼續加速發展出更具先進的 Windows Server 2016，其中又以在混合雲整合、虛擬化平台技術、軟體定義儲存、超融合基礎架構以及安全防護的發展最為迅猛。即便來到了目前最新的 Windows Server 2019 版本，仍是以上述這幾個為主要發展重點，因為在一切以雲端架構為基礎的 IT 環境中，現階段這一些技術仍是主流，缺一不可！

或許在您組織的 IT 環境之中，仍有一些 Windows Server 2008/R2 的舊版伺服器持續穩定運行中，但我仍建議您將它們通通升級或移轉到最新的 Windows Server 2019 版本來執行，因為 Windows Server 2008/R2 在 2020 年的 1 月 14 日結束支援，這部分的資訊，您只要透過 Google 的關鍵字搜尋即可立即找到相關原廠發佈的訊息。無論如何，根據筆者多年的業界顧問經驗，只要是於組織中任何關鍵的 IT 系統，當版本間距越大時則所要付出的投資成本，往往會遠高於已計劃的預算。

▲ 圖 1-1 Windows Server 2008 原廠支援到期日

雖然說 Windows Server 2019 在最初發行時，發現了一些問題而緊急下架，導致許多想要嘗鮮的 IT 工作者找不到官網的下載點，不過還好如今已經重新更新並上架，

微軟在網站上有提供 Windows Server 2019 的評估版，您可以到下列網址進行註冊並下載，在它所提供的 180 天評估版中，您可以選擇下載 ISO 映像或 VHD 虛擬硬碟，或是直接到 Azure 雲端來試用也是可以。

值得注意的是您可能找不到繁體中文的版本可以下載，這不打緊，因為筆者本來就強烈建議 Windows Server 選擇使用英文（English）版本，原因是有助於往後的維護。若遭遇到相關功能操作的錯訊息時，直接在 Internet 上搜尋相關解決方案，肯定能夠找到的解答會比中文來得多。

Windows Server 2019 評估版下載網址：

➥ https://www.microsoft.com/en-us/evalcenter/evaluate-windows-server-2019

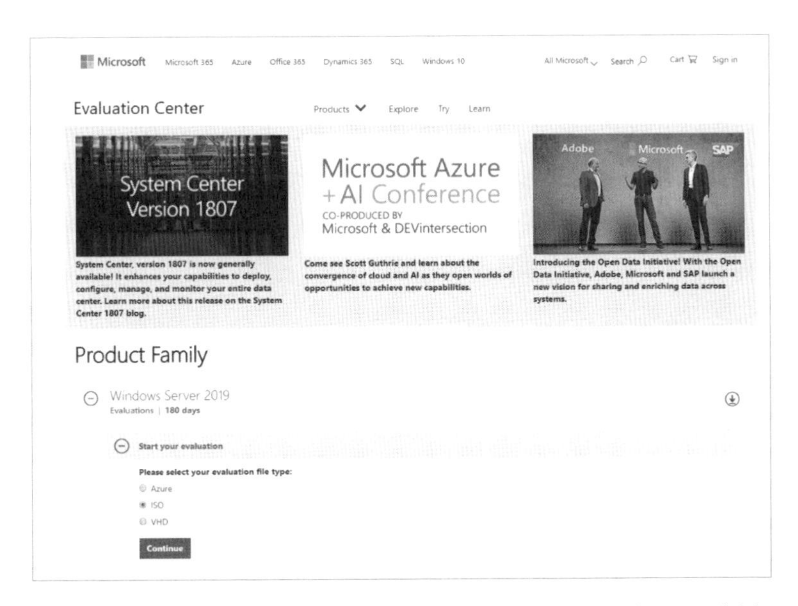

▲ 圖 1-2 Windows Server 2019 評估版下載，可以在此選擇不同的試用型態

1.2 安裝指引

基本上只要是 1.4 GHZ 以上的 64 位元處理器（CPU）並且相容於 x64 指令集，以及有 512MB 的 RAM 搭配相容於 PCI Express 儲存裝置介面卡的 32GB 磁碟空間，就可以完成一部最輕巧的 Windows Server 2019 作業系統之安裝。不過，實務上我們必須因應不同的伺服器角色與功能的部署需求，來決定所需要的各項硬體資源。

舉例來說，如果您打算將本文所介紹的 AD 網域控制站以及 CA 憑證服務，安裝在同一部 Windows Server 2019 的作業系統之中，建議您至少選擇雙核心以上的 CPU，並搭載 8GB 的 RAM 以及 100GB 的硬碟空間，如此才能夠確保往後的運行持穩。

您可以選擇將 Windows Server 2019 部署在實體主機或任何相容的虛擬機器之中，接下來讓我們來看看整個基本安裝步驟。首先在如圖 1-3 所示的語言配置相關設定中，除了 [Language to install] 是選擇 [English（United States）] 之外，請將 [Time and currency format] 設定成 [Chinese（Traditional，Taiwan）]，再把 [Keyboard or input method] 設定成 [US] 即可。如此一來即便作業系統的操作介面是英文版，但往後仍可以安裝與使用中文介面的應用程式，且避開了於任何輸入欄位中會自動切換中文輸入法的困擾。點選 [Next]。

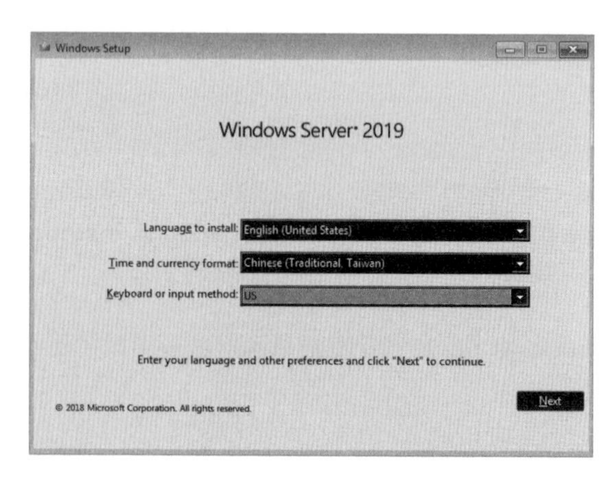

▲ 圖 1-3 語言安裝設定

接著在點選 [Install now] 按鈕之後，將會開啟如圖 1-4 所示的 [Select the operating system you want to install] 頁面，在此可以選擇要安裝 Standard 還是 Datacenter 評估版本，並且兩者皆可以挑選有完整視窗桌面體驗（Desktop Experience）的版本，或是極簡化但擁有高資源可用性的 Server Core 版本。在此筆者以選擇最具完整功能的 Datacenter 桌面體驗版本為例。點選 [Next]。

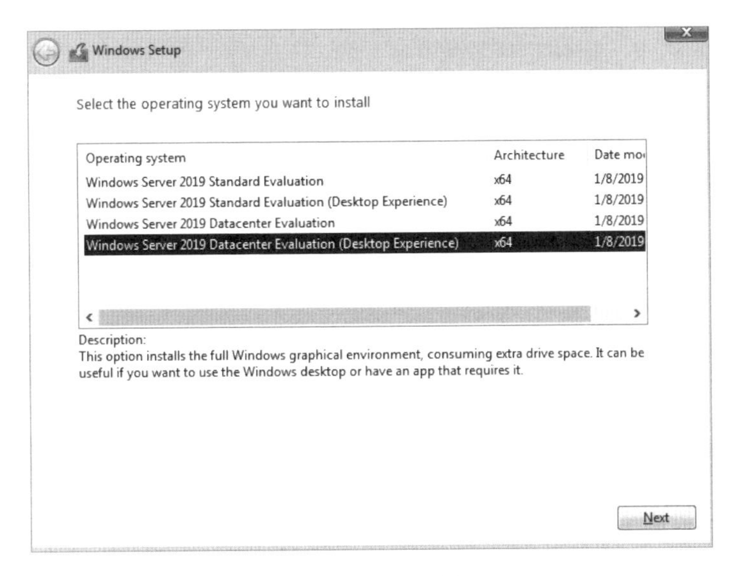

▲ 圖 1-4 版本選擇

關於 Standard 與 Datacenter 版本間的主要差異，除了在虛擬機器合法使用授權數量的差異之外，在功能面部分 Datacenter 則增加了軟體定義的網路、網路控制卡、主機守護者 Hyper-V 支援、儲存體複本、儲存空間直接存取。

同意授權聲明之後，將會來到 [Which type of installation do you want] 頁面，在此您可以選擇要進行就地升級安裝（Upgrade）還是自訂安裝（Custom），由於本範例是以全新安裝為例因此點選 [Custom]。緊接著將開啟如圖 1-5 所示的 [Where do you want to install Windows] 頁面。若您在此頁面中直接點選 [Next] 按鈕，將會立即開始將 Windows

Server 2019 作業系統安裝在預設選定的磁碟區，因此如果打算先劃分好自訂的磁碟區再進行安裝，請先透過頁面中的功能選項來完成磁碟區的新增、刪除、格式化、載入驅動程式或是執行延伸等配置。

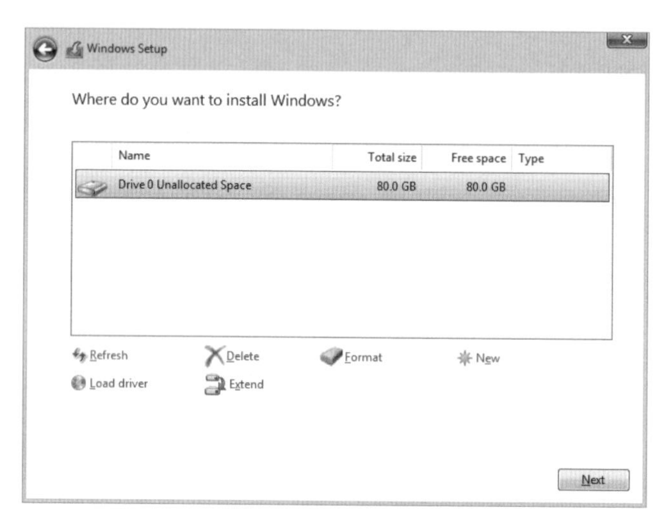

▲ 圖 1-5 磁碟區配置

待完成初步的安裝之後，系統將會立即重新開機並來到如圖 1-6 所示的 [Customize settings] 頁面。在此您必須設定預設本機 Administrator 的密碼，且必須是符合複雜度要求。點選 [Finish] 按鈕完成設定。緊接著便可以使用所設定的密碼來進行登入。

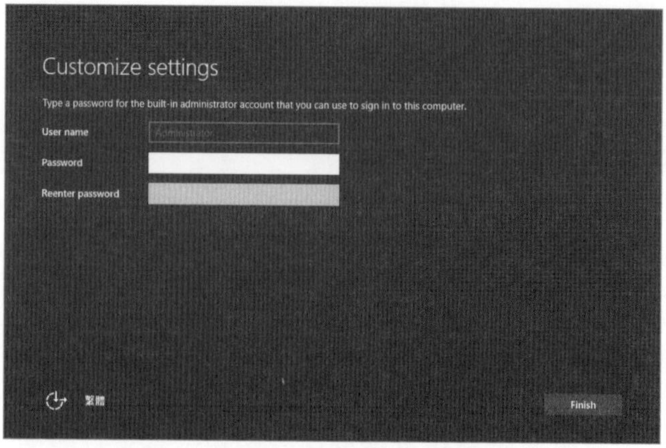

▲ 圖 1-6 預設管理員帳戶密碼設定

成功登入 Windows Server 2019 之後將會和過去的版本一樣，預設自動開啟伺服器管理員（Server Manager）介面。不過緊接著還會出現如圖 1-7 所示的 "Try managing servers with Windows Admin Center" 的訊息通知，也就是提醒我們可以去下載最新免費以 HTML5 網頁技術所設計的 Windows Admin Center 管理程式。建議您在勾選 [Don't show this message again] 設定之後，再點選訊息中的超連結即可準備下載此程式，也可避免往後繼續出現此通知。

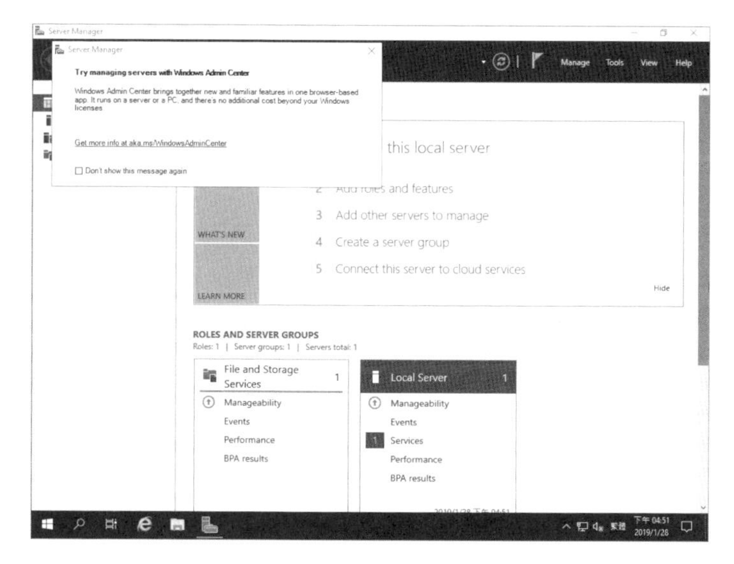

▲ 圖 1-7 伺服器管理員介面

1.3 全新管理工具 WAC

其實 Windows Admin Center 管理工具早在 Windows Server 2016 版本時期就已經推出，不過由於當時還在技術預覽版（代號 Project Honolulu）階段，因此能夠使用的功能操作並不多，且只提供英文介面版本。如今不僅提供了包含中文語言在內的多國語言介面，也提供了更具完整功能的操作選項，並且可直接在 Windows Server 2019 作業系統下載與使用，無需先自行完成任何前置準備工作。

Windows Admin Center 不同於傳統的 MMC 視窗管理工具，它採用了最先進的 HTML 5 網站設計架構，不僅在操作上變得更加簡單，其回應速度上也更加流暢，讓伺服器管理員在單一網站介面中，輕鬆搞定網內所有相容的 Windows Server，包括了電腦管理、磁碟管理、網路管理、效能管理、叢集管理、超融合管理、檔案與儲存裝置管理、服務與執行程序管理、遠端桌面與 PowerShell 連線管理以及虛擬機器管理等等。

如圖 1-8 所示便是於前面介紹中所開啟的官方下載網址，在點選 [Get it here] 超連結之前，建議您在 [Server Manager] 介面的 [Local Server] 頁面中，點選 [IE Enhanced Security Configuration] 選項的 [On] 超連結，並在所開啟的如圖 1-9 所示頁面中將 [Administrators] 與 [Users] 皆暫時設定成 [Off]，等到完成 Windows Admin Center 程式下載之後再改回 [On]。

▲ 圖 1-8 下載 Windows Admin Center

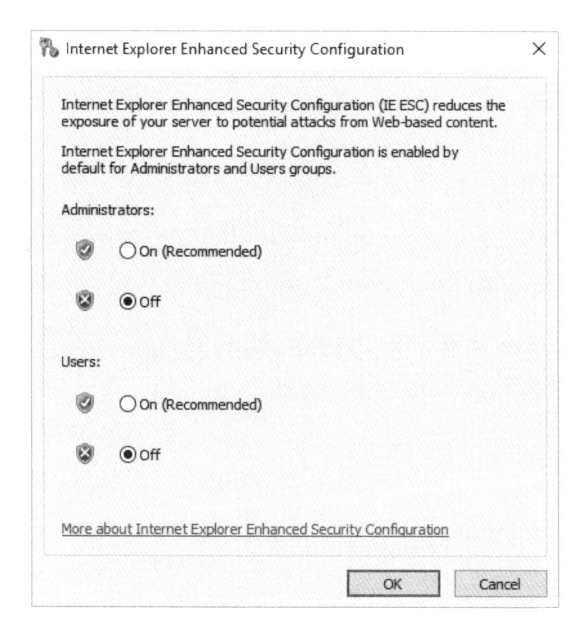

▲ 圖 1-9 暫時關閉 IE 增強行安全性設定

關於 Windows Admin Center 的安裝與使用，首先必須注意兩個重點。第一是它不支援安裝在擔任 Active Directory 的網域控制主機中，第二則是安裝後的連線使用並不支援 IE 瀏覽器。若有上述的兩項操作行為，系統皆會出現警告訊息而無法繼續。至於其他需要注意的事項，主要是在安裝於其他舊版本的 Windows Server 時，必須事先完成以下相對的準備工作：

- Windows Server 2012/R2：必須先安裝 WMF 5.1，再開啟 PowerShell 並執行 $PSVersiontable。
- Windows Server 2008 R2：必須先安裝 NET Framework 4.5.2 或更新版本以及 WMF 5.1，再開啟 PowerShell 並執行 $PSVersiontable。
- Hyper-V Server 2016：必須先啟用相關伺服器角色與功能，包括了啟用遠端管理、檔案伺服器角色、啟用 PowerShell 的 Hyper-V 模組。
- Hyper-V Server 2012 R2：必須先安裝 WMF 5.1 或更新版本，再啟用遠端管理、檔案伺服器角色、啟用 PowerShell 的 Hyper-V 模組。

Windows Management Framework 5.1 下載網址：

➥ https://docs.microsoft.com/zh-tw/powershell/wmf/5.1/install-configure

最新 NET Framework 4.7.2 下載網址：

➥ https://docs.microsoft.com/zh-tw/dotnet/framework/install/on-windows-7

在執行了 Windows Admin Center 安裝程式之後，首先必須決定是否要在檢查更新時使用 Microsoft Update，點選 [下一步] 後可以看到使用閘道端點安裝的好處，包括了可啟用多名管理員的存取、管理私人網路上的電腦等等。點選 [下一步]。在如圖 1-10 所示的頁面中請確認勾選 [允許 Windows Admin Center 修改此電腦的受信任主機設定] 選項，點選 [下一步]。

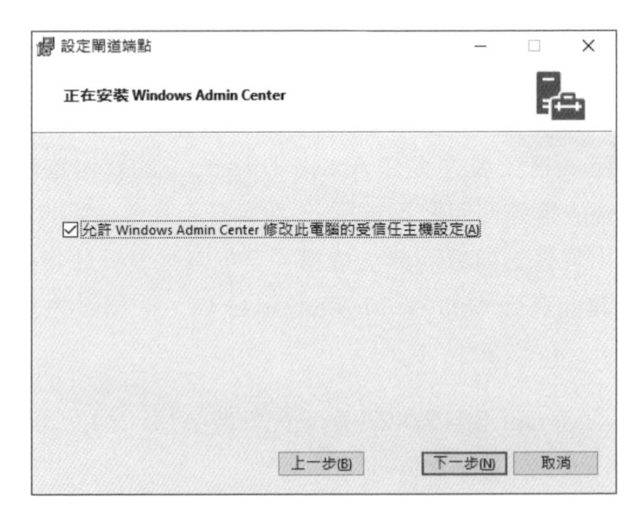

▲ 圖 1-10 設定閘道端點

在如圖 1-11 所示的頁面中，可以設定 Windows Admin Center 網站要使用的連接埠，以及選擇要使用的 SSL 憑證類型。值得注意的是如果目前還沒有準備好伺服器憑證，可以先暫時選擇使用有 60 天期限的自我簽署憑證，等到後續伺服器憑證準備好時再來修改此設定即可。至於是

否要啟用 [將 HTTP 連接埠 80 流量重新導向至 HTTPS] 的設定可自行決定。點選 [安裝]。

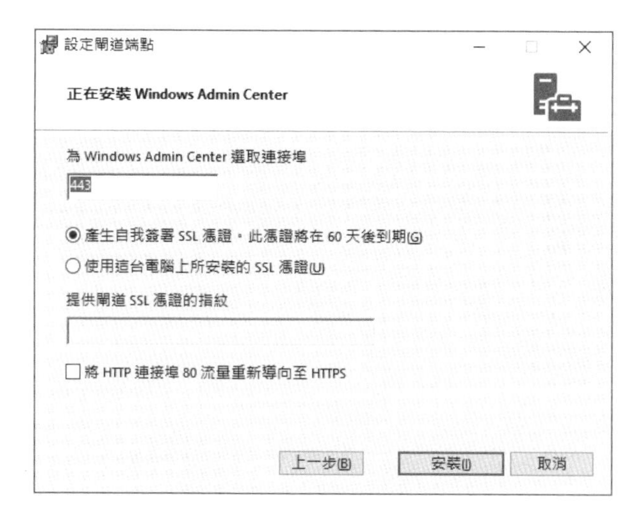

▲ 圖 1-11 設定連接埠與憑證

待完成安裝之後將可以看到系統所提示的連線網址，若您使用了不相容網頁瀏覽器（如 IE）連線，將會出現 "Try a different browser" 的錯誤訊息頁面，並提示您可以到 aka.ms/WindowsAdminCenter-Browsers 網址，來查看目前支援的網頁瀏覽器。目前只要是最新版本的 Microsoft Edge、Chrome、Firefox 等都是被支援的瀏覽器。

首次的成功登入將會出現簡介的導覽頁面，您可以直接略過並開啟目前唯一的伺服器超連結。如圖 1-12 所示便是網頁版本的 [伺服器管理員] 介面，您除了可以在 [概觀] 的頁面中，來查看系統基本資訊以及各資源的使用情況之外，也可以從其他功能選項來完成不同的管理需求，或是從上方選單中來切換至電腦管理、容錯移轉叢集管理員或是超融合叢集管理員。

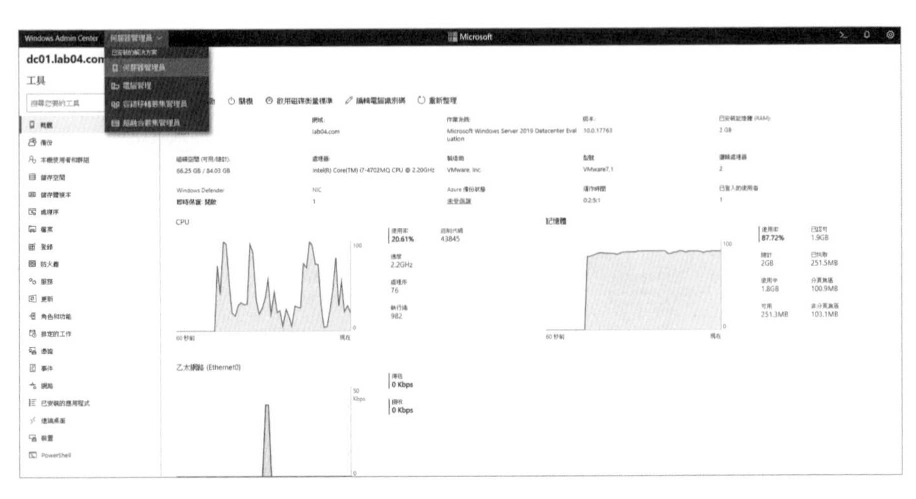

▲ 圖 1-12 Windows Admin Center 操作介面

1.4 管理更多伺服器

Windows Admin Center 如同視窗版的伺服器管理員一樣，可以在一個介面中加入多台 Windows Server 做集中管理，而且功能更多了。能夠加入 Windows 伺服器、Windows 電腦、容錯移轉叢集、超融合叢集的管理，更方便的是只要開啟瀏覽器就可以立即連線管理。

想要在 Windows Admin Center 網站介面中，同時管理多台不同的 Windows 主機是非常容易的，只要在登入後的 [所有連線] 首頁中點選 [新增] 超連結，然後再挑選所要新增的來源系統類型，再輸入所要連線的完整主機名稱（FQDN）以及登入帳密。點選 [以認證提交] 按鈕即可。如圖 1-13 所示便是筆者所新增完成的主機連線範例，只要成功完成新增往後便可以隨時在此，點選開啟任一伺服器的管理頁面來進行各項系統配置。

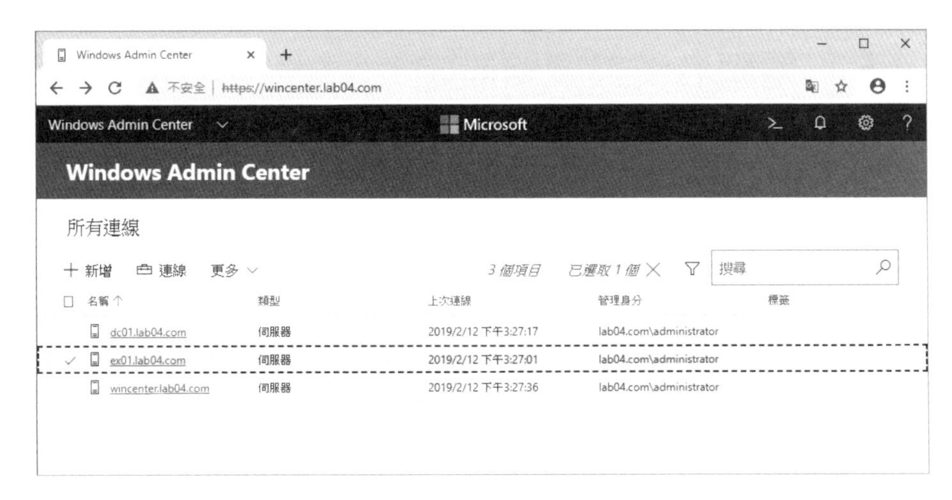

▲ 圖 1-13 所有連線

此外對於所新增好的連線設定，您仍可以如圖 1-14 所示隨時點選 [管理身分] 的超連結來進行修改，需要的話還可以讓一次的認證設定，直接套用在所有連線設定之中。值得注意的是如果您不小心刪除了現行的連線設定，當再次新增相同連線時並不需要輸入認證資訊。

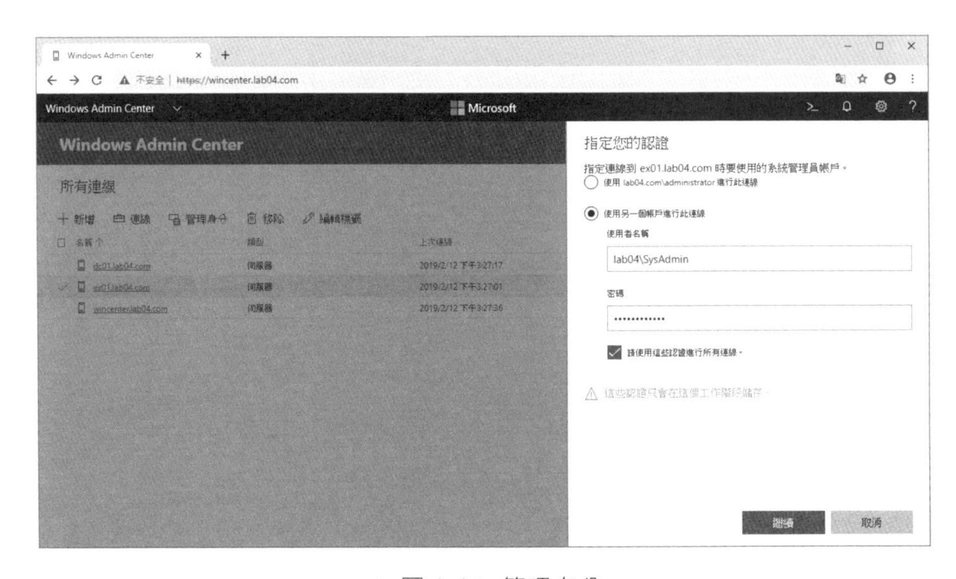

▲ 圖 1-14 管理身分

1.5 電腦名稱與網路設定

對於一台剛完成 Windows Server 2019 安裝的主機來說，管理員通常會優先執行的操作就是修改電腦名稱、網路設定，接著才是 Windows Update 以及各項安全性功能的調整。最後才會陸續完成伺服器角色、功能以及各種應用程式與服務的安裝配置。

前面筆者曾介紹到有關 Windows Admin Center 這項新網頁式管理工具的使用，其實當您在第一時間完成安裝與登入之後，便可以直接在如圖 1-15 所示的 [概觀] 頁面中，點選 [編輯電腦識別碼] 超連結來開啟如圖所示的 [更新電腦識別碼] 頁面，來完成電腦名稱以及成員資格的修改。在點選 [下一步] 按鈕時系統將會提示您必須在重新開機之後此設定才會生效。

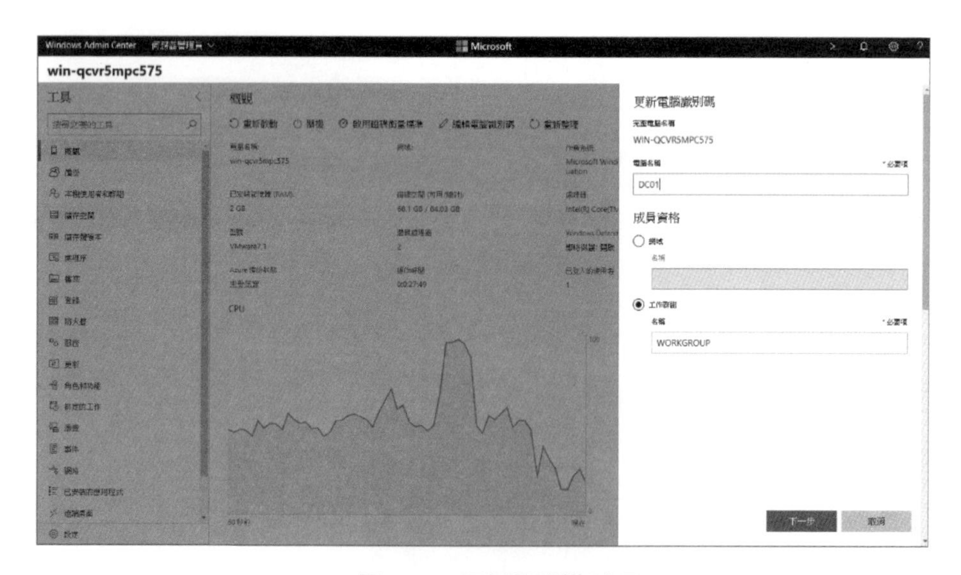

▲ 圖 1-15 更新電腦識別碼

完成電腦名稱的修改，重新開機之後，就可以回到 Windows Admin Center 的 [網路] 頁面中，來準備修改預設的各項網路設定。如圖 1-16 所示在此將可以查看到目前所有可用的網路連線，以及得知每一個網路連線的詳細資料，您也可以在選取任一網路連線並點選 [設定] 來進行 IP 位址的修改。

▲ 圖 1-16 網路管理

緊接著便可以來修改所選定網路的 IPv4 與 IPv6 設定，以 IPv4 為例請在選取 [使用下列 IP 位址] 設定之後，如圖 1-17 所示依序完成 IP 位址、首碼長度、預設閘道以及 DNS 伺服器位址的輸入。當點選 [儲存] 時將會出現可能暫時失去網路連線的警示訊息，點選 [是] 完成設定。

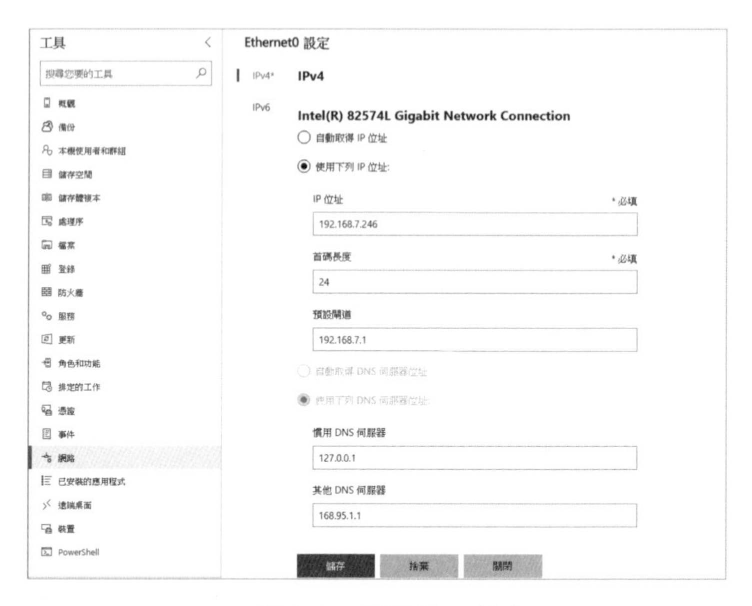

▲ 圖 1-17 編輯 IPv4 設定

1.6 基本安全管理

其實無論是用戶端使用的 Windows 10，還是伺服端使用的 Windows Server 2019 主機，在初步完成了作業系統的安裝以及網路配置之後，緊接著最重要的任務就是讓它處於最安全的防護狀態，因為現今任何可能的安全疏失，都可能在你連接 Internet 的幾分鐘內，就慘遭惡意攻擊或電腦病毒的毒手，嚴重者可能還會讓危害蔓延至公司內網的其他電腦系統。

因此接下來筆者所要講解的基本安全管理便顯得格外重要，身為 IT 管理人員必須永遠記得，無論 Windows 系統未來如何演變，始終不變的安全鐵三角永遠都是更新、防毒以及防火牆，至於其他安全措施呢？當然皆必須在這三項安全基礎上來往上發展才有意義。

現在讓我先來了解一下有關於 Windows Server 2019 的更新管理。您除了可以透過桌面開始功能選單的 [設定]，來開啟 [Windows Update] 管理介面之外，也可以使用前面所介紹過的 Windows Admin Center 網頁介面，來完成相同的操作需求。在如圖 1-18 所示的 [工具]\[更新] 頁面中，便可點選 [連線檢查來自 Microsoft Update 的更新] 超連結，來取得目前最新的更新程式清單。

其中在 [MSRC 嚴重性] 欄位中凡是顯示為 [重要] 以及 [嚴重的] 更新程式，強烈建議您最好能夠在近期內就完成更新。之於更新後可能需要重新開機的問題，您可以透過此頁面下方的 [重新開機排程] 設定，來決定適合重新開機的日期與時間。

在進階配置部分，您則可以點選 [設定] 按鈕來決定更新方式，選項分別有 [永遠不檢查更新（不建議）]、[檢查更新，但讓我選擇是否下載及安裝]、[下載更新，但讓我選擇是否要安裝]、[自動安裝更新（建議）]。至於所有程式的更新結果，則可以從 [更新記錄] 頁面中來查看。

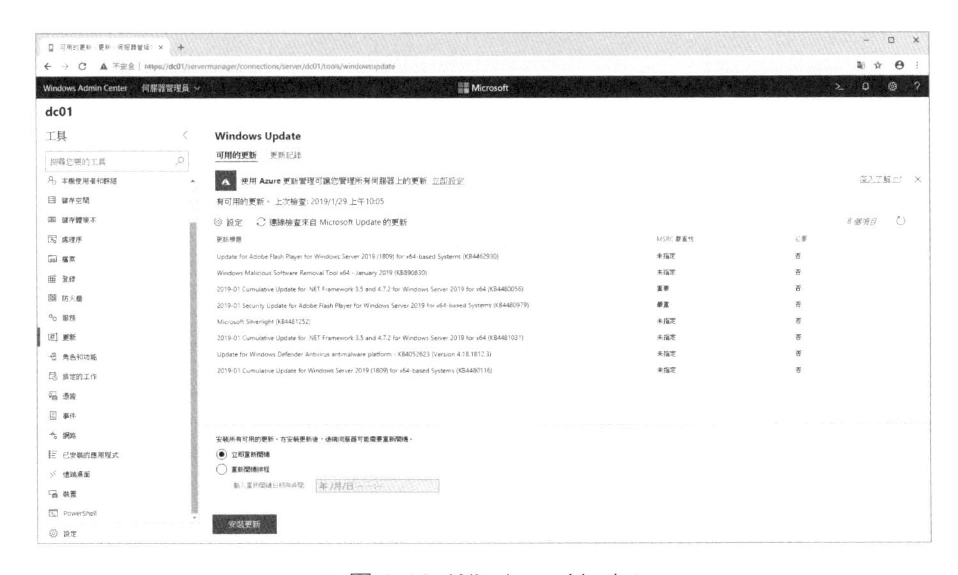

▲ 圖 1-18 Windows Update

接下來是有關於病毒與威脅防護的配置。首先在系統預設的狀態下，您將可以在 [Server Manager] 的 [Local Server] 頁面中，查看到目前已啟用了 [Windows Defender Antivirus] 的即時保護功能，因此即便沒有安裝第三方的防毒軟體，作業系統仍是受到保護的。

進一步在點選 [Windows Defender Antivirus] 狀態的超連結之後，將會開啟如圖 1-19 所示的 [Virus&threat protection] 頁面，在此您除了可以決定是否啟用即時保護功能之外，也可以設定啟用結合雲端樣本保護機制的功能，以及進一步設定受控制的資料夾存取權限與排除掃描的資料夾清單，前者可以降低可能遭受勒索病毒惡意加密檔案的風險，後者則可以讓管理員將一些資料庫類型的檔案來加以排除，以避免發生一些資料庫在存取的過程中遭到鎖定的問題發生，例如 Exchange Server、IBM Domino Server 等等。

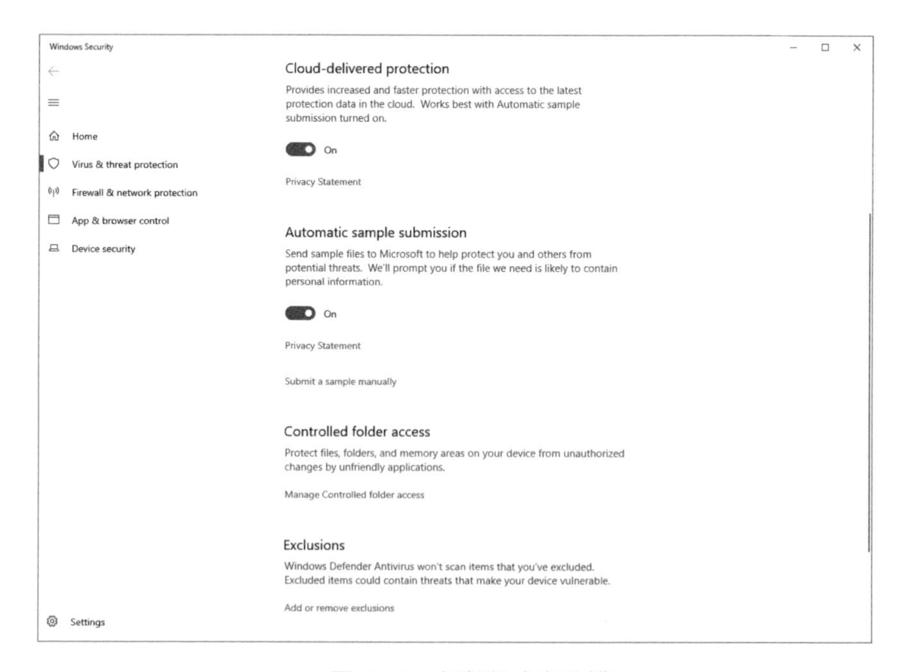

▲ 圖 1-19 病毒與威脅防護

如圖 1-20 所示便是特別針對防範勒索病毒所設計的 [Controlled folder access] 功能設定，必須注意的是此功能必須在已啟用即時保護（Real-Time Protection）功能時才能夠設定與使用。在系統預設的狀態下已經加入了個人有關的所有資料夾，若要額外新增其他資料夾，可以點選 [Protected folders] 超連結來完成。如果需要開放給選定應用程式對於這一些資料夾的存取權限，則可以點選 [Allow an app through Controlled folder access] 超連結，來管理合法的應用程式清單。

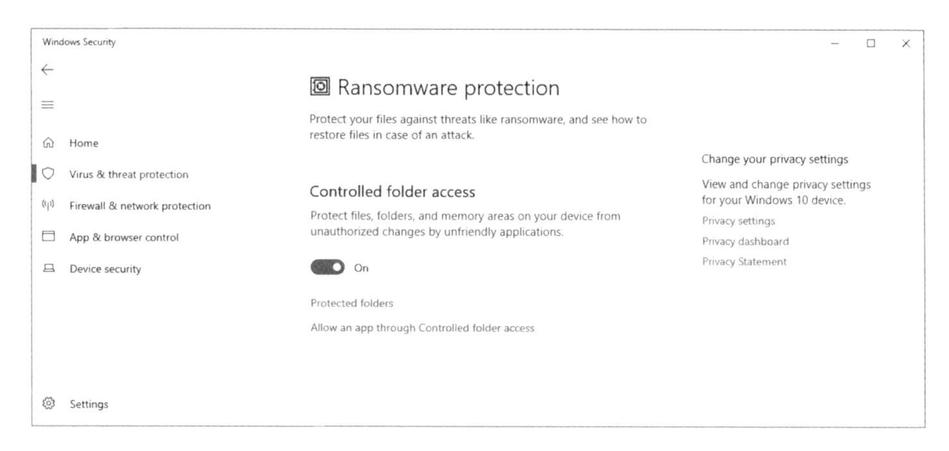

▲ 圖 1-20 勒索軟體防護

在防火牆的管理部分，如圖 1-21 所示雖然傳入與傳出規則的管理已經可以透過 Windows Admin Center 介面來進行操作，但是若想要關閉或啟用特定網路的防火牆功能，目前仍必須透過桌面的 [Settings]\[Windows Security] 介面來完成。值得注意的是如果因為緊急的網路安全狀況（例如：病毒擴散），需要立即關閉所有連入的埠口與應用程式，此時只要在 [Firewall & network protection] 頁面中，先選擇網路後再將 [Block all incoming connections , including those in the list of allowed apps] 選項勾選即可。

▲ 圖 1-21 Windows 防火牆管理

1.7 建立 Active Directory 網域

以 Windows 為主的企業 IT 環境，其基礎建設肯定要有 Active Directory 網域，才能夠集中管理帳號、群組、網路資源、權限、存取稽核以及 Windows 用戶端的各項配置等設定，否則光是每一部 Windows Server 的帳戶、密碼以及權限的管理，就足以讓 IT 管理人員手忙腳亂了，何談執行其他更有價值的任務呢。

想要在現行的內部網路中透過 Windows Server 2019，來建立一個 Active Directory 網域是相當容易的。只要在作業系統完成初步安裝以及設定好前面所介紹過的電腦名稱、網路以及各項安全性配置，就可以在 [Server Manager] 介面中的 [Manage] 選單，如圖 1-22 所示點選 [Add Roles and Features] 繼續。

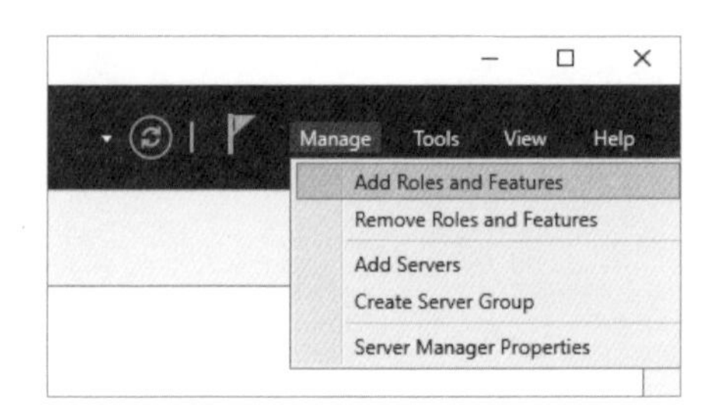

▲ 圖 1-22 伺服器管理員介面

接著在 [Installation Type] 頁面中，請選擇 [Role-based or feature installation] 並點選 [Next]。在 [Server Selection] 頁面中，可以從伺服器集區（Server pool）中選取準備要安裝角色與功能的 Windows Server，在預設狀態下應該只會看見本機的主機名稱。點選 [Next]。在如圖 1-23 所示的 [Server Roles] 頁面中，請勾選 [Active Directory Domain Services] 並連續點選 [Next] 來完成安裝。

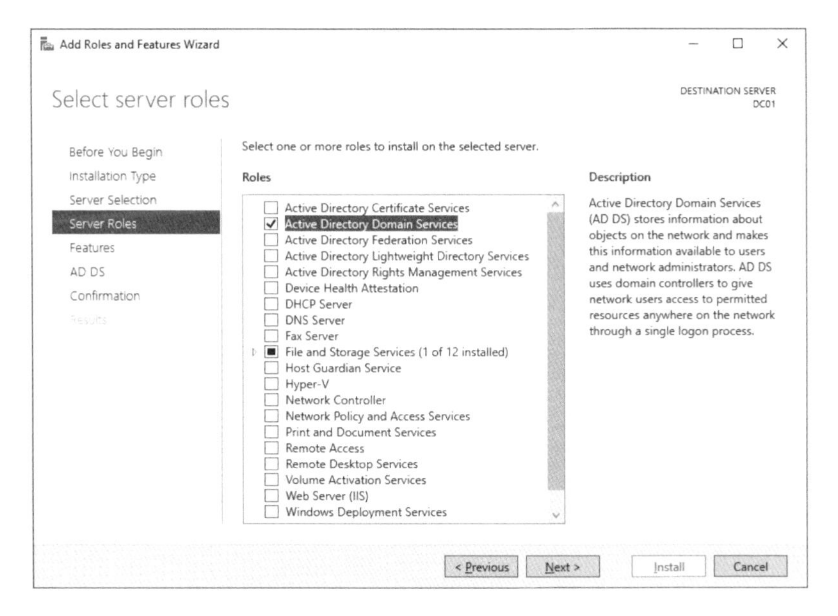

▲ 圖 1-23 選擇伺服器角色

當成功完成 [Active Directory Domain Services] 角色功能的安裝之後，將可以發現在 [Results] 頁面中，出現了緊接著必須完成的 [Promote this server to a domain controller] 設定超連結。如圖 1-24 所示關於此設定您也可以事後再從 [Server Manager] 介面的警示通知選單中來開啟。

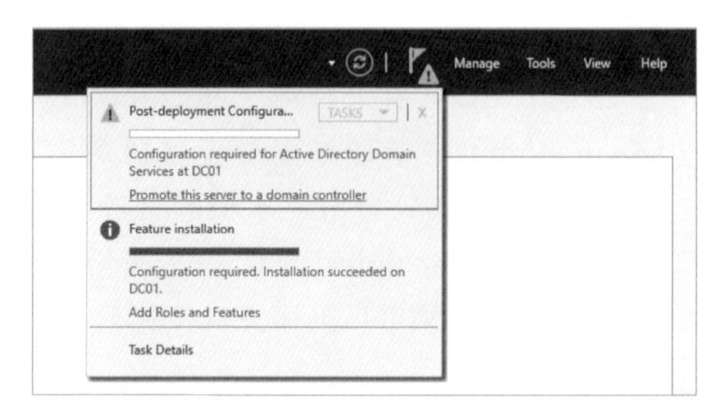

▲ 圖 1-24 完成 AD 網域服務角色安裝

開啟後將會來到 [Deployment Configuration] 頁面，請選取 [Add a new forest] 設定並輸入根網域名稱（Root domain name），例如筆者輸入了 lab04.com。點選 [Next]。在如圖 1-25 所示的 [Domain Controller Option] 頁面中，可以依序設定樹系與網域的功能等級、網域控制站的功能用途、以及當進入到目錄還原模式（DSRM）時所需要驗證的密碼。在此筆者讓兩種功能等級都設定為 Windows Server 2016，並且讓網域控制站也作為 DNS 以及 GC 的主機，完成 DSRM 密碼設定之後，點選 [Next]。

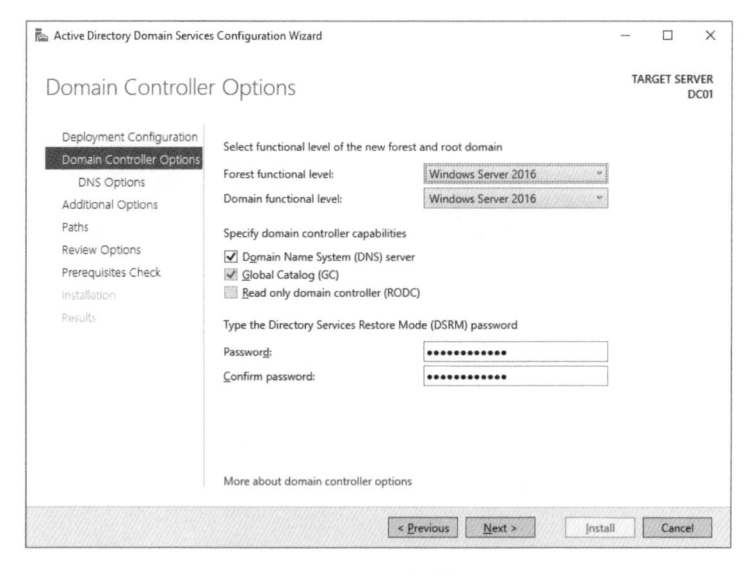

▲ 圖 1-25 網域控制站選項

在 [DNS Options] 的頁面中保留預設即可，點選 [Next]。在如圖 1-26 所示的 [Additional Options] 頁面中，可以設定 NETBIOS 的網域名稱，原則上採用預設即可。點選 [Next]。

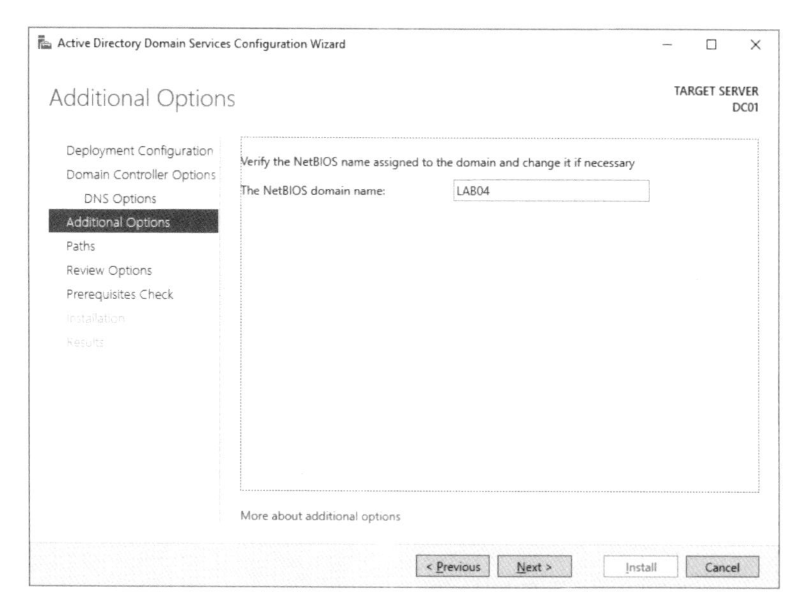

▲ 圖 1-26 其他選項設定

在 [Paths] 頁面中可以分別設定 AD DS 資料庫、記錄檔以及 SYSVOL 資料夾的所在路徑，點選 [Next]。最後在如圖 1-27 所示的 [Prerequisites Check] 頁面中，應該會看到一些警示訊息，只要沒有出現錯誤訊息，便可以點選 [Install] 開始進行根網域的建立。

完成網域的建立之後，此主機便會成為網域中的第一部網域控制站（DC），並且在重新開機之後正式生效，而您將可以在 [Server Manager]\[Local Server] 頁面中，檢視到目前的網域名稱。必須注意的是無論是網域名稱或網域控制站的主機名稱，原則上後續都是無法進行修改的。

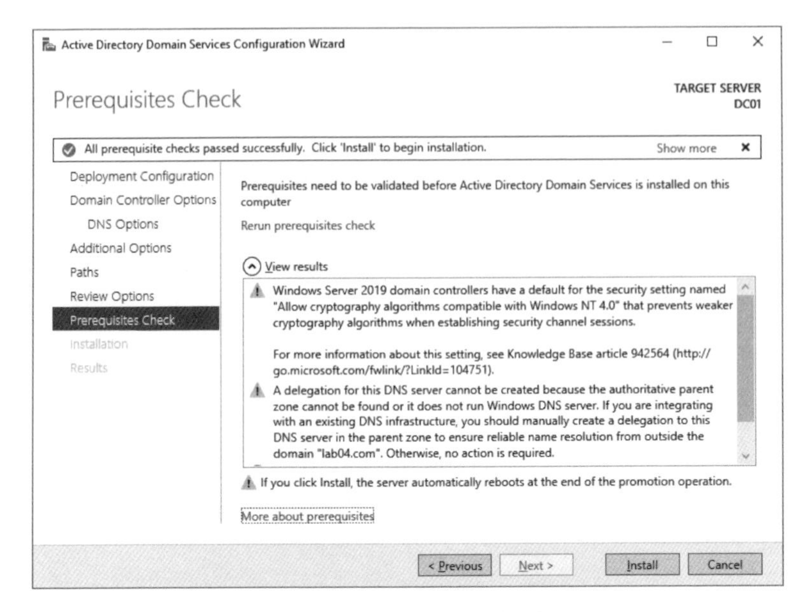

▲ 圖 1-27 準備工作檢查

1.8 安裝憑證伺服器

在 Windows Server 的伺服器角色當中，通常會有哪一些伺服器角色會與網域控制站安裝在一起呢？答案就是 CA 憑證伺服務器，其原因有二。首先此伺服器角色是與網域內各種加密與數位簽章有關的應用，舉凡 SSL 網路連接、Email 加密、Email 簽章、檔案加密等等，都需要使用到它所發行的數位憑證來進行加解密的處理。其二則是它的執行並不需要太多的系統資源，因此通常我們會選擇將它部署在擔任網域控制站的伺服器之中。

想要部署 CA 憑證伺服務器角色，除了可以透過傳統 MMC 的 Server Manager 介面之外，也可以在如圖 1-28 所示 Windows Admin Center 的 [角色和功能] 頁面中，在依序選取了 Active Directory Certificate Services 以及旗下的 Certificate Authority 與 Certificate Authority Web Enrollment 功能選項，再點選 [安裝] 即可。

▲ 圖 1-28 伺服器角色和功能管理

完成安裝之後在 Server Manager 介面中，將會看到如圖 1-29 所示的 [Post-deployment Configuration] 的警示訊息，這表示緊接著還必須點選提示訊息中的超連結，來完成此伺服器角色安裝的必要設定才能開始運行。

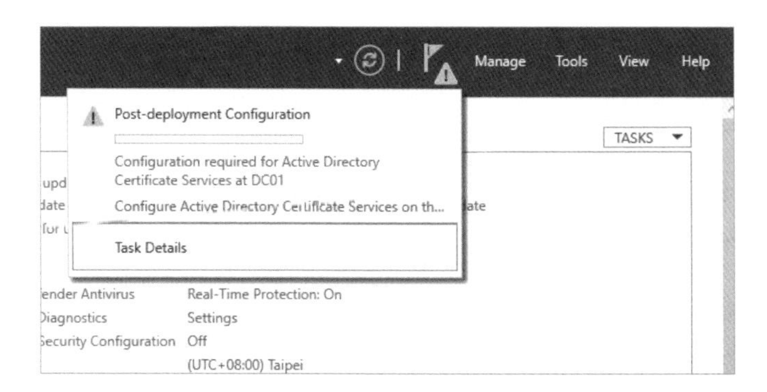

▲ 圖 1-29 後續部署設定

首先在 [Credentials] 頁面中，可以自訂以其他的管理員帳戶來進行接下來的配置。點選 [Next]。在 [Role Services] 頁面中請確認已勾選了 [Certificate Authority] 以及 [Certificate Authority Web Enrollment] 功能並點選 [Next]。在如圖 1-30 所示的 [Setup Type] 頁面中，請選擇 [Enterprise CA] 類型並點選 [Next]。

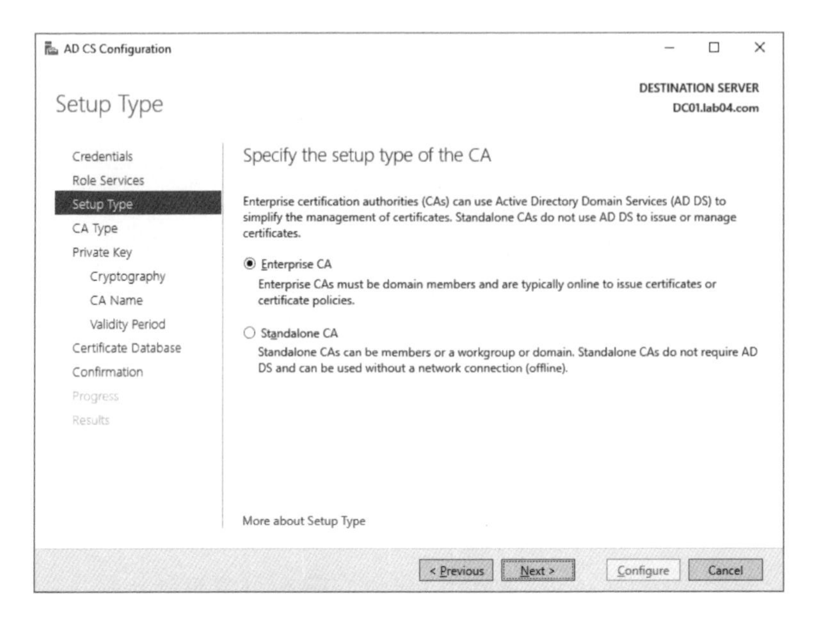

▲ 圖 1-30 CA 安裝類型

若是選取「獨立 CA」，則此憑證伺服器類型可以不必架構在 Active Directory 網域之中，而是位於獨立的工作群組內即可運作。不過但這麼一來，在後續憑證的申請與管理流程上將會複雜許多。

在 [CA Type] 頁面中，由於我們部署的是第一部 CA 憑證伺服器，因此請選取 [Root CA]。點選 [Next]。在 [Private Key] 頁面中，可以選擇建立新的或使用現有的私密金鑰。點選 [Next]。在 [Cryptography for CA] 頁面中，可以自訂加密演算法與金鑰長度，在此我們採用預設即可。點選 [Next]。在 [CA Name] 頁面中，可以自訂 CA 發佈者的一般名稱，建議採用預設即可。

點選 [Next]。在如圖 1-31 所示的 [Validity Period] 頁面中，可以決定 CA 憑證產生後的有效期限（預設值 =5 年）。最後連續點選 [Next] 至 [Confirmation] 頁面中，點選 [Configure] 按鈕即可完成配置。

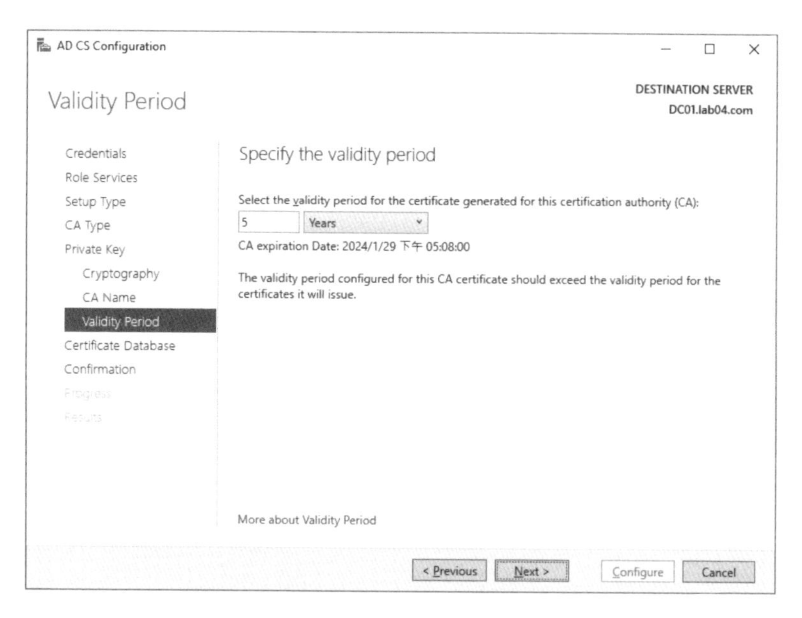

▲ 圖 1-31 憑證有效期限設定

1.9 WAC 憑證配置

有了 CA 憑證伺服器就可以為前面所安裝的 Windows Admin Center 網站，申請一個專屬的網站憑證，以便採用更加安全的 SSL 連接方式。而關於伺服器憑證管理的方式有三種，分別是從 MMC、CA 網站以及 IIS 管理介面，在此筆者選擇從 IIS 管理介面來完成，原因就是整個操作流程會簡化許多。首先您可以從伺服器管理員（Server Manager）的 [Tools] 選單來開啟它。

接著請點選開啟位在伺服器節點頁面中的 [Server Certificates]。如圖 1-32 所示在它的 [Actions] 功能選項中，請點選 [Create Domain Certificate] 超連結繼續。

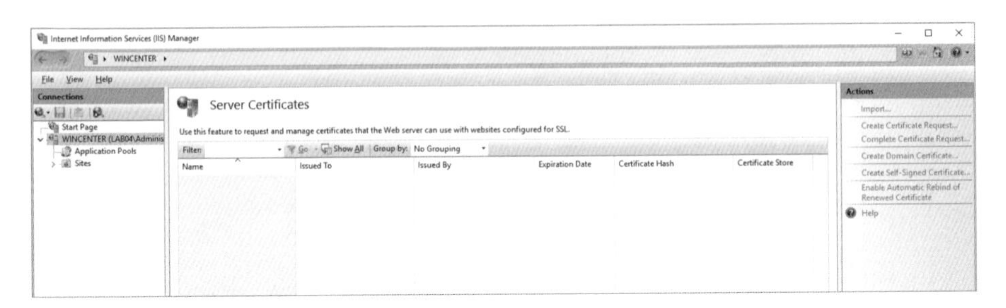

▲ 圖 1-32 伺服器憑證管理

在如圖 1-33 所示的 [Distinguished Name Properties] 頁面中，除了必須輸入組織、組織單位、城市、國家等資訊之外，最重要的必須正確設定一般名稱（Common name）的欄位值，也就 Windows Admin Center 網站的完整連線名稱（FQDN），並且這個名稱必須已經登記在 DNS 服務的記錄之中（例如：wincenter.lab04.com）。點選 [Next]。

▲ 圖 1-33 憑證識別屬性設定

圖 1-34 所示的 [Online Certification Authority] 頁面中，必須點選 [Select] 按鈕來挑選準備要連線申請的 CA 憑證伺服器，並且輸入一個新憑證的好記名稱，必須注意的是所選定的 CA 憑證伺服器，目前的服務必須是在啟動狀態。點選 [Finish] 按鈕完成申請任務。

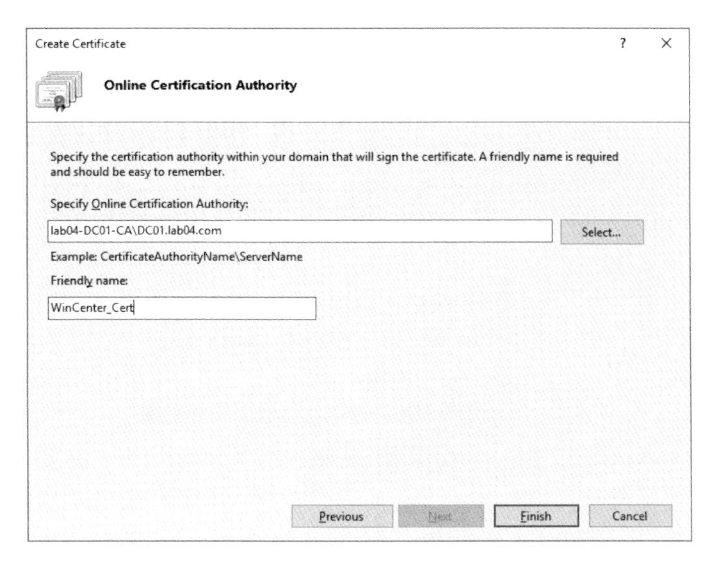

▲ 圖 1-34 線上憑證授權

完成伺服器憑證的申請之後，將可以在 [Server Certificates] 頁面中查看到剛剛所申請的憑證，如圖 1-35 所示若選取它並按下滑鼠右鍵將可以選擇執行檢視（View）、匯出（Export）、重整（Renew）以及移除（Remove）。請點選 [View] 繼續。

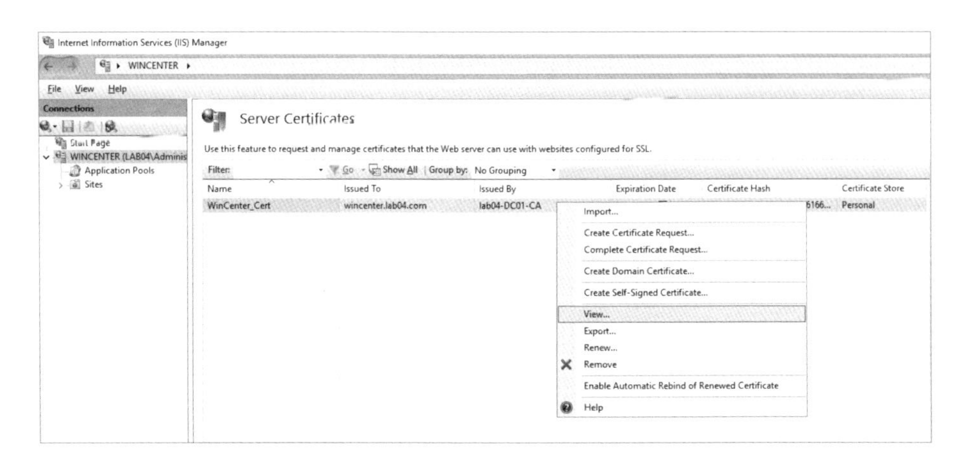

▲ 圖 1-35 憑證功能選單

在如圖 1-36 所示的 [Certificate]\[Details] 頁面中，請將 [Thumbprint] 欄位值複製起來，待回將會在 SSL 憑證的設定中使用到。

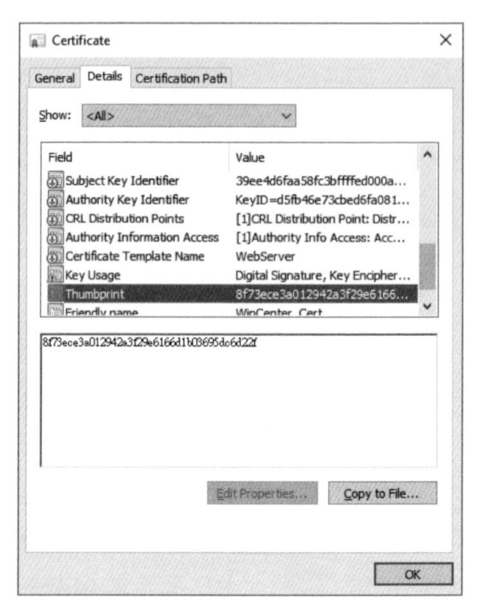

▲ 圖 1-36 憑證詳細資訊

若想要知道憑證的一般名稱是否設定正確，只要點選至 [Subject] 欄位即可得知。

在複製了伺服器憑證的 [Thumbprint] 欄位值之後，就可以再一次執行 Windows Admin Center 安裝程式，並選擇 [變更] 即可將閘道 SSL 憑證的指紋設定完成。如圖 1-37 所示則是在全新的安裝中完成憑證的指紋設定。只要完成上述設定，往後連線 Windows Admin Center 網站時，便可以改輸入全新配置的 HTTPS 網址（例如：https://wincenter.lab04.com），不會再有像自我簽署 SSL 憑證的 60 天到期問題了。

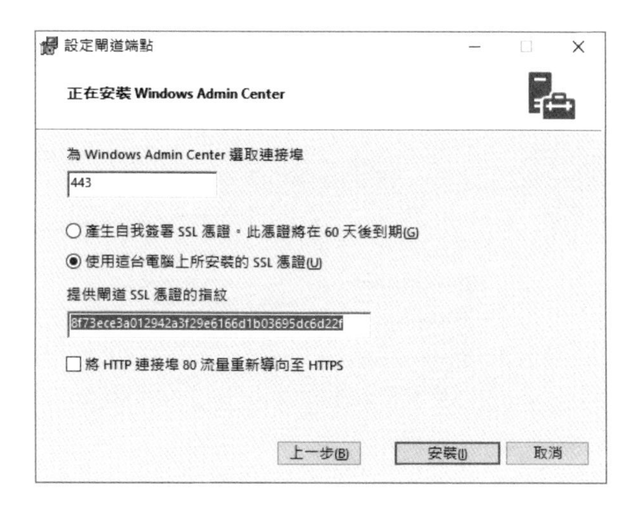

▲ 圖 1-36 憑證詳細資訊

▲ 圖 1-37 設定 Windows Admin Center 憑證

本章結語

IT 部門若想要讓組織中各種的應用程式與服務，持續運行在一個更安全、更穩定以及更快速的雲端架構之中，選擇全面部署（升級）至 Windows Server 2019 已是當務之急，因為它集合了現今所有最先進的 IT 技術在裏頭，包括了支援最新的硬體規格、安全防護機制、虛擬化平台技術、軟體定義管理、異質平台整合以及混合雲管理等等。

針對許多計劃以大數據為基礎進而發展人工智慧、物聯網等應用的需求，必須要有一個全方位穩定運行的雲端基礎架構，在此筆者強烈建議 IT 部門全面採用 Windows Server 2019 雲端作業系統，也就是從 Host OS、Guest OS、Storage、Cluster 到 Web Site 皆以 Windows Server 2019 內建的相關服務與功能來完成部署，如此一來不僅可加速組織向上發展的進程，也能夠同時簡化 IT 在雲端維運的複雜度，為經營者、使用者、維運者帶來全面三贏局面。

部署 Exchange Server 2019

過去 Exchange Server 總是被拿來和 Linux 下的 Mail Server 方案來進行比較，並且指出它在效能的表現方面不及開源的郵件系統，且又是一個狂吃資源的大怪物。如今 Microsoft 所推出的最新 Exchange Server 2019，不僅速度超快且支援部署在極簡的 Server Core 架構下，讓整體的運行不只有更充分的資源可以被利用，對於安全管理層面而言也將更加堅固。今日就讓我們透過本章節一同來學習，如何將最新 Exchange Server 2019，建置在 Windows Server 2019 的 Server Core 作業環境之中。

2.1 簡介

筆者早在 Exchange Server 5.5 版本時期，就已經開始接觸了 Microsoft 在協同合作方面的應用了，記得當時所使用的作業系統還是 Windows NT 4.0，並且也還沒有任何虛擬化平台可以使用，完全得部署在實體的主機之中，對於 IT 人員來可說是一大挑戰，因為無論是平時的維護任務還是升級、移轉、修復、備份、還原，皆需要投入許多的時間來執行。

時間飛逝！如今已是 Exchange Server 2019 搭配 Windows Server 2019 的年代，對於上述所提到的各項任務之執行，IT 人員已不再需要心驚膽跳，因為在結合虛擬化平台架構的部署之下，可以說大幅縮短了測試、部署、升級以及移轉的時間。

更重要的是 Exchange Server 2019 本身的設計不僅在功能、效能以及安全性更加完善，對於 IT 人員來說在全新以 Web-based 設計的 Exchange Administration Center（EAC）介面，搭配 Exchange Management Shell 命令管理的使用之下，讓原本許多看似複雜的管理任務都簡化了許多，且可以讓更多平日常用的維護操作，透過 PowerShell Cmdlet 的 Script 設計，達成自動化的管理需求。

進一步也可以在結合 Office 365 的使用之下，輕鬆建構出堪稱是對企業最好的 IT 策略，那就是所謂的混合雲（Hybrid Cloud）運行架構，讓組織可以更加彈性的對於不同角色或不同需求的人員信箱，來加以分散存放。如此將可以一方面提升用戶端存取的效能，另一方面又能降低私有雲伺服器與網路的負載，最重要的是肯定也可以減輕 IT 人員的負擔。

2.2 新功能介紹

相較於前一版的 Exchange Server 2016，全新的 Exchange Server 2019 從伺服端到用戶端，主要增加了哪一些令人關注的新功能呢，分別說明如下：

- 支援部署在 Windows Server Core：這項支援意味著不僅可以讓 Exchange Server 獲得更多可用資源，同時也大幅減少可能的攻擊面。
- 提供用戶端存取規則（Client Access Rule）管理機制，讓管理者可以預先配置好對於 Exchange 系統管理中心（EAC）以及 Exchange 管理命令介面的存取權限，也就是僅開放給特定的內部或外部來源網路，才能夠進行連線管理。

- 在運行效能的改善設計部分，不僅透過改善了搜尋基礎的結構設計，來提升大檔案索引與搜尋的速度，更是增強了 Exchange 資料庫引擎的核心設計，以便能在更大磁碟 /SSD 的儲存空間之中將讀寫效能發揮極致，而這項改善設計也同時提升了容錯移轉時的速度。
- 除了儲存方面的效能增強之外，目前也支援了高達 256 GB 的記憶體和 48 CPU 核心。在更大記憶體的運行架構下，Exchange 的資訊儲存程序更善用了動態記憶體快取配置，來最佳化資料庫的使用。

請注意！目前尚不支援在運行 Nano Server 的主機上安裝 Exchange 2019。

除了上述伺服端的新功能之外，在用戶端相關的新功能部分如下：

- 行事曆項目結合資訊版權管理（IRM）：這項新功能將可以讓受邀的出席者無法任意將邀請轉寄給其他人，而是只有召集人可以邀請其他出席者。
- 行事曆與不在辦公室功能（Out of Office）的結合：讓使用者可以在行事曆中新增事件時，設定顯示離開或不在辦公室的狀態，以及提供可用於取消或拒絕不在辦公室時所舉行的會議選項。此外也可以讓系統管理員透過 Remove-CalendarEvents Cmdlet，來取消已不在辦公室使用者之前所召集的會議。
- 提供管理人員可透過 PowerShell 的 Add-FolderPermissions Cmdlet 來指派委派權限。
- 提供電子郵件地址國際化（EAI）支援，讓 Exchange 可傳送包含非英文字元的電子郵件地址。

相信目前仍有許多企業用戶正在使用更舊版本的 Exchange Server 2013，未來如果打算升級至 Exchange Server 2019，必須注意以下功能將不再繼續提供。

▼ 表 2-1 Exchange Server 2019 功能移除清單

功能	說明
整合通訊（UM）	這項功能已經移除，官方建議轉移到 Skype 雲端語音信箱。
Client Access Server 角色	已由 Client Access 服務所取代並運行在 Mailbox Server 角色之中。
MAPI/CDO 程式庫	已由 Exchange Web Services（EWS）、Exchange ActiveSync（EAS）以及 REST API 取代。

除了上述已確定於 Exchange Server 2019 中移除的功能之外，還有一些是可能不會在未來版本中繼續使用的功能，目前已知的有第三方複寫 API、RPC over HTTP 以及針對資料庫可用性群組（DAG），所支援的容錯移轉叢集管理存取點功能。

2.3 需求環境準備

以下是 Exchange Server 2019 在部署時的基本伺服器硬體規格需求，儘管如此筆者仍建議您無論準備部署的 Exchange 為何，請全面部署在已建構完善 HA 機制的虛擬化平台架構之中，像是 Microsoft Hyper-V 或 VMware vSphere 都是建議的選項。

- 處理器（CPU）：同時支援 Intel 64 與 AMD64 架構的處理器，但不支援 Intel Itanium IA64 處理器。
- 記憶體（RAM）：Mailbox 伺服器角色建議最小 128GB，Edge Transport 伺服器角色建議最小 64GB。如果是在測試階段中，兩者皆可以採用 16GB 的記憶體來運行即可。
- 分頁檔（Paging file）大小：建議將分頁檔設定為總記憶體的 25%。

- 磁碟空間：在準備安裝 Exchange 的磁碟機上至少必須剩餘 30 GB 的可用空間。系統磁碟必須至少剩餘 200MB，對於準備存放訊息佇列（queue）資料庫的磁碟至少必須剩餘 500 MB。
- 螢幕解析必須至少在 1024 x 768 pixels 以上
- 檔案系統：無論是系統磁碟分割、Exchange 二進位檔案、Exchange 診斷記錄所產生的檔案、傳輸資料庫檔案（如郵件佇列資料庫）皆需要採用 NTFS 檔案系統的分割區。至於信箱資料庫與交易記錄檔，則可以選擇存放在更先進的 ReFS 檔案系統的分割區之中。

如果在您現行的網路環境之中已經有 Active Directory，甚至於已經有舊版的 Exchange Server 正在運行，那麼在您準備部署最新的 Exchange Server 2019 之前，必須優先注意以下相容性的要求。

▼ 表 2-2 新舊版本 Exchange 共存相容性

現行 Exchange 版本	共存支援
Exchange 2010 或更舊版本	不支援
Exchange 2013	只要是 Exchange 2013 累計更新 21（CU21）或更新版本皆支援（包含 Edge Transport Server）
Exchange 2016	只要是 Exchange 2016 累計更新 11（CU11）或更新版本皆支援（包含 Edge Transport Server）

在 Active Directory 的需求部分，首先樹系中的所有網域控制站都必須執行 Windows Server 2012 R2 Standard（含 Datacenter）或以上版本，樹系功能層級則必為 Windows Server 2012 R2 以上版本。

至於部署 Exchange Server 所在的 Active Directory 站台，必須包含至少一個可寫入的網域控制站（DC），而且也同時必須是全域目錄伺服器（GC），否則安裝過程中將會發生失敗，必須注意的是基於安全性和效能的考量，不建議您直接在 任何 Active Directory 目錄伺服器上安裝 Exchange 2019。此外，您也不能夠在完成 Exchange Server 安裝之後，再將網域站台中的網域控制站移除。

採用 64 位元的 Windows Server 版本所建立的 Active Directory 網域控制站，將可以提升 Exchange 2019 對於目錄服務的存取效能。

在其他網路相關需求部分，支援的 DNS 命名空間分別有連續、不連續、單一標籤網域、斷續。在 IPv4 與 IPv6 的支援部分，只要在您現行的網路中支援這兩者的連線通訊方式，則所有 Exchange Server 皆可以對使用 IPv6 位址的裝置、伺服器及用戶端來進行資料的傳送和接收。

2.4 Server Core 的準備

在明白了部署 Exchange Server 所需要的硬體要求以及相容性的注意事項之後，接下來我們就可以來決定要將它安裝在 Windows Server 的視窗桌面之中，還是要選擇最精簡的 Server Core 作業模式，以獲得更多的可用資源與更高的安全性。不囉嗦！接下來就讓我們先來把所需要的 Server Core 執行環境準備好吧。

首先請在實體主機或虛擬機器中，設定開機啟動 Windows Server 2019 的安裝媒體。成功開機後請完成語言、時區以及鍵盤輸入設定並點選 [Next]。再點選 [Install] 按鈕後來到如圖 2-1 所示的 [Select the operating system you to install 頁面，請選擇所要安裝的 Server Core 版本，在此筆者選取了 Datacenter 的評估版，請勿選到了桌面體驗（Desktop Experience）的安裝模式。最後連續點選 [Next] 繼續完成安裝類型以及安裝磁碟的設定即可。

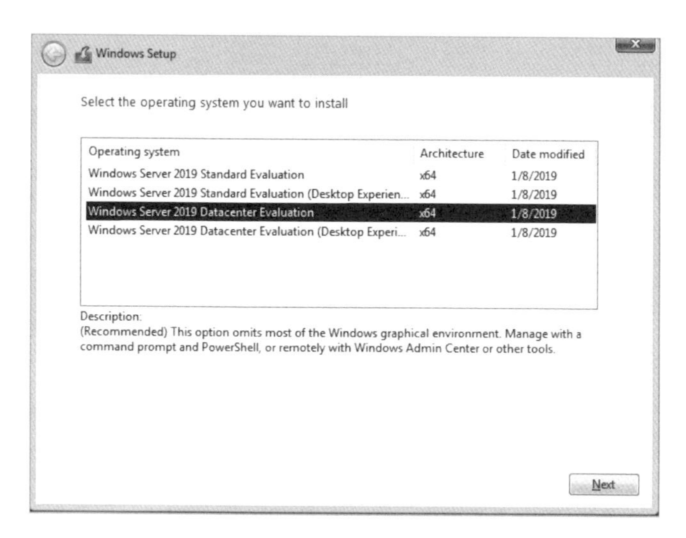

▲ 圖 2-1 Windows Server 2019 安裝

成功安裝並啟動了 Server Core 之後，將會自動開啟命令視窗，請按下 Ctrl+Alt+Del 鍵來開啟預設 Administrator 密碼的設定。完成密碼設定並登入之後，請執行 sconfig 命令來開啟如圖 2-2 所示的 [Server Configuration] 頁面。接下來我們必須透過此頁面的選項，來分別完成電腦名稱以及網路相關設定的修改，最後再設定所要加入的網域以及重新啟動即可。

```
Administrator: C:\Windows\system32\cmd.exe - sconfig
Microsoft (R) Windows Script Host Version 5.812
Copyright (C) Microsoft Corporation. All rights reserved.

Inspecting system...

===============================================================================
                         Server Configuration
===============================================================================

1) Domain/Workgroup:                    Workgroup:  WORKGROUP
2) Computer Name:                       WIN-LJ6H4730PGK
3) Add Local Administrator
4) Configure Remote Management          Enabled

5) Windows Update Settings:             DownloadOnly
6) Download and Install Updates
7) Remote Desktop:                      Disabled

8) Network Settings
9) Date and Time
10) Telemetry settings                  Unknown
11) Windows Activation

12) Log Off User
13) Restart Server
14) Shut Down Server
15) Exit to Command Line

Enter number to select an option:
```

▲ 圖 2-2 SConfig 設定頁面

在此建議您先輸入 8 來開啟 [Network Settings] 頁面，以完成固定 IP 位址的相關設定，而不是採用預設的 DHCP 配置。接著可以輸入 2 來開啟 [Computer Name] 頁面以完成預設電腦名稱的修改。完成電腦名稱修改之後，系統會提示您是否要立即重新啟動，您可以先選擇 [No]，再回到主選單頁面中輸入 1 來開啟 [Domain/Workgroup] 頁面，然後完成加入現行網域的操作。確認已完成上述所有設定之後，最後請輸入 13 來開啟如圖 2-3 所示 [Restart] 提示訊息，點選 [Yes] 來立即重新啟動系統。

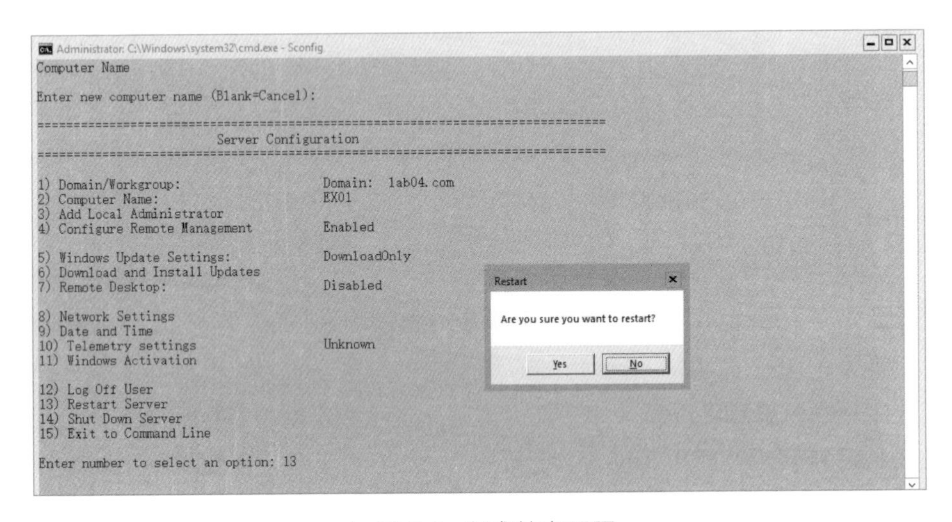

▲ 圖 2-3 完成基本配置

除了上述透過 SConfig 文字選單頁面來設定系統基本配置之外，若想要透過 PowerShell 命令來設定網路 IP 位址、閘道位址以及 DNS 位址，可以參考以下命令。

```
New-NetIPAddress -InterfaceIndex 6 -IPAddress 192.168.7.248 -PrefixLength 24
-DefaultGateway 192.168.7.1
Set-DNSClientServerAddress -InterfaceIndex 6 -ServerAddress "192.168.7.246"
```

完成網路配置之外，可以進一步透過 Get-DNSClientServerAddress 命令來查詢各項位址的設定結果。

同樣的如想要以 PowerShell 命令方式來修改主機名稱並加入網域，可參考以下命令範例。成功執行後也可執行 Restart-Computer -Force 命令來重新開機。

```
Add-Computer -DomainName lab04.com -NewName EX01 -DomainCredential LAB04\
administrator
```

請注意！後續一旦完成了 Exchange Server 的安裝之後，便不能夠再修改主機名稱，否則將會導致相關服務無法正常運行。

2.5 Windows 必要功能的安裝

準備好了 Exchange Server 2019 所需要的 Server Core 作業系統之後，接下來必須預先安裝它所需要的 Windows 功能，以作為它後續整合 Active Directory 管理與 Microsoft UCMA 4.0 相關的應用。請在命令視窗中先執行 PowerShell 命令，來進入到 PS 提示字元之中，然後如圖 2-4 所示執行以下命令參數來完成必要 Windows 功能的安裝。

```
Install-WindowsFeature Server-Media-Foundation, RSAT-ADDS
```

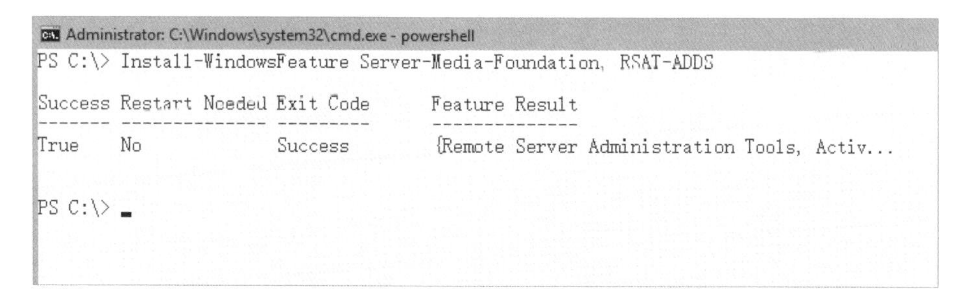

▲ 圖 2-4 Windows 選定功能安裝

緊接著請到以下官方網址，來下載同 Exchange Server 2019 相同語言版本的 Visual Studio 2013 的 Visual C++ 可轉發套件，操作過程中只要唯一下載與安裝 64 位元的版本即可。如圖 2-5 所示執行後請點選 [安裝] 按鈕即可。

Visual C++ Redistributable Packages for Visual Studio 2013 下載：

➥ https://www.microsoft.com/en-in/download/details.aspx?id=40784

請注意！如果要將 Exchange Server 2019 安裝在 Windows Server 2016 的作業系統之中，則必須進一步下載與安裝 Microsoft .NET Framework 4.7.1，您可以到官方網址（https://www.microsoft.com/en-us/download/details.aspx?id=56116）來進行下載。

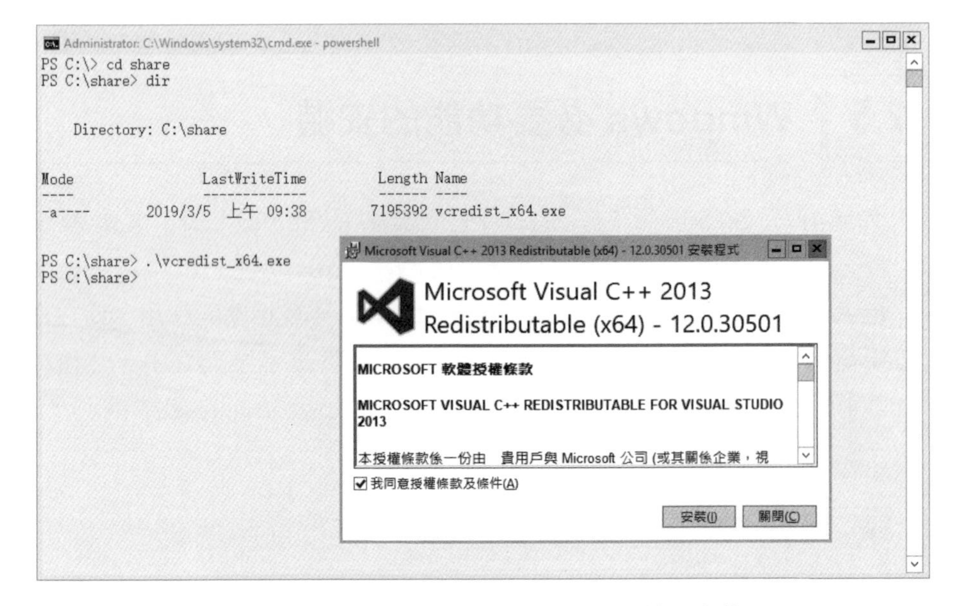

▲ 圖 2-5 安裝 Visual C++ 2013 可轉發套件

接著必須來安裝 UCMA 4.0（Microsoft Unified Communications Managed API）程式，而它的安裝程式已經包含在 Exchange Server 2019 的 ISO 映像之中。假設您目前已經將它存放在 C:\Share 路徑下，那麼您便可以立即執行 Mount-DiskImage C:\Share\ExchangeServer2019-x64.iso 命令來將它掛載，最後切換至 UCMARedist 子資料夾下來執行 .\Setup.exe 命令，即可開啟如圖 2-6 所示的 UCMA 安裝頁面。點選 [Install] 按鈕即可。

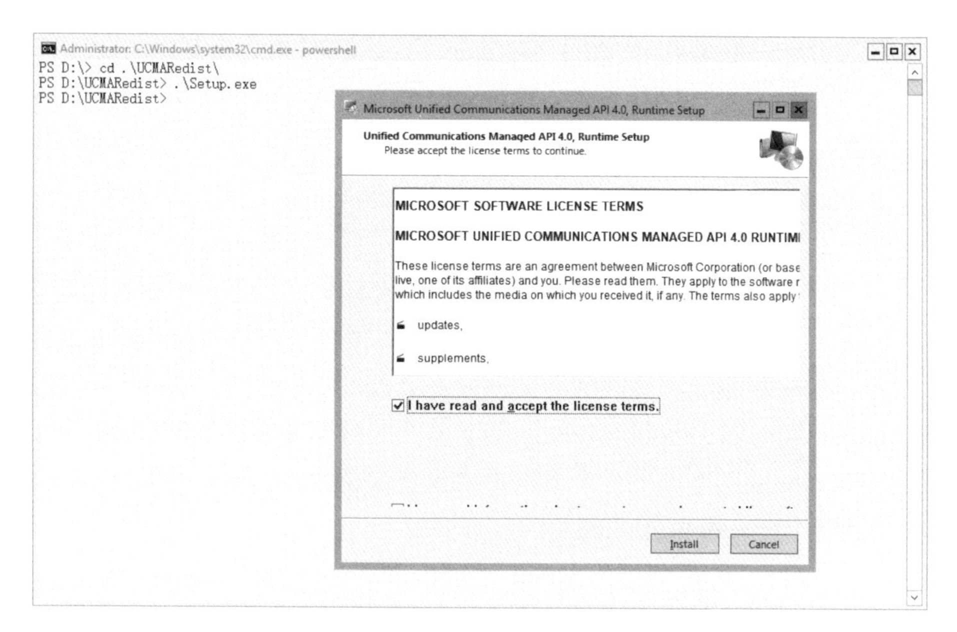

▲ 圖 2-6 安裝 UCMA 程式

完成了上述的準備工作之後，建議您可以直接執行 Restart-Computer -Force 命令來重新啟動系統，再來正式開始接下來的 Exchange Server 2019 安裝。

2.6 安裝 Exchange Server 2019

關於 Exchange Server 的安裝方式，其實打從以前的版本便已經支援透過命令參數的執行來完成安裝，只不過以前的版本皆是只能在視窗桌面中來執行，因此大部分的 IT 人員都會選擇採標準視窗模式的操作來進行安裝設定。

如今全新的 Exchange Server 2019 已支援直接部署並運行在 Server Core 的作業模式之中，所以我們只要執行以下命令參數，就可以完成一部信箱伺服器角色（Mailbox Server Role）的安裝，並且順帶完成其他所需要的 Windows 功能元件之安裝，必須注意的是其中 /ON 的參數為設定組織名稱。如圖 2-7 所示便是成功完成 Exchange Server 2019 信箱伺服器角色的安裝結果。

```
.\Setup.exe /m:install /roles:m /IAcceptExchangeServerLicenseTerms /
InstallWindowsComponents /ON:"LAB04 Corporation"
```

在上述的安裝命令參數之中，我們並沒有特別設定自訂的安裝路徑，因此如果您想要將 Exchange Server 2019 預設所安裝的信箱資料庫以及相關的記錄檔，選擇存放在非系統儲存區的其他路徑之中，可以加入 /DbFilePath 與 /LogFolderPath 的參數，來分別設定資料庫檔案路徑以及記錄檔資料夾路徑。至於主程式的安裝路徑如果也想要一併修改，則可以加入 /TargetDir 參數設定。

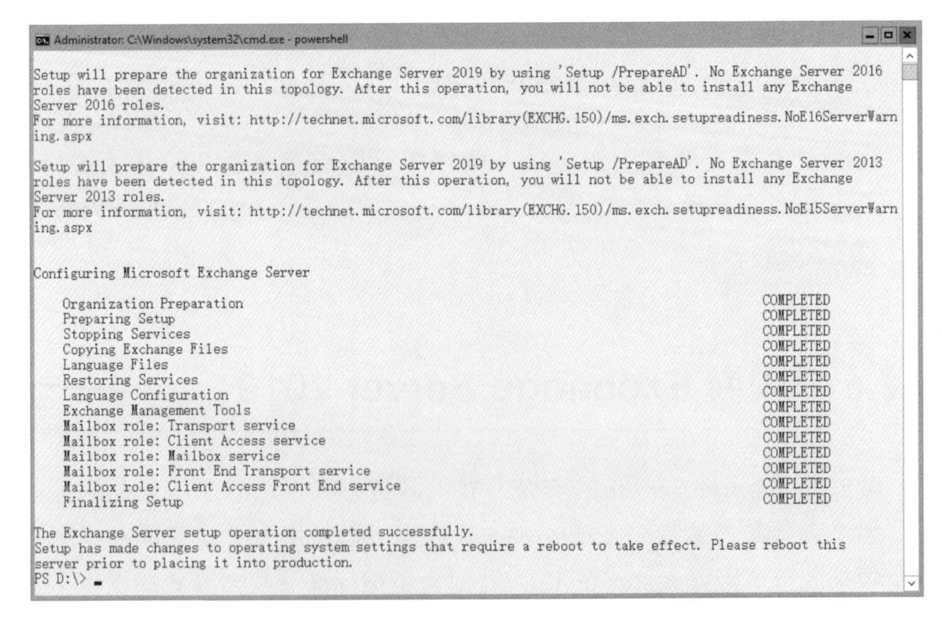

▲ 圖 2-7 完成 Exchange Server 2019 安裝

不想要使用 Exchange Server 2019 內建的防毒功能（Anti-Malware），您只要在安裝命令之中加入 /DisableAMFiltering 參數即可。

確認完成 Exchange Server 的安裝之後，可以立即執行 start notepad c:\ExchangeSetupLogs\ExchangeSetup.log 命令，來開啟 Exchange 的安裝記錄檔，來搜尋在記錄檔的內文之中是否有 Error 的關鍵字，因為正常來說如果在安裝的過程之中發生失敗而中斷，我們就必須根據 Error 的關鍵字，來找出導致失敗的詳細原因並進行問題排除。

接下來可以執行 Restart-Computer -Force 命令來重新啟動作業系統。再次重新登入之後請執行 LaunchEMS 命令，來開啟 Exchange Management Shell（EMS）命令視窗，執行過程中如果沒有出現無法連線 Exchange Server 的紅字錯誤訊息，即表示目前 Exchange Server 的相關主要服務皆已正常啟動。

這時候您可以進一步執行 Get-ExchangeServer 命令，如圖 2-8 所示來查詢網域中目前所有的 Exchange Server 清單，從這個清單之中可以得知每一部 Exchange Server 的版本、所在的站台、伺服器角色、版本類型以及版本編號。若想要得知某一部 Exchange Server 的詳細資訊（例如：EX01），則可以改執行 Get-ExchangeServer EX01 | FL 命令即可。

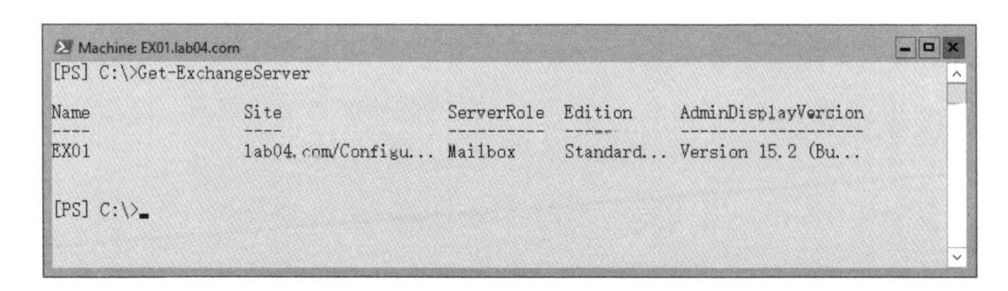

▲ 圖 2-8 查詢 Exchange Server 清單

確定可以開啟 Exchange Server 本機的 EMS 連線之後，緊接著請在管理員自己的電腦上開啟網頁瀏覽器，來連線如圖 2-9 所示的 [Exchange 系統管理中心] 網站（https:// 主機完整名稱 /ECP），並以內建的 Administrator 網域管理員帳號完成登入。

請注意！針對剛完成 Exchange Server 安裝的網站而言，由於伺服器憑證是採用預設的自我簽署憑證，因此連線時網頁瀏覽器會出現憑證的警示訊息，在此建議您使用 Firefox 瀏覽器連線並將它設定為永久例外名單。

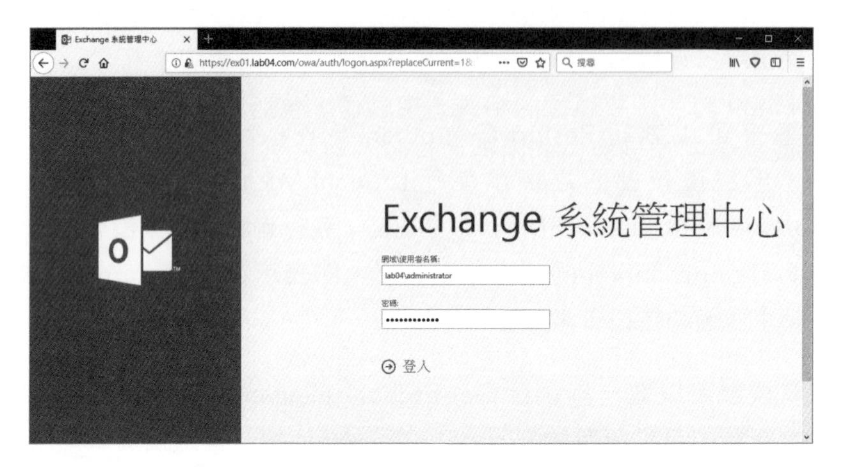

▲ 圖 2-9 登入 Exchange 系統管理中心

如圖 2-10 所示便是成功登入後的 Exchange 系統管理中心介面，在此可以從左邊的功能選項之中，得知管理人員所能夠執行的管理操作有哪些，依序說明如下：

- 收件者：對於使用者的信箱、連結的信箱、群組、資源、連絡人、共用信箱以及移轉信箱的管理。
- 權限：從管理員角色、使用者角色到 Outlook Web App 原則的管理，都可以在此頁面中來配置。上述功能有助於針對特定管理員或使用者的權限賦予，例如可以讓選定的管理員帳號僅能夠進行信箱的管理，而無法對於伺服器的其他設定進行異動。
- 合規性管理（Compliance）：以前的版本將它翻譯成「法規遵循」，其用途主要是便是 Email 內文的探索、保留、稽核、資料外洩防護或是啟用日誌規則，藉由這些功能的結合使用，讓敏感訊息外洩的管理可以做到事前防範與事後的查證。

- 組織：當有需要與不同 Exchange 組織的使用者共用行事曆空閒 / 忙碌資訊（例如：關係企業），就可以在此設定 [共用] 的同盟信任關係。在此也可以管理用戶端使用者的增益集以及組織的通訊清單。

- 保護：此功能頁提供了惡意程式篩選器的管理，在系統預設安裝中已經設定為啟用，管理員可以在此自訂當系統發現夾帶惡意程式碼的 Email 時，所要執行的相關處理動作，包括了自動刪除整封 Email，或是僅刪除受感染的附件並且附上警示訊息。此外，也可以自訂通知的對象以及通知的內文說明。至於如果您已有安裝其他廠商的 Exchange 防毒系統，則建議您可以將此功能予以關閉。

- 郵件流程：除了 [收件者] 的功能頁面之外，就是屬 [郵件流程] 最常被管理員所使用，而首當其衝就是此頁面中的 [規則] 管理，透過它可以讓管理員根據組織的 Email 收發管理需求，來自訂各式各樣的傳輸規則，例如您可以設定讓 A 部門寄送給 B 部門的 Email，必須先經過選定人員的核准才能夠發送。其次則是在 [傳遞回報] 功能的使用，經過此功能頁面中的條件設定，可以方便管理人員協助使用者查詢特定 Email 的傳遞狀況。

- 行動：想要管理用戶透過各類行動裝置中 Exchange ActiveSync 的連線存取，可以在此分別設定隔離的裝置、裝置存取原則以及行動裝置信箱原則。

- 公用資料夾：在此可以讓管理員建立公用資料夾信箱，以及信箱中的公用資料夾。必須注意的是由於從 Exchange Server 2016 版本開始，它已是建立在信箱資料庫的基礎之上，因此建議預先在 [伺服器]\[資料庫] 頁面中，建立好它專屬的信箱資料庫，而不是選擇和使用者的信箱放在相同的資料庫之中。

- 伺服器：有關於伺服器、資料庫、資料庫可用性群組、虛擬目錄以及憑證的配置都可以在此頁面中來完成。當然您也可以在此獲取連線記錄檔、郵件追蹤記錄檔以及資料庫的存放位置資訊。

- 混合：當組織中有同時使用內部部署與 Exchange Online 的信箱時，便可以在此設定 Office365 的連線，進而達到混合式信箱部署的管理需求。

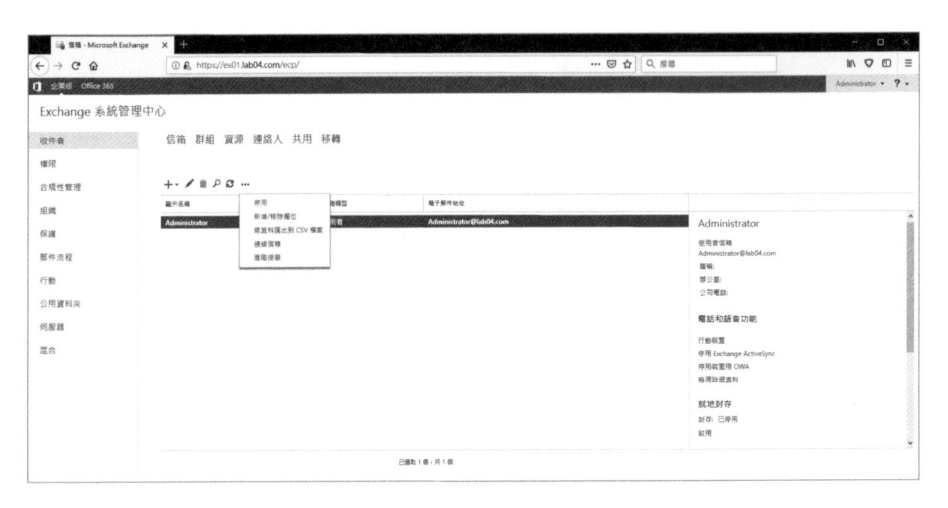

▲ 圖 2-10 Exchange 系統管理中心

Exchange 系統管理中心（EAC）是從前一版 Exchange Server 2016 開始提供，主要目的在於取代傳統以 MMC 視窗介面為主的 EMC（Exchange Management Console）管理工具，同時也將原有的 ECP（Exchange Control Panel）控制台網站取而代之，不過有趣的是虛擬目錄所使用的名稱依舊是 ECP 而非 EAC。

2.7 設定產品金鑰

在確認完成了 Exchange Server 2019 的基本安裝之後，接下來建議您繼續來完成產品金鑰的設定，否則將會有 120 天的評估限制。請從 [伺服器] 節點頁面中選定要設定的伺服器，連續點選開啟如圖 2-11 所示的 [一般] 頁面，然後輸入合法的產品金鑰即可。

▲ 圖 2-11 輸入產品金鑰

假設目前購買的是標準版，未來如果要改用企業版，同樣只要在此變更金鑰即可，並不需要再次進行安裝。在此請注意目前的版本號碼是 15.2（Build 221.12），也就是 Exchange Server 2019 最初發行的版本號碼，後續我們將會進一步對於它進行程式更新，屆時便可以查看到版本號碼的變化。必須注意的是您無法透過同樣的方式，來將企業版的授權降級成標準版或是評估版。

關於 Exchange Server 2019 版本類型

如同前一版的 Exchange Server 2016，全新 Exchange Server 2019 一樣提供了標準版（Standard Edition）以及企業版（Enterprise Edition）的伺服器授權，前者有限制為每部伺服器僅能連接五個裝載資料庫，後者則可以讓每部伺服器最多連接 100 個裝載的資料庫。

關於產品金鑰的設定方法，除了可以透過 Exchange 系統管理中心網站的操作來完成之外，也可以經由在 EMS 介面中執行以下命令參數來完成。

```
Set-ExchangeServer <ServerName> -ProductKey <Enter Product Key>
```

在完成金鑰設定之後可執行 Restart-Service MSExchangeIS 命令，來重新啟動 Exchange Information Store 服務即可立即生效。

2.8 基本健康診斷

在 Exchange Server 2019 中對於各伺服器基本健康的診斷，不外乎是針對各別服務以及伺服器角色執行狀態的檢測，若發現檢測結果有某個服務或角色沒有正常運行，便需要進一步查詢在 Windows 的事件檢視器之中，是否有相關的 Exchange 警示或錯誤事件，再來找出可行且明確的解決方案。

首先在 Exchange 相關服務狀態的檢視部分，您可以選擇透過網域中其他的 Windows Server 2019 桌面，以 MMC 方式來連接這部 Server Core 主機的 [服務] 管理介面，或是直接在本機的 EMS 命令視窗之中，如圖 2-12 所示執行以下的 PowerShell 命令參數，即可自動呈列出所有 Exchange 的相關服務與狀態。

```
Get-Service | Where {$_.DisplayName -Like "*Exchange*"} | ft DisplayName,
Name, Status
```

當發現某個服務沒有正常啟動時，例如 Microsoft Exchange Information Store 的 Status 是在 Stop 狀態，您便可以嘗試執行 Start-Service -Name "MSExchangeIS" 命令來啟動它。不過必須注意這其中有一些服務，預設本身就是沒有設定啟動，而是只有確認需要使用時，才需要進一步去設定它們的啟動類型，這一些包括了 IMAP 與 POP3 的相關服務。

至於這裡頭與 Hyper-V 以及 Windows Server Backup 相關的服務，則非 Exchange Server 2019 所內建，而是 Windows Server 2019 所提供，用來作為與 Exchange 虛擬化以及備份管理的整合用途。

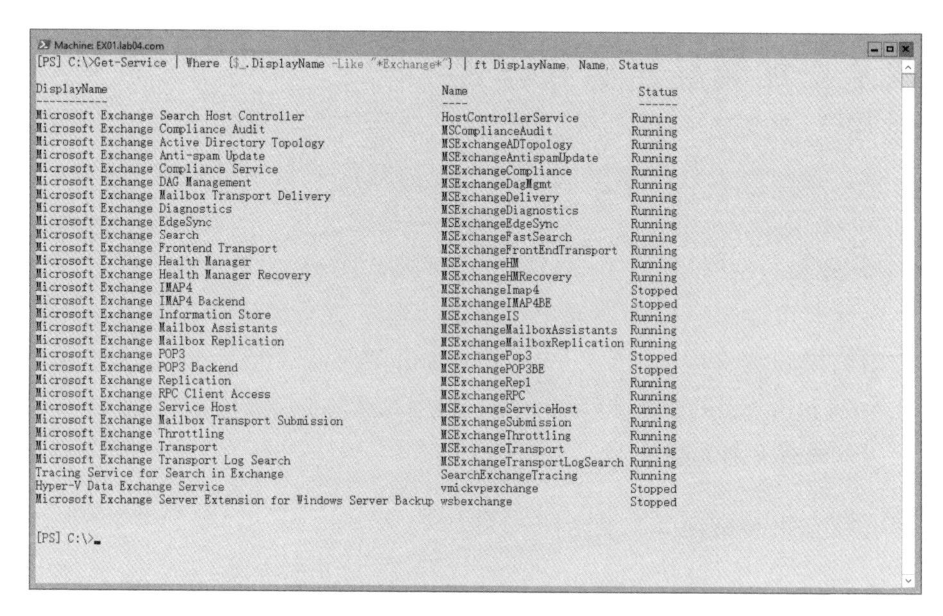

▲ 圖 2-12 檢視 Exchange 所有相關服務

緊接著可以執行 Test-ServiceHealth 命令，來查看所有的 Exchange Server 角色的服務是否都在正常運行中。如果只想檢測選定的 Exchange Server 健康狀態，只要搭配「-Server」參數來指定伺服器名稱即可。

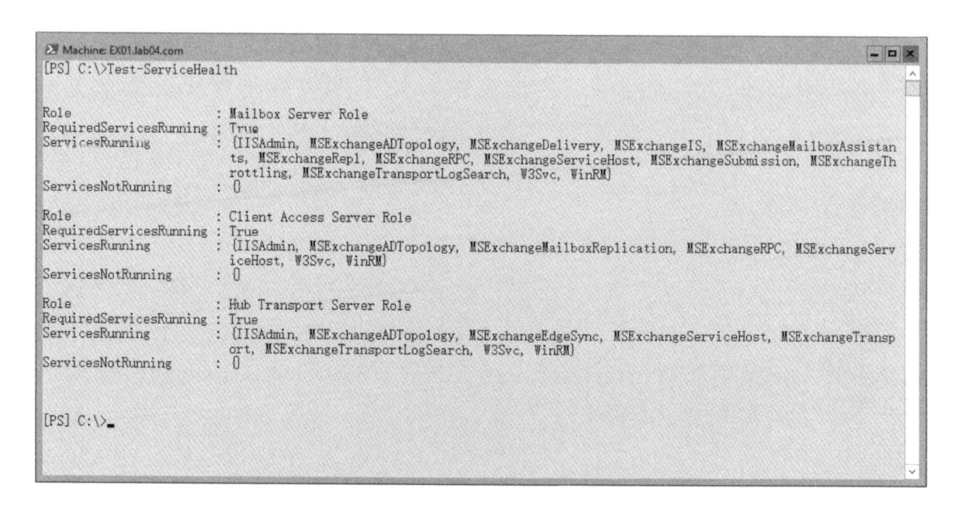

▲ 圖 2-13 角色服務健康測試

2.9 加裝最新更新程式

為了讓整體運行獲得更高的安全性與效能表現，隨時保持 Windows Server 以及 Exchange Server 的最新狀態是必須的。就在 2019 年 2 月 12 日 Microsoft 發佈了 Exchange Server 2019 累積更新 1，它修正許多從發行以來已知的問題，並且也改善了許多現行功能的使用，您可以到大量授權中心（Volume Licensing Center）網站進行下載此映像（ExchangeServer2019-x64-cu1.iso）。關於此更新的完整說明，則可以參考以下官方網址。

Microsoft 量授權中心網站：

➥ https://www.microsoft.com/Licensing/servicecenter/default.aspx

Exchange Server 2019 Cumulative Update 1 發佈說明：

➥ https://blogs.technet.microsoft.com/rmilne/2019/02/12/exchange-2019-cu1-released/

在您準備開始更新之前，筆者建議您最好先完成 Windows Server 的更新。接著，便可在 Exchange Server 2019 所在的作業系統中，如圖 2-14 所示執行以下命令來完成累積更新 1 的安裝。必須注意的是執行前不能夠開啟 EMS 的 PowerShell 命令視窗，否則可能會發生在更新過程之中，因系統偵測到特定檔案正在被開啟中而被迫中斷執行。

```
.\Setup.exe /m:Upgrade /IAcceptExchangeServerLicenseTerms
```

您不只可以將 Exchange Server 2019 Cumulative Update 1 用來更新現行的 Exchange Server 2019，也可以用它直接來完成全新的部署。

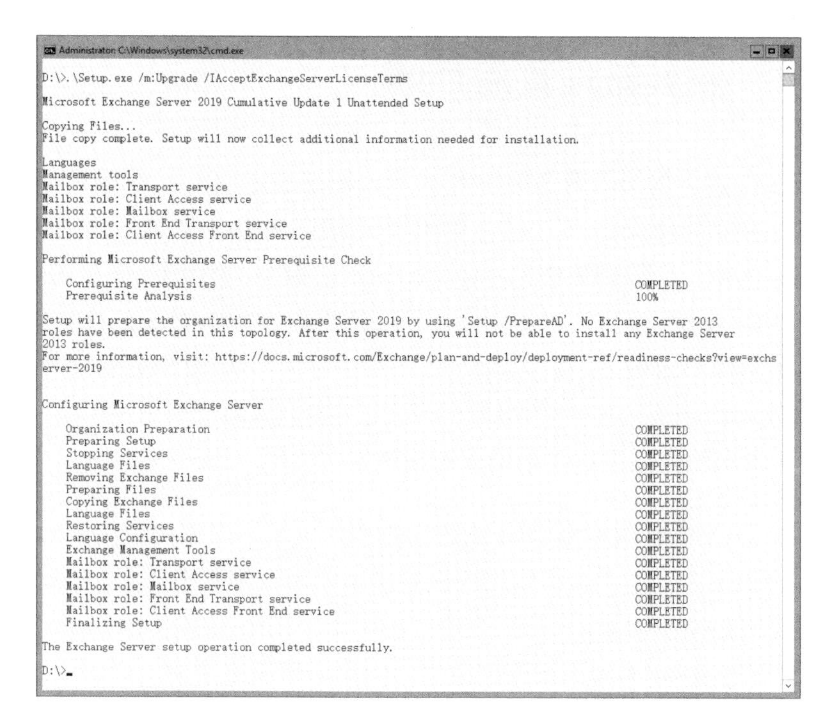

▲ 圖 2-14 Cumulative Update 1 更新成功

還記得前面筆者曾提及 Exchange Server 2019 最初發行的版本號碼是 15.2（Build 221.12），如今在完成了累積更新 1 的安裝之後，您可以重新開啟 Exchange Server 系統管理中心網站，來再次查看如圖 2-15 所示的 [伺服器] 頁面，便會發現到版本號碼已更新為 15.2（Build 330.5）。

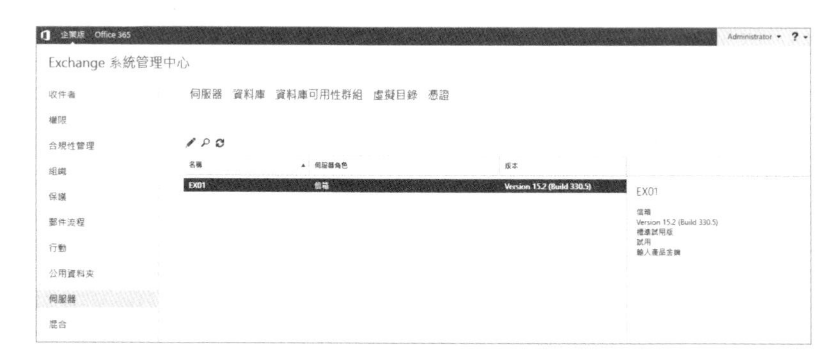

▲ 圖 2-15 檢查更新後的版本資訊

2.10 安裝管理員用戶端

對於 IT 人員而言，雖然目前有相當方便的 [Exchange 系統管理中心] 網站，可以隨時隨地遠端連入管理，可是它畢竟無法執行所有的維護工作。想要完全掌控整個 Exchange Server 架構的管理，最佳的做法就將 Exchange 管理工具套件，直接安裝在管理人員的電腦之中，如此一來不僅可以繼續使用 Exchange 系統管理中心，還可以額外有 Exchange Management Shell 命令主控台以及 Exchange Toolbox 可以使用，進而解決批次管理操作以及自動化管理的需求。

關於 Exchange 管理工具套件的安裝相當簡單，只要在您自己的 64 位元 Windows 10 電腦上，預先安裝好 64 位元版本的 [Visual Studio 2012 Update 4 的 Visual C++ 可轉散發套件] ，即可執行 Exchange Server 2019 的 Setup 程式，來開啟如圖 2-16 所示安裝頁面。在此首先可以選擇是否要連線到 Internet 檢查最更新程式。點選 [Next]。

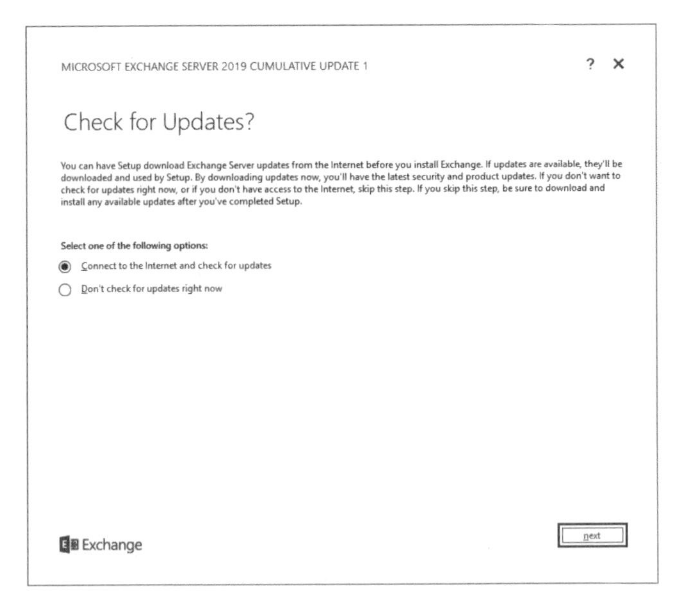

▲ 圖 2-16 Exchange Server 2019 視窗版安裝程式

Visual Studio 2012 Update 4 的 Visual C++ 可轉散發套件下載：

➥ https://www.microsoft.com/zh-tw/download/details.aspx?id=30679

在 [Recommended Settings] 頁面中可以決定是否要加入產品改善計劃的回報機制。點選 [Next]。在如圖 2-17 所示的 [Server Role Selection] 頁面中，請唯一勾選 [Management tools] 選項，然後將下方的 [Automatically install Windows Server roles and feature that are required to install Exchange Server] 選項勾選，以便自動安裝所有必要的 Windows 選用功能。點選 [Next]。

如果您不想要讓 Exchange 的安裝程式，自動幫您完成所有必要 Windows 選用功能的安裝，您也可選擇自行預先執行以下 PowerShell 命令參數來進行安裝。

```
Enable-WindowsOptionalFeature -Online -FeatureName IIS-
ManagementScriptingTools,IIS-ManagementScriptingTools,IIS-
IIS6ManagementCompatibility,IIS-LegacySnapIn,IIS-ManagementConsole,IIS-
Metabase,IIS-WebServerManagementTools,IIS-WebServerRole
```

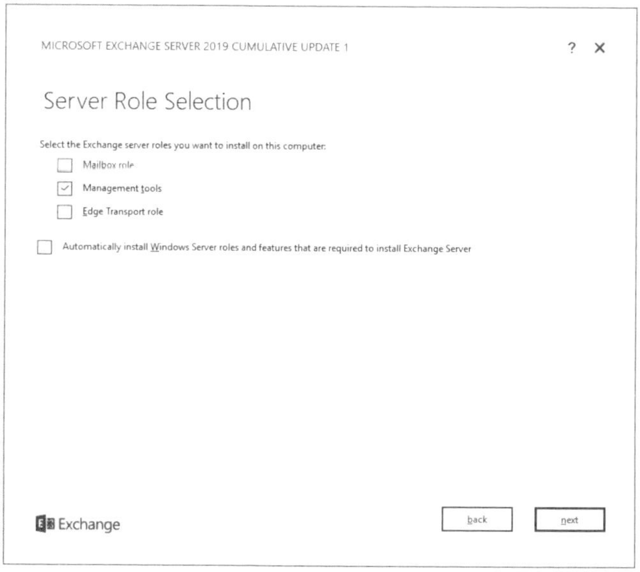

▲ 圖 2-17 伺服器角色選項

在 [Installation Space and Location] 頁面中可以點選 [Browse] 按鈕，來自訂程式的安裝路徑，預設路徑為 C:\Program Files\Microsoft\Exchange Server\V15。點選 [Next]。如圖 2-18 所示在 [Readiness Checks] 頁面中只要確認沒有出現錯誤訊息，即可點選 [install] 按鈕來開始安裝，否則就得等到解決了錯誤提示訊息中的問題時，點選 [retry] 按鈕並於通過檢查之後，再次點選 [install] 按鈕。

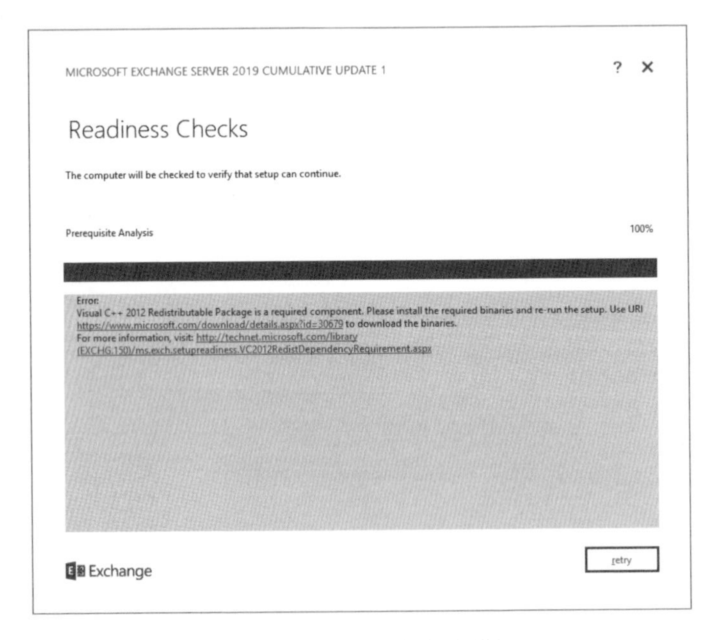

▲ 圖 2-18 可能發生的錯誤

在成功安裝了 Exchange 管理工具套件之後，您將可以在 Windows 的開始功能表中，如圖 2-19 所示來分別開啟 Exchange Management Shell、Exchange Toolbox。其中在 Exchange Toolbox 介面之中，還可以進一步開啟 [Queue Viewer] 工具介面，而這項工具將有助於管理員在日後的維護任務中，快速查詢以及管理位在郵件佇列中的所有訊息。

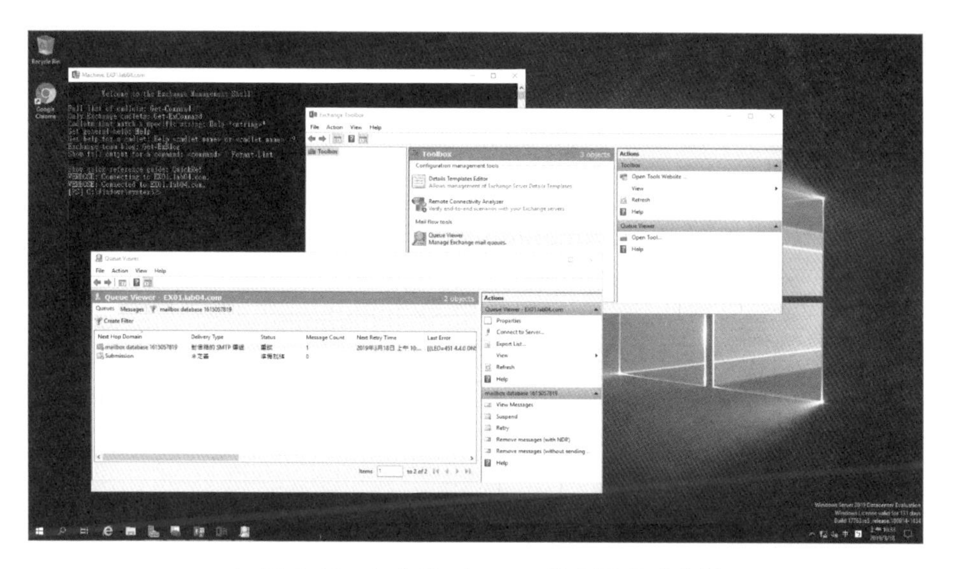

▲ 圖 2-19 完成 Exchange 管理員程式安裝

2.11 PowerShell 直接遠端連線法

如果您不想安裝 Exchange 管理工具套件，也可以直接經由 Windows 10 或 Windows Server 2019 內建的 PowerShell 來連線管理 Exchange Server 2019。只要修改一下命令範例中的 $ExchangeFQDN 變數設定，並且將它們儲存成 .ps1 的 Script 文件，即可在執行後連接所設定的 Exchange Server 2019 系統，或是您也可以像如圖 2-20 所示一樣自行手動執行每一個命令與參數。連線過程中如圖 2-21 所示系統會提示您輸入管理員的帳號與密碼。待成功建立連線之後，可嘗試輸入 Get-Mailbox 等命令來測試一下系統回應是否正常。

```
$ExchangeFQDN = "ex01.lab04.com"
$UserCredential = Get-Credential
$Session = New-PSSession -ConfigurationName Microsoft.Exchange
-ConnectionUri "http://$ExchangeFQDN/PowerShell/" -Authentication Kerberos
-Credential $UserCredential
Import-PSSession $Session
```

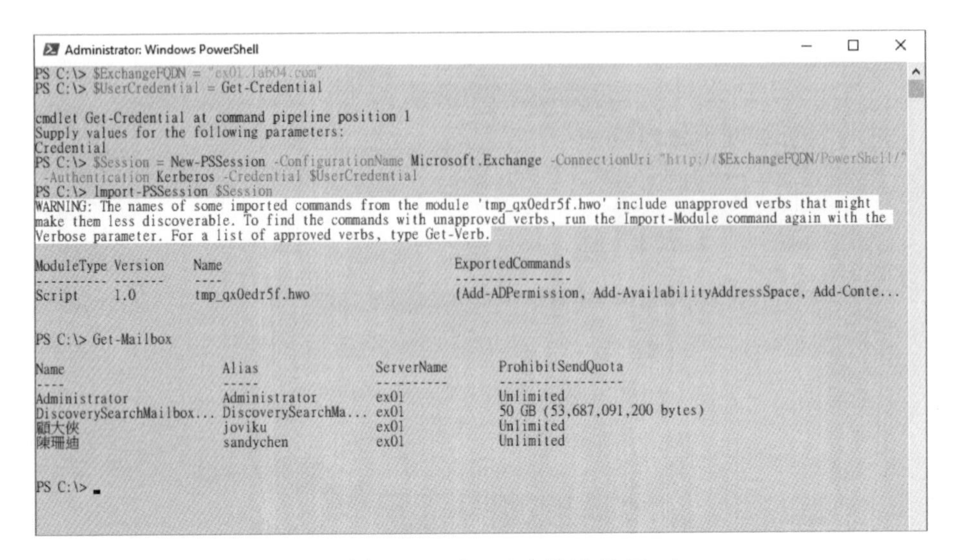

▲ 圖 2-20 以 PowerShell 直接連線 Exchange

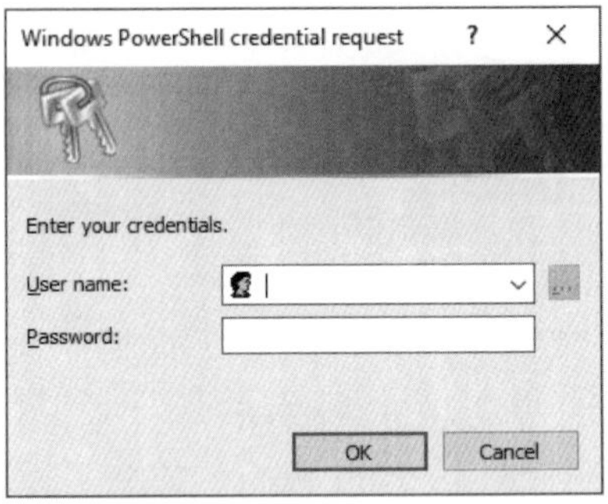

Windows PowerShell credential request
Enter your credentials.
User name:
Password:
OK Cancel

▲ 圖 2-21 輸入管理員帳密

無論是選擇透過 Exchange 系統管理中心還是 PowerShell 來進行遠端連線管理，對於重視資訊安全的組織來說，可能都已經發現了一項安全性的隱憂，那就是對於管理人員是否也需要限制來源位置的存取，以達到嚴密防護管理員自身帳戶可能遭到破解的可能性，而解決方案是選擇配置防火牆、VPN 還是其他進階的網路工具或設備呢？答案都不是，而是只需要 Exchange Server 2019 全新內建的用戶端存取規則（Client Access Rule）的管理功能即可解決。

本章結語

Microsoft Exchange 發展至今從 IT 管理到用戶使用的設計，在整體的功能面部分可以說已經相當完整，不過就客觀的角度而言，我想令 IT 部門最頭痛的問題並非是在管理，而是在新版本已移除特定舊功能的問題最為棘手，就以 Unified Messaging 這項行之有年的整合功能來說，若用戶想要在 Exchange Server 2019 中繼續使用，便需要由 IT 人員再去尋找、評估以及導入類似的第三方解決方案或 Skype 雲端語音信箱才行。

無論如何，在一個軟體不斷發展的歷程裡，難免會經歷一些去蕪存菁的過程，其目的也是為了留下適用大多數用戶所需要的功能，同時也能夠為現行的系統架構進行瘦身而不是毫無限制的持續膨脹。

Exchange Server 2019 服務與網路基礎配置

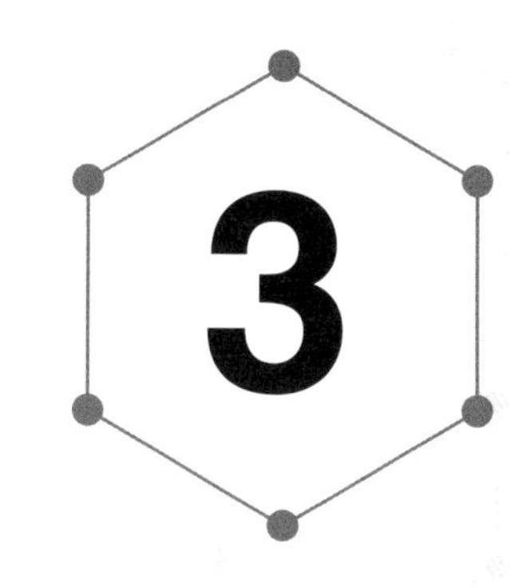

不同於一般的 Mail Server 部署方式，由於 Exchange Server 提供了更加完善的安全設計，以及無所不在的用戶存取經驗，因此它需要在初步完成安裝之時，進一步配置較多與服務以及網路相關的設定，以便讓無論是來自電腦、網頁瀏覽器還是行動裝置的用戶連線，都能夠輕鬆迅速連接並在一致性的流暢操作體驗之下，不漏接任何重要訊息。如果您是一位剛準備接觸 Exchange Server 的 IT 工作者，請記得本章將是決定您能否夠成功完成基本部署的關鍵指引。

3.1 簡介

由於筆者不僅熟悉 Microsoft Exchange 解決方案，對於以 Linux 為基礎的 Mail Server 開源方案也有涉獵，因此常會遇到一些客戶或是讀者，詢問對於公司郵件系統的導入，應該要選擇授權昂貴的 Exchange Server，還是便宜的開源方案好呢？

關於上述問題的答案其實很簡單，要評估的重點應該是實務上的需求而非價格。因為 Exchange Server 的設計首重在人員的協同合作，它除了可以徹底發揮用戶端 Office 應用程式的各項協作功能之外，在進階的應用部分還可以透過連接自家的 SharePoint Server 以及 Skype for Business Server，來達到與企業資訊入口網站（EIP）、即時訊息服務（IM）的完美結合，徹底解決許多企業長久以來在電子郵件、文字即時訊息、語音視訊以及人員知識整合的管理需求。

反觀開源的 Mail Server 方案在架構上就簡陋許多，因為它唯一提供的用途就是在 Email 的基本收發管理，也就是說只要能夠讓用戶在 Email 的收發上，維持穩定運作就算達成了目標。儘管您也可以進一步部署開源的 EIP、IM 以及 KM 方案，但若要達到所謂的整合，那肯定得投入許多開發與維護的成本在這裡頭。

話說回來也由於 Exchange Server 在訊息協同合作以及安全管理上的功能完善，再加上整合其他應用服務的能力相當強，因此在安裝後的最初配置就會遠比開源的 Mail Server 來得複雜許多，不過這一些付出是值得的，因為它將可以簡化初期各類用戶端連線時的複雜設定，並同時建立好經過加密處理的安全連接通道，讓用戶在首次的使用中就能夠獲得愉快的體驗。接下來，就讓我們一起動手來完成這些必要配置任務吧！

3.2 DNS 記錄管理

如同其他品牌的 Mail Server 部署一樣，若想要提供給內網與外網的用戶端，可以簡單且迅速地完成連線，管理人員就必須預先在 DNS 伺服器上，建立好相對應的 Exchange 名稱記錄，以供各類型的用戶端只要透過完整名稱（FQDN）的輸入，即可完成連線設定，而不是選擇輸入 IP 位址。因為若採用 IP 位址用戶們將會面臨三大問題，分別有 IP 位址不如名稱容易記憶、未來 IP 位址的異動、內網與外網 IP 位址的不同。

關於 DNS 主機的部署

強烈建議您部署兩部 DNS 伺服器於企業內網之中，一部提供內網連線時的主機名稱解析，一部提供 Internet 用戶端連線時的主機名稱解析。必須注意的是內外網域名稱最好設定一致，例如都命名為 lab04.com，如此一來才不會造成在往後管理上或用戶使用上的困擾。

明白了提供完整名稱連線方式的重要性之後，接下來就讓我們趕緊來學習一下有關於 Exchange Server 的 DNS 記錄配置。首先請在 Exchange Server 本機的命令視窗之中，如圖 3-1 所示執行 Get-DNSClientServerAddress 命令，以便確認目前所使用的 DNS 主機位址。

```
Select Administrator: C:\Windows\system32\cmd.exe - powershell
PS C:\> Get-DNSClientServerAddress

InterfaceAlias                  Interface Address ServerAddresses
                                Index     Family
--------------                  --------- ------- ---------------
Ethernet0                               6 IPv4    {192.168.7.246, 168.95.1.1}
Ethernet0                               6 IPv6    {}
Loopback Pseudo-Interface 1             1 IPv4    {}
Loopback Pseudo-Interface 1             1 IPv6    {}


PS C:\> _
```

▲ 圖 3-1 查詢 Exchange 的 DNS 主機

緊接著必須到 Exchange Server 所連接的 DNS 伺服器中來進行操作。如圖 3-2 所示請開啟 [DNS Manager] 介面，然後點選至目前 Exchange Server 所在的正向區域之網域。接下來您便可以在此網域的節點上，按下滑鼠右鍵來選擇所要新增的記錄類型。

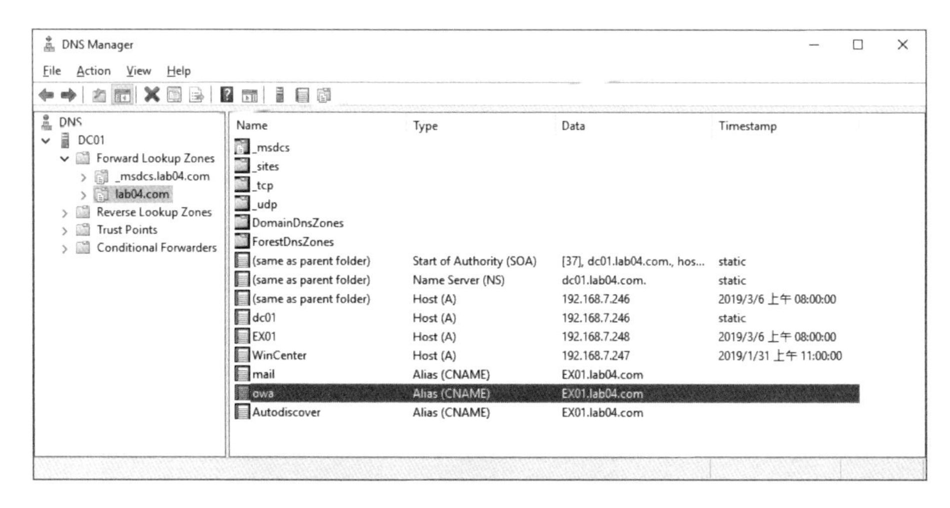

▲ 圖 3-2 查看 DNS 記錄設定

如表 3-1 所示便是一個典型 Exchange Server 的外部 DNS 記錄設定範例，您必須在內部與外部的 DNS 伺服器都有相同的記錄設定，這包括了網域的 MX 記錄、Exchange Server 的 A 記錄、OWA 的別名設定、自動探索（Autodiscover）的別名設定，只是一組是對應內部 IP 位址，一組則是對應外部的 IP 位址。

其中 MX 記錄在外部 DNS 伺服器中一定要有，尤其是在對外的 SMTP 服務有兩台以上時，可以設定優先權來決定其先後順序。至於 Autodiscover 的記錄，便是用來方便用戶端，在無需輸入 Exchange Server 位址的設定之下，改由根據 Email 地址的尾碼即可找到伺服器的連線位址。

▼ 表 3-1 DNS 記錄參考設定

完整網域名稱（FQDN）	DNS 記錄類型	值
EX01.lab04.com	A	140.1.1.100
lab04.com	MX	EX01.lab04.com
mail.lab04.com	CNAME	EX01.lab04.com
owa.lab04.com	CNAME	EX01.lab04.com
Autodiscover.lab04.com	CNAME	EX01.lab04.com

如圖 3-3 所示便是自動探索的別名新增設定範例，請在 [Alias] 的欄位中輸入 Autodiscover，再點選 [Browse] 按鈕來選取相對應的 Exchange Server 記錄即可。點選 [OK]。

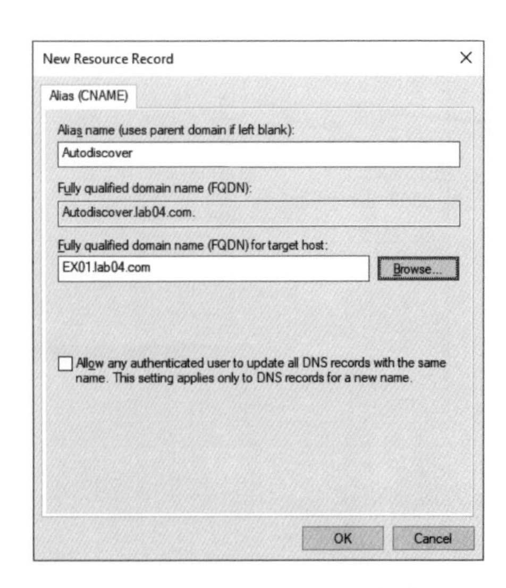

▲ 圖 3-3 新增別名記錄

3.3 伺服器憑證申請

無論用戶端是使用 Outlook、OWA 還是行動裝置的 ActiveSync 連線方式，Exchange Server 對於連線的建立，皆是採用 SSL 加密安全通道來完成，如此可以有效避免傳送中的帳號、密碼以及各類訊息遭到網路封包分析工具的側錄。為此我們必須為 Exchange Server 建立專屬的伺服器憑證，才能啟用 SSL 安全通道功能。否則當使用者的 Outlook 或 OWA 在進行連線 Exchange Server 信箱時，將會出現類似如圖 3-4 所示的憑證安全警示。

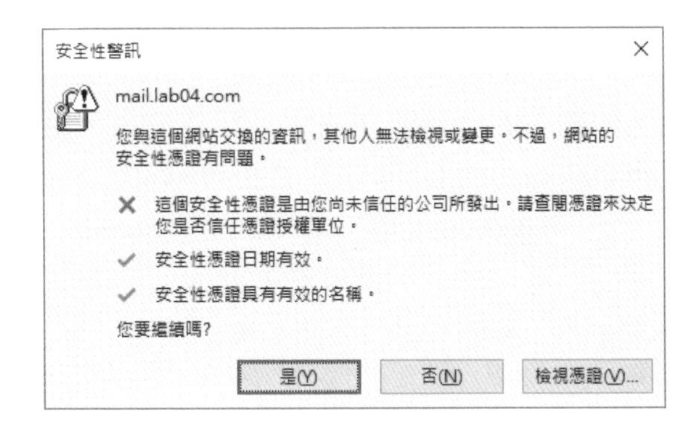

▲ 圖 3-4 證安全警示

請連線登入 [Exchange 系統管理中心] 網站，然後點選至 [伺服器] 節點的 [憑證] 頁面中，如圖 3-5 所示在預設的狀態下還不會有正式使用的憑證，只會有供測試用途的自我簽署憑證。點選新增的圖示之後將會開啟 [新增 Exchange 憑證] 頁面，請選取 [建立向憑證授權單位索取憑證的要求]。點選 [下一步] 繼續。

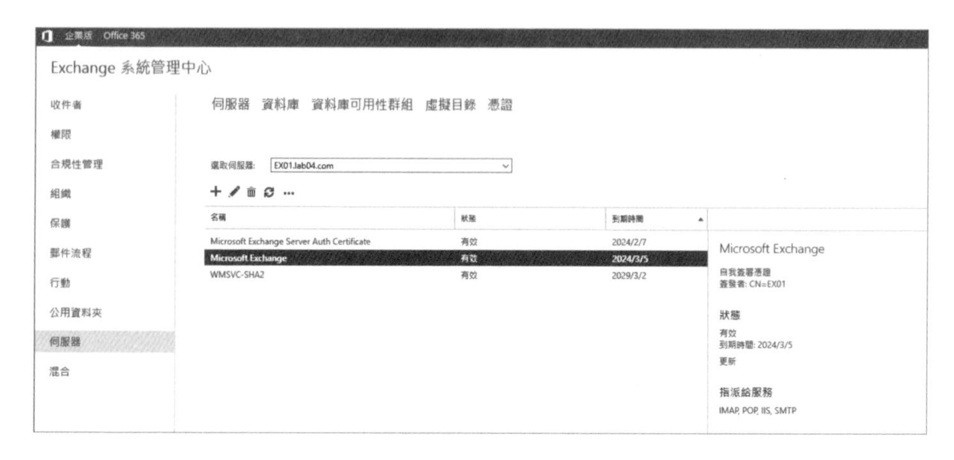

▲ 圖 3-5 伺服器憑證管理

緊接著請輸入一個針對此憑證的易記名稱。點選 [下一步]。在下一步的設定頁面中，如圖 3-6 所示可以決定是否要使用萬用字元（*）方式來建立憑證。例如您公司的 DNS 網域名稱是 lab04.com，便可以直接輸入 *.lab04，如此一來便不需要為相同網域名稱下的不同網址連線，來設定各別對應的位址。此外，在擁有子網域架構下的 Exchange Server 之部署，也同樣可以繼續沿用相同的伺服器憑證，以節省部署憑證的時間。點選 [下一步]。

▲ 圖 3-6 要求萬用字元憑證

接著，請選擇準備用來儲存憑證要求的 Exchange Server。點選 [下一步]，在如圖 3-7 所示的頁面中，必須為這個新申請的伺服器憑證，設定相關的組織名稱、部門名稱、國家地區以及城市位置，而這一些資訊往後也可以在憑證的屬性中查看到。點選 [下一步]。

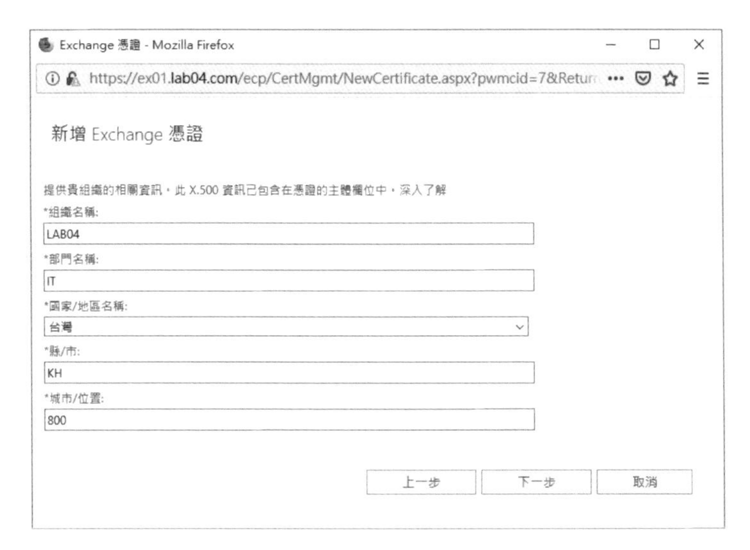

▲ 圖 3-7 設定憑證組織資訊

如果您沒有設定採用萬用字元（*）方式來建立憑證，則需要進一步自訂每一項功能用途的對應網域。例如您可能想要讓 OWA 網站的連線，使用 owa.lab04.com，其他的功能存取則全部採用 mail.lab04.com。其中自動探索的網域便需要輸入 autodiscover.lab04.com。

最後在如圖 3-8 所示的頁面中，請輸入一個 UNC 的網路共享路徑，來存放憑證要求的文字檔案。請注意！此路徑必須預先已設定好允許 Exchange Server 電腦群組能夠存取。點選 [完成]。在成功產生憑證要求的文字檔案之後，接下來我們就可以透過這個檔案的編碼內容，來向 CA 憑證伺服器申請 Exchange Server 的伺服器憑證並完成安裝設定。

▲ 圖 3-8 憑證存放位置設定

3.4 伺服器憑證安裝

請以 Windows 的 [記事本] 應用程式，如圖 3-9 所示開啟前面步驟中所產生的憑證要求檔案，並且先複製好其完整內容於記憶體之中。接著以網頁瀏覽器連線登入至 CA 憑證伺服器的網站（例如：http://DC01/certsrv）。

▲ 圖 3-9 憑證編碼資訊

在成功以系統管理員身份登入 CA 憑證伺服器網站之後，請在如圖 3-10 所示的 [Welcome] 頁面中，點選 [Request a certificate] 超連結繼續。

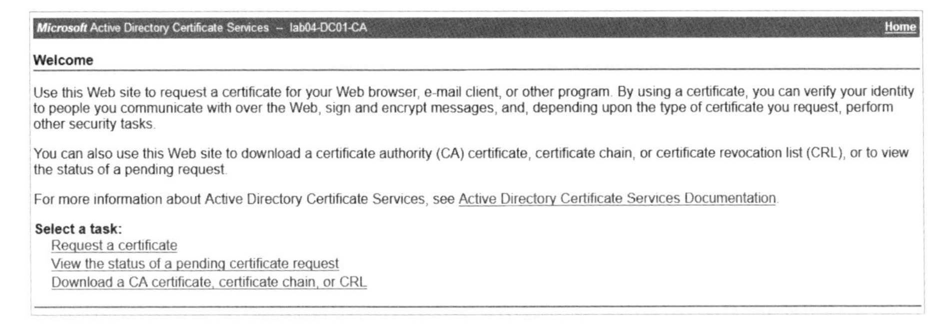

▲ 圖 3-10 AD 憑證服務網站

在 [Request a Certificate] 頁面中，請點選 [advanced certificate request] 超連結。緊接著在如圖 3-11 所示的 [Submit a Certificate Request or Renewal Request] 頁面中，請將剛剛複製到記憶體中的憑證要求檔案的內容，張貼至 [Saved Request] 的欄位之中後，再至 [Certificate Template] 欄位中選取 [Web Server] 並點選 [Submit] 按鈕。

Microsoft Active Directory Certificate Services -- lab04-DC01-CA

Submit a Certificate Request or Renewal Request

To submit a saved request to the CA, paste a base-64-encoded CMC or PKCS #10 certificate Web server) in the Saved Request box.

Saved Request:

Base-64-encoded certificate request (CMC or PKCS #10 or PKCS #7):

hPPGpjyqrZA511Kf+y+wjvSVAg7ISUATcvYnUTZxQ
nCIBhMaZ0S5QoUHqMNniGg336J+Ie9YDfC1YFe64S(
lD4PiW3KaWPWw77m9iHPWPfwwV/ZNQmdeSpysY/Om
zGcwhBAmKv5HiEcMHBvVzUbCH8W92ot56Q==
-----END NEW CERTIFICATE REQUEST-----

Certificate Template:

Web Server

Additional Attributes:

Attributes:

Submit >

▲ 圖 3-11 憑證要求設定

最後在如圖 3-12 所示的 [Certificate Issued] 頁面中，便可以選擇下載以 DER 編碼方式的憑證。請點選 [Download certificate] 超連結完成檔案下載，並且將此檔案妥善保存。

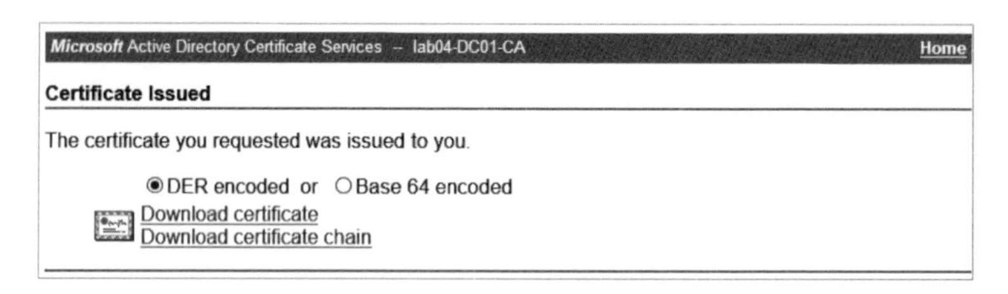

▲ 圖 3-12 憑證申請成功

回到 [Exchange 系統管理中心] 的 [伺服器] 節點之 [憑證] 頁面中，請在擱置的要求憑證選項上點選 [完成] 超連結。接著在如圖 3-13 所示的 [完成擱置的要求] 頁面中，輸入新憑證檔案的 UNC 網路共享路徑（例如：\\EX01\Share\certnew.cer）並點選 [確定]。值得注意的是未來此伺服器憑證一旦過期，只要同樣在此頁面中點選 [更新] 連結，來完成憑證的更新即可繼續運行。

▲ 圖 3-13 完成擱置的要求

最後請點選編輯此憑證設定的屬性，然後在如圖 3-14 所示的 [服務] 頁面中，將所有要引用此憑證的伺服器服務勾選，一般來說至少有 SMTP 與 IIS，至於 IMAP 與 POP 則是在有使用這兩服務時，才需要選擇性去勾選它們。點選 [儲存]。

▲ 圖 3-14 憑證服務指定

如果您想要讓 IMAP 或 POP 採用 SSL/TLS 的加密連線方式，則除了憑證服務的設定之外，還必須透過執行 Set-POPSettings 以及 Set-IMAPSettings 命令與相關參數，來設定這兩項服務的 FQDN 配置才可以正常運行。

如圖 3-15 所示回到 [伺服器]\[憑證] 的頁面之中，便可以看到剛剛所申請與配置的 Exchange 伺服器憑證，目前的狀態資訊已呈現為 [有效]。此外也可以在這個頁面中檢視到每一項憑證的簽發者、到期時間以及選定的服務。

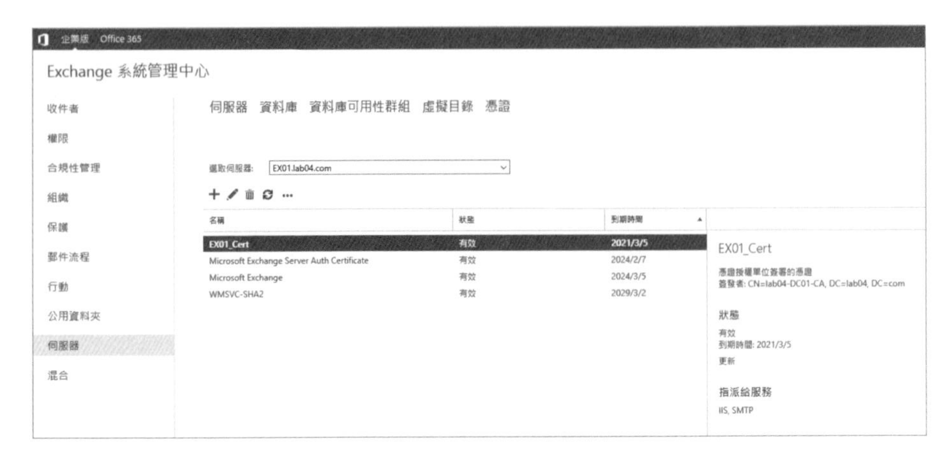

▲ 圖 3-15 憑證安裝設定完成

3.5 IIS 虛擬目錄管理

想要讓 Exchange Server 2019 的內網與外網用戶端連線運行皆正常，您首先必須檢視網站中相對的每一個虛擬目錄設定是否正確，並且在必要時進行適當的修正。請如圖 3-16 所示開啟位在 [伺服器] 節點中的 [虛擬目錄] 頁面。在此可以發現不同的虛擬目錄名稱，其實都有它的不同用途（表 3-2），並且您可以選擇僅顯示所挑選的伺服器虛擬目錄清單，或是僅顯示特定類型的虛擬目錄清單來進行管理。

您也可以透過在 IIS 的管理員介面中，來檢視 Exchange Server 所有的虛擬目錄。

▼ 表 3-2 Exchange Server 2019 虛擬目錄用途

虛擬目錄	用途
Autodiscover	此虛擬目錄便是用來幫助 Outlook 的用戶端（含行動裝置），無論是從內網還是外網連接，都不需要在開啟進階設定來配置詳細的郵件主機位址資訊，而是僅需要輸入 Email 地址即可。
ecp	ECP（Exchange Control Panel）即是管理員連接 Exchange 系統管理中心的虛擬目錄，只是此虛擬目錄名稱至今尚未被官方修正為 EAC。
EWS	EWS（Exchange Web Services）除了負責提供一些常見的服務，包括服務可用性、行事曆共享、自動回覆、郵件提示等等，也是讓開發人員在進行異質應用程式的功能設計整合時需要使用到它。
mapi	用於提供內網與外網 Outlook 的連接服務。MAPI over HTTP 最初採用的版本是 Exchange Server 2013 SP1，而從 Exchange Server 2016 版本開始便預設啟用它。管理員可以透過執行 Get-OrganizationConfig | FL *mapi* 命令來查看它的啟用狀態。
Microsoft-Server-ActiveSync	提供用戶的各種相容行動裝置，進行信箱的連接、郵件的收發、行事曆的使用、連絡人等功能的使用。
OAB	OAB（Offline Address Book）為處理用戶端的離線通訊錄，讓使用者即使在無法連接 Exchange Server 的狀況之下，也能存取最新一次同步下來的企業通訊錄清單。
owa	OWA（Outlook Web App）顧名思義就是網頁版的 Outlook 應用程式，因此新版原文已改為 "Outlook on the Web"。
PowerShell	當管理員無論是經由內網還是遠端的 EMS（Exchange Management Shell）工具進行連線管理時，所提供連接存取服務的虛擬目錄便是 PowerShell。

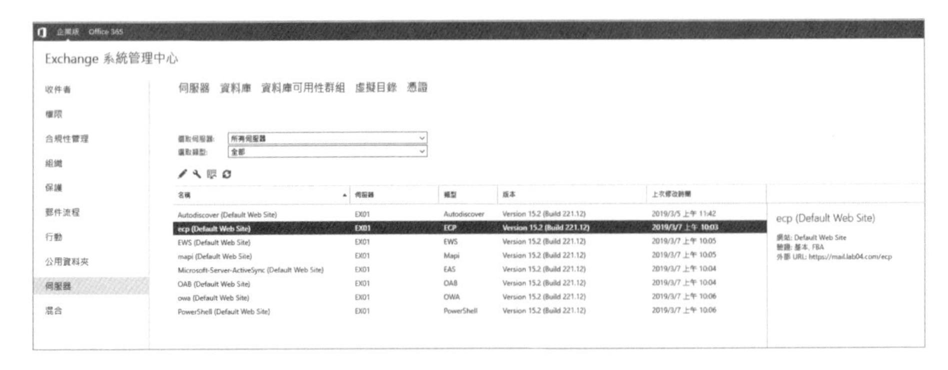

▲ 圖 3-16 虛擬目錄管理

舉例來說在最常使用的 OWA 虛擬目錄或是如圖 3-17 所示的 ECP 虛擬目錄，在它們的 [一般] 頁面中，可以發現它在預設的狀態下，僅有設定 [內部 URL] 的欄位值，並且其中的伺服器完整名稱（FQDN），是以主機的名稱為主，因此筆者將它們修改為一致的別名完整名稱（mail.lab04.com）。如果您想要透過 EMS 命令介面來修改其設定，可以參考以下命令參數。

```
Set-EcpVirtualDirectory -Identity "EX01\ECP (Default Web Site)" -ExternalUrl https://mail.lab04.com/ecp -InternalUrl https://mail.lab04.com/ecp
```

▲ 圖 3-17 ECP 虛擬目錄設定

在實務上您需要配合 Exchange 憑證中的 [一般名稱] 設定，來修改其中的內部 URL 完整名稱，並同時完成 [外部 URL] 的設定，也就是說如果您在前面步驟的伺服器憑證配置中，採用了簡易的萬用字元憑證配置（*.lab04.com），則即使不同功能用途的虛擬目錄設定了不同的 URL，只要在 DNS 記錄中有正確的相對應設定，也能夠讓用戶端在進行連線的過程之中，不會出現憑證錯誤相關的錯誤訊息。

同樣的做法也可以來用來修改其他的虛擬目錄，這包括了經由相對的命令來完成設定，這些可用命令像是 Set-OwaVirtualDirectory、Set-ActiveSyncVirtualDirectory、Set-WebServicesVirtualDirectory、Set-OabVirtualDirectory、Set-MapiVirtualDirectory。

此外在這些虛擬目錄配置中，最值得特別注意的是 OWA，因為它還有進階的功能以及檔案存取設定。如圖 3-18 所示便是 [功能] 設定頁面，在此可以決定哪一些功能要開放給 OWA 用戶來使用，如未勾選則該功能選項便不會出現在 OWA 的操作介面之中。

▲ 圖 3-18 OWA 功能設定

至於在如圖 3-19 所示的 [檔案存取] 頁面中，可以決定當使用者在公用或公共電腦以及私人電腦時，是否能夠透過直接檔案功能來開啟電子郵件附加的檔案。點選 [儲存]。

▲ 圖 3-19 OWA 檔案存取設定

除了上述幾個 Exchange 的相關虛擬目錄需要設定內部與外部網址之外，針對於負責處理 Outlook Anywhere 連線功能的 RPC 虛擬目錄也同樣需要設定的，不過並非是經由 [虛擬目錄] 的頁面來設定，而是必須先在 [伺服器] 的頁面中選取所要設定的 Exchange Server，再開啟編輯頁面之後便可以在 [Outlook Anywhere] 功能頁面之中來完成設定。關於此功能的設定，您也可以參考以下如圖 3-20 所示的 PowerShell 命令與參數範例。

```
Set-OutlookAnywhere -Identity "EX01\RPC (Default Web Site)
" -ExternalHostname "mail.lab04.com" -InternalHostname "mail.lab04.
com" -ExternalClientsRequireSsl $true -InternalClientsRequireSsl $true
-DefaultAuthenticationMethod NTLM
```

若要查看目前對於 Outlook Anywhere 內部與外部的網址設定，請執行以下命令與參數。

```
Get-OutlookAnywhere | Select Server,ExternalHostname,Internalhostname | fl
```

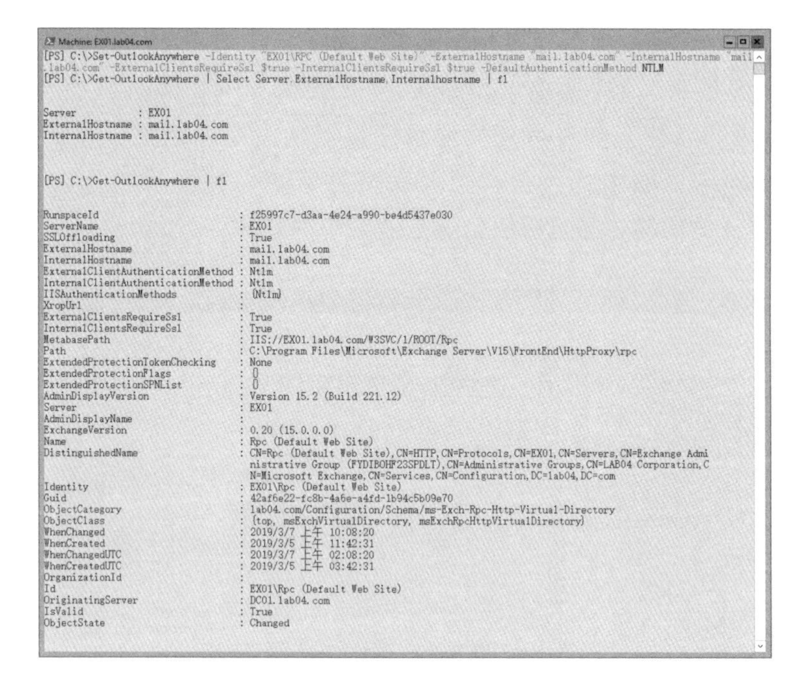

▲ 圖 3-20 Outlook Anywhere 設定

3.6 郵件傳送連接器管理

Exchange Server 從早期的版本開始，就已經可以對於不同的外部網域，來建立不同的傳送連接器設定，以控管 Email 發送時的路由與限制。例如您可以控制凡是寄送給某合作夥伴公司人員的 Email，皆允許夾帶 50MB 的附件檔案，但若是發送到其他網域的 Email，則會有 10MB 大小的限制。

在路由方面您則可以讓所有 Email 的發送，都必須通過公司的 Spam Server 才能完成，以利於 IT 部門對於所有 Email 發送的記錄與追蹤。進一步也可以設定讓寄給特定收件者網域的 Email，改由選定的 Smart Host 來進行發送，而上述這兩種配置方式，在實務上常被運用在對於分公司、客戶、合作夥伴以及關係企業的郵件分流處理。

話說回來究竟要如何正確配置傳送連接器呢？很簡單！請在 [Exchange 系統管理中心] 頁面中，如圖 3-21 所示點選至 [傳送連接器] 頁面，在預設的狀態下並沒有任何傳送連接器的設定，這表示將會使得內部 Exchange 主機中的人員相互發送郵件正常，但是郵件卻無法發送給 Internet 的信箱，並且會收到退信的系統通知。

▲ 圖 3-21 傳送連接器管理

在如圖 3-22 所示新增傳送連接器的 [名稱] 頁面設定中，請輸入新傳送連接器的名稱（例如：Internet），再挑選傳送連接器類型，在此我們以 [網際網路] 選項為例。點選 [下一步] 繼續。

▲ 圖 3-22 新增傳送連接器

在如圖 3-23 所示的 [網路設定] 頁面中，常見會採用預設的 [與收件者網域關聯的 MX 記錄] 選項即可，但是某一些企業 IT 會希望對於外部郵件的傳送，也需要通過特定的郵件閘道主機（例如 Spam Server），以利於 IT 部門對於郵件發送記錄的審核，在這種情境之下就需要改設定為 [透過智慧主機路由郵件]，然後再加入相關連線的位址至下方的智慧主機清單之中，以及完成驗證資訊的設定即可。

此外也必須注意所選定連接的智慧主機，如果已設定不採用帳號密碼的驗證方式，則該主機須預先設定好允許此 Exchange Server 的郵件轉送（Mail relay）權限，否則將會導致郵件轉送過程中，遭智慧主機拒絕連接的問題。點選 [下一步]。

▲ 圖 3-23 網路設定

在如圖 3-24 所示的 [位址空間] 頁面中，常見的作法通常會新增一筆網域為 * 字元的 SMTP 設定，以便讓 Email 能夠成功發送至 Internet 的外部郵件伺服器。不過如果您的連接器只是要針對選定網域的發送，那麼在 [網域] 的設定中就必須改輸入該網域名稱，例如：lab05.com。點選 [下一步] 並在 [來源伺服器] 的頁面中，將目前的 Exchange Server 挑選進來即可。點選 [完成]。

▲ 圖 3-24 位址空間設定

如果有整合 Edge Transport Server 運行，則可以在此加入其訂閱設定，如此便可以讓對外網收發的 Email 全經由 Edge Transport Server 來完成。

原則上只要完成上述有關於 Internet 傳送連接器的設定，就可以讓 Exchange Server 的用戶傳送 Email 至 Internet。然而為了避免使用者所傳送的 Email 太大，而影響整體郵件收發的服務品質，建議您可以為每一個所建立好的傳送連接器，開啟編輯設定並在如圖 3-25 所示的 [一般] 頁面之中，設定適當的郵件大小限制設定。點選 [儲存]。

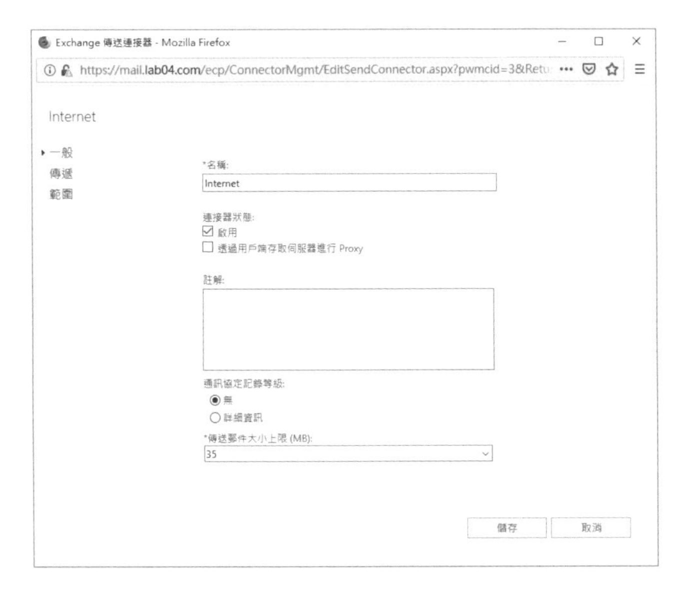

▲ 圖 3-25 編輯傳送連接設定

關於新增傳送連接器的方法，除了可以透過上述 Exchange 系統管理中心來完成之外，也可經由執行以下 PowerShell 命令範例來快速完成設定。

```
New-SendConnector -Name "Internet" -AddressSpaces * -Internet
-SourceTransportServer "EX01"
```

以下 PowerShell 的命令範例，則是唯一應用在發送給 lab05.com 網域郵件的路由設定，其中對於 lab05.com 郵件伺服器的連接，也設定採用基本驗證方式，而登入的帳號與密碼則將在您執行此命令的同時，自動由系統的提示視窗來要求輸入。

```
$CredentialObject = Get-Credential; New-SendConnector -Name "Secure
Email to lab05.com" -AddressSpaces lab05.com -AuthenticationCredential
$CredentialObject -SmartHostAuthMechanism BasicAuth
```

對於您已經建立好的傳送連接器，如果確定暫時不會使用到它，並不需要直接將它刪除，而是只要在選取該連接器之後，再點選 [停用] 超連結即可。若往後需要繼續使用時再點選 [啟用] 超連結。

3.7 Outlook 2019 連線測試

Office Outlook 一直以來都是 Exchange Server 的最佳用戶端，因為也只有它才能夠真正完全發揮所有與訊息協同合作的相關功能，而非僅提供一般 Email 收發功能的操作。有鑑於此，系統管理人員必須確保內網與外網的所有 Outlook 用戶端，都能夠通行無礙的連線存取他們位在 Exchange Server 中的信箱。

想要讓內網與外網的 Outlook 用戶通行無礙，必須仰賴的 Exchange 功能就是 Outlook Anywhere 功能。值得注意的是此功能在 Exchange Server 2013 以前，所使用的是 RPC over HTTP 通訊協定，而從 Exchange Server 2016 開始至最新的 Exchange Server 2019 所採用的則是更先進的 MAPI over HTTP 通訊連結技術，來提供更快速、可靠且安全的訊息傳遞架構，且此功能預設已在組織層級的設定中被啟用了。

接下來就讓我們實際來開啟 Office 2019 中的 Outlook 應用程式。執行後首先將會要求輸入使用者的 Email 地址，若此時點選了 [進階選項] 則將會開啟如圖 3-26 所示的 [進階設定] 頁面。在此將可以看到目前 Outlook 所支援的各種連線方式，也就是說除了我們目前即將使用的 [Exchange] 之外，它也支援了 Office 365、Outlook.com、Google 以及任何採用 POP 或 IMAP 信箱服務的 Mail Server 連接。

如圖 3-27 所示便是已經完成 Exchange 連線帳戶設定的範例，您可以直接點選 [完成] 來開始使用 Outlook，或是繼續輸入其他非 Exchange 信箱的 Email 地址，來完成更多信箱的連接設定，如此一來便可以在同一個 Outlook 介面之中，同時收發多個不同來源信箱的 Email。

▲ 圖 3-26 Outlook 2019 連線精靈

▲ 圖 3-27 成功新增 Exchange 帳戶設定

3.8 Outlook 進階連線配置

除了可透過上述 Outlook 精靈的方式，來迅速完成 Exchange Server 連線配置之外，對於專業的 IT 人員來說，也可以如圖 3-28 所示透過開啟位在 [控制台] 中的 [Mail（郵件）] 功能，來完成進階的連線配置。而種做法的好處，除了可以自訂多組的連線設定之外，也有助於 IT 人員進行 Outlook 連線問題的故障排除。

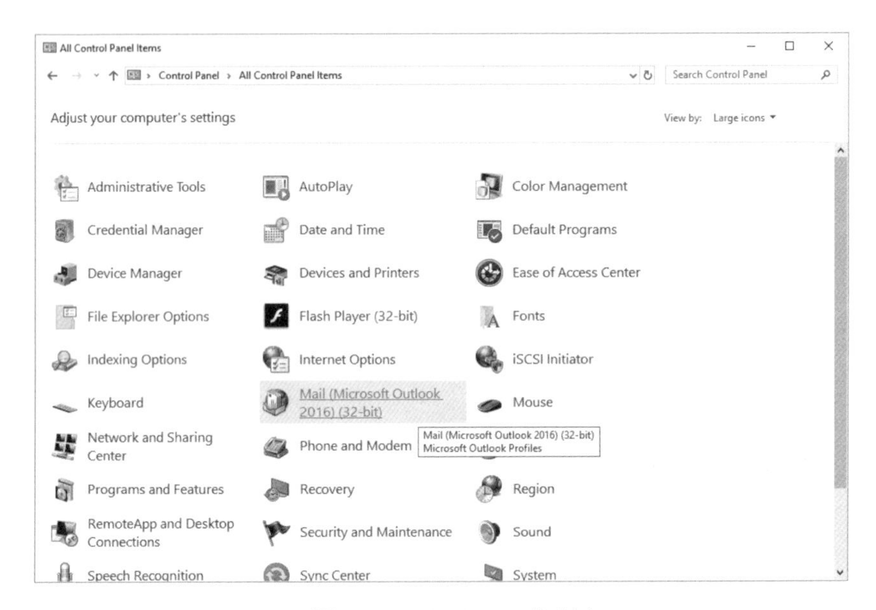

▲ 圖 3-28 Windows 控制台

在開啟如圖 3-29 所示的 [郵件] 頁面之後，可以點選 [新增] 按鈕來自訂一個連接設定名稱。進階設定部分，則是可以選擇 [提示使用的設定檔] 或 [始終使用這個設定檔]，也就是讓有建立多個 Outlook 設定檔的用戶端，能夠自行彈性選擇。

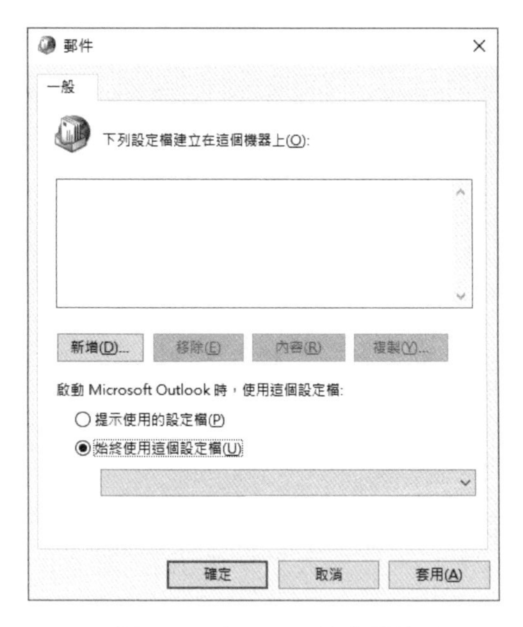

▲ 圖 3-29 Outlook 設定檔管理

接著在如圖 3-30 所示的 [自動帳戶設定] 頁面中，系統會自動偵測到目前登入 Windows 的網域帳號以及 Email 地址。在此若是所要連接的並非是 Exchange Server，或是想要自行手動設定伺服器的各項連線資訊，皆可以選取 [手動設定其他伺服器類型]。筆者直接點選 [下一步] 繼續。

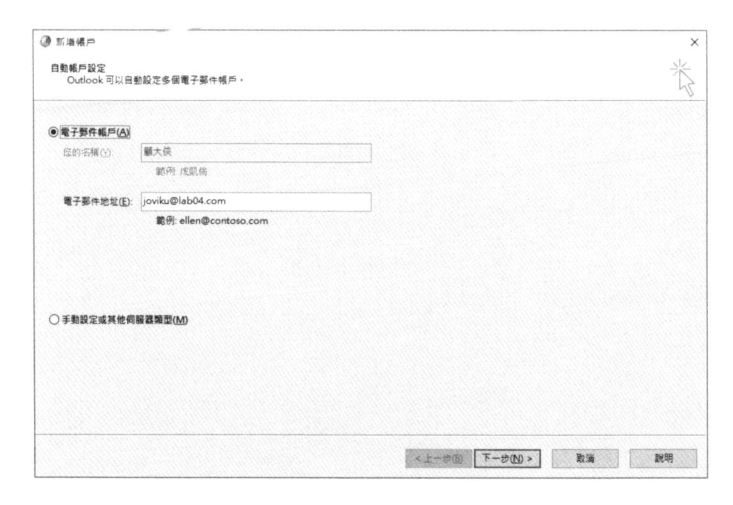

▲ 圖 3-30 自動帳戶設定

如圖 3-31 所示可以看見目前已經完成以現行登入的 Windows 網域帳戶，成功連線了 Exchange Server 信箱。在此您可以直接點選 [完成] 按鈕，或是繼續新增另一個帳戶設定，或是勾選 [變更帳戶設定] 來開啟進階設定頁面。

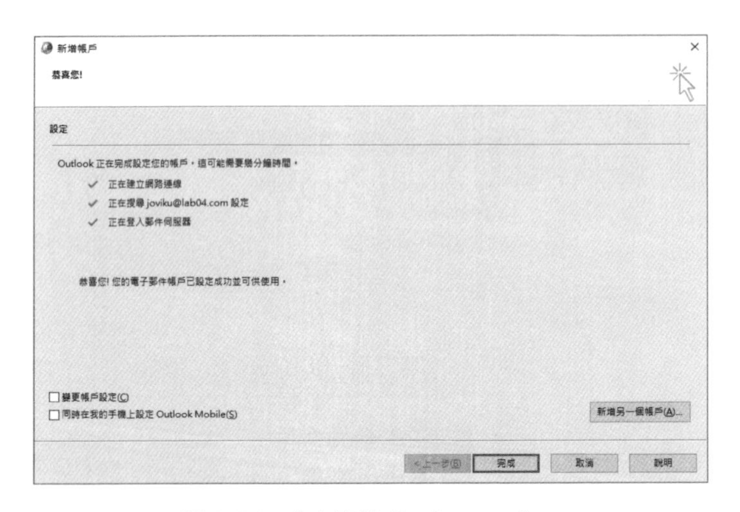

▲ 圖 3-31 成功連線 Exchange Server

如圖 3-32 所示便是成功以 Outlook 2019 連線存取 Exchange Server 2019 信箱的範例。您可以立即撰寫一封新的測試郵件，並且選擇發送給自己、其他用戶以及外部的 Internet 信箱，並且在信件內容之中要求收件者回信，以確保 Email 的發送與接收是沒有問題的。

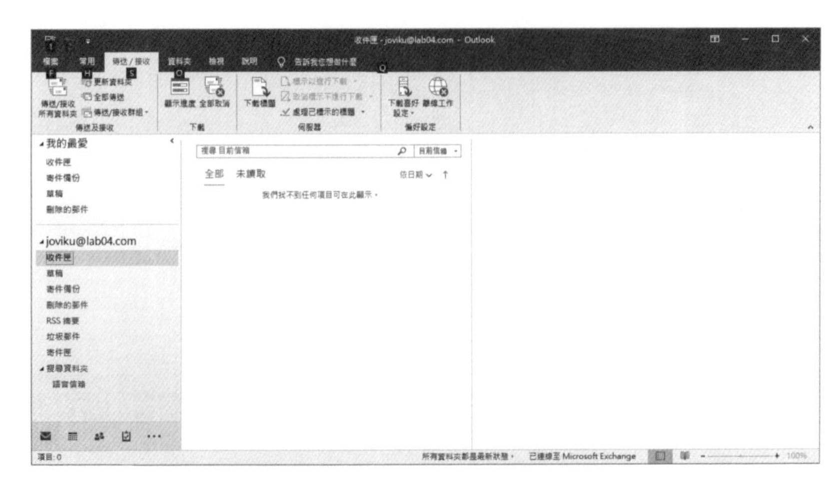

▲ 圖 3-32 Outlook 2019 操作介面

若 Outlook 的連線過程中發生失敗，您可以嘗試在伺服器上透過執行以下的 PowerShell 命令與參數，來進行自我測試。其中 EX01 是筆者測試環境中的 Exchange Server 2019 伺服器，執行結果若回應 Succeeded 訊息，即表示初步的自我連線測試是成功的，否則將會出現相關的錯誤說明。

```
Test-OutlookConnectivity -RunFromServerId EX2016 -ProbeIdentity
OutlookMapiHttpSelfTestProbe
```

至於在用戶端的連線測試方式，可以透過執行 Outlook.exe /rpcdiag 的命令方式，來開啟 Outlook 的 [Outlook 連線狀態] 視窗。從如圖所示的範例中，可以清楚看到所採用的通訊協定為 HTTP，加密的方式則是為 SSL，這是一種安全連線信箱的方式，而同樣的連線方式也可以使用在對於 Exchange 線上封存、公用資料以及任何被授權存取的信箱連線。

3.9 網外用戶端憑證安裝

當 Outlook 的用戶端電腦曾經有開機登入過內網的 Active Directory，基本上系統便會自動下載 CA 的憑證檔案在本機信任的容器之中，在這種情境之下即便該電腦搬到外網去使用，Outlook 連線時也不會出現憑證錯誤的訊息。可是如果目前所準備的一台外部電腦從未登入過內網的 Active Directory，該如何安裝受信任的企業 CA 憑證，以解決憑證錯誤的問題呢？

很簡單！首先只要以此用戶的網域帳號登入 CA 憑證伺服器的網站（例如：http://dc01.lab04.com/certsrv）。成功登入後請點選 [Download a CA certificate,certificate chain,or CRL] 超連結。來開啟如圖 3-34 所示的頁面，在此請選取 [DER] 類型並點選 [Download CA certificate] 超連結，來完成 .cer 憑證檔案的下載。

Microsoft Active Directory Certificate Services -- lab04-DC01-CA

Download a CA Certificate, Certificate Chain, or CRL

To trust certificates issued from this certification authority, install this CA certificate.

To download a CA certificate, certificate chain, or CRL, select the certificate and encoding method.

CA certificate:

Current [lab04-DC01-CA]

Encoding method:

◉ DER
○ Base 64

Install CA certificate
Download CA certificate
Download CA certificate chain
Download latest base CRL
Download latest delta CRL

▲ 圖 3-33 下載 CA 憑證

如圖 3-34 所示筆者將所下載的憑證檔案置放在 Windows 桌面，然後選取它並按下滑鼠右鍵點選 [安裝憑證]，來開始進行憑證安裝的設定。值得注意的是您也可以選擇透過 MMC 管理介面，來加入 [憑證] 管理的功能，如此同樣可以完成接下來憑證安裝的操作設定。

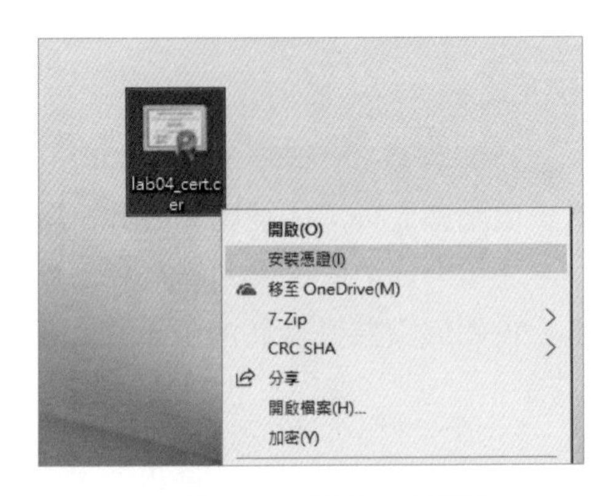

▲ 圖 3-34 憑證右鍵選單

在開啟憑證匯入精靈之後，請在 [存放位置] 的選項設定中選取 [本機電腦]。點選 [下一步]。在如圖 3-35 所示的 [憑證存放區] 頁面中，先選擇 [將所有憑證放入以下的存放區] 設定，再點選 [瀏覽] 按鈕來選取 [受信任的根憑證授權單位]。點選 [下一步] 按完成設定即可。

▲ 圖 3-35 憑證匯入精靈

接下來請再一次開啟 Outlook 連線，來觀察看看是否還會再出現憑證錯誤的訊息提示窗口。

3.10 排除 Outlook 連線問題

在剛完成 Exchange Server 2019 安裝的初期，即便已經完成了 DNS 記錄設定、伺服器憑證安裝設定、虛擬目錄 URL 等設定，您可能會發現到無論是 Outlook 2016 還是 Outlook 2019 的連線登入，皆會出現如圖 3-36 所示的 " 嘗試登入 Microsoft Exchange 失敗 " 訊息，而無法成功開啟 Outlook 視窗。

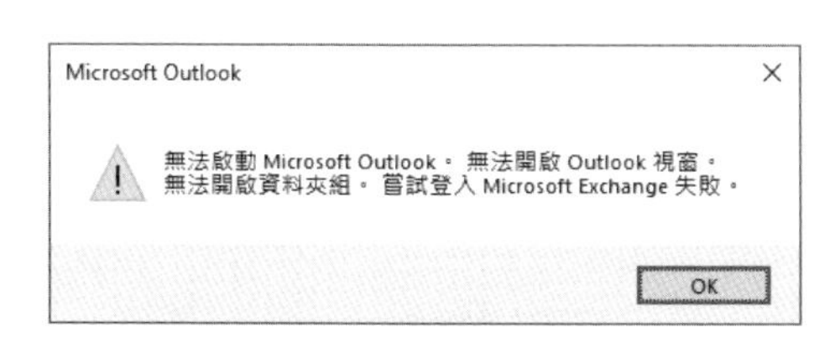

▲ 圖 3-36 Outlook 連線失敗

更奇怪的是明明已經通過了 Outlook 連線精靈的測試，居然還會出現無法啟動 Microsoft Outlook 的問題。解決的方法，只要在 Exchange 系統管理中心網站中，先點選至 [伺服器]\[虛擬目錄] 的頁面，再開啟 [MAPI] 虛擬目錄編輯設定頁面。如圖 3-37 所示在 [驗證] 頁面中請勾選 [基本驗證] 並點選 [儲存] 即可解決。

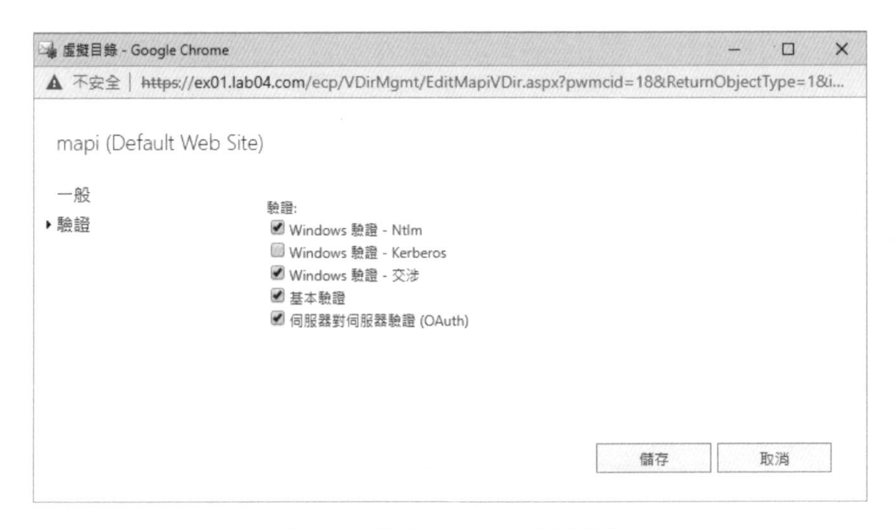

▲ 圖 3-37 修改 MAPI 虛擬目錄設定

3.11 Email 無法發送問題排除

當我們完成 Exchange Server 2019 初期的部署時，會優先測試的肯定是 Outlook 與 OWA 用戶端的連線登入以及 Email 的收發。然而若是在測試的過程之中，發現 Email 無法成功發送，且也無法發送給自己的信箱，此時便可以先開啟內建的 [Exchange Toolbox]，然後再點選開啟 [Queue Viewer] 視窗，來查看是否有出現像如圖 3-38 所示的 "4.4.0 DNS query failed …" 相關錯誤訊息。同樣的檢查方式也可以透過執行 Get-Queue 命令來查詢。

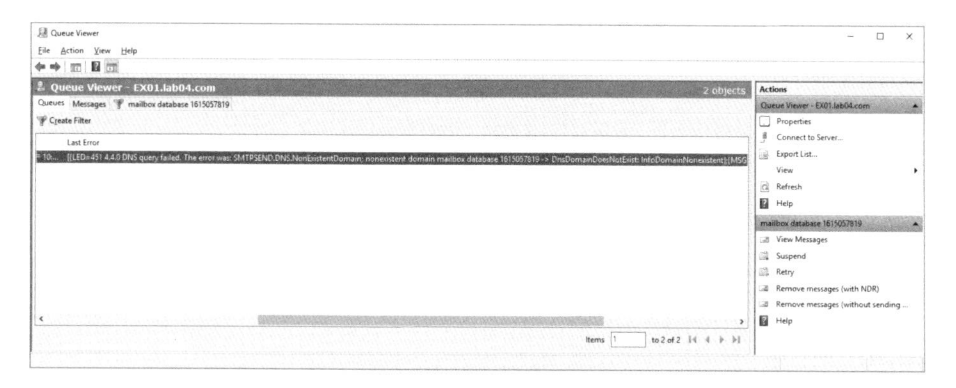

▲ 圖 3-38 Queue Viewer

會造成上述問題的原因，其實在錯誤訊息之中已經特別顯示為 "The error was SMTPSEND.DNS.NonExistenDomain"，這意味著信箱所在的網域名稱無法被正確解析，不過解決的方法並非是查看 Exchange Server 主機網卡中 DNS 的 IP 設定，而是執行如圖 3-39 所示的 Get-TransportService | FL "dns " 命令，來查看目前 InternalDNSServers 的設定。在此可以發現預設為空白，也就是系統將會以網卡所設定的 DNS 主機為設定。

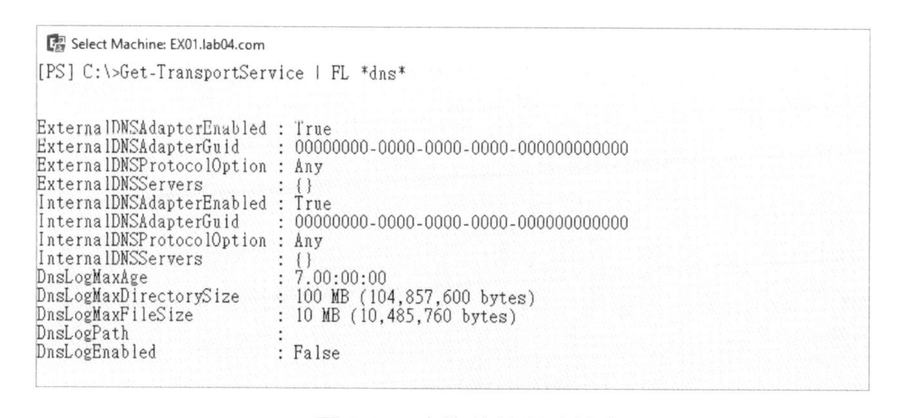

▲ 圖 3-39 查詢傳輸服務設定

如果發現 Exchange 主機網卡中 DNS 的 IP 設定是正確的，但上述發信的問題依舊存在，便可以嘗試透過 Set-TransportService 命令來修改 InternalDNSServers 設定，或是透過 Exchange 系統管理中心網站的伺服器編輯設定，來開啟如圖 3-40 所示的 [DNS 查閱] 頁面，即可新增或修改內部 DNS 查閱的 IP 位址設定。完成設定之後，請再一次查看原本卡在 Queue 中的 Email 是否已經成功發送。

▲ 圖 3-40 修改 DNS 查閱設定

本章結語

基本上只要完成本文所講解到服務與網路的正確配置，Exchange Server 2019 便可以提供內部與外部人員的郵件收發之需求。然而對於企業 IT 部門而言，解決所有用戶基本的郵件收發永遠只是開始，因為接下來將面臨的挑戰，則是郵件訊息的安全管理問題，這包括了針對垃圾郵件、惡意程式碼、敏感資訊等等的處理原則。

除此之外來自各單位對於郵件傳遞流程的控制需求，這肯定也會是 Exchange 管理員所必須面對與處理的事件。因此下一步您必須開始與相關同仁擬定出一套郵件訊息管理政策，然後學習如何藉由 Exchange 的管理工具，來將它們一一落實在組織 IT 的維運之中。

Exchange Server 2019 進階管理實用秘訣

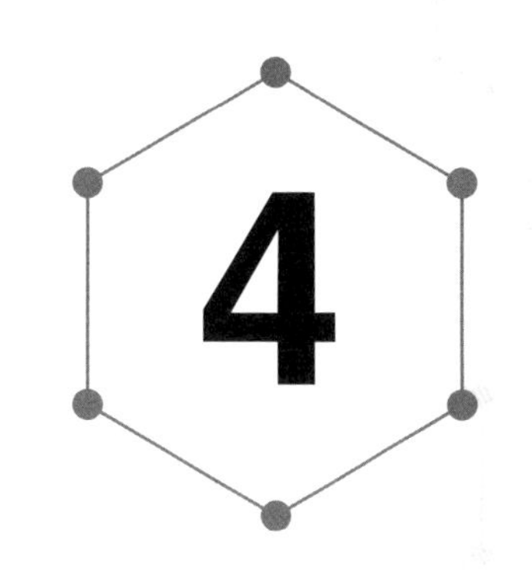

透過 Exchange 系統管理中心的網站，來維護 Exchange Server 2019 的運行雖然方便，但所能夠執行的管理任務卻相當有限。因此，打從完成初步部署的那一天起，IT 人員就應該學會如何善用 PowerShell 的命令介面，來達成平日各種的維護工作。一旦養成了這樣的操作習慣，日子一久您將會發現不僅維護效率大幅提升了，還可以從中學習到許多進階的管理技巧，讓自己無論在面對多麼複雜的 Exchange 架構，都能夠輕而易舉解決當前所面臨的難題。

4.1 簡介

人類因為不喜歡輸入繁雜的命令來操作電腦，才有 Windows 視窗操作介面的誕生，而且幾十年來立於全球不敗之地。然而有趣的是即便 Windows 與旗下的伺服端應用系統發展迅猛，但始終卻無法擺脫掉命令介面的使用。不僅如此，還變本加厲讓原先基礎的 DOS 命令視窗，升級成為現在的進階 PowerShell。

想想看究竟為何已做到極度友善的視窗介面環境，就是無法沒有命令介面的輔助呢？答案其實很簡單，那就是在所有視窗介面中的任何操作，其實背地裡都是在執行成堆的命令與參數，這意味者當 IT 人員想要更有效率地完成某一些較複雜的操作時，例如大量修改某一些帳號的屬性設定，此時可能只要一道命令與參數設定的執行就可以完成。更進階的應用則是在許多例行性任務的自動化管理需求，也往往僅需要撰寫成一個 Script 來加入排程執行即可。

現今在微軟所有的產品之中除了 Windows Server 之外，肯定就是 Exchange Server 最需要仰賴 PowerShell 的管理，原因就是它不僅綁定了 Active Directory 以及 IIS 等服務，對於許多運作功能的屬性設定，都需要透過它專屬的 PowerShell 命令來進行調整或是最佳化，而無法全部透過圖形管理介面來完成。熟悉 PowerShell 命令的使用不僅可以管理內網的 Exchange Server，嚴格來說它還可以讓您完全掌控整個以 Microsoft 為主的私有雲、公共雲以及混合雲的運行架構。

由此可見若想要成為全方位的 Microsoft 系統架構專家，選擇從 Exchange Server 入手是相當棒的決定，因為您將會在學習的過程之中引用到許多與 Windows Server、Active Directory、IIS 等管理有關的 PowerShell 命令。接下來就讓我們實戰學習一下想要成為 Exchange Server 2019 專家的幾個必學命令管理技巧。

4.2 檢查主機的服務與連線

如果您是一位剛到一家新公司上任負責管理 Exchange Server 的 IT 人員，建議您應該優先查看所有伺服器的名稱、IP 位址、伺服器角色、版本資訊、服務狀態以及完成所有必要連接埠的連線測試。等到這一些基本資訊都掌握了，再來開始逐步進行各項細部配置的調查，這包括了 Send/Receive Connector、DAG、AntiSpam、Compliance、Transport Rules 等等。

讓我們透過三大簡易步驟，來完成 Exchange 基本資訊與狀態的取得以及測試。如圖 4-1 所示便是透過以下命令參數，來查看目前有架構下所有的 Exchange Server 完整主機名稱（FQDN）、伺服器角色、版本資訊以及是否為 Edge Server 類型。若想要得知每一台 Exchnage Server 的版本類型，可以在 Select 命令後添加 Edition 欄位，即可查看到各個伺服器是標準版還是企業版。

```
Get-ExchangeServer | Select FQDN,ServerRole,AdminDisplayVersion,
IsEdgeServer
```

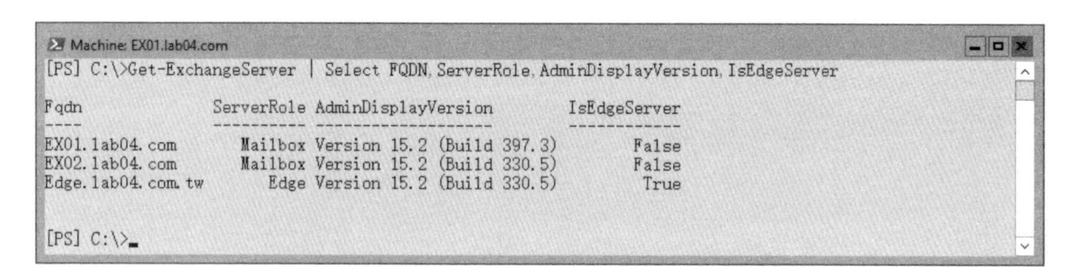

▲ 圖 4-1 查看所有 Exchange 版本與角色

接下來您可以在目前所連線登入的 Exchange Server 主機上，如圖 4-2 所示執行以下的 PowerShell 命令，來查看本機所有 Exchange 服務的執行狀態。若發現有必要啟動的服務尚未啟動，便可以嘗試透過 Start-Service 命令來啟動選定的服務。如果只想要顯示所有已啟動的 Exchange 相關服務，可以在此命令範例中加入 "| Where-Object {$_.Status -eq "Running"} " 參數設定，來取代 "| Sort Status" 參數設定即可。

```
Get-Service -Name *Exchange* | Select Status, DisplayName | Sort Status |
FT -Auto
```

```
Machine: EX01.lab04.com
[PS] C:\>Get-Service -Name *Exchange* | Select Status, DisplayName | Sort Status | FT -Auto

 Status DisplayName
 ------ -----------
Stopped Microsoft Exchange IMAP4
Stopped Microsoft Exchange POP3 Backend
Stopped Microsoft Exchange POP3
Stopped Microsoft Exchange IMAP4 Backend
Stopped Hyper-V Data Exchange Service
Running Microsoft Exchange RPC Client Access
Running Microsoft Exchange Replication
Running Microsoft Exchange Mailbox Replication
Running Microsoft Exchange Transport Log Search
Running Tracing Service for Search in Exchange
Running Microsoft Exchange Server Extension for Windows Server Backup
Running Microsoft Exchange Transport
Running Microsoft Exchange Service Host
Running Microsoft Exchange Mailbox Transport Submission
Running Microsoft Exchange Throttling
Running Microsoft Exchange DAG Management
Running Microsoft Exchange Mailbox Transport Delivery
Running Microsoft Exchange Diagnostics
Running Microsoft Exchange Active Directory Topology
Running Microsoft Exchange Anti-spam Update
Running Microsoft Exchange Compliance Service
Running Microsoft Exchange EdgeSync
Running Microsoft Exchange Health Manager Recovery
Running Microsoft Exchange Information Store
Running Microsoft Exchange Mailbox Assistants
Running Microsoft Exchange Search
Running Microsoft Exchange Frontend Transport
Running Microsoft Exchange Health Manager

[PS] C:\>_
```

▲ 圖 4-2 檢查本機 Exchange 服務狀態

接著您可以如圖 4-3 所示參考執行以下命令參數，來測試選定的主機與連接埠是否能夠正常連線，執行後除了可以從結果顯示中得知是否成功連線（TcpTestSucceeded=True），還可以知道測試連線所使用的網路、來源位址、目的地位址以及路由節點等資訊。

```
Test-NetConnection ex01.lab04.com -Port 25 -InformationLevel "Detailed"
```

```
Machine: EX01.lab04.com
[PS] C:\>Test-NetConnection ex01.lab04.com -Port 25 -InformationLevel "Detailed"


ComputerName              : ex01.lab04.com
RemoteAddress             : fe80::848f:9243:4872:b95b%7
RemotePort                : 25
NameResolutionResults     : fe80::848f:9243:4872:b95b%7
                            192.168.7.248
MatchingIPsecRules        :
NetworkIsolationContext   : Private Network
InterfaceAlias            : Ethernet0
SourceAddress             : fe80::848f:9243:4872:b95b%7
NetRoute (NextHop)        : ::
TcpTestSucceeded          : True
```

▲ 圖 4-3 測試主機連接埠

另外，如果想要診斷主機與主機之間的路由路徑，可以參考以下的命令參數。

```
Test-NetConnection -ComputerName edge.lab04.com -DiagnoseRouting
-InformationLevel Detailed
```

4.3 信箱的建立

在 Exchange Server 的信箱管理方法中，除了可以透過 Exchange 系統管理中心網站來單筆新增之外，也可以透過 PowerShell 命令結合 CSV 文字檔案的方式，來完成大量信箱的批次建立。

然而如果您已經決心使用 PowerShell 來管理 Exchange Server 的運行，我會建議您其實就算是單筆的信箱新增，也請透過 PowerShell 命令方式來完成操作，如此一來往後若需要執行類似的操作時，只要把所分類記錄好的命令參數，在快速完成修改之後貼上於 EMS 的命令介面之中來執行即可。如圖 4-4 所示便是依序透過執行兩道命令參數，來分別完成人員帳號的密碼設定以及信箱的建立，並且將此帳號存放在選定的組織單位之中。

成功完成帳號與信箱的建立之後，此帳號在首次登入時將會被系統強制要求修改密碼。

```
$password = Read-Host "Enter password" -AsSecureString
New-Mailbox -UserPrincipalName peterlin@lab04.com -Alias pterlin -Name
peterlin -OrganizationalUnit "總務組" -Password $password -FirstName Peter
-LastName Lin -DisplayName "林彼德" -ResetPasswordOnNextLogon $true
```

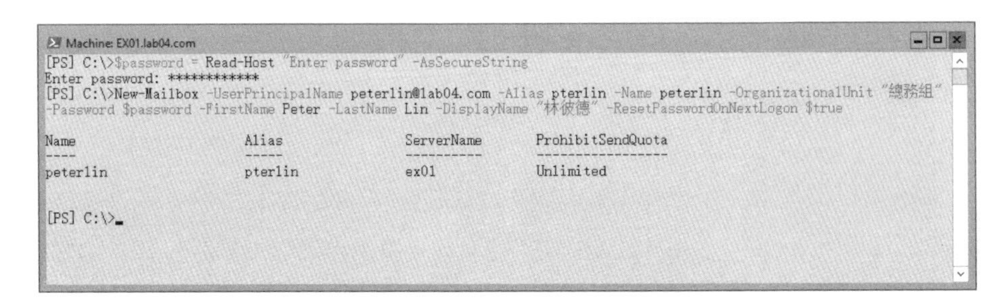

▲ 圖 4-4 新增信箱

除了人員信箱之外，您也可以透過命令參數方式，來建立可讓多位人員一起存取的共用信箱。在以下的範例中，便是新增一個名為”IT Department”的共用信箱，並且將 [傳送為] 以及 [完整存取權] 的成員，分別選定為現行的 IT 以及 SI 安全性群組。如此一來這個群組的所有人員，便可以對於此共用信箱進行完整權限的存取，並且可以使用 IT 部門的名義來傳遞、轉寄或回覆 Email。

```
New-Mailbox -Shared -Name "IT Department" -DisplayName "資訊組" -Alias IT
| Set-Mailbox -GrantSendOnBehalfTo IT | Add-MailboxPermission -User SI
-AccessRights FullAccess -InheritanceType All
```

4.4 查詢信箱最近登入的時間

相信無論是在 Compliance 還是 Security 層面的管理需求，常會聽到 IT 人員在詢問如何得知所有人員或選定的人員，最近一次登入的時間以及所登入的 Exchange Server 是哪一台。如圖 4-5 所示便是一個典型的 PowerShell 命令查詢範例，其執行結果將會顯示所有人員信箱與共用信箱的最近一次登入時間，以及所登入的 Exchange Server，並且依照降冪排序方式來加以呈現。

```
Get-Mailbox -ResultSize Unlimited -RecipientTypeDetails UserMailbox,
SharedMailbox | Get-MailboxStatistics | Sort-Object Lastlogontime
-Descending | Select-Object DisplayName,MailboxTypeDetail,LastLogonTime,Se
rverName
```

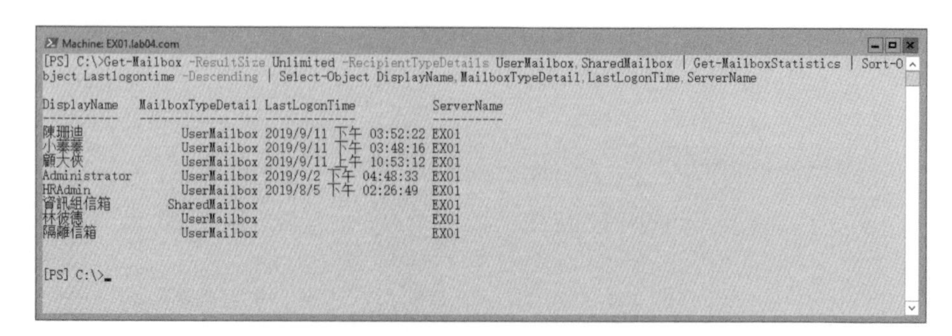

▲ 圖 4-5 查看最後登入時間

4.5 人員信箱配額管理

儘管目前的 HDD 與 SSD 售價都很便宜且容量越做越大，但無論是人員信箱還是共用信箱都應該強制做好配額的管理，否則當信箱所在的資料庫檔案越來越大時，不僅會影響用戶的存取效能，也可能會間接影響到位在相同儲存區的其他信箱資料庫的效能。除此之外，也會讓信箱資料庫備份任務的時間持續攀升，進而影響 IT 整體維運的品質。

想要有效率的管理好 Exchange Server 架構下的信箱配額，最基本的作法是先做好信箱的分類，例如依據部門或職級來劃分信箱所屬的資料庫，然後再來根據不同的信箱資料庫來設定配額大小。在如圖 4-6 所示的命令參數範例中，首先筆者便是設定了 "IT Mailbox Database" 信箱資料庫的警示配額大小、禁止傳送配額大小以及禁止傳送與接收 Email 的配額大小。

```
Set-MailboxDatabase -Identity "IT Mailbox Database" -IssueWarningQuota
2.8GB -ProhibitSendQuota 3GB -ProhibitSendReceiveQuota 3.3GB
```

接著在執行以下命令參數，來查看前面的信箱資料庫配額設定是否生效。一旦確認設定成功之後，所有存放於此資料庫的信箱預設便會採用此設定值。

```
Get-MailboxDatabase -Identity "IT Mailbox Database" | FL IssueWarningQuota
,ProhibitSendQuota,ProhibitSendReceiveQuota
```

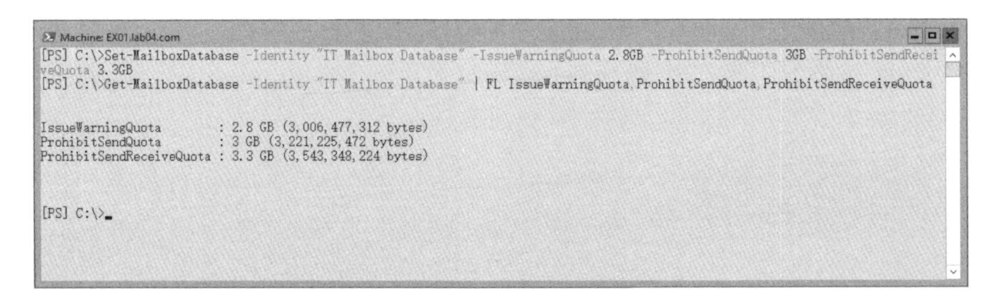

▲ 圖 4-6 設定上層信箱資料庫配額

在一個信箱資料庫中的所有信箱裡，難免會有一些需要額外獨立設定配額的信箱，例如某一位人員的信箱配額需要特別增加或減少，這時候就可以參考如圖 4-7 所示執行以下命令來將選定的人員（例如：JoviKu）設定配額，並且將 -UseDatabaseQuotaDefaults 參數值設定為 $False，以表示不採用資料庫層級的配額設定。

```
Set-Mailbox -Identity JoviKu -IssueWarningQuota 8GB -ProhibitSendQuota
10GB -ProhibitSendReceiveQuota 12GB -UseDatabaseQuotaDefaults $False
```

```
Machine: EX01.lab04.com
[PS] C:\>Set-Mailbox -Identity JoviKu -IssueWarningQuota 8GB -ProhibitSendQuota 10GB -ProhibitSendReceiveQuota 12GB -UseDatabaseQuotaDefaults $False
[PS] C:\>Get-Mailbox -Identity JoviKu | FL IssueWarningQuota,ProhibitSendQuota,ProhibitSendReceiveQuota,UseDatabaseQuotaDefaults

IssueWarningQuota        : 8 GB (8,589,934,592 bytes)
ProhibitSendQuota        : 10 GB (10,737,418,240 bytes)
ProhibitSendReceiveQuota : 12 GB (12,884,901,888 bytes)
UseDatabaseQuotaDefaults : False

[PS] C:\>
```

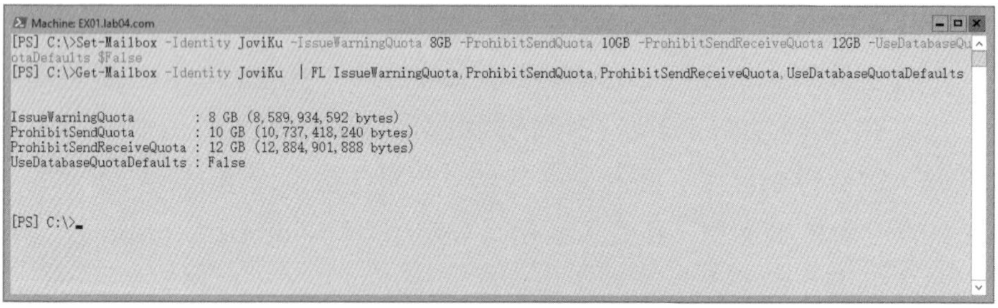

▲ 圖 4-7 人員信箱配額設定

同樣的在完成該人員信箱的配額設定之後，可以執行以下命令參數來查看是否已經生效。

```
Get-Mailbox -Identity JoviKu | FL IssueWarningQuota,ProhibitSendQuota,Proh
ibitSendReceiveQuota,UseDatabaseQuotaDefaults
```

完成了信箱配額的設定之後，後續除了對於即將超出或已超出配額的用戶，可以在自己的 Outlook 或 OWA 中看到配額的警示通知之外，管理人員也可以在伺服端，如圖 4-8 所示透過執行以下命令來查看所有信箱的儲存限制狀態。不過奇怪的是為何 StorageLimitStatus 這個欄位是空值呢？

```
Get-Mailbox | Get-MailboxStatistics | Select-Object DisplayName,TotalItemS
ize,StorageLimitStatus
```

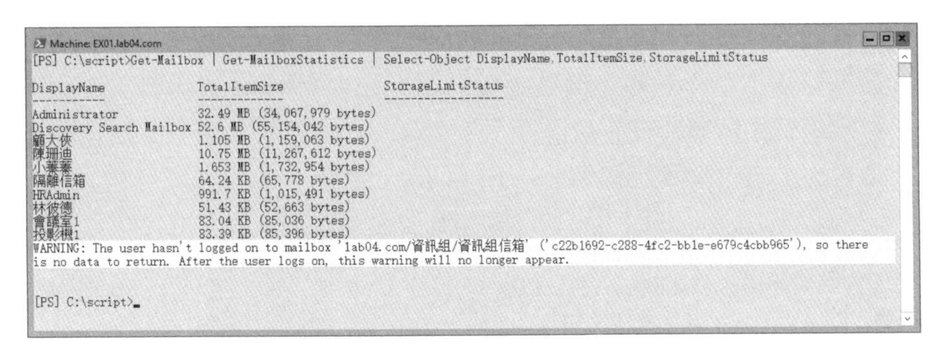

▲ 圖 4-8 無法顯示儲存限制狀態

上述的問題究竟是什麼原因造成的呢？其實它並不是一個系統 Bug，而是打從 Exchange Server 2013 版本開始，資訊儲存庫（Information Store）便不會快取信箱配額的值，而致使資訊儲存庫需要經常透過呼叫 Active Directory 來取得各信箱配額，如此一來將會造成 Exchange Server 的運行發生效能方面的影響，因此目前在系統預設的狀態下，已不會自動取得以及顯示有關於 StorageLimitStatus 欄位值。完整說明可以參閱已下的 Microsoft 支援網站說明。

官網 Exchange Server 空白 StorageLimitStatus 欄位說明：

➥ https://support.microsoft.com/en-us/help/2819389/empty-storagelimitstatus-field-when-you-run-the-get-mailboxstatistics

如果想要徹底解決上述的問題，除了可以改採用 EAC 介面來查看相關數據之外，更好的做法是到 Technet 網站上下載一支由 Microsoft MVP 所撰寫的 PowerShell Script（Get-MyMailboxStatistics.ps1）即可解決。此程式筆者已在 Windows Server 2019 搭配 Exchange Server 2019 的操作環境之中執行過沒有問題，因此可以安心使用。

免費 Get-MyMailboxStatistics.ps1 下載網址：

➥ https://gallery.technet.microsoft.com/office/Get-MyMailboxStatistics-a-858d1efa

在成功下載 Get-MyMailboxStatistics.ps1 程式之後，請如圖 4-9 所示依序執行以下命令參數，即可查看到 StorageLimitStatus 的值。在此可以發現範例中所有的信箱皆是顯示 BelowLimit，這表示這一些信箱的使用量皆尚未超過配額大小。

```
$m= Get-Mailbox 或 $m= Get-Mailbox -Database "IT Mailbox Database"
$m | .\Get-MyMailboxStatistics.ps1 | FT -AutoSize DisplayName,TotalItemSiz
e,StorageLimitStatus,DatabaseName
```

```
Machine: EX01.lab04.com
[PS] C:\script>$m= Get-Mailbox
[PS] C:\script>$m | .\Get-MyMailboxStatistics.ps1 | FT -AutoSize DisplayName,TotalItemSize,StorageLimitStatus,DatabaseName

WARNING: The user hasn't logged on to mailbox 'lab04.com/資訊組/資訊組信箱' ('c22b1692-c288-4fc2-bb1e-e679c4cbb965'), so there
is no data to return. After the user logs on, this warning will no longer appear.
DisplayName              TotalItemSize                StorageLimitStatus DatabaseName
-----------              -------------                ------------------ ------------
Administrator            32.49 MB (34,067,979 bytes)          BelowLimit Mailbox Database 1615057819
Discovery Search Mailbox 52.6 MB (55,154,042 bytes)           BelowLimit Mailbox Database 1615057819
顧大俠                   1.105 MB (1,159,063 bytes)           BelowLimit IT Mailbox Database
陳珊迪                   10.75 MB (11,267,612 bytes)          BelowLimit Mailbox Database 1615057819
小蓁蓁                   1.653 MB (1,732,954 bytes)           BelowLimit Mailbox Database 1615057819
隔離信箱                 64.24 KB (65,778 bytes)              BelowLimit Sales Mailbox Database
HRAdmin                  991.7 KB (1,015,491 bytes)           BelowLimit Sales Mailbox Database
林彼德                   51.43 KB (52,663 bytes)              BelowLimit PFDB01
會議室1                  83.04 KB (85,036 bytes)              BelowLimit IT Mailbox Database
投影機1                  83.39 KB (85,396 bytes)              BelowLimit Mailbox Database 1615057819
```

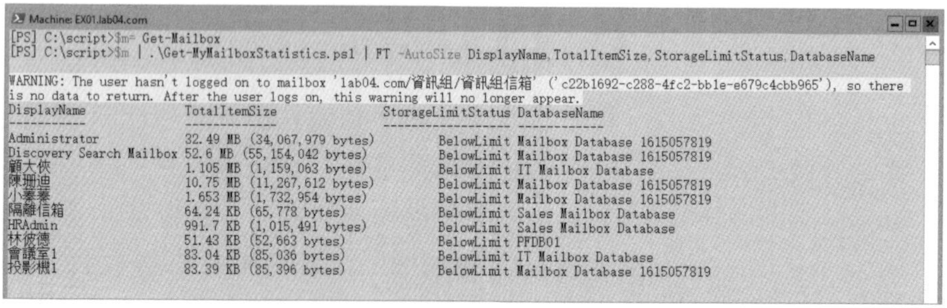

▲ 圖 4-9 查看信箱大小與儲存限制狀態

4.6 檢查信箱的使用量

無論 Exchange Server 發展到哪個版本，對於管理員來說在平日的維護任務中，都會想知道每個信箱的使用量大小，以便主動通知那一些已佔用太多可用空間的人員信箱，能夠在系統發出警示通知前，先自行完成郵件的清理。

如圖 4-10 所示只要透過以下命令參數的執行，就可以查看到選定伺服器中的所有信箱的名稱、郵件數量、全部郵件大小、已刪除的郵件大小以及相對存放的信箱資料庫名稱。

```
Get-Mailbox -Server EX01 | Get-MailboxStatistics | Select DisplayName,Item
Count,TotalItemSize,TotalDeletedItemSize,DatabaseName | FT
```

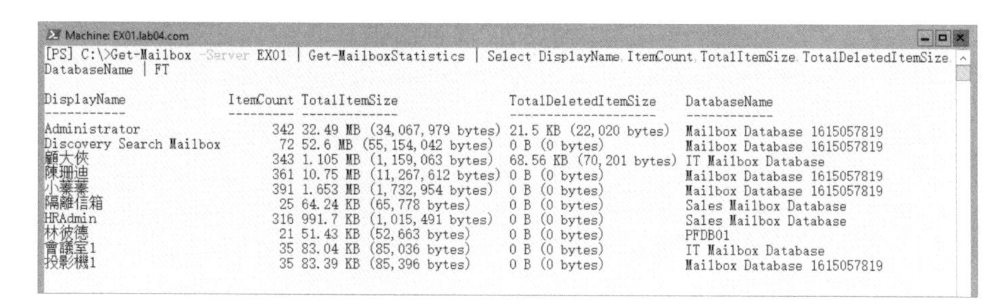

▲ 圖 4-10 查看信箱使用量

4.7 已刪除郵件與信箱的保留期限

對於 Exchange 用戶而言在管理個人信箱的過程之中，難免誤刪除了重要的 Email。對於管理員而言則也難免在管理眾多的信箱過程之中，誤刪了人員、共用信箱或是資源信箱。為了讓已被誤刪的郵件以及信箱，都能夠還有機會進行復原，Exchange Server 提供了刪除後的保留時間，也就是說只要在尚未超出保留時間的期限之內，都仍可以進行郵件或信箱的復原。其中已刪除郵件的保留時間預設為 14 天，而已刪除的信箱保留時間預設則為 30 天。

如圖 4-11 所示您可以透過以下命令參數，來同時完成已刪除郵件以及已刪除信箱的保留時間修改，例如您可以分別修改為 45 天以及 60 天。完成修改之後，還可以緊接著查看修改後的設定是否已經生效。

```
Set-MailboxDatabase -Name "IT Mailbox Database" -DeletedItemRetention
45.00:00:00 -MailboxRetention 60.00:00:00
Get-MailboxDatabase -Name "IT Mailbox Database" | FL DeletedItemRetention,
MailboxRetention
```

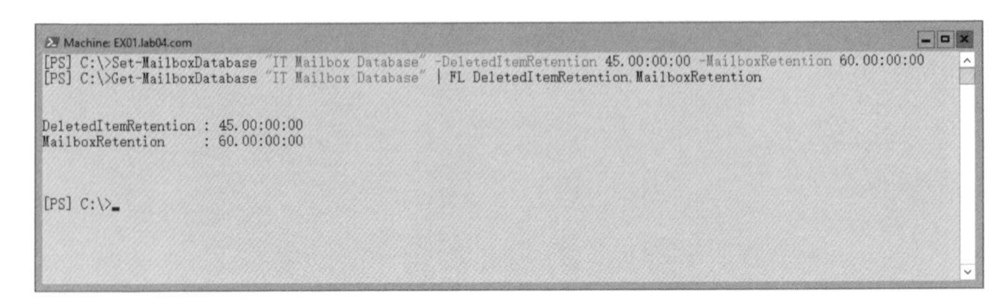

▲ 圖 4-11 修改已刪除郵件與信箱的保留期限

針對用戶已刪除的郵件，可指引它們自行從 Outlook 或 OWA 的 [刪除的郵件] 資料夾中，透過點選 [從伺服器復原刪除的郵件] 來復原刪除的郵件。而對於已刪除的信箱，則管理員可以從 EAC 介面或透過 EMS 的 Connect-Mailbox，來恢復帳戶與信箱的連接關係。

只要管理員事先已在 [Active Directory 管理中心] 已啟用了資源回桶功能（預設保存期限為 180 天），即使被刪除的信箱帳戶一樣可以進行復原。

4.8 信箱權限的管理

幾乎只要有一定規模的公司在組織人員的編制之中，都會讓各個部門都有助理人員，包括了大家常聽到的秘書這項職務。而在他們的工作內容中往往會有需要協助部門、業務人員或主管來管理行事曆、連絡人、Email，甚至於管理整個個人信箱或共用信箱的需要。

Exchange 管理員除了可以透過 EAC 網站的 [信箱] 頁面中，開啟如圖 4-12 所示的信箱屬性來設定信箱委派的 [完整存取權] 之外，也可直接在 EMS 介面中參考執行以下命令參數，來賦予 JoviKu 用戶對於 Administrator 信箱擁有完整存取權限。

▲ 圖 4-12 信箱委派設定

其實關於權限的委派除了有完整存取權限可以授予之外，您也可以設定用戶僅可以變更擁有者（ChangeOwner）、變更權限（ChangePermission）、刪除項目（DeleteItem）、外部帳號（ExternalAccount）或是讀取權限（ReadPermission）。

```
Add-MailboxPermission -Identity "Administrator" -User "JoviKu"
-AccessRights FullAccess -InheritanceType All
```

在系統預設的狀態下，當賦予信箱完整存取權限（FullAccess）給選定的人員時，該人員在開啟 Outlook 連線的同時，將會自動開啟所授權的信箱。如果不想使用自動連線開啟授權信箱的功能，可以在命令敘述中加入 -AutoMapping $False 設定即可。

如果想要知道某一位人員（如 Administrator）對於某一個選定信箱（如 HRAdmin）的存取權限，可以如圖 4-13 所示透過執行以下命令參數來查看。

```
Get-Mailbox HRAdmin | Get-MailboxPermission -User Administrator | FL
```

```
Machine: EX01.lab04.com
[PS] C:\>Get-Mailbox HRAdmin | Get-MailboxPermission -User Administrator | FL

RunspaceId      : 1af31af8-2ea2-46a8-973a-41e3d92934af
AccessRights    : {FullAccess}
Deny            : True
InheritanceType : All
User            : LAB04\Administrator
Identity        : lab04.com/人資部/HRAdmin
IsInherited     : True
IsValid         : True
ObjectState     : Unchanged

RunspaceId      : 1af31af8-2ea2-46a8-973a-41e3d92934af
AccessRights    : {FullAccess, DeleteItem, ReadPermission, ChangePermission, ChangeOwner}
Deny            : False
InheritanceType : All
User            : LAB04\Administrator
Identity        : lab04.com/人資部/HRAdmin
IsInherited     : True
IsValid         : True
ObjectState     : Unchanged

[PS] C:\>_
```

▲ 圖 4-13 查看信箱存取權限清單

4.9 行事曆與連絡人的存取權限

除了整個信箱權限的授予之外，對於一般用戶來說若想要共用選定的行事曆或連絡人，讓選定的人員能夠依據所授予的權限來進行存取，只要直接在自己的 Outlook 或 OWA 來進行設定即可。

如果想交由管理員來進行設定，則必須從 EMS 的命令介面操作中來完成。如圖 4-14 所示便是透過執行以下命令參數，來將 JoviKu 行事曆的作者權限授予給 SandyChen 用戶，然後再查看目前該行事曆的權限配置清單。

```
Add-MailboxFolderPermission -Identity JoviKu:\"行事曆" -AccessRights
AUTHOR -User SandyChen
Get-MailboxFolderPermission -Identity JoviKu:\"行事曆" | Select User,
AccessRights, Deny
```

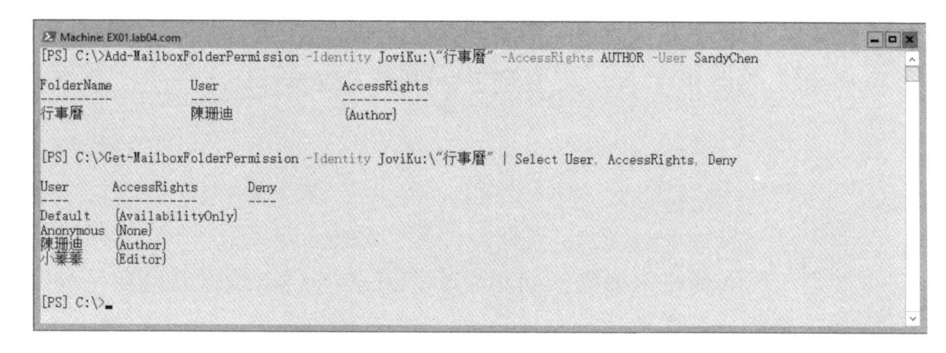

▲ 圖 4-14 新增行事曆存取權限

接著在如圖 4-15 所示的範例中，首先便是透過執行兩道命令來完成 JoviKu 連絡人權限的設定，分別將作者權限授予給用戶 SandyChen，以及將檢閱者權限授予給用戶 JaneKu。不過為何在執行將檢閱者權限，授予給用戶 JaneKu 時出現錯誤呢？

```
Add-MailboxFolderPermission -Identity JoviKu:\" 連絡人 " -AccessRights
AUTHOR -User SandyChen
Add-MailboxFolderPermission -Identity JoviKu:\" 連絡人 " -AccessRights
REVIEWER -User JaneKu
```

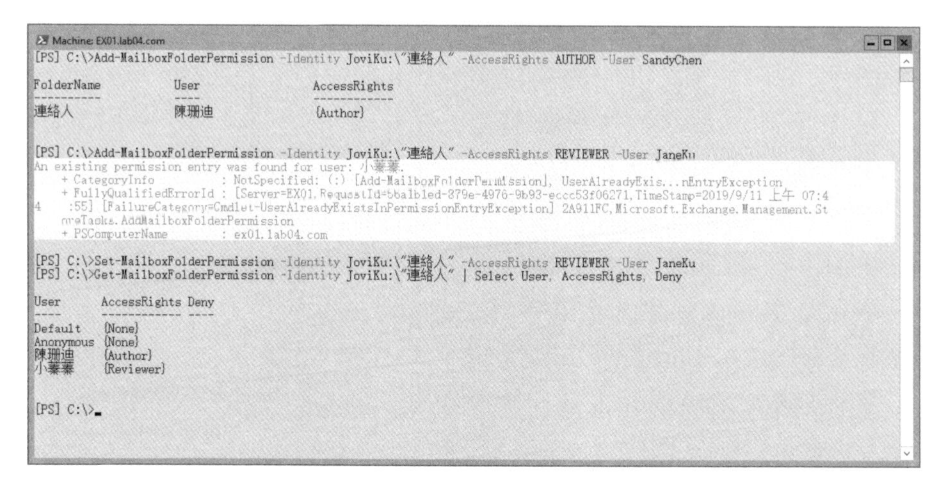

▲ 圖 4-15 新增與修改連絡人存取權限

從錯誤訊息中就可以知道主要原因是 JoviKu 連絡人權限，其實早已經有授權給 JaneKu 用戶了，因此現在我們必須改執行以下命令，來修改所授予的權限設定即可。

```
Set-MailboxFolderPermission -Identity JoviKu:\"連絡人" -AccessRights
REVIEWER -User JaneKu
```

同樣的在完成連絡人權限的新增或修改之後，可以透過執行以下命令參數來查看權限清單。

```
Get-MailboxFolderPermission -Identity JoviKu:\"連絡人" | Select User,
AccessRights, Deny
```

無論是上述的行事曆還是連絡人或是其他的信箱資料夾，除了有作者（Author）以及檢閱者（Reviewer）的角色權限可授予之外，還可以選擇配置的角色權限有投稿者（Contributor）、編輯者（Editor）、非編輯作者（NonEditingAuthor）、擁有者（Owner）、發佈編輯者（PublishingEditor）、發行作者（PublishingAuthor）。

如果在 Outlook 中進行資料夾的權限配置，便會像如圖 4-16 所示一樣當選取不同的權限等級（或稱角色），則系統將會自動選取相對應的個別權限設定。此外若資料夾類型屬於行事曆，則還有額外兩種權限等級可以選擇，分別是 [空閒 / 忙碌時間（AvailabilityOnly）] 以及 [空嫌忙碌時間、主旨、地點（LimitedDetails）]。

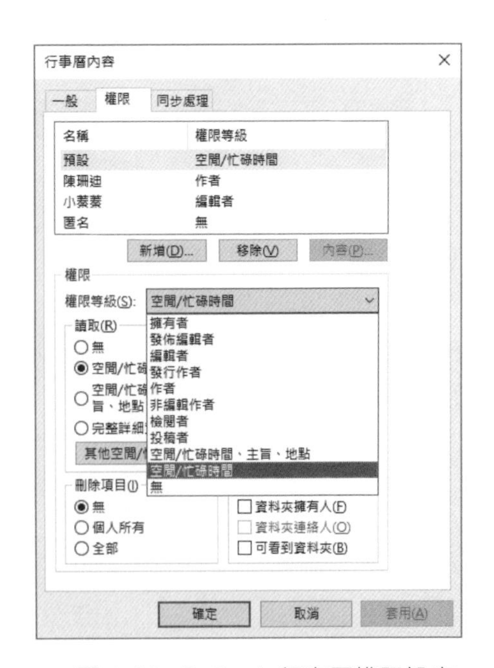

▲ 圖 4-16 Outlook 行事曆權限設定

4.10 資源預約特權的管理

企業資源預約的管理不外乎是會議室、電腦相關設備以及公務車，其中會議室是最常見的重要資源，因為無論是與內部人員還是客戶、廠商的開會都需要使用到會議室，唯有採用預約管理的機制才能夠避免發生租借的衝突。

傳統會議室預約的方式是採用紙本登記方式，既不環保也沒有效率，且往往會經常出現人為的錯誤。如今有了 Exchange Server 2019 無論是上述何種資源的預約管理，都只要預先在 [Exchange 系統管理中心] 的 [收件者]\[資源] 頁面中來完成新增即可馬上使用。值得注意的是有關 [會議室] 資源的建立還可以設定 [容量] 大小，也就是會議室所能夠容納的人數限制，一旦預約的人員所相對邀請的會議人數超過了此容量限制，系統將會出現提示訊息來通知用戶。

然而有一些進階設定是無法在 [Exchange 系統管理中心] 的操作介面中來完成的，像是如圖 4-17 所示的會議室預約特權設定便是其中一項。您只要透過以下命令的執行，便可以設定讓 " 會議室 1" 的資源僅能夠被選定的 JoviKu 以及 SandyChen 兩位用戶進行預約。

```
Set-CalendarProcessing -Identity "會議室1" -AutomateProcessing AutoAccept
-BookInPolicy JoviKu,SandyChen -AllBookInPolicy $False
```

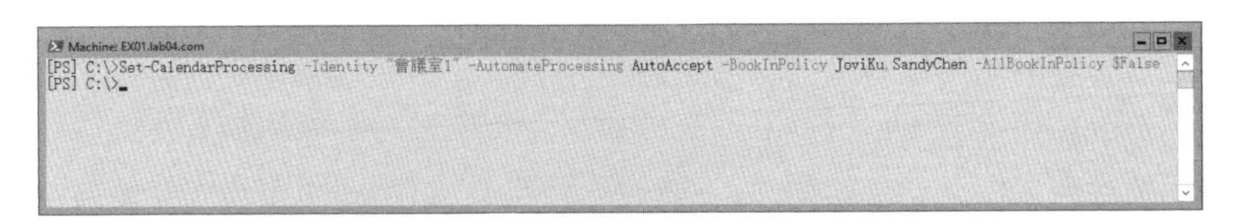

▲ 圖 4-17 會議室預約特權設定

一旦此會議室的預約用戶是非選定的人員時，該用戶在送出預約申請時便會立即收到如圖 4-18 所示的拒絕通知。

▲ 圖 4-18 系統拒絕會議室的預約

關於會議室資源的自動同意或拒絕預約的設定，若不採用特權人員的預約方式，也可以改採用讓由選定的人員來進行審核。您只要加入 -ResourceDelegates 參數並輸入負責審核的人員名稱即可。進一步若想要修改會議室信箱的擁有人，可以執行像是 Add-MailboxPermission -Identity " 會議室 " -Owner "JoviKu" 的命令參數。

4.11 管理員設定用戶 OOF

Outlook（OWA）結合 Exchange Server 的不在辦公室（Out of Office）功能，是企業用戶最常使用的功能之一，因為它可以在您不在辦公室的期間，自動回覆預先設定好的訊息通知給來信的連絡人，而且可以針對來自內部以及外部的連絡人，設定不同的訊息回覆內容，以便讓寄件人可以知道您何時會回到辦公室，或是暫時可以找誰來處理眼前的問題與需求。

雖然此功能在大多數的情境下都是由用戶來自行設定，但在必要的時候也是能夠由 Exchange 管理員，透過 EMS 命令介面來代為設定。如圖 4-19 所示以下命令參數便是由 Exchange 管理員，來協助用戶 JoviKu 完成不在辦公室的自動回覆設定。

▲ 圖 4-19 代為設定人員 OOF

值得注意的是在此範例中還有設定起訖日期與時間，一旦排程的日期時間到期後便會自動關閉此功能。如果用戶不想要在選定的排程時間裡設定自動回覆，可以將 -AutoReplyState 的參數值改為 Enabled，等到該人員回到辦公室之後，再將此參數值改回預設的 Disable 即可，否則自動回復功能仍會持續在啟用中。

```
Set-MailboxAutoReplyConfiguration -Identity JoviKu -AutoReplyState
Scheduled -StartTime "9/9/2019 09:00:00" -EndTime "9/11/2019 18:00:00"
-InternalMessage "我休假不在的這段期間請找 Sandy 協助" -ExternalMessage "您的來
信將有我的助理珊迪協助，謝謝 ."
```

如圖 4-20 所示便是用戶透過 OWA 的 [選項]\[郵件]\[自動處理]\[自動回覆] 頁面中，所看到 Exchange 管理員代為設定的結果，換句話說用戶一樣可以自行在此頁面中修改或關閉此設定。

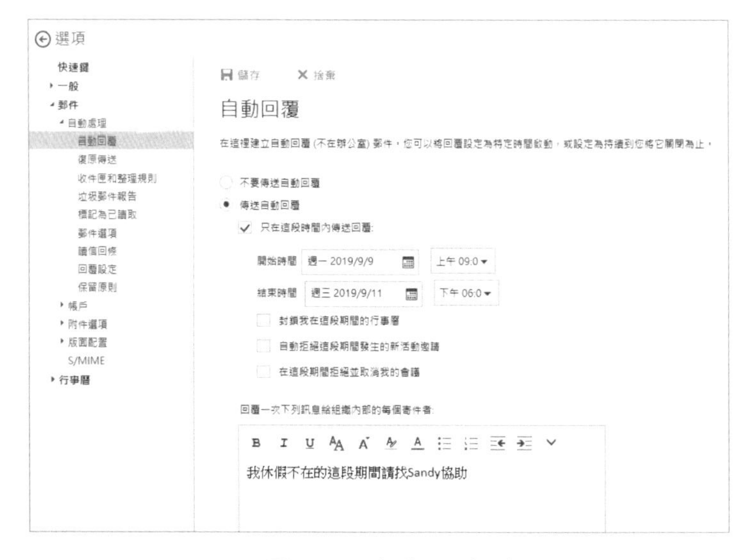

▲ 圖 4-20 自動回覆設定

在完成自動回覆設定之後，只要起始的日期時間來到時，如果有內部的其他 Outlook 或 OWA 用戶要寄送 Email 給這位用戶時，在 Email 尚未傳送出去之前便會像如圖 4-21 所示，看到系統所自動出現的自動回覆提示訊息。如果是外部的連絡人，則會在 Email 發送之後立即收到自動回覆的 Email 通知。

▲ 圖 4-21 自動回覆訊息提示

4.12 郵件發送追蹤

關於郵件追蹤管理的最佳解決方案，嚴格來說是採用第三方的獨立封存主機方案，由於它是專責的封存主機，因此不僅不會影響 Exchange Server 的運作效能，還提供了友善的操作介面讓所有被授權的用戶，都可以透過網頁瀏覽器來搜索選定條件的 Email，包括了內部與內部以及內部與外部的 Email 完整傳送記錄。

雖然第三方的封存主機方案相當不錯，但終究得增加不少的 IT 採購預算。為此 IT 部門可以選擇 Exchange 內建的郵件追蹤功能，並搭配郵件保留、封存等功能的使用，一樣可以提供相當實用的管理方案。如圖 4-22 所示便是透過以下命令參數，來搜索選定寄件者與日期時間的 Email 發送記錄。

```
Get-MessageTrackingLog -Start "8/29/2019 8:00AM" -Resultsize unlimited |
where-object {$_.Sender -like '*lab04.com'}
```

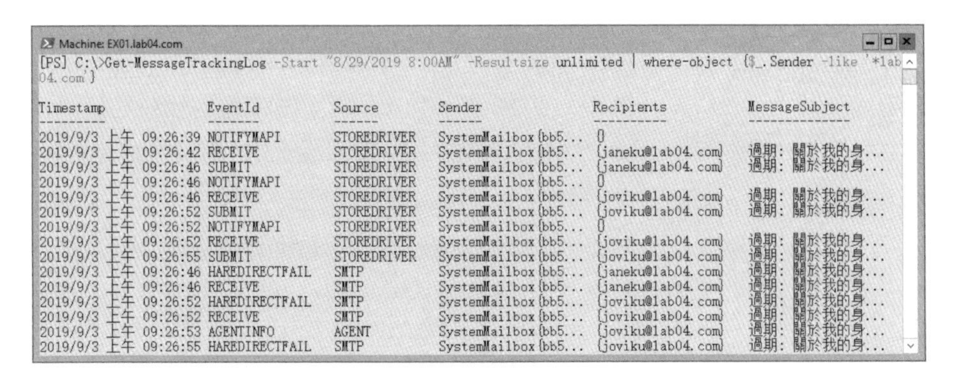

▲ 圖 4-22 追蹤選定的寄件者

如果想要讓搜索的郵件追蹤記錄輸出至選定的 HTML 檔案，可以參考以下命令參數。一旦執行成功便可以開啟如圖 4-23 所示的網頁內容。

```
Get-MessageTrackingLog -Start "7/10/2019 8:00AM" -End "9/10/2019 6:00PM" |
ConvertTo-Html -Property ClientIp,ClientHostname,ServerHostname,Sender,Rec
ipients,MessageSubject | Out-File "C:\HTML\message-track.html"
```

HTML TABLE
ex01/c$/HTML/message-track.html

ClientIp	ClientHostname	ServerHostname	Sender	Recipients	MessageSubject
fe80::848f:9243:4872:b95b%7	EX01		janeku@lab04.com	System.String[]	
fe80::848f:9243:4872:b95b	EX01.lab04.com	EX01	janeku@lab04.com	System.String[]	公司內網DNS的位址
fe80::848f:9243:4872:b95b%7	EX01	EX01.lab04.com	janeku@lab04.com	System.String[]	公司內網DNS的位址
fe80::848f:9243:4872:b95b%7	EX01		janeku@lab04.com	System.String[]	
fe80::848f:9243:4872:b95b	EX01.lab04.com	EX01	janeku@lab04.com	System.String[]	公司內部DNS主機位址
fe80::848f:9243:4872:b95b%7	EX01	EX01.lab04.com	janeku@lab04.com	System.String[]	公司內部DNS主機位址
fe80::848f:9243:4872:b95b%7	EX01		janeku@lab04.com	System.String[]	
fe80::848f:9243:4872:b95b	EX01.lab04.com	EX01	janeku@lab04.com	System.String[]	關於我的身分證字號
fe80::848f:9243:4872:b95b%7	EX01	EX01.lab04.com	janeku@lab04.com	System.String[]	關於我的身分證字號
fe80::848f:9243:4872:b95b%7	EX01		joviku@lab04.com	System.String[]	
fe80::848f:9243:4872:b95b	EX01.lab04.com	EX01	joviku@lab04.com	System.String[]	核准: 公司內網DNS的位址
fe80::848f:9243:4872:b95b%7	EX01		SystemMailbox{D0E409A0-AF9B-4720-92FE-AAC869B0D201}@lab04.com	System.String[]	
fe80::848f:9243:4872:b95b	EX01.lab04.com	EX01	SystemMailbox{D0E409A0-AF9B-4720-92FE-AAC869B0D201}@lab04.com	System.String[]	已處理的決策: 公司內網DNS的位址
fe80::848f:9243:4872:b95b%7	EX01	EX01.lab04.com	joviku@lab04.com	System.String[]	核准: 公司內網DNS的位址
fe80::848f:9243:4872:b95b%7	EX01	EX01.lab04.com	SystemMailbox{D0E409A0-AF9B-4720-92FE-AAC869B0D201}@lab04.com	System.String[]	已處理的決策: 公司內網DNS的位址
fe80::848f:9243:4872:b95b%7	EX01		SystemMailbox{D0E409A0-AF9B-4720-92FE-	System.String[]	

▲ 圖 4-23 輸出郵件追蹤報表

您還可以進一步到以下的 Technet 網站，來免費下載由其他專家所撰寫的 PowerShell Script。關於此 MessageTrackingLogGUI.ps1 程式目前已通過筆者於 Exchange Server 2019 在 Windows Server 2019 Server Core 執行環境中的測試。如圖 4-24 所示它提供了專屬的視窗操作介面，因此使用起來將更加方便。

➥ 下載：https://gallery.technet.microsoft.com/Exchange-2013-Message-875b3eeb

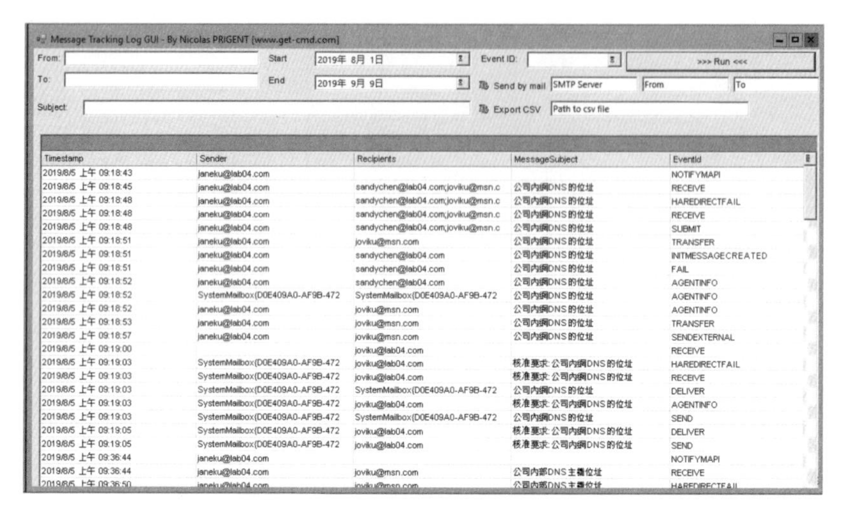

▲ 圖 4-24 免費郵件追蹤工具

4.13 監視 Exchange 磁碟空間

在之前舊版的 Exchange 2013 Service Pack 1 中 Exchange 會監視所有本機磁碟區的可用空間大小，而在 Exchange 2016 和 Exchange 2019 版本中，則會僅監視 Exchange 資料庫和記錄檔所在的磁碟區，其中低磁碟區空間監視器的預設臨界值為 180 GB。當您在 Exchange Server 2019 的 EMS 命令介面中，執行如圖 4-25 所示的以下命參數之後，如果在 [AlertValue] 欄位中出現了 " Unhealthy "，即表示相對信箱資料庫的所在磁碟剩餘空間已經低於 180GB。

```
Get-ExchangeServer EX01 | Get-Serverhealth -HealthSet MailboxSpace | ?
AlertValue -ne Healthy | FT -autosize
```

```
Machine: EX01.lab04.com
[PS] C:\>Get-ExchangeServer EX01 | Get-Serverhealth -HealthSet MailboxSpace | ? AlertValue -ne Healthy | FT -autosize

Server State         Name                              TargetResource               HealthSetName AlertValue ServerComponent
------ -----         ----                              --------------               ------------- ---------- ---------------
EX01   NotApplicable StorageLogicalDriveSpaceMonitor PFDB01                       MailboxSpace  Unhealthy  None
EX01   NotApplicable StorageLogicalDriveSpaceMonitor MAILBOX DATABASE 1615057819 MailboxSpace  Unhealthy  None
EX01   NotApplicable StorageLogicalDriveSpaceMonitor IT MAILBOX DATABASE          MailboxSpace  Unhealthy  None
EX01   NotApplicable StorageLogicalDriveSpaceMonitor MAILBOX DATABASE 0043951726 MailboxSpace  Unhealthy  None
EX01   NotApplicable StorageLogicalDriveSpaceMonitor SALES MAILBOX DATABASE       MailboxSpace  Unhealthy  None

[PS] C:\>_
```

▲ 圖 4-25 檢查信箱資料庫可用空間狀態

除了可以透過 Exchange 的 PowerShell 命令方式，來檢查信箱資料庫可用空間的狀態之外，也可以透過 Window 內建的事件檢視器，開啟 [Application and Services Logs]\[Microsoft]\[Exchange]\[Managed Availability]\[Monitoring] 節點頁面，然後如圖 4-26 所示找到 Event ID=4 以及 Level=Error 的低磁碟空間錯誤事件，內容中也將會說明目前的磁碟剩餘空間以及所設定的警示空間大小數據。

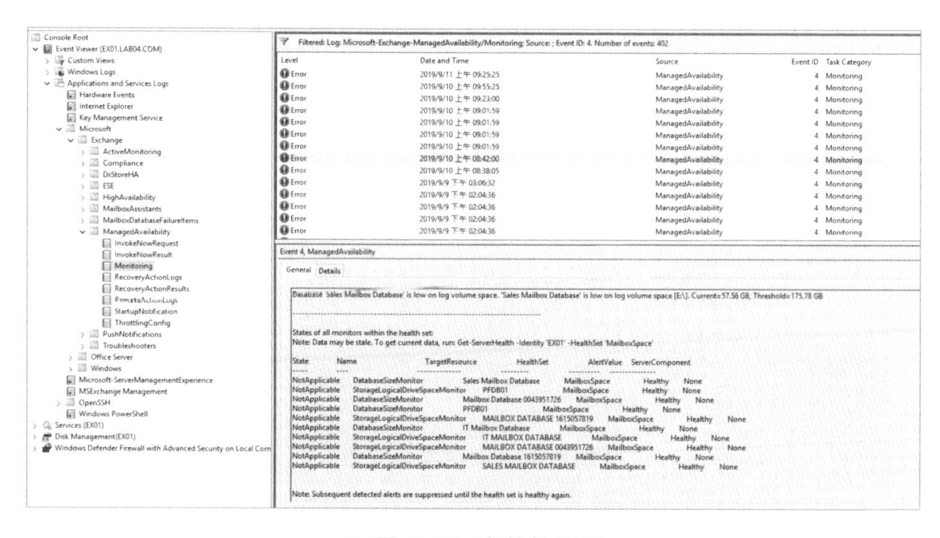

▲ 圖 4-26 事件檢視器

如果想要修改系統預設臨界值 180 GB 的設定，只要執行 Regedit.exe 來開啟登錄編輯器，然後點選至以下的節點位置並新增 DWROD（32）的 Value，如圖 4-27 所示其中 [Value name] 請輸入 SpaceMonitorLowSpaceThresholdInMB，而 [Base] 請選取 [Decimal] 以及輸入所要設定的臨界值在 [Value data] 欄位中即可。點選 [OK]。完成新增之後，必須重新啟動 "Microsoft Exchange DAG Management" 服務，才能夠讓其設定生效。

```
HKEY_LOCAL_MACHINE\Software\Microsoft\ExchangeServer\v15\Replay\Parameters
```

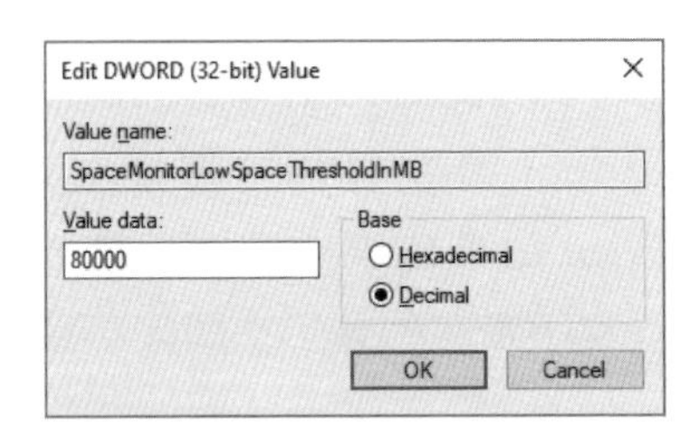

▲ 圖 4-27 編輯 DWORD 設定

關於上述針對登錄編輯器的圖形介面設定，其實您也可以透過如圖 4-28 所示的以下命令參數來完成新增。

```
New-ItemProperty "HKLM:Software\Microsoft\ExchangeServer\v15\Replay\
Parameters\" -Name "SpaceMonitorLowSpaceThresholdInMB" -Value 80000
-PropertyType "DWORD"
```

```
Machine: EX01.lab04.com
[PS] C:\>New-ItemProperty "HKLM:Software\Microsoft\ExchangeServer\v15\Replay\Parameters\" -Name "SpaceMonitorLowSpaceThresholdIn
MB" -Value 80000 -PropertyType "DWORD"

SpaceMonitorLowSpaceThresholdInMB : 80000
PSPath                            : Microsoft.PowerShell.Core\Registry::HKEY_LOCAL_MACHINE\Software\Microsoft\ExchangeS
                                    erver\v15\Replay\Parameters\
PSParentPath                      : Microsoft.PowerShell.Core\Registry::HKEY_LOCAL_MACHINE\Software\Microsoft\ExchangeS
                                    erver\v15\Replay
PSChildName                       : Parameters
PSDrive                           : HKLM
PSProvider                        : Microsoft.PowerShell.Core\Registry

[PS] C:\>Restart-Service -DisplayName "Microsoft Exchange DAG Management"
[PS] C:\>_
```

▲ 圖 4-28 以命令參數設定登錄值

完成登錄設定後緊接著只要執行以下命令，就可以讓其設定立即生效。

```
Restart-Service -DisplayName "Microsoft Exchange DAG Management"
```

4.14 監視所有磁碟空間

如果您不想僅監視 Exchange Server 資料庫與交易記錄檔所在的磁碟空間，而是要監視本機所有的磁碟空間，此時除了考慮選擇功能較強大的第三方監視方案之外，也可以選擇採簡易型的內建 [效能監視器] 來達成此任務。

如圖 4-29 所示請在 [Computer Management] 介面中，展開至 [Performance]\[Data Collect Sets]\[User Defined] 節點，並按下滑鼠右鍵點選 [New]\[Data Collector Set] 功能，來準備開始進行磁碟空間資料的收集設定。

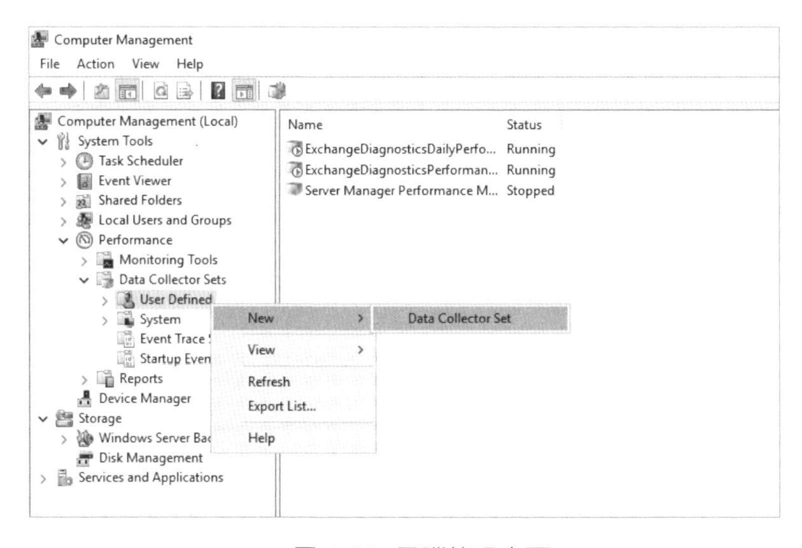

▲ 圖 4-29 電腦管理介面

接著必須為這新的資料收集設定一個識別名稱，並勾選 [Create manually（Advanced）] 設定。點選 [Next]。在如圖 4-30 所示的頁面中分別有 [Create data logs] 以及 [Performance Counter Alert] 可以選擇，請選擇後者以表示我們將從相關效能計數器的監測中，來得知所有磁碟的空間大小數據。點選 [Next]。

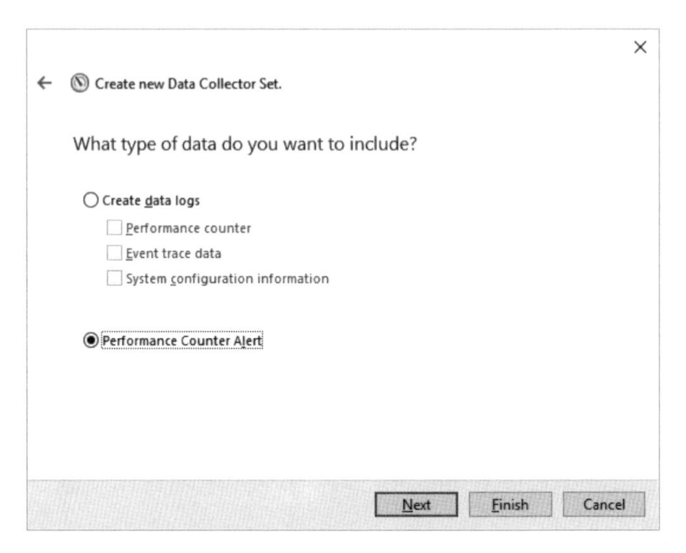

▲ 圖 4-30 建立新資料收集

在如圖 4-31 所示的頁面中首先必須先於 [Available counter] 窗格中，找到 [%Free Space] 計數器。選定後將可以在它下方的 [Instance of selected object] 窗格之中，看到目前所有可以監視剩餘空間的磁碟代號。若想要監視所有磁碟剩餘空間的變化，可以直接選取 [_Total] 並點選 [Add>>] 按鈕即可。點選 [OK]。

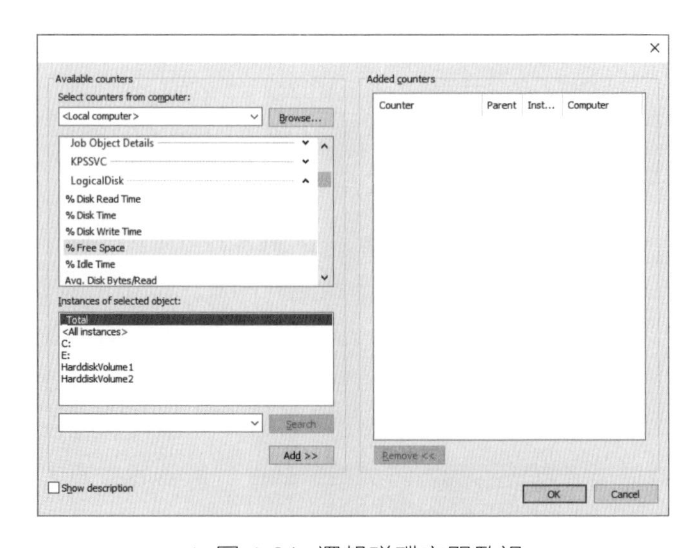

▲ 圖 4-31 邏輯磁碟空間監視

在如圖 4-32 所示的頁面中，請為每一個所要監視的磁碟設定觸發警示的百分比。舉例來說，如果您希望在 C 磁碟的剩餘空間低於 30% 時便產生事件記錄（Event），請在 [Alert when] 欄位中選擇 [Below]，並在 [Limit] 欄位中輸入 30 即可。此外，如果想要添加更多磁碟的剩餘空間監視，請點選 [Add] 按鈕再來挑選即可，反之則可以選定現行的磁碟並點選 [Remove] 按鈕完成移除。

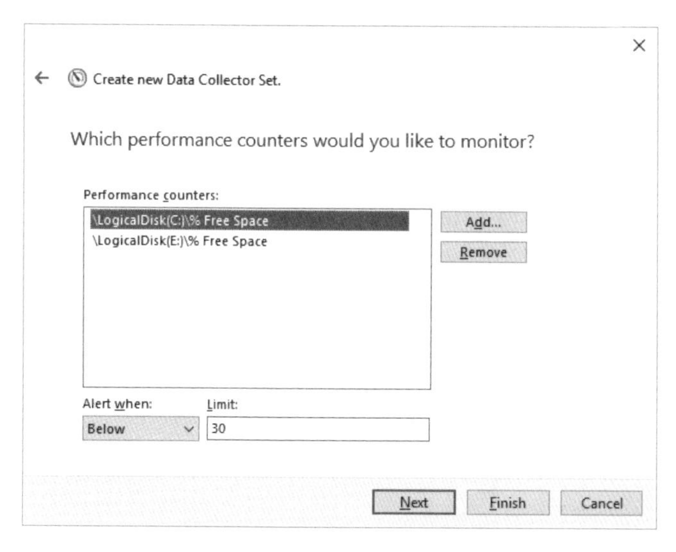

▲ 圖 4-32 磁碟空間警示設定

最後在 [Create the data collector set.] 頁面中選擇 [Save and close] 並點選 [Finish] 按鈕。回到您所建立的資料收集設定頁面，請在選取之後按下滑鼠右鍵並點選 [Properties] 來開啟如圖 4-33 所示的 [Alert Action] 頁面。在此請先將 [Log an entry in the application event log] 設定勾選，以表示對於所觸發的事件將產生在 Windows 的應用程式事件記錄之中。

最後請在 [Alert Task] 頁面的 [Run this task when an alert is triggered] 欄位中，輸入當此警示發生之時所要同時觸發的工作名稱（中英文皆可）。而在這裡所說的工作名稱，其實是指位在 [Task Scheduler] 管理介面中所建立的工作，也就是後續我們要用以執行 Email 發送程式的 Windows 內建工具。

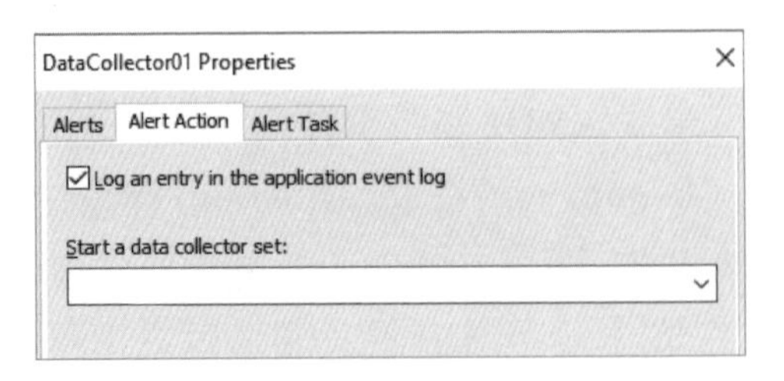

▲ 圖 4-33 警示動作設定

4.15 發送磁碟空間警示通知

請從 [Server Manager] 介面的 [Tools] 選單中點選 [Task Scheduler]。開啟後請在右側的 [Actions] 窗格中，點選 [Create Task] 來開啟如圖 4-34 所示的設定頁面。在此首先必須在 [Name] 欄位中輸入與前面 [Alert Task] 中相同的名稱才可以。在下方的 [Security options] 區域中請選取 [Run whether user is logged on or not]，以及勾選 [Run with highest privileges] 設定。

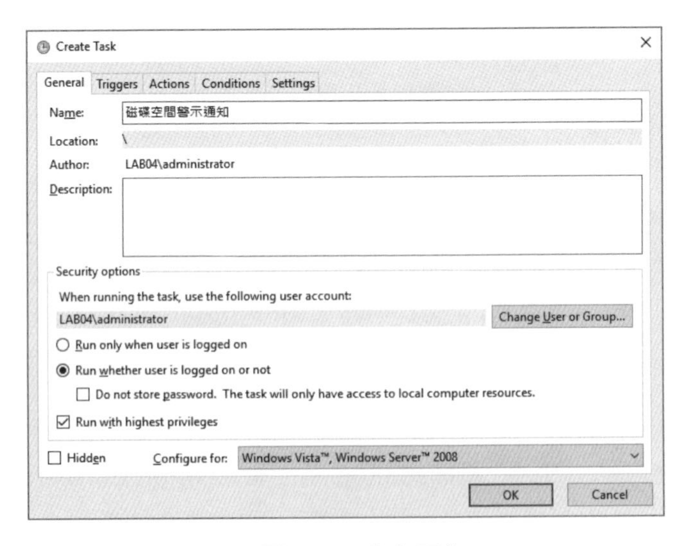

▲ 圖 4-34 建立工作

在如圖 4-35 所示的 [Actions] 頁面中，必須點選 [New] 按鈕來新增所要執行的動作。開啟後動作類型必須選擇 [Start a program]，而所執行的程式請輸入 Powershell，參數部分則可以輸入像是 -file "C:\Tools\Sendmail.ps1"。其中 Sendmail.ps1 是筆者所預先寫好的一個簡單 Script，其內容中的命令參數如下，用途便在於當效能監視器的 Alert Task 事件產生時，直接觸發此工作並執行此 Sendmail.ps1，以完成磁碟空間警示的 Email 通知。

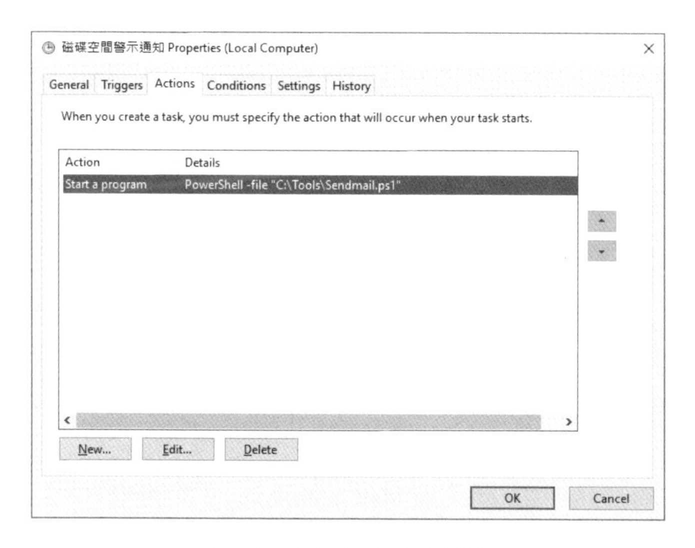

▲ 圖 4-35 工作動作設定

Send-MailMessage -To joviku@lab04.com -Subject "EX02 磁碟空間警示 Email 通知" -Body "請注意！ EX02 磁碟空間目前已剩下不到 30% 的可用空間" -SmtpServer 127.0.0.1 -From administrator@lab04.com -Encoding Unicode

在目前的 Windows Server 2019 中的 [Task Scheduler] 工具，已不支援執行 [Send an e-mail] 的功能，因此必須改由自己撰寫一個簡易的發送 Email 的 Script。

如圖 4-36 所示便是透過效能監視器的磁碟空間計數器，所觸發的磁碟空間警示的 Email 通知範例。若想要在 Email 內容中顯示各磁碟目前的剩餘空間等資訊，必須再進一步改寫發送 Email 的 Script 才可以。

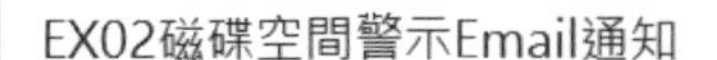

▲ 圖 4-36 Email 警示通知

本章結語

儘管熟悉 PowerShell 命令的 IT 人員，能夠更有效率地進行 Exchange Server 的維護管理，但這終究是得投入許多時間的實戰學習才能夠養成的。因此筆者個人認為 Microsoft 應該導入 AI 人工智慧的技術在 PowerShell 之中，讓 IT 人員或進階的用戶，能夠在看似難以親近的命令介面之中，藉由 AI 的引導迅速輸入所需要的命令以及參數，或是直接建議各種命令參數的參考，讓操作人員可以快速選擇，甚至可以在執行前自動預覽可能的執行結果，而不是等到命令或參數輸入失敗時，才再以人工的方式來進行除錯，或是收拾已經難以挽回的執行結果。

無論如何任何 IT 應用在結合 AI 的運作下，不應該只是著力於客戶端的發展，而是應該也應用於強化伺服端的維運，如此一來 IT 人員才能夠更輕易的迅速解決各種突如其來的意外狀況，或是在資訊安全的防護機制中，預警各種可能引發的攻擊、入侵、竊取、病毒等重大事件的防範。

Exchange Server 2019 信箱熱備援實戰

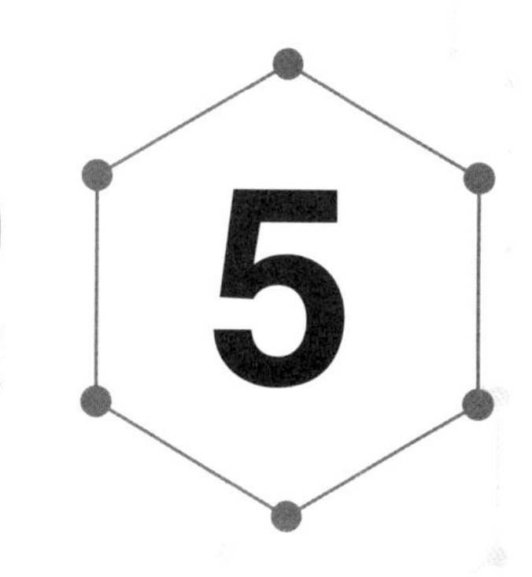

不想漏接重要訊息，希望信箱服務永續運行，什麼樣的高可用性解決方案，對於 Exchange Server 2019 是最佳的選擇，是需要花大錢整合第三方的產品，還是得部署那難以維護的複雜架構呢？其實這一些都是不需要的，今天通通只要善用系統內建的功能，便可以讓 Exchange Server 2019 信箱伺服器，直接坐擁雙重熱備援的 HA 防護架構。如何辦到的？請趕緊跟著筆者的腳步，一同實戰本章的精彩內容。

5.1 簡介

早期我們對於系統熱備援的需求，觀念大多是架構在實體主機層級的容錯設計，也就是讓某些重要的系統部署在叢集（Cluster）的架構之中，且數量至少在二台以上，其中一台做為主要（Active）伺服器，其他則做為備援用途的被動（Passive）主機。當發生主要伺服器硬體故障、作業系統損毀、服務停擺或是網路斷線時，優先權較高的被動主機便會在極短的時間之內，自動切換成主要伺服器的角色來繼續提供連線存取服務。

然而在現今以雲端架構為基礎的 IT 環境之中，像上述以實體主機的叢集架構設計，來服務單一應用系統的運作方式已經不多見，取而代之的是採用虛擬化平台本身所提供的 HA（High Availability）方案，來解決虛擬機器的高可用性運行需求，目前在以 Windows Server 為主的 Active Directory 運作環境之中，最熱門首選的便是 Hyper-V 與它所內建提供的 Live Migration、Quick Migration、Replica 等功能。原因不外乎三個重點那就是成本低廉、部署容易、復原快速。

換言之對於 Exchange Server 2019 信箱伺服器的部署，在底層的架構規劃部分，便可以選擇安裝在已具備 Hyper-V 相關高可用性能力的虛擬機器之中，如此一來信箱伺服器便即刻擁有了伺服器層級的熱備援機制。只是僅使用虛擬機器的熱備援方式是否就已經足夠？

針對小型企業而言由於人員信箱並不多，因此僅採用虛擬機器的熱備援方案，來因應單點失敗的問題，原則上已經相當足夠。但若是針對擁有千人以上的中大型企業，為了達到分散風險以及效能最佳化的目的，便可能依照不同的部門或重要性等級來分類所屬的信箱資料庫，而這些信箱資料庫所存放的儲存設備也將會有所不同。

如果想進一步將不同的信箱資料庫，來同步到其他的 Exchange Server 之中以作為熱備援的用途，這時候就得善用內建的 DAG（Database Availability Group）功能，來達到資料庫層級的熱備援機制。如此一來在搭配前面所介紹的伺服器層級熱備援機制，Exchange Server 2019 的信箱伺服器便同時擁有了雙重熱備機制的防護。

5.2 DAG 運作架構

所謂資料庫可用性群組（DAG）顧名思義就是可將不同的信箱資料庫群組化，並讓這一些群組中的資料庫運行，享有高可用性的熱備援機制。想想看在同類型產品的競爭對手方案之中，是否有類似的備援機制呢？答案是有的，那就是曾經也相當知名的 IBM Domino Server，而它的用戶端工具便是 IBM Notes。

關於 Exchange Server 與 Domino Server 在基礎運作架構上，最大的不同就是前者是將多個人員的信箱集中存放在選定的信箱資料庫之中，其優點是易於管理且運行效能會更好。至於後者則是讓每一位人員的信箱都使用一個獨立的資料庫來進行管理，優點便是分散資料存放風險，且在安全性配置上也會相對較高。

不管採集中式管理的 Exchange Server 還是採分散式的 Domino Server，皆支援跨主機的資料庫複寫（Replication）功能。無論如何目前 Exchange Server 已是全球各種企業 IT 的主流首選，現在就讓我們一同來了解一下如何選擇適合自己組織的 DAG 架構。

在實務的 DAG 架構規劃上，您將可以根據企業不同的環境需求，來部署出多樣化的 DAG 高可用性設計，以下是三種常見的典型架構設計建議：

- **雙成員伺服器的 DAG 設計**：這是適合小型企業或僅有少數分支辦公室的高可用性規劃，而且不需要拆開成前後端來部署，也就是完全對等的伺服器角色。本文將會以此情境作為實戰範例，使用 EX01 與 EX02 兩部位在相同網路的伺服器。
- **四成員伺服器的 DAG 設計**：適合針對單一資料中心的規劃，藉由將所有 DAG 成員伺服器集中部署在相同的地理位置中，來達成高可用性的部署需求，適合在組織內網中所有主要伺服器，都集中在企業總部的資訊網路設計。
- **四成員伺服器以上的 DAG 設計**：可以將 DAG 架構中的兩部成員伺服器部署在主要的資料中心（Data Center），常見的就是企業總部的 IT 資料中心，而將其他幾部的 DAG 成員伺服器部署在次要的資料中心，常見的便是位在不同地理位置的分公司內網之中。如此一來不僅滿足本地端高可性的熱備援需求，也同時達成了橫跨異地備援的部署需求。像這樣的情境很適合規劃在擁有多點營運中心，以及有多點獨立資料控管中心的組織。

如圖 5-1 所示便是雙成員伺服器 DAG 架構的設計範例，其中我可以將位在 EX01 中的主要 DB01 信箱資料庫，設定複寫至 EX02 的 DB01 副本資料庫，針對 DB02 信箱資料庫的做法則為相反。必須特別注意的是無論您選擇 DAG 架構為何，除了必須在相同的 Active Directory 樹系之中之外，負責用來存放仲裁資料的見證主機也是必要的，在此我們直接使用網域控制站（DC）來充當這個角色。

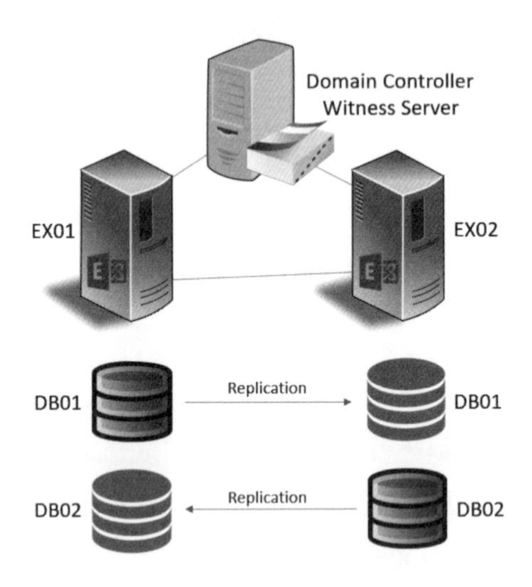

▲ 圖 5-1 雙成員伺服器 DAG 架構

5.3 安裝第二台信箱伺服器

目前在筆者實驗室環境之中已經有一台名為 EX01 的 Exchange Server 2019 伺服器，部署在 LAB04 的 Active Directory 網域之中。接下來將準備部署第二台名為 EX02 的 Exchange Server 2019 伺服器於相同的網域之中。

在完成電腦名稱以及網卡 IP 位址的設定之後，請完成 Microsoft Visual C++ 2013 可轉發套件的下載與安裝。緊接著請開啟 Exchange Server

2019 安裝來源程式的 UCMARedist 資料夾並執行 Setup.exe 程式，以完成 Unified Communications Managed API 4.0 套件的安裝。

➥ https://www.microsoft.com/en-US/download/details.aspx?id=40784

請注意！關於 Exchange Server 主機網卡的準備可以是一張或是兩張，若 EX01 與 EX02 都安裝了兩張網卡且使用了不同的網段，則在後續 DAG 的網路配置之中，便可以讓複寫的網路流量設定獨立在第二張網路卡的連接中來運行，有效提升網路傳輸的效能。

接下來就可以完成最後的準備，請如圖 5-2 所示執行以下命令參數來完成 Windows Server 相關功能的安裝。

```
Install-WindowsFeature Server-Media-Foundation RSAT-ADDS
```

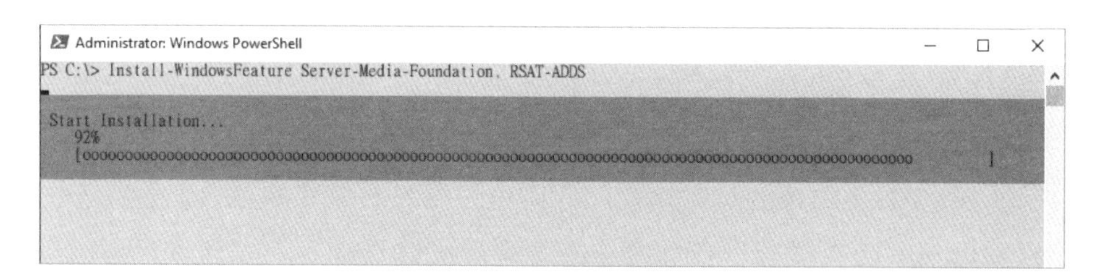

▲ 圖 5-2 安裝 Windows 功能

一切準備工作完成之後，就可以開始來進行第二台 Exchange Server 2019 的安裝。在此如果您準備的是 Server Core 作業模式，可在命令視窗之中切換到 Exchange 來源程式的路徑下執行以下命令參數。若準備的是完整桌面體驗模式，可以直接執行 Setup.exe 來開啟圖形介面的安裝設定。執行後如圖 5-3 所示在 [Server Role Selection] 頁面中，請將要安裝的 [Mailbox role] 伺服器角色以及下方自動安裝所有相關必要功能的選項打勾。點選 [next] 繼續。

```
Setup.exe /Mode:Install /Role:Mailbox /IAcceptExchangeServerLicenseTerms
```

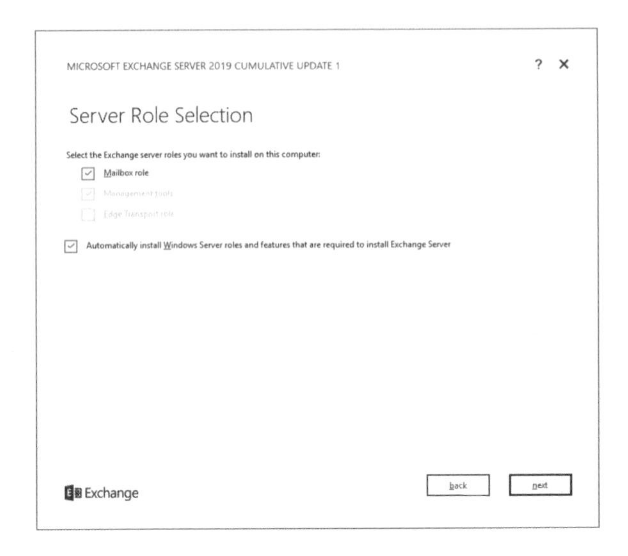

▲ 圖 5-3 伺服器角色選擇

接下來除了可以自訂安裝程式的路徑之外，還可以在如圖 5-4 所示的 [Malware Protection Settings] 頁面中，來決定是否要啟用 Exchange Server 2019 內建的防毒功能，原則上只要沒有確定將整合其他第三方的 Exchange 防毒系統，在此請不要選擇關閉此功能，以確保未來對於郵件的儲存不會遭到惡意程式感染。連續點選 [next] 按鈕。最後在 [Readiness Checks] 頁面中，請點選 [install] 按鈕來開始進行安裝即可。

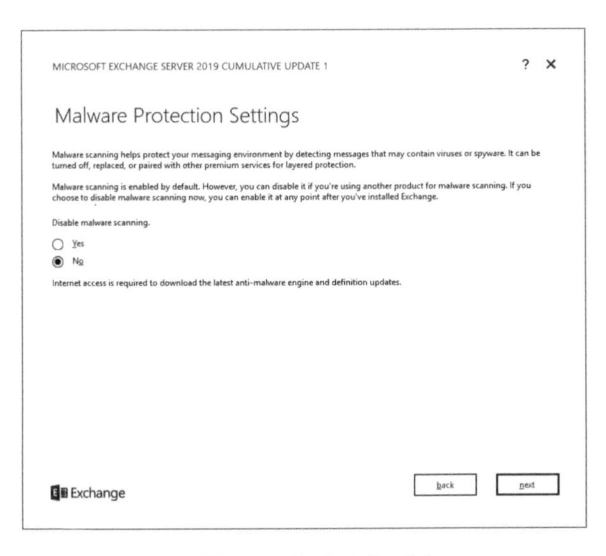

▲ 圖 5-4 防毒功能設定

如果在您部署的 Exchange Server 2019 伺服器中，至少有一台是安裝在桌面體驗的視窗環境之中，那麼我會建議您善用 Windows Server 的伺服器管理員介面，來集中監視與管理它們的基礎配置。

不過在此之前必須先建立好 Exchange 專屬的伺服器群組。請在 [Manage] 選單之中點選 [Create Server Group] 來開啟如圖 5-5 所示的設定頁面。首先請輸入一個唯一的伺服器群組名稱（例如：Exchange Server），再透過 [Active Directory] 的搜尋分頁之中，以輸入伺服器名稱關鍵字的方式來找到所有的 Exchange Server，並將它們一一新增至右方的 [Selected] 窗格之中即可。點選 [OK]。

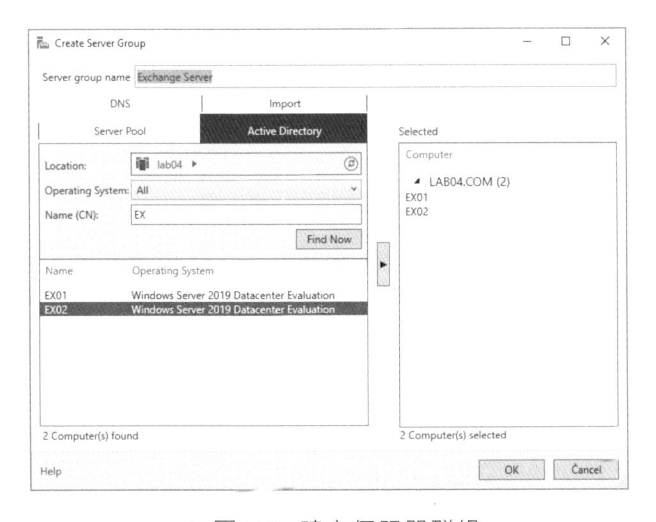

▲ 圖 5-5 建立伺服器群組

完成了上述有關伺服器群組的配置之後，往後就可以像如圖 5-6 所示一樣在 [Exchange Server] 群組頁面之中，檢視到所有 Exchange 伺服器的上線狀態，並且可以在需要的時候針對任一選定的伺服器，按下滑鼠右鍵來執行所要進行的操作，這包括了角色與功能的新增、重新啟動伺服器、開啟電腦管理介面連線、開啟遠端桌面連線、開啟 Windows PowerShell 連線等等。針對以上相關遠端連線工具的使用，對於採用 Server Core 方式所部署的 Exchange Server 主機而言，在管理上肯定會更加有效率。

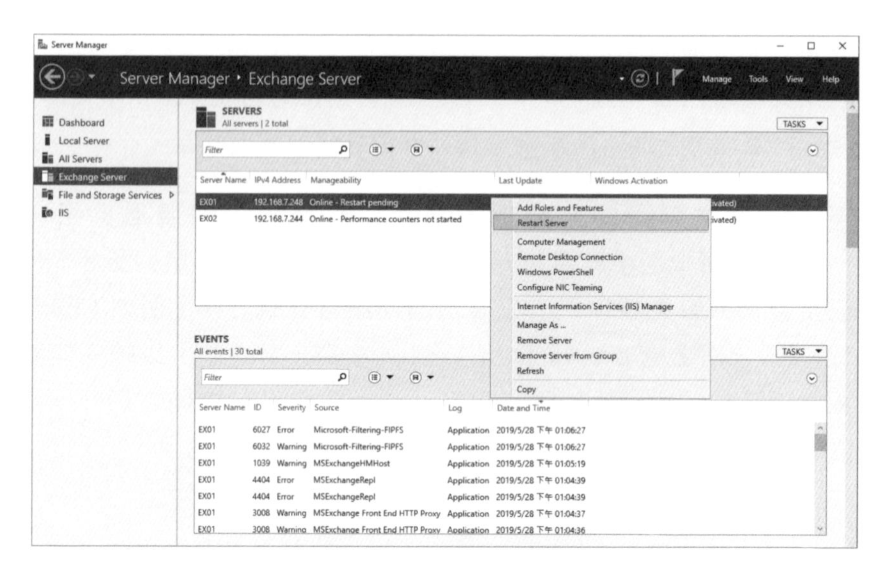

▲ 圖 5-6 群組伺服器管理

5.4 DAG 部署前的準備

接下來您還必須在網域中，準備一部 DAG 共用的見證伺服器（Witness server），來負責存放容錯移轉相關的監測資料，在此主機的共用資料夾之中。不過必須注意的是此伺服器，它不可以是現有 DAG 的成員伺服器，但是必須與 DAG 的所有伺服器位在相同的 Active Directory 樹系之中。最後您必須在該伺服器上安裝檔案伺服器功能，並賦予該主機相關 Exchange Server 群組的管理員權限，怎麼做呢？

首先請從伺服器管理員介面之中，完成檔案伺服器功能的安裝。接著請在該伺服器的 [電腦管理] 介面中，切換到 [設定]\[本機使用者和群組] 項目節點上，接著連續點選開啟 [Administrators] 群組內容。在如圖 5-7 所示的 [Administrators] 群組內容的 [Members] 頁面中，請點選 [Add]

按鈕來將預設的 [Exchange Trusted Subsystem] 這個萬用安全性群組加入即可。點選 [OK]。如此一來在後續的 DAG 架構運作中，才不會出現存取見證目錄方面的錯誤問題。

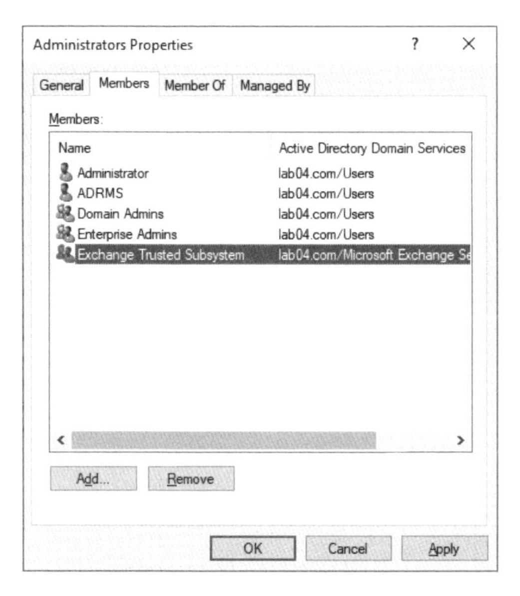

▲ 圖 5-7 管理員群組成員設定

關於檔案伺服器功能的安裝，您也可以透過開啟 Windows PowerShell 介面並執行 Install-WindowsFeature -Name FS-FileServer 命令參數，來完成相同的功能安裝需求。

完成了 DAG 見證伺服器的準備之後，我們必須在 Exchange Server 的作業系統中安裝容錯移轉叢集的功能，此時就可以善用伺服器管理員的伺服器群組功能，來快速完成每一台伺服器功能的安裝。如圖 5-8 所示在 [Select destination server] 頁面中，可以選取包括部署在 Server Core 作業模式下的 Exchange Server。點選 [Next]。

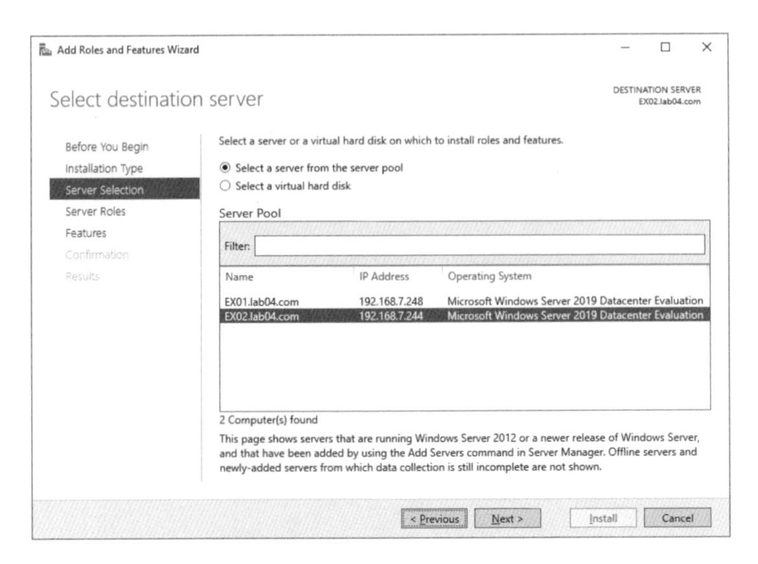

▲ 圖 5-8 選取目的地伺服器

在如圖 5-9 所示的 [Feature] 頁面中，請將 [Failover Clustering] 功能選項打勾並點選 [Next]。在 [Confirmation] 頁面中點選 [Install] 完成安裝即可。必須注意的是此功能的安裝僅供 Exchange Server 2019 的 DAG 容錯移轉使用，因此無法同時作為其他應用系統或服務的叢集使用。

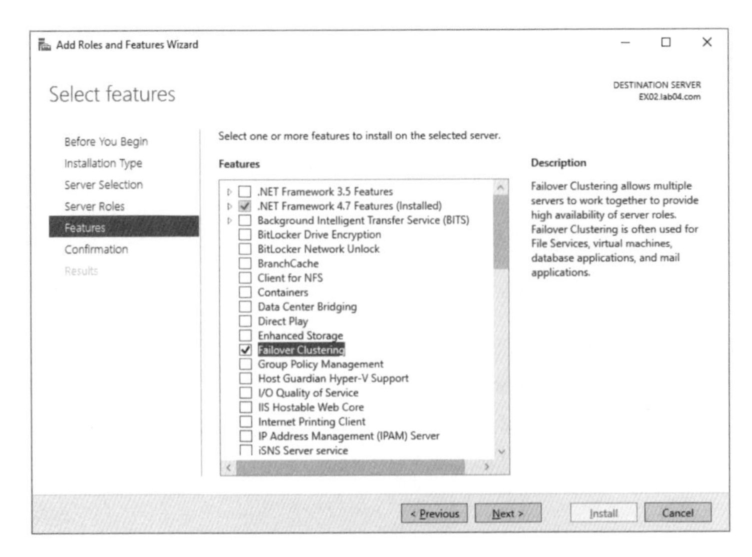

▲ 圖 5-9 安裝容錯移轉叢集功能

5.5 建立雙主機 DAG

理論上您可以為擁有大量信箱料庫的 Exchange Server 架構中，依據不同的資料庫屬性或部署需要來建立多個 DAG，以分散信箱資料庫的存放風險，不過每個 DAG 必須設定一個唯一名稱，並指派一個或多個靜態 IP 位址，或是也可以設定使用動態 IP 位址（DHCP）。

Exchange Server 2019 標準版僅支援 5 個資料庫，企業版則是支援最多 100 個信箱資料庫的授權。

然而更好的做法是在沒有叢集管理存取點的情況下建立 DAG，不過必須注意的是只有在伺服器執行 Exchange 2019、 Exchange 2016 或 Exchange 2013 Service Pack 1 以上更新版本，以及搭配使用 Windows Server 2012 R2 Standard 或 Datacenter 以及上的作業系統版本，才能夠使用沒有叢集管理存取點的 DAG 架構，相較於傳統作法這樣的架構具有下列特性：

- 在叢集核心資源群組中沒有 IP 位址資源、網路名稱資源。
- 由於未登錄 DAG 名稱在 DNS 中，因此無法在網路上進行名稱解析。
- 不會在 Active Directory 中建立叢集名稱物件。
- 無法使用 Windows Server 的容錯移轉叢集管理工具來管理 DAG 叢集，而是必須透過 Windows PowerShell 命令介面來進行管理。
- 由於不需要 IP 位址，因此不僅可簡化 DAG 配置還可以減少 Exchange Server 的攻擊面。

如圖 5-10 所示便是新增一個名為 DAG01 的資料庫可用群組的命令範例，在此僅有設定所要使用的見證伺服器，而沒有選定見證資料的存放路徑，因此預設會在選定見證伺服器的 C:\DAGFileShareWitnesses 路徑下，如果想要自訂存放路徑可透過添加 -WitnessDirectory 參數來設定。

至於 IP 位址部分則沒有設定，即表示使用沒有叢集管理存取點的 DAG 架構，如果想要設定 IP 位址可以透過添加 -DatabaseAvailabilityGroupIpAddresses 參數來完成，值得注意的是您除了可以設定單一或多個不同網段的 IP 位址之外，也可以透過輸入（[]）::Any 來表示採用 DHCP 動態 IP 位址。

```
New-DatabaseAvailabilityGroup -Name DAG01 -WitnessServer dc01.lab04.com
```

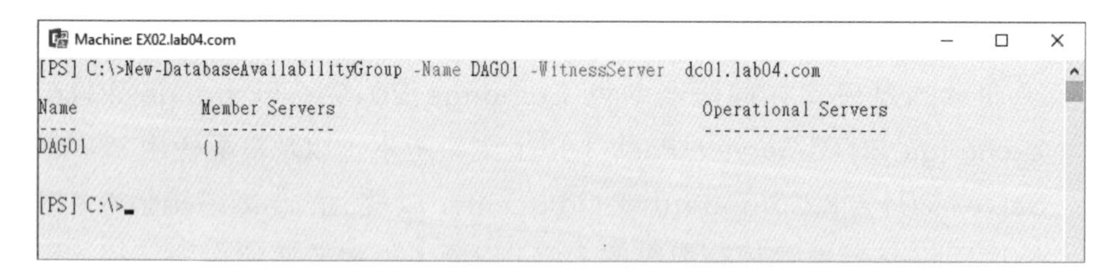

▲ 圖 5-10 新增 DAG

關於現行 DAG 見證伺服器的屬性設定，可以如圖 5-11 所示透過執行以下命令參數來進行查詢。在此除了可以看見見證伺服器與存放目錄的設定之外，也可以得知目前所使用的是主要（Primary）還是替代（Alternate）的備援見證伺服器。

```
Get-DatabaseAvailabilityGroup DAG01 -Status | FL *witness*
```

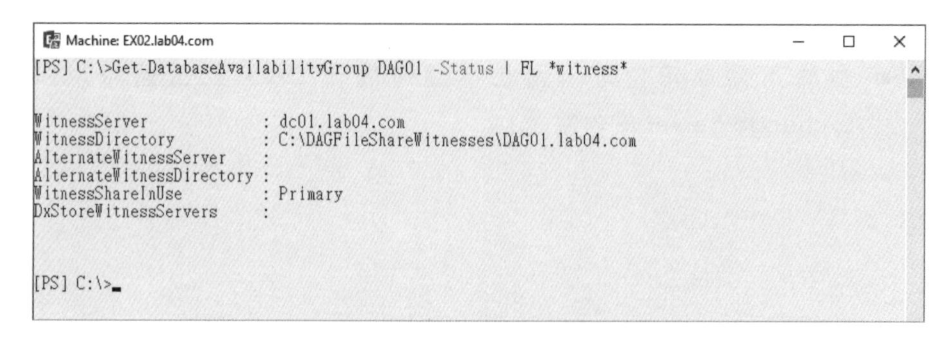

▲ 圖 5-11 查詢 Witness 配置

針對替代見證伺服器的使用，在小型的 DAG 架構中通常不會特別準備，但在大型的 DAG 架構中為了讓可用性更加完善，可以考慮添加以作為備援用途。添加的方法很簡單，只要透過以下命令範例中的 -AlternateWitnessDirectory 與 -AlternateWitnessServer 參數來設定即可。

```
Set-DatabaseAvailabilityGroup -Identity DAG01 -AlternateWitnessDirectory
X:\DAGFileShareWitnesses\DAG01.lab04.com -AlternateWitnessServer DC02
```

初步剛完成建立的 DAG 還只是一個空殼上無法運行，因為尚未加入伺服器成員到這個資料庫可用性群組織中，且也未選定所要進行熱備援的信箱資料庫。因此接下來筆者透過如圖 5-12 所示的以下命令參數範例，來依序將 EX01 與 EX02 添加至 DAG01 之中，並且查看目前 DAG01 的伺服器基本運行狀態。

```
Add-DatabaseAvailabilityGroupServer -Identity DAG01 -MailboxServer EX01
Add-DatabaseAvailabilityGroupServer -Identity DAG01 -MailboxServer EX02
Get-DatabaseAvailabilityGroup DAG01 -Status
```

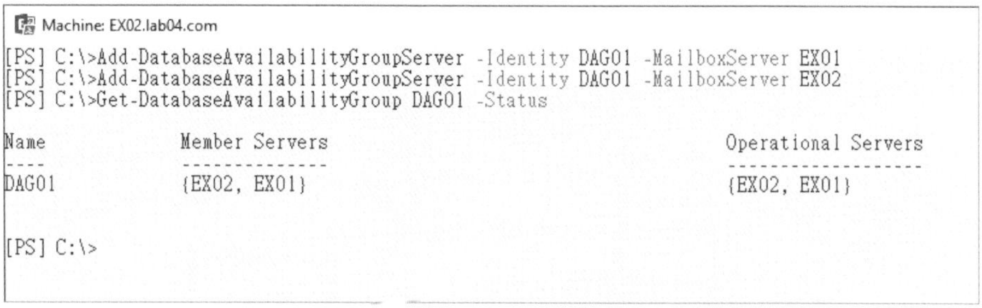

```
Machine: EX02.lab04.com
[PS] C:\>Add-DatabaseAvailabilityGroupServer -Identity DAG01 -MailboxServer EX01
[PS] C:\>Add-DatabaseAvailabilityGroupServer -Identity DAG01 -MailboxServer EX02
[PS] C:\>Get-DatabaseAvailabilityGroup DAG01 -Status

Name        Member Servers                          Operational Servers
----        --------------                          -------------------
DAG01       {EX02, EX01}                            {EX02, EX01}

[PS] C:\>
```

▲ 圖 5-12 設定 DAG 成員伺服器

5.6 新增信箱資料庫

在實務上除了一些屬於系統內建的信箱，會讓它們存放在預設的信箱資料庫之外，其餘無論人員的信箱還是公用資料夾信箱，皆會設定存放在自訂路徑的信箱資料庫之中，以便提升運行的效能與降低風險。而針對這些自訂路徑所在的磁碟檔案系統，若想要讓運作效能達到最佳化，除了需要採用獨立的磁碟陣列之外，最好還能夠選用 ReFS（Resilient File System）檔案系統，而非使用傳統的 NTFS（New Technology File System）檔案系統。

因此當我們準備好給 Exchange Server 資料庫專用的磁碟分割區之後，就可以來新增信箱資料庫到這個磁碟的選定路徑之下。等到所有信箱資料庫都準備好之後，再來透過新增或移轉的方式來產生相關的人員或群組信箱。如圖 5-13 所示便是透過 [Exchange 系統管理中心] 網站的 [資料庫] 頁面，來新增信箱資料庫到選定的磁碟路徑下的範例。同樣的需求也可以透過以下的 PowerShell 命令範例來完成。

```
New-MailboxDatabase -Name "Sales Mailbox Database" -EdbFilePath "E:\Sales
Mailbox Database\Sales Mailbox Database.edb" -LogFolderPath "E:\Sales
Mailbox Database"
```

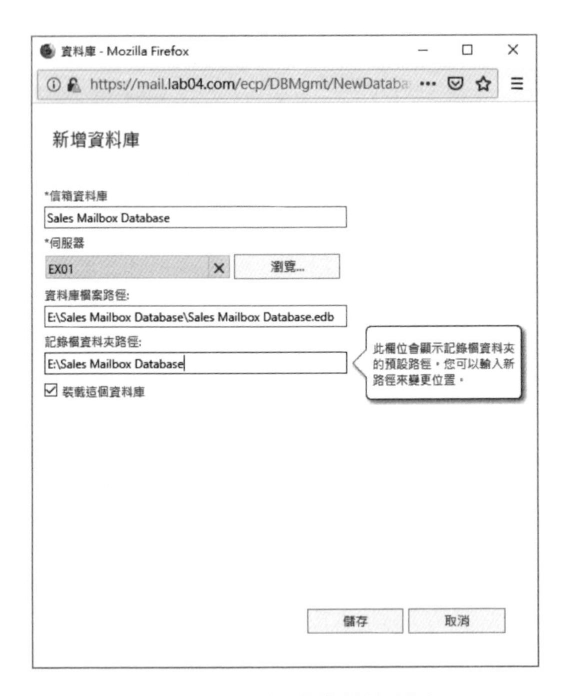

▲ 圖 5-13 新增信箱資料庫

在完成信箱資料庫的新增之後，您可能會看到系統提示您必須在重新啟動 Microsoft Exchange Information Store 服務才能生效，然而您只需要在完成所有信箱資料庫的新增之後，再一次完成此服務的重新啟動即可。如圖 5-14 所示您可以選擇透過 MMC 的 [服務] 管理介面，來選取此服務並按下滑鼠右鍵點選 [All Tasks]\[Restart] 即可，若是想要透過 PowerShell 命令來重新啟動，只要分別執行 Stop-Service MSExchangeIS 以及 Start-Service MSExchangeIS 兩道命令即可。

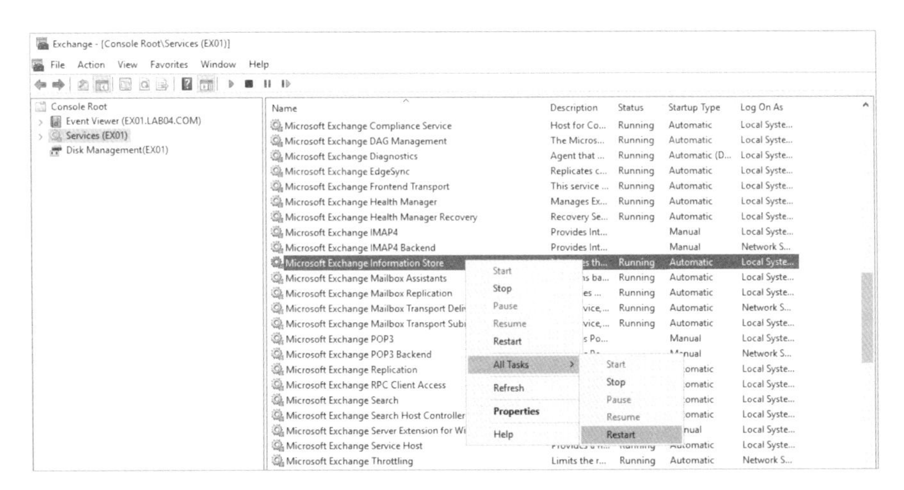

▲ 圖 5-14 重啟 Exchange 資訊儲存服務

5.7 檢查信箱資料庫

在完成了信箱資料庫的建立之後，便可以開始來陸續將不同的信箱資料庫，添加到所屬的 DAG 配置之中，以便產生熱備援用途的信箱資料庫副本。不過如果是針對已運行過一段時間的舊信箱資料庫，建議您最好能夠先行完成一些檢查，確認它符合加入 DAG 運行架構的條件。

首先請開啟該資料庫的屬性頁面，如圖 5-15 所示在 [一般] 的頁面中，確認目前的這個資料庫是處於已裝載的狀態中，並且還沒有進行與任何 DAG 的複寫設定。

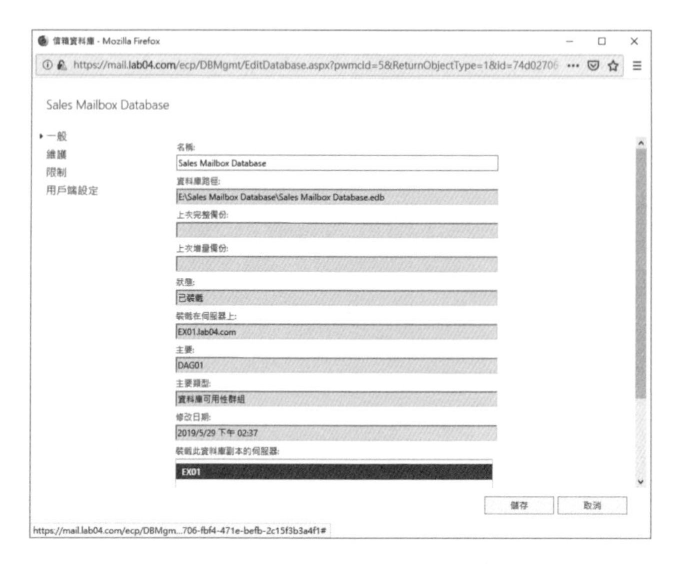

▲ 圖 5-15 檢查資料庫一般設定

緊接著請點選至如圖 5-16 所示的 [維護] 頁面之中，目前 [啟用循環記錄] 的設定是沒有勾選的。值得注意的是當您修改此設定時，可能會出現需要重新卸載與裝載後才會生效的警示訊息。此外您也可以選擇透過 PowerShell 命令來關閉此功能，例如執行 Set-MailboxDatabase "Sales Mailbox Database" -CircularLoggingEnabled $False

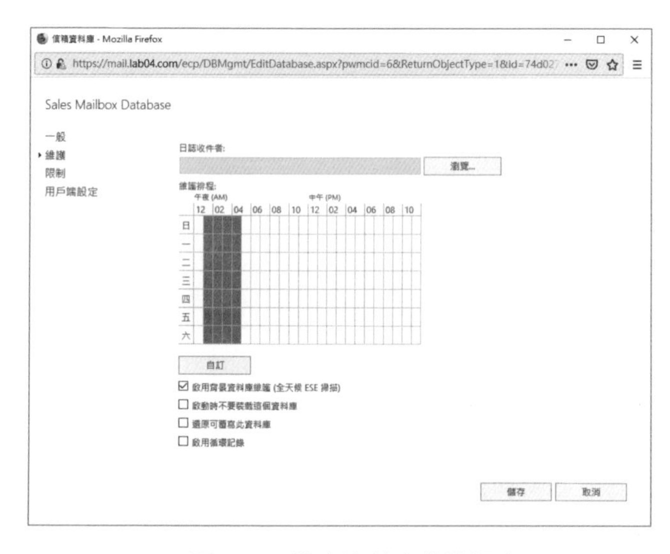

▲ 圖 5-16 檢查資料庫維護設定

5.8 建立信箱資料庫副本

完成相關需要熱備援的信箱資料庫檢查之後，我們就可以來為它們一一新增資料庫副本。而新增的方法有兩種，一是透過 PowerShell 命令參數，二是直接透過 [Exchange 系統管理中心] 網站的操作。讓我們先來學一下採用命令的做法。

如圖 5-17 所示便是透過以下命令參數的執行，來將一個名為 "IT Mailbox Database" 的信箱資料庫啟用副本功能，並且選定 EX02 伺服器來作為副本資料庫的存放位置。

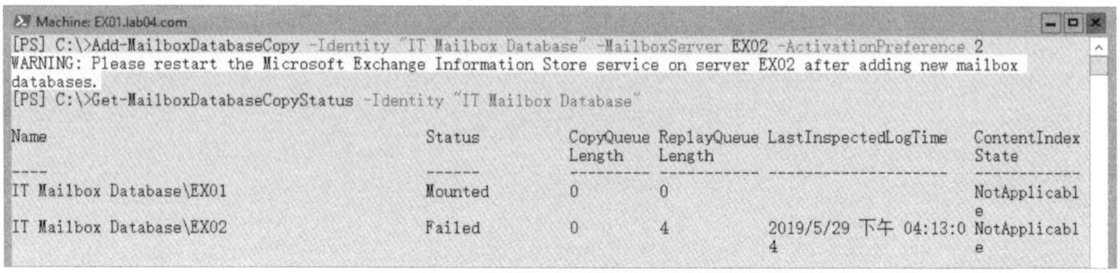

```
Machine: EX01.lab04.com
[PS] C:\>Add-MailboxDatabaseCopy -Identity "IT Mailbox Database" -MailboxServer EX02 -ActivationPreference 2
WARNING: Please restart the Microsoft Exchange Information Store service on server EX02 after adding new mailbox
databases.
[PS] C:\>Get-MailboxDatabaseCopyStatus -Identity "IT Mailbox Database"

Name                          Status    CopyQueue ReplayQueue LastInspectedLogTime  ContentIndex
                                        Length    Length                            State
----                          ------    --------- ----------- --------------------  ------------
IT Mailbox Database\EX01      Mounted   0         0                                 NotApplicabl
                                                                                    e
IT Mailbox Database\EX02      Failed    0         4           2019/5/29 下午 04:13:0 NotApplicabl
                                                              4                     e
```

▲ 圖 5-17 新增資料庫副本

至於 -ActivationPreference 的參數值，則是用來作為當發生主要的主動信箱資料庫發生中斷時，所要優先作為主動信箱資料庫的順序，這對於擁有兩部以上伺服器成員的 DAC 來說相當重要，因為您的每一部伺服器的規格與效能可能皆不同，選擇讓效能較佳的伺服器，優先接手信箱資料庫並繼續提供線上服務，肯定是必要的配置。

完成信箱資料庫副本的新增之後，可以緊接著透過 Get-MailboxDatabaseCopyStatus 命令來查看選定資料庫副本的最新狀態。

```
Add-MailboxDatabaseCopy -Identity "IT Mailbox Database" -MailboxServer
EX02 -ActivationPreference 2
Get-MailboxDatabaseCopyStatus -Identity "IT Mailbox Database"
```

在前面的信箱資料庫副本狀態範例中，可以發現它出了 "Failed" 狀態，這表示副本的目標伺服器無法正常連線，此時系統仍會定期性的檢查副本的狀態，一旦偵測到問題已經解決，狀態也將會自動變更為健康（Healthy）。如圖 5-18 所示當筆者再自行手動執行以下命令進行檢查時，便會發現該信箱資料庫的副本已呈現為 "Healthy"。

```
Get-MailboxDatabaseCopyStatus -Identity "IT Mailbox Database"
```

```
Machine: EX01.lab04.com
[PS] C:\>Get-MailboxDatabaseCopyStatus -Identity "IT Mailbox Database"

Name                          Status    CopyQueue ReplayQueue LastInspectedLogTime      ContentIndex
                                        Length    Length                                State
----                          ------    --------- ----------- --------------------      ------------
IT Mailbox Database\EX01      Mounted   0         0                                     NotApplicabl
                                                                                        e
IT Mailbox Database\EX02      Healthy   0         0           2019/5/29 下午 04:13:0    NotApplicabl
                                                             4                          e

[PS] C:\>Get-MailboxDatabaseCopyStatus -Server EX02

Name                                Status    CopyQueue ReplayQueue LastInspectedLogTime   ContentIndex
                                              Length    Length                             State
----                                ------    --------- ----------- --------------------   ------------
Mailbox Database 0043951726\EX02    Mounted   0         0                                  NotApplicabl
                                                                                           e
Sales Mailbox Database\EX02         Healthy   0         0           2019/5/29 下午 04:20:1 NotApplicabl
                                                                    7                      e
IT Mailbox Database\EX02            Healthy   0         0           2019/5/29 下午 04:13:0 NotApplicabl
                                                                    4                      e

[PS] C:\>_
```

▲ 圖 5-18 檢視資料庫副本狀態

如果您想要查詢的不是特定的信箱資料庫副本狀態，而是選定的 Exchange Server 所有信箱資料庫副本狀態（例如：EX02），可以改執行以下命令參數即可。

```
Get-MailboxDatabaseCopyStatus -Server EX02
```

學會了以 PowerShell 的命令與參數的方法，來新增信箱資料庫副本並檢查其狀態的技巧之後。接下來試試透過更簡單的操作方式來完成相同任務。如圖 5-19 所示您只要在 [Exchange 系統管理中心] 的 [伺服器]\[資料庫] 頁面中，針對選定的信箱資料庫點選 [⋯] 功能圖示，即可來完成新增資料庫副本的設定。

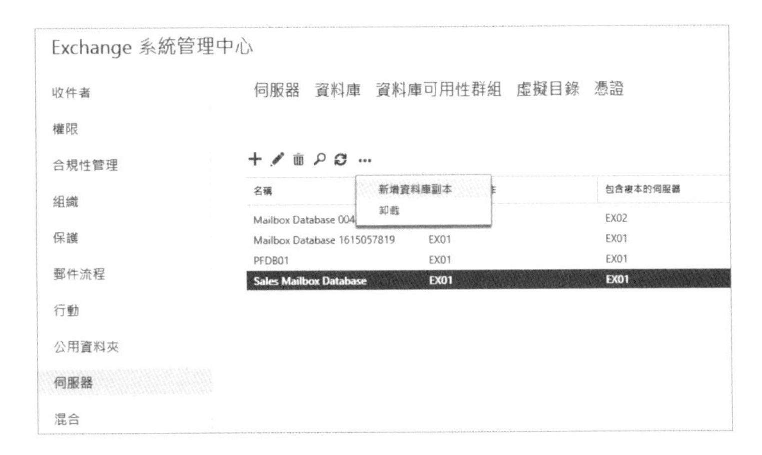

▲ 圖 5-19 資料庫選單

在如圖 5-20 所示的 [新增信箱資料庫副本] 頁面中，請點選 [瀏覽] 按鈕來挑選準備用來存放副本資料庫的 Exchange Server，然後再決定啟動喜好設定的編號 (ActivationPreference)。至於轉送延遲時間就是讓我們可以自訂交易記錄寫入至副本資料庫的延遲時間 (ReplayLagTime)，最大值為 14 天。若有設定此值可將 [延後植入] 設定勾選。點選 [儲存]。

▲ 圖 5-20 新增信箱資料庫副本

對於已經建立副本的信箱資料庫來說，我們只要同樣在 [伺服器]\[資料庫] 頁面中，便可以在選定任一資料庫之後，從右側窗格的頁面中查看到正本與副本資料庫的最新狀態，其中還包括了複製中的佇列長度、內容索引狀態等等。您也可以在此點選執行擱置、啟動或是移除的操作。

關於 DAG 的健診除了可以檢查信箱資料庫副本的狀態之外，還可以透過 Test-ReplicationHealth 這個命令來測試複寫的健康情形。如圖 5-21 所示在以下的命令參數範例中，你除了可以選定任何現行的 DAG 之外，也可以選定僅測試 DAG 中某一台 Exchange Server。

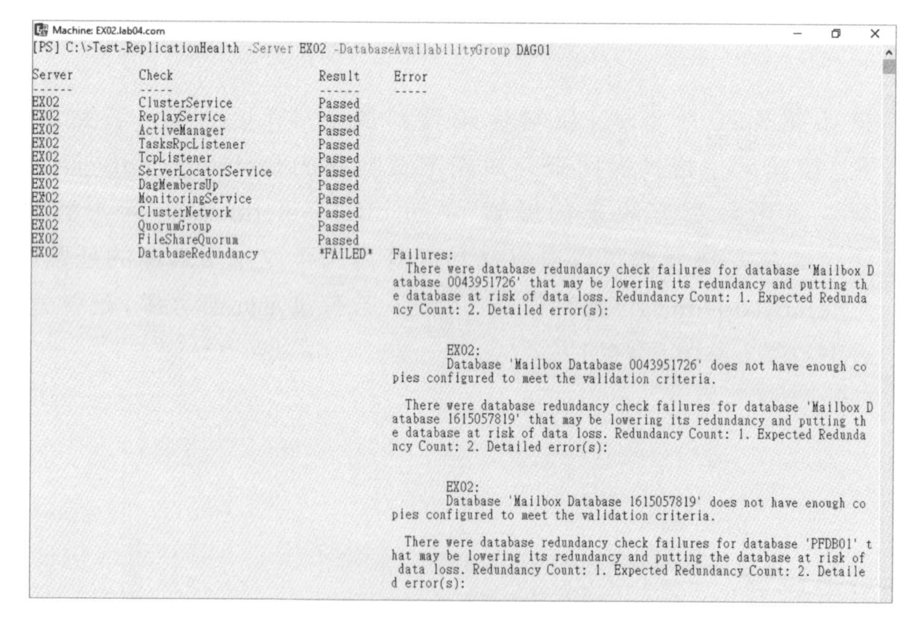

▲ 圖 5-21 測試複寫健康狀態

若是在測試結果中有任一選項出現 "*FAILED*"，則必須進一步查看錯誤的訊息說明，以範例中所出現的 DatabaseRedundancy 測試失敗來說，便可以查看到目前在選定的 Exchange Server 之中，有一些信箱資料庫尚未設定 DAG 的資料庫副本，不過這項錯誤並不會影響其他已設定信箱資料庫副本的正常運行。

```
Test-ReplicationHealth -Server EX01 -DatabaseAvailabilityGroup DAG01
```

上述的命令參數僅是針對選定的 DAG 以及伺服器進行複寫健康測試，若需要測試所有 DAG 以及所有關聯的伺服器複寫健康狀態，可以改執行以下命令參數即可。

```
(Get-DatabaseAvailabilityGroup) | ForEach {$_.Servers | ForEach {Test-ReplicationHealth -Server $_}}
```

5.9 伺服器轉換測試

選擇讓 Exchange Server 採用 DAG 架構的熱備援機制好處多多，除了可以達成基本的即時相互熱備援之外，還可以在某一台成員伺服器需要停機進行維護時，自行手動將該伺服器上的所有正本資料庫，轉換至其他成員伺服器上的副本資料庫來繼續運行，而不影響用戶端持續連線的信箱存取，這一些常遭遇的情境有增加記憶體、增加硬碟或是更新韌體等等。

更棒的是當成員伺服器上有某一個信箱資料庫需要離線維護時，也可以選定僅讓這一個資料庫改由副本的資料庫來運行，而不影響到位在相同 DAG 中的其他信箱資料庫的正常複寫，這類情境常見的便是透過 Eseutil 命令工具，來進行選定信箱資料庫的維護任務。

無論面對何種情境其作法很簡單，首先以整台伺服器準備停機維護的情境為例。管理員只要在 [Exchange 系統管理中心] 的 [伺服器]\[伺服器] 節點頁面中，如圖 5-22 所示先選定準備要停機維護的伺服器，再點選位在右方窗格中的 [伺服器轉換] 連結繼續。

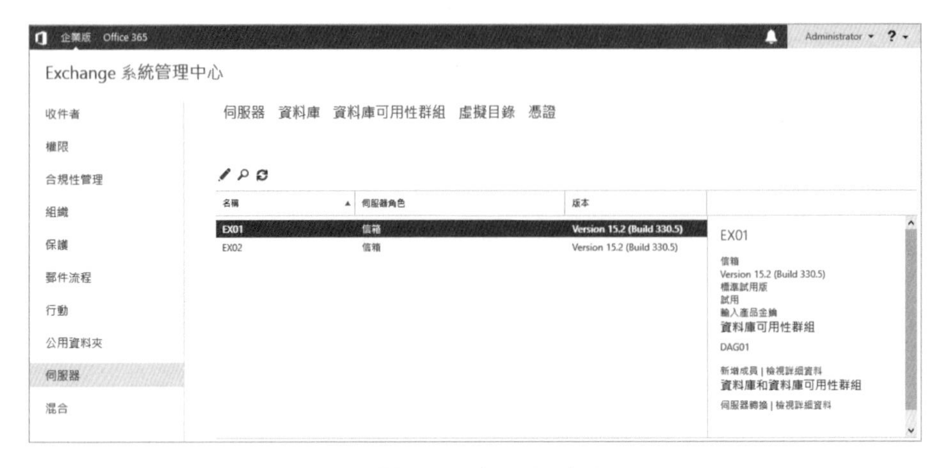

▲ 圖 5-22 伺服器清單

在如圖 5-23 所示的 [伺服器轉換] 頁面中，您可以選擇讓系統自動選擇目標伺服器，或是指定要作為轉換目標的伺服器。前者的優點，在於會依據系統分析的結果，自動將不同的信箱資料庫，轉換至最佳的副本信箱資料庫伺服器之中來運行。至於後者的優點當然就是讓我們可以自行選定適合的伺服器成員。

▲ 圖 5-23 伺服器轉換

看完成了整台伺服器停機維護前的移轉方式之後，接著來學一下如何僅移轉選定的資料庫而不是整部伺服器。不過這回就不是透過 [Exchange 系統管理中心] 的操作來完成，而是改用 PowerShell 的命令來進行。如圖 5-24 所示在此只要執行以下命令參數，便可以將選定的 "IT Mailbox Database" 信箱資料庫移轉至 EX01 來繼續運行，當狀態（Status）出現 "Succeeded" 時即表示移轉成功。

```
Move-ActiveMailboxDatabase "IT Mailbox Database" -ActivateOnServer EX01
```

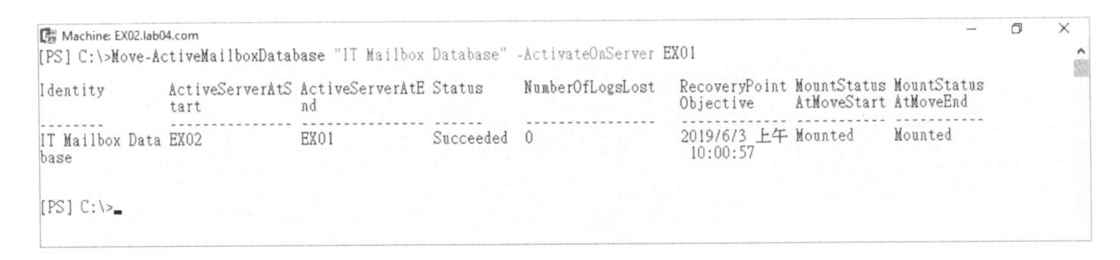

▲ 圖 5-24 轉換選定的信箱資料庫

您可以透過 PowerShell 命令，來將選定 Exchange Server 上面的所有信箱資料庫一次完成全部的移轉。例如您可以執行 Move-ActiveMailboxDatabase -Server EX02。

5.10 如何移動人員信箱至 DAG

還記得在前面的實戰範例講解中，我們曾提及如果將信箱資料庫檔案存放於 ReFS 的磁碟分割區之中，將有助於運行過程中讀寫效能的提升。然而當我們建立好新的信箱資料庫檔案於該磁碟時，往往所要執行的並非是新增人員信箱，而是需要移轉現行的人員信箱至此信箱資料庫之中，怎麼做呢？請繼續看接下來的操作說明。

首先請開啟 [Exchange 系統管理中心] 並點選至 [收件者]\[移轉] 頁面。在點選新增圖 5-25 示的功能選單時，請選取 [移至其他資料庫] 來開啟如圖所示的 [新增本機信箱移動] 頁面。在此您將可以添加所要移動的使用者信箱，如果所要移轉的信箱數量較多，也可以考慮先行整理好人員信箱的清單於 CSV 檔案之中，再完成 CSV 檔案的上傳即可準備批次移轉。點選 [下一步]。

▲ 圖 5-25 新增本機信箱移動

在如圖 5-26 所示的 [移動設定] 頁面中，請先輸入一個移轉批次的名稱，然後再選擇是要移轉主信箱還是封存信箱或兩者。接著再選取目標資料庫以及目標封存資料庫，並輸入移轉過程之中所允許的最大錯誤項目限制。點選 [下一步]。

▲ 圖 5-26 移動設定

在如圖 5-27 所示的 [啟動批次] 頁面中，請點選 [瀏覽] 按鈕來選取接受移轉報告的人員信箱。接著再設定偏好的啟動批次作業以及完成批次作業的方式。點選 [新增]。

▲ 圖 5-27 啟動批次設定

當我們選擇以自動方式完成啟動批次移轉的任務時，將可以立即在該任務的頁面之中，如圖 5-28 所示看到目前正在同步處理的數量以及略過的數量。待同步完成之後，還可以進一步點選 [下載此使用者的報告]，來進一步查看移轉的明細資料。

▲ 圖 5-28 信箱移動任務執行中

如圖 5-29 所示則是在完成人員信箱移動任務後，系統所自動發送給選定人員的 Email 通知，收件者可以點選下載附件的 MigrationReport.csv 檔案來查看詳細報告。

▲ 圖 5-29 信箱移轉報告通知

接下來讓我們來到 [收件者]\[信箱] 頁面之中，在此對於管理員而言可能會想知道目前每一個信箱所在的信箱資料庫，問題是如何做呢？其實作法很簡單，只要在 [⋯] 選單之中點選 [新增 / 移除欄位] 並將其中的 [資料庫] 欄位勾選，便可以像如圖 5-30 所示的範例一樣檢視到每一個信箱所在的信箱資料庫了。

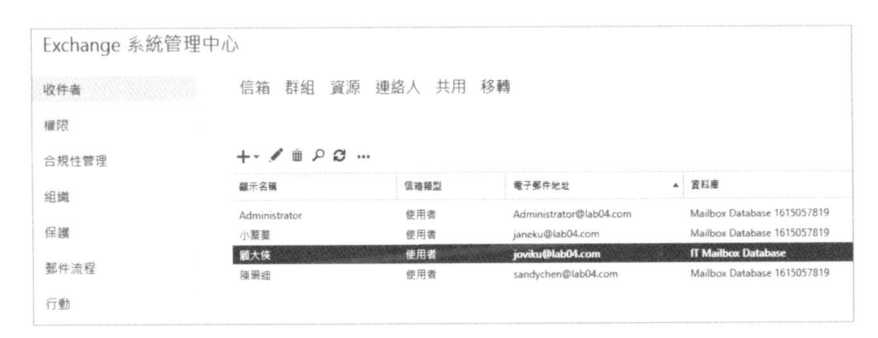

▲ 圖 5-30 檢視信箱所在資料庫

5.11 修改 DAG 屬性

針對 DAG 配置的管理雖然可以透過 Set-DatabaseAvailabilityGroup 命令來完成，但是如果只是基本設定的修改，選擇透過 Exchange 系統管理中心的介面操作來完成還是比較方便的。

請在 [資料庫]\[資料庫可用群組] 頁面中，針對選定的 DAG 項點選 [編輯] 圖示來開啟 [一般] 設定頁面。如圖 5-31 所示在此除了可以修改見證伺服器的相關設定之外，還可以勾選 [手動設定資料庫可用性群組網路] 選項，來進一步設定所要連接的網路以及所要啟用或停用複寫的網路。

您也可選擇透過執行 Set-DatabaseAvailabilityGroupNetwork 以及 New-DatabaseAvailabilityGroupNetwork 命令參數，來修改或新增 DAG 網路配置。

▲ 圖 5-31 DAG 一般設定

在 [IP 位址] 的頁面中則可以決定 DAG 所要使用的 IP 位址，若要採用 DHCP 方式來動態取得 IP 位址，只要輸入 0.0.0.0 即可。如果不打算綁定 IP 位址請維持預設值即可。點選 [儲存]。

回到 [資料庫]\[資料庫可用群組] 頁面中，您還可以點選管理 DAG 成員資格的圖示，來新增或刪除目前選定的 DAG 成員伺服器。

本章結語

Exchange Server 2019 在虛擬化平台以及資料庫可用性群組（DAG）的雙重 HA 保護下，不僅少了煩惱單一主機故障的問題之外，還可以靈活配置不同 DAG 的熱備援伺服器，讓運行的安全與效能問題同時得到彈性的管理機制。至於針對 DAG 的應用或管理方式是否還有增強的空間呢？

筆者個人則認為 DAG 現行內建的監視工具以及操作介面設計的確仍有需要增強，前者尚缺即時的動態儀表板監視功能，必須整合第三方的監視方案才能勉強做到。後者則是缺乏 DAG 行動裝置 App，讓管理人員能夠在緊急狀況時，及時透過手邊的 DAG App 配置迅速完成信箱資料庫轉換，或是以觸控拖曳方式輕鬆完成信箱的移動。期待在未來的更新中，能夠提供 IT 人員更友善與直覺的管理功能與工具。

信箱的備份與還原

無論是何種平台的 Mail Server，針對人員信箱最重要的兩大管理任務分別是配額與備份。前者可讓伺服端儲存空間的使用得到有效控制，後者則是讓用戶的 Email 獲得安全的封存。然而對於廣泛的用戶而言，他們最關切的是後者的執行是否有獲得妥善的處理，因為每天都會有人要求 IT 部門取得某一封刪除已久的 Email，甚至於復原整個信箱。究竟若想要徹底做好信箱備份的管理工作，從一般用戶到 IT 人員該如何來相互配合執行，才能真正做到天衣無縫呢？

6.1 簡介

現今已是雲端時代，然而隨著數據從產生、儲存、收集到分析的龐大需求，備援與備份計劃已成為了 IT 部門刻不容緩的必要任務，也唯有完善的計劃搭配定期的檢測與災害模擬演練，才能夠確保企業中的這些有價數位資產得到妥善的保護，並且在真實突發狀況發生時有效發揮應變的作用。

在各類型的 IT 數據之中，電子郵件（Email）也屬於重要大數據分析的來源之一，因為企業可以藉由 Mail Server 內建的智慧篩選引擎，或整合協力廠商的相關系統，來分析所有每日進出的 Email 內容，進而達到自動篩選或隔離掉任何可能的病毒、網路攻擊以及網路釣魚等惡意行為。

實際上針對 Email 的大數據分析，不只可以運用在強化安全層面的防護機制，也能夠藉由對於每位用戶的郵件收發行為分析後，自動在可能的錯誤操作發生前來提示用戶，例如當用戶可能將原本要發給 A 客戶的 Email 錯發給 B 客戶之前，能夠在點選傳送按鈕之後再次收到系統的確認提示。換言之諸如此類情境的操作提示，都可在結合 Email 大數據與 AI 服務的使用下達成。由此可見在每一位企業用戶的信箱之中，不僅存放著重要的商務往來訊息，同時也提供了專屬自身企業用途的大數據來源。

既然 Email 信箱對於企業與用戶是如此重要，那麼做好備份便是一件相當重要的事。不過備份任務和備援任務可是有所不同，後者的責任主要是以 IT 部門為主，但前者的責任則應由一般用戶與 IT 部門共同承擔，這是因為其實一般用戶同樣可以透過很簡單的 Outlook 操作步驟，來自行完成重要郵件的備份，以便在郵件發生誤刪或是伺服器故障時，在第一時間完成自助救援任務。

接下來就讓我們依序來學習一下如何在 Exchange Server 2019 的架構下，輕鬆完成從用戶端 Outlook 到伺服器信箱資料庫的備份與還原任務。

6.2 用戶端本機郵件封存

在開始介紹如何從 Exchange Server 2019 伺服端，來做好信箱的備份與還原之前，讓我們先來學習一下一般用戶如何在自己電腦的 Outlook 中，自行做好重要 Email 的備份與還原。關於這部分的操作指引，IT 人員務必對於所有用戶或是各部門的窗口人員完成教育訓練。

在此筆者以 Outlook 2016/2019 操作介面為例。請在如圖 6-1 所示的 [帳戶設定] 選單中點選 [帳戶設定] 繼續。

▲ 圖 6-1 Outlook 帳戶設定選單

接著在如圖 6-2 所示的 [資料檔] 頁面中，請點選 [新增] 來設定新資料檔的存放位置，在實務上此存放位置應該要選擇在非系統磁碟的資料夾路徑下，如此才能夠在作業系統發生毀損而無法開機時，還能夠將資料檔從所在的磁碟中，複製到其他電腦中的 Outlook 來繼續存取。

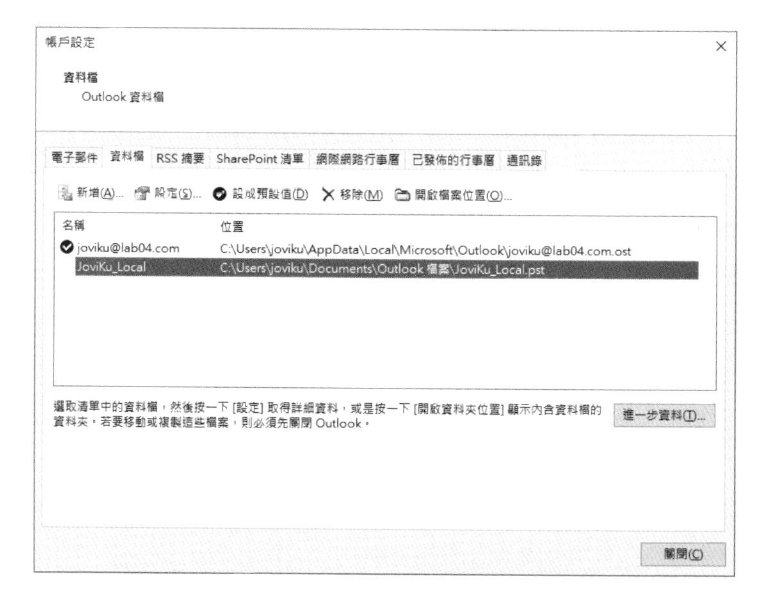

▲ 圖 6-2 Outlook 資料檔管理

在如圖 6-3 所示頁面中的 "JoviKu_Local" 節點，便是筆者所建立的新 Outlook 資料檔，往後如果需要備份重要的郵件，只需要透過郵件右鍵選單的複製（或移動）功能，將郵件貼上至此資料檔之中即可。至於復原的方式，則只要反過來將 "JoviKu_Local" 資料檔中的郵件，透過滑鼠左鍵拖曳回主要信箱的資料夾之中即可。

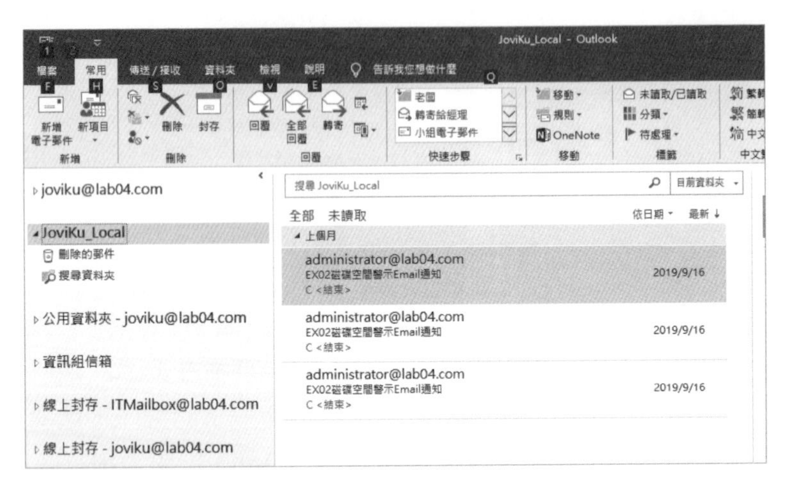

▲ 圖 6-3 存取本機 Outlook 資料檔

6.3 安裝 Windows Server Backup

接下來筆者要進入到有關於 Exchange Server 2019 在伺服端的信箱備份與復原講解。首先最重要的是準備好相容的備份工具，而最簡易的做法就是採用 Windows Server 2019 內建的 Windows Server Backup 功能，不過它只能提供最陽春的備份與復原功能，如果想要達到多部 Exchange Server 的集中式備份控管，以及使用較為複雜的備份與復原策略，則可以考慮部署協力廠商的備份解決方案，不過通常得增加不少 IT 預算，因為得依照 Exchange Server 的數量或總資料量的大小來加以授權並計費。

想要在 Exchange Server 2019 主機中安裝 Windows Server Backup 功能是相當容易的，只要透過 [Server Manager] 介面來新增功能安裝即

可。可是如果 Exchange Server 2019 是安裝在 Server Core 的環境之中，該如何來安裝 Windows Server Backup 功能呢？

其實只要有預先在網域中的任一部 Windows Server 2019 桌面環境中，將所有 Exchange Server 2019 新增至 [Server Manager] 介面，甚至於將它們歸類到同一個伺服器群組之中，如此便可以在選定的 Exchange Server 主機上，如圖 6-4 所示按下滑鼠右鍵點選 [Add Roles and Features] 來開始設定新增功能。

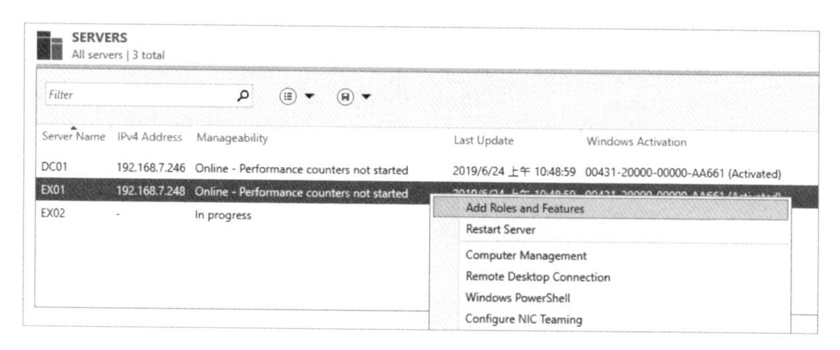

▲ 圖 6-4 遠端伺服器功能安裝

如圖 6-5 所示直接來到 [Features] 的頁面中，便可以找到 [Windows Server Backup] 的功能選項，請在勾選後點選 [Next] 按鈕繼續完成安裝即可。

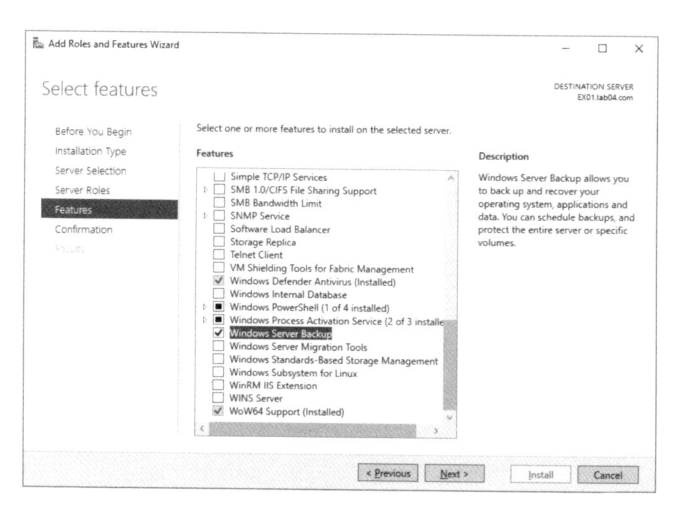

▲ 圖 6-5 安裝 Windows Server Backup 功能

關於 [Windows Server Backup] 的功能安裝，除了可以透過 [Server Manager] 圖形操作介面來完成之外，也能透過 PowerShell 本機或遠端連線的方式，如圖 6-6 所示來執行 Install-WindowsFeature -Name Windows-Server-Backup 命令參數也可完成安裝。至於如何確認該系統是否已經安裝了此功能，只要執行 Get-WindowsFeature Windows-Server-Backup 命令參數即可。

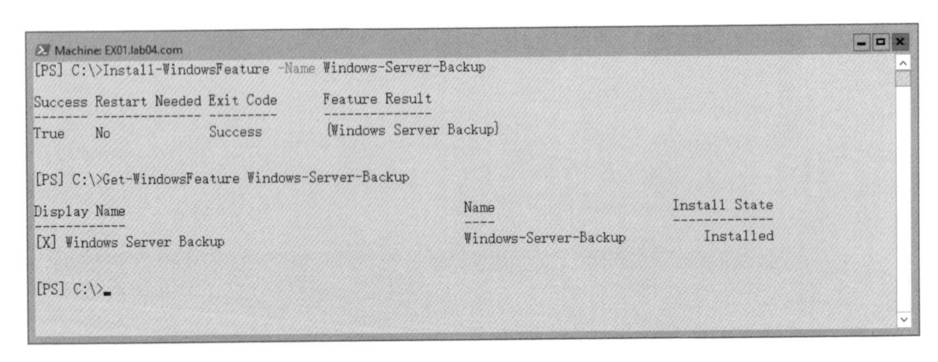

▲ 圖 6-6 使用命令安裝 Windows Server Backup 功能

完成了 [Windows Server Backup] 功能的安裝之後，如圖 6-7 所示除了需要將位在 [Services] 介面中的 [Microsoft Exchange Server Extension for Windows Server Backup] 服務啟動類型設定為 [Automatic] 之外，請點選 [Start] 按鈕讓它立即啟動。如果針對的是遠端安裝在 Server Core 操作環境下的 Exchange Server 2019 主機，則可以經由執行 MMC 命令，並在操作介面中來將它加入至 [Services] 管理之中即可。

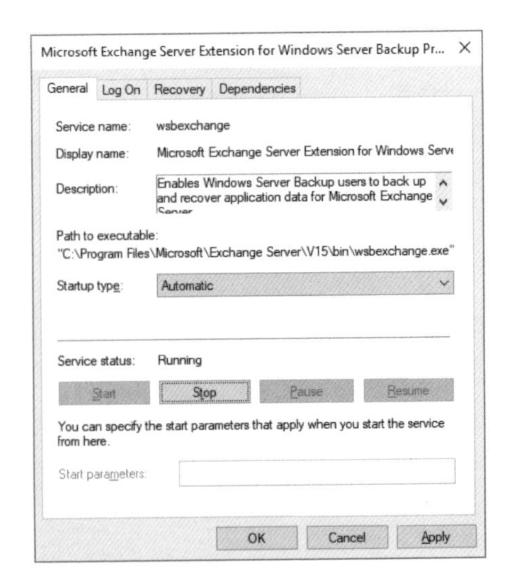

▲ 圖 6-7 設定 Exchange 備份服務

6.4 備份信箱資料庫

在前面的操作講解中我們已經完成了 Windows Server Backup 功能的安裝。然而如果您是選擇安裝在 Server Core 作業模式下的 Exchange Server 2019 主機，那麼對於後續的維護管理方式，就是預先在網域中的其他 Windows Server 2019 主機桌面上，以執行 MMC 工具來像如圖 6-8 所示一樣點選位在 [File] 選單中的 [Add or Remove Snap-ins] 功能，來將遠端 Exchange Server 主機的 Windows Server Backup 功能加入，當然最好是連同其他一些常用的功能也一併加入，這包括了像是 Services、Disk Manage、Windows Defender Firewall 等等。儘管上述這一些功能都可以透過 PowerShell 的命令參數來進行管理，但許多時候透過圖形化操作介面仍是比較便利的。

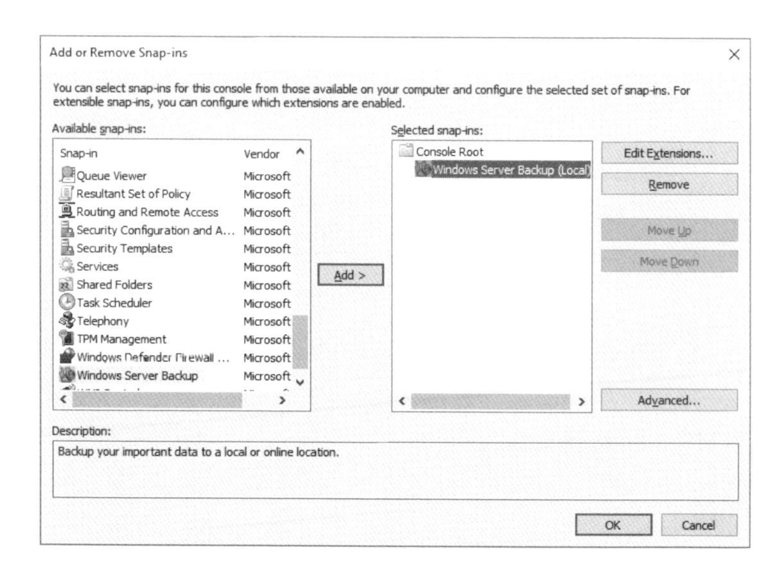

▲ 圖 6-8 新增 MMC 管理功能

成功開啟 Windows Server Backup 操作介面之後，請在 [Actions] 窗格之中點選 [Backup Schedule Wizard] 功能並點選 [Next] 按鈕，來開啟如圖 6-9 所示的 [Select Backup Configuration]。在此分別有備份整台伺服器（Full Server）以及自訂（Custom）兩個選項可以選取。請選取後者並點選 [Next] 按鈕繼續。

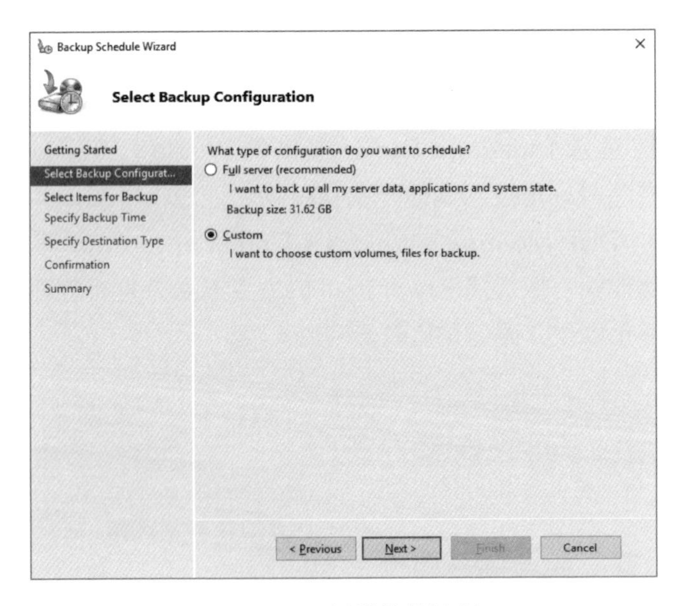

▲ 圖 6-9 新增備份計劃

如果您執行點選執行 [Backup Once Wizard] 功能，將會發現其中排程備份選項是無法選取的，這是因為預設尚未有任何的排程備份被建立。

在如圖 6-10 所示的 [Select Item for Backup] 頁面中，可以點選 [Add Items] 按鈕來新增要備份的 Exchange Server 資料庫所在資料夾，如果所在的資料庫全部位在相同的磁碟之中，可以直接選取備份整個磁碟即可。點選 [Advanced Settings] 按鈕繼續。

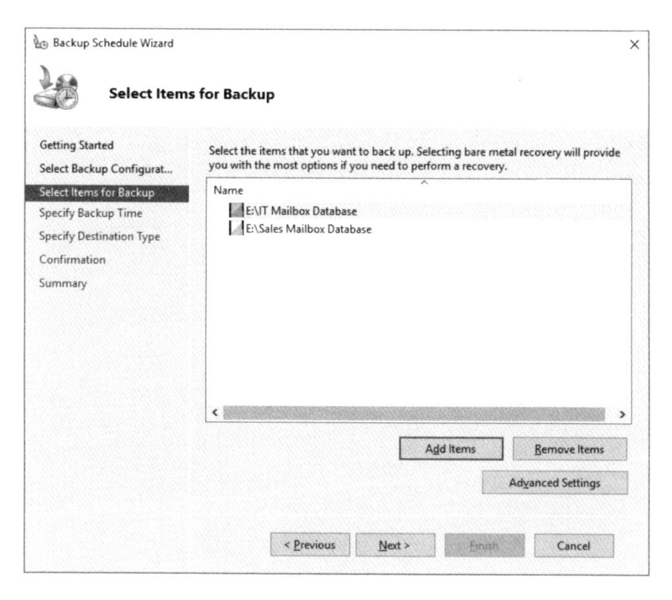

▲ 圖 6-10 選擇備份來源

在如圖 6-11 所示的 [Advanced Settings] 頁面中請切換至 [VSS Settings] 頁面。關於此服務（Volume Shadow Copy Service）便是決定備份軟體之所以能夠線上備份各種資料庫檔案，以及復原特定檔案歷史版本的關鍵所在，因為它的用途即是在做磁碟區陰影複製。至於類型的選擇，決定在目前是否有其他備份軟體，在備份目標磁區上的應用程式與資料。如果沒有，請選取 [VSS full Backup]。點選 [OK]。再次回到上一個頁面後請點選 [Next]。

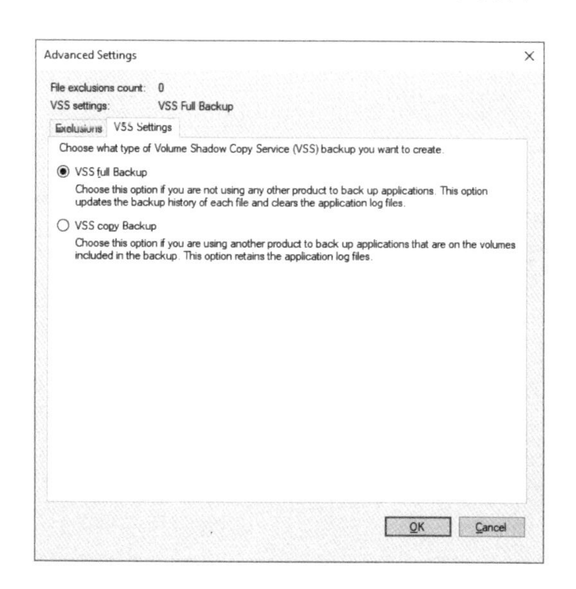

▲ 圖 6-11 進階設定

在如圖 6-12 所示的 [Specify Backup Time] 頁面中，可以選擇一天一次（Once a day）的選定時間進行備份，或是選擇一天多次時間的備份計劃。無論如何建議最好能夠選擇在半夜或是中午的離峰時間來執行備份，以免影響到用戶的存取效能。點選 [Next]。

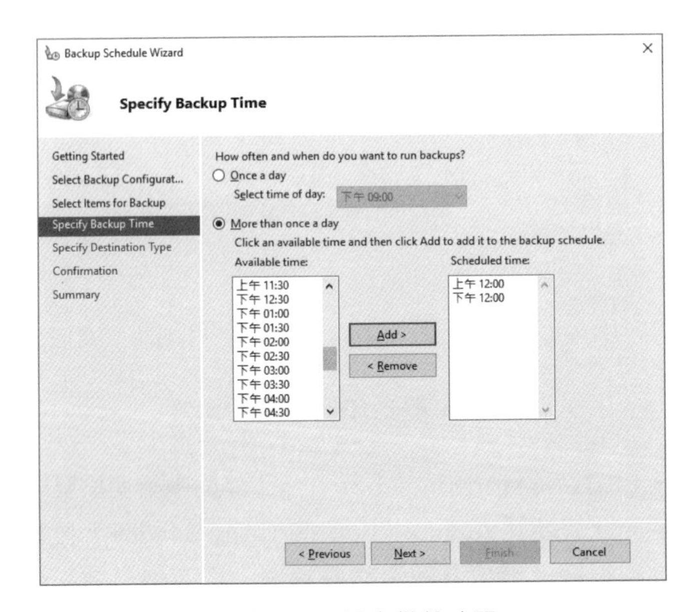

▲ 圖 6-12 設定備份時間

在如圖 6-13 所示的 [Specify Destination Type] 頁面中，可以選擇採用專用的硬碟、現有的磁碟或是網路共享資料夾，來作為存放備份檔案的目的地。在此強烈建議您無論是選擇哪一種備份目的地，最好預先準備好專用的 SSD 硬碟，否則當備份的資料量很大時，以備份到本機的現有磁碟而言，將會影響到本機硬碟的 I/O 效能而間接影響到系統的效能。若是選擇備份至網路共享資料夾，恐怕還會影響到網路的頻寬，並且延長整個備份作業執行的時間，因此最好能夠有專屬連接的網路。在此筆者以選擇網路共享資料夾（Backup to a shared network folder）設定為例子。點選 [Next]。

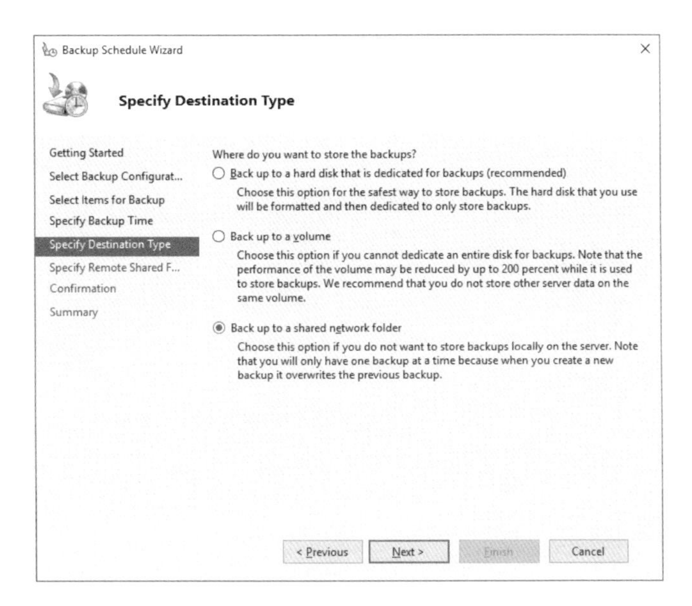

▲ 圖 6-13 選擇備份目標類型

緊接著在如圖 6-14 所示的 [Specify Remote Shared Folder] 頁面中，筆者輸入了準備用來存放 Exchange Server 資料庫備份檔案的 UNC 共享路徑（\\DC01\Backup）。在 [Access Control] 設定部分，由於我們選擇的備份位置並非本機資料夾，因此唯一只能選取 [Inherit] 設定，也就是配置方式依照遠端資料夾的權限設定。點選 [Next] 將會出現提示輸入遠端主機的帳號與密碼，所輸入的帳號必須至少是屬於本機管理員，或是備份管理員群組的群組成員的權限。

請注意！採用遠端共享資料夾來存放備份檔案的排程備份方式，每一次的備份將會自動覆蓋掉前一次的備份。

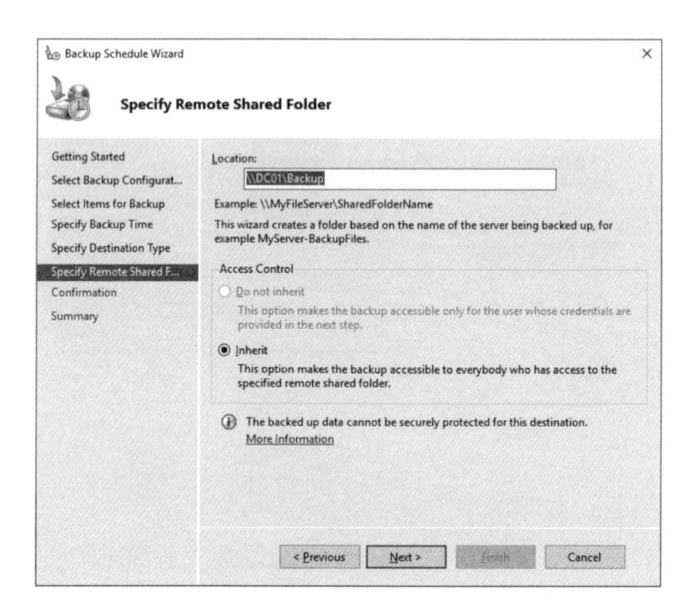

▲ 圖 6-14 設定遠端共享資料夾

最後在 [Confirmation] 頁面中確認一切備份設定無誤之後，點選 [Finish] 按鈕即可完成排程備份設定，並且會在 [Summary] 頁面中告知您首次的備份日期與時間。點選 [Close] 結束設定。

如圖 6-15 所示再一次回到 [Local Backup] 頁面中，將可以檢視到剛剛所建立的排程備份設定，並且可以查看到最新一次的備份執行結果以及時間。若有發生失敗則可以點選 [View details] 超連結來查看詳細記錄。此外也可以進一步查看到下一次的備份時間，以及所有執行過的備份記錄。

在下方的 [Scheduled Backup] 區域中，可以查看到目前排程備份的完整設定，以及備份目的地位置的使用狀況，不過如果備份的位置是網路共享路徑，則是包括可用空間、已使用空間以及備份的可用狀態詳細資訊皆不會顯示。

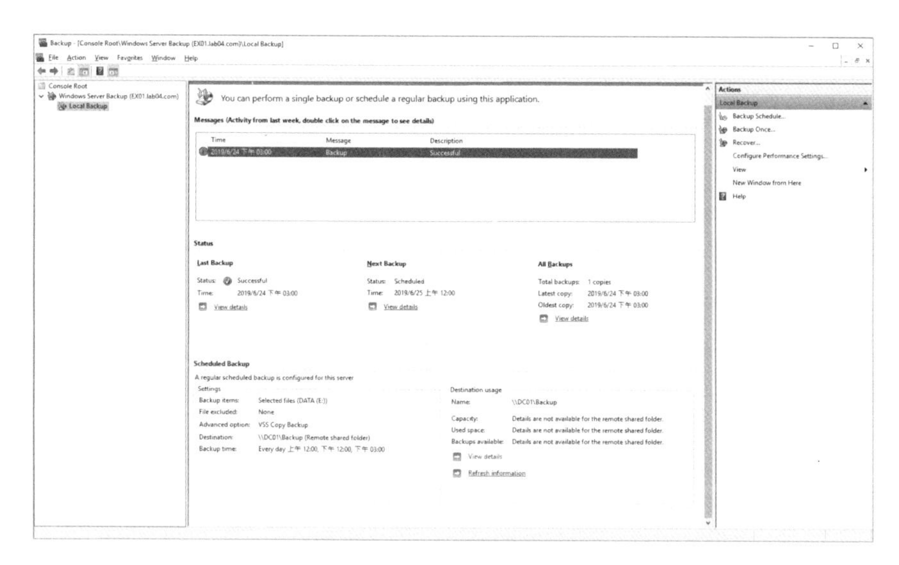

▲ 圖 6-15 Windows Server Backup 操作介面

對於現行的排程備份設定如果需要修改，只需要再一次點選 [Backup Schedule Wizard] 超連結，即可開啟如圖 6-16 所示的 [Modify Scheduled Backup Settings] 的頁面，讓您可以選擇修改現行排程備份設定或是停止備份，一旦停止了備份其相關設定將會被取消，不過已產生的備份檔案則會保留在原備份路徑之中。

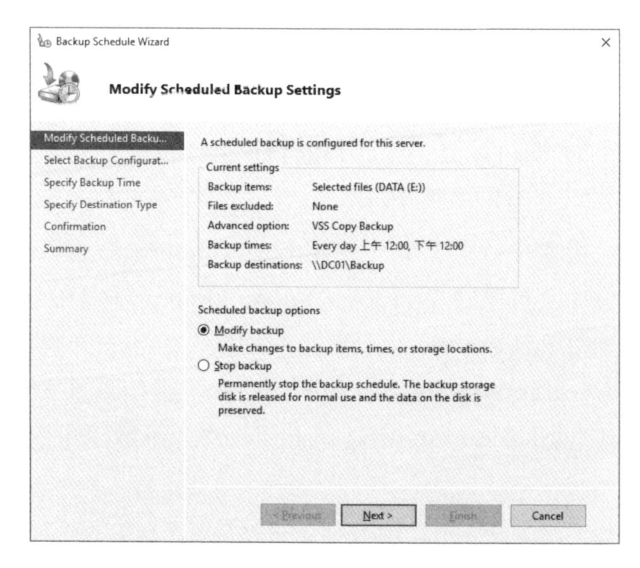

▲ 圖 6-16 修改或中止排程備份設定

關於 Exchange Server 信箱資料庫是否有備份成功，除了可以從 Windows Server Backup 來查看相關記錄之外，也可以從 PowerShell 的連線或 EMS 命令介面之中，如圖 6-17 所示執行以下命令參數來取得 "LastFullBackup" 狀態資訊，即是此信箱資料庫最新一次完整備份的日期與時間。

```
Get-MailboxDatabase -Name "IT Mailbox Database" -Status | FL Name,*backup*
```

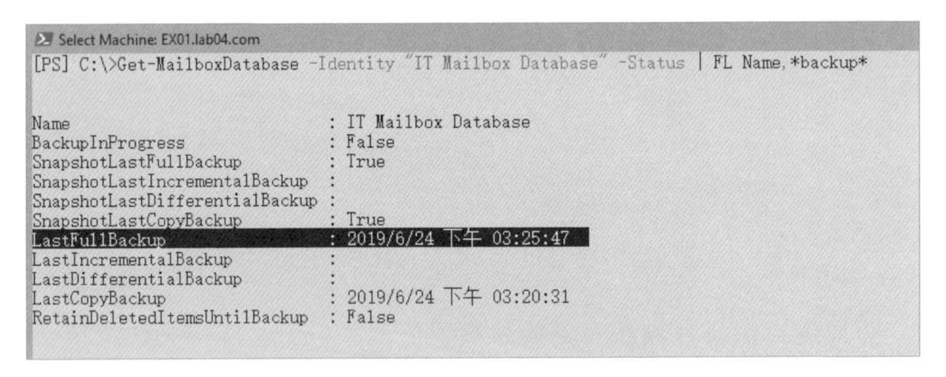

▲ 圖 6-17 查看最新完整備份記錄

請注意！當您在 Windows Server Backup 的進階設定中，沒有選擇採用 VSS Full Backup 配置時，在信箱資料庫的備份狀態資訊中，便只會顯示備份的日期與時間於 LastCopyBackup 欄位之中。

6.5 命令備份工具的使用

在前面的示範當中我們看到了使用 PowerShell 命令，來查看信箱資料庫的備份狀態。其實就連 Windows Server Backup 所有的操作管理，都是可以經由執行 PowerShell 命令參數來完成。首先您必須知道目前有哪一些與 Windows Server Backup 相關的命令。請如圖 6-18 所示執行 Get-Command *wb* -commandtype cmdlet 命令參數便可以一目了然。

```
Machine: EX01.lab04.com
[PS] C:\>Get-Command *wb* -commandtype cmdlet

CommandType     Name                                       Version    Source
-----------     ----                                       -------    ------
Cmdlet          Add-WBBackupTarget                         1.0.0.0    WindowsServerBackup
Cmdlet          Add-WBBareMetalRecovery                    1.0.0.0    WindowsServerBackup
Cmdlet          Add-WBFileSpec                             1.0.0.0    WindowsServerBackup
Cmdlet          Add-WBSystemState                          1.0.0.0    WindowsServerBackup
Cmdlet          Add-WBVirtualMachine                       1.0.0.0    WindowsServerBackup
Cmdlet          Add-WBVolume                               1.0.0.0    WindowsServerBackup
Cmdlet          Get-WBBackupSet                            1.0.0.0    WindowsServerBackup
Cmdlet          Get-WBBackupTarget                         1.0.0.0    WindowsServerBackup
Cmdlet          Get-WBBackupVolumeBrowsePath               1.0.0.0    WindowsServerBackup
Cmdlet          Get-WBBareMetalRecovery                    1.0.0.0    WindowsServerBackup
Cmdlet          Get-WBDisk                                 1.0.0.0    WindowsServerBackup
Cmdlet          Get-WBFileSpec                             1.0.0.0    WindowsServerBackup
Cmdlet          Get-WBJob                                  1.0.0.0    WindowsServerBackup
Cmdlet          Get-WBPerformanceConfiguration             1.0.0.0    WindowsServerBackup
Cmdlet          Get-WBPolicy                               1.0.0.0    WindowsServerBackup
Cmdlet          Get-WBSchedule                             1.0.0.0    WindowsServerBackup
Cmdlet          Get-WBSummary                              1.0.0.0    WindowsServerBackup
Cmdlet          Get-WBSystemState                          1.0.0.0    WindowsServerBackup
Cmdlet          Get-WBVirtualMachine                       1.0.0.0    WindowsServerBackup
Cmdlet          Get-WBVolume                               1.0.0.0    WindowsServerBackup
Cmdlet          Get-WBVssBackupOption                      1.0.0.0    WindowsServerBackup
```

▲ 圖 6-18 查詢可用的備份命令

在得知了 Windows Server Backup 有哪一些可用的命令之後，若想要知道某一個命令（例如：Add-WBBackupTarget）的完整使用說明，可以如圖 6-19 所示執行 Get-Help Add-WBBackupTarget -full 命令參數，如果只是要查看這個命令的使用範例，則可以執行 Get-Help Add-WBBackupTarget -examples 命令參數即可。

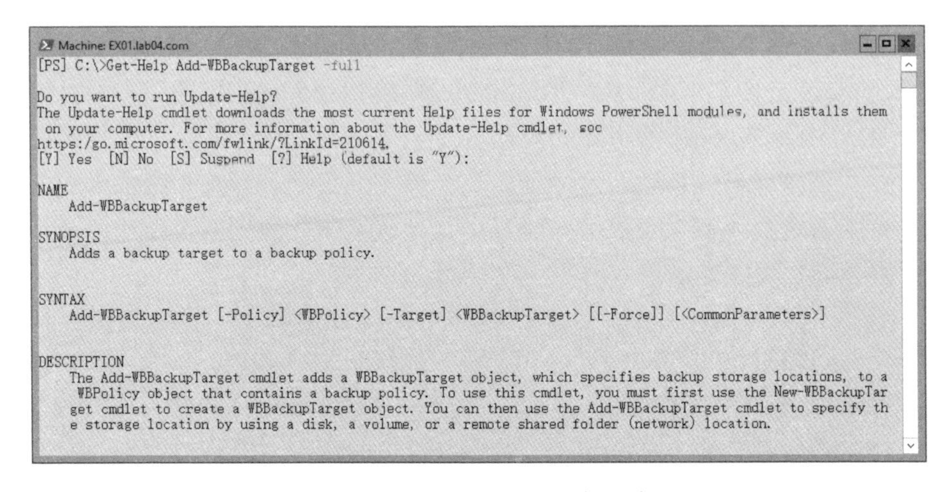

```
Machine: EX01.lab04.com
[PS] C:\>Get-Help Add-WBBackupTarget -full

Do you want to run Update-Help?
The Update-Help cmdlet downloads the most current Help files for Windows PowerShell modules, and installs them
 on your computer. For more information about the Update-Help cmdlet, see
https:/go.microsoft.com/fwlink/?LinkId=210614.
[Y] Yes  [N] No  [S] Suspend  [?] Help (default is "Y"):

NAME
    Add-WBBackupTarget

SYNOPSIS
    Adds a backup target to a backup policy.


SYNTAX
    Add-WBBackupTarget [-Policy] <WBPolicy> [-Target] <WBBackupTarget> [[-Force]] [<CommonParameters>]


DESCRIPTION
    The Add-WBBackupTarget cmdlet adds a WBBackupTarget object, which specifies backup storage locations, to a
     WBPolicy object that contains a backup policy. To use this cmdlet, you must first use the New-WBBackupTar
    get cmdlet to create a WBBackupTarget object. You can then use the Add-WBBackupTarget cmdlet to specify th
    e storage location by using a disk, a volume, or a remote shared folder (network) location.
```

▲ 圖 6-19 查詢備份命令用法

以下便是一個典型備份 Exchange Server 虛擬機器的 Script 範例，寫法很簡單只要先輸入好 Exchange Server 相關虛擬機器的清單在 VMs.txt 的檔案之中，然後設定好原則配置，即可執行此備份程式來完成選定 Hyper-V 虛擬機器的備份至 E 磁碟之中。

```
$policy1 = New-WBPolicy
Import-Csv C:\vms.txt | foreach { Get-WBVirtualMachine | ? VMName -eq
$_.name | Add-WBVirtualMachine -Policy $policy1 }
Set-WBVSSBackupOptions -Policy $policy1 -VSSFullBackup
$Target1 = New-WBBackupTarget -VolumePath E:
Add-WBBackupTarget -Policy $policy1 -Target $Target1
Start-WBBackup -Policy $policy1
```

6.6 復原信箱資料庫

只要有做好 Exchange Server 信箱資料庫的備份，無論備份的方式或使用的工具為何，我們都可以將備份的檔案在復原到選定位置之後，再藉由與 Exchange Server 復原資料庫的連接之後，被授權的管理人員便可以自由選擇所要復原的信箱，甚至於選擇僅復原選定條件的郵件。

首先就讓我們來完成備份檔案的復原任務。請在 Windows Server Backup 介面的 [Actions] 窗格之中，點選 [Recovery] 超連結繼續。接著在 [Select Backup Date] 的頁面中，如圖 6-20 所示可從行事曆的圖示中先挑選備份的日期，其中標示為粗體字的日期，即是有建立備份的日期。接著再挑選要還原的時間點，這時候系統便會列出可復原的資訊連結。確認後請點選 [Next]。

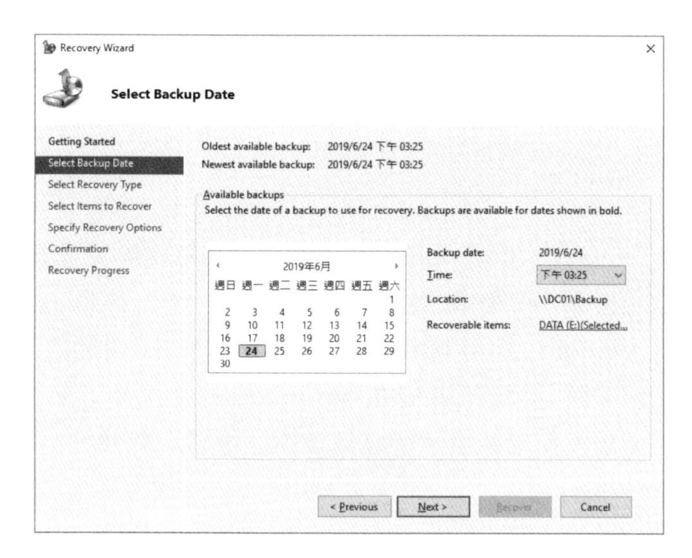

▲ 圖 6-20 選擇備份日期

在如圖 6-21 所示的 [Select Recovery Type] 頁面中，分別有檔案與資料夾、磁碟區應用程式以及系統狀態可以選擇，但是若依照我們前面的備份方式，在此僅能選擇前兩種復原類型。筆者以選取檔案與資料夾（File and folders）為例。點選 [Next] 繼續。

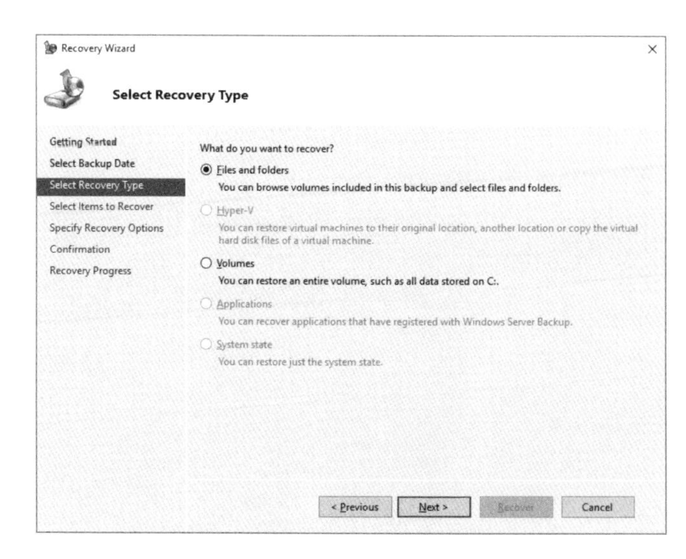

▲ 圖 6-21 選擇復原類型

如果您載入的是完整伺服器的備份資料，便可以選取 [Application] 類型，來進行 Exchange Server 應用程式的復原，或是選擇僅復原系統狀態。

在 [Select Items to Recovery] 的頁面中，將可以瀏覽與選取所要復原的 Exchange Server 信箱資料庫相關檔案。點選 [Next]。在 [Select Recovery Options] 頁面中請設定復原至另一個所選定的路徑下。點選 [Next] 來到如圖 6-22 所示的 [Confirmation] 頁面中，便可以檢視到即將進行復原的完整檔案清單。確認無誤之後請點選 [Recovery] 按鈕開始執行復原任務。

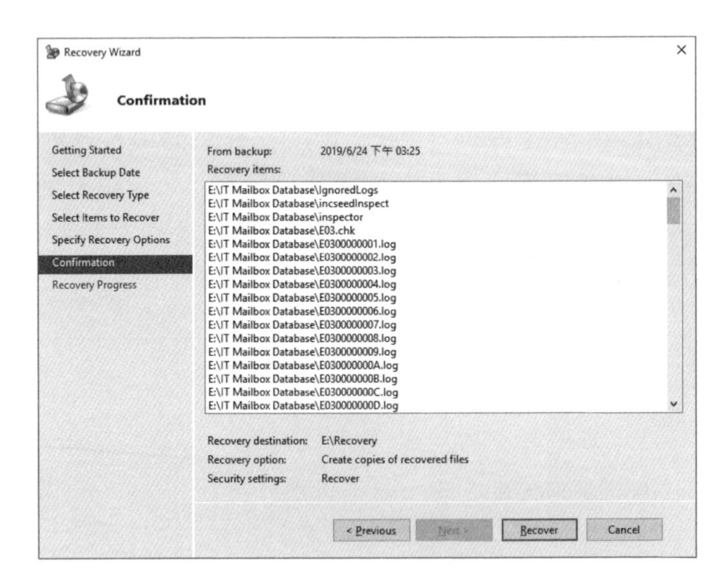

▲ 圖 6-22 確認復原檔案

6.7 修復復原資料庫

在完成了備份的信箱資料庫復元到選定的路徑下之後，先不用急著來建立 Exchange 復原資料庫的連接，或是直接將它覆寫至現行線上的信箱資料庫，這是因為您需要先為它進行健康檢查之後，才可以開始執行最後的復原作業，否則您將可能遭遇到無法復原或復原後的資料庫無法掛載（Mount）的問題。

在此假設我準備要復原一個名為 " IT Mailbox Database.edb " 的信箱資料庫，這時候就可以在命令視窗中，切換到這個剛復原的資料庫路徑下，然後如圖 6-23 所示執行 Eseutil /mh "IT Mailbox Database.edb" 命令參數，來檢查這個資料庫檔案的狀態。

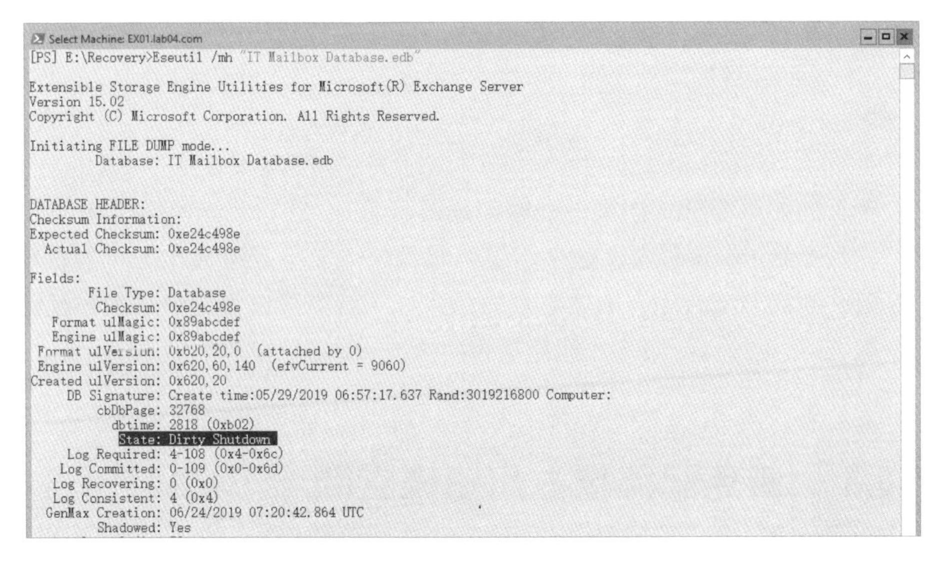

▲ 圖 6-23 檢查信箱資料庫狀態

如果 Status 欄位值 Dirty Shutdown 則必須優先如圖 6-24 所示執行 Eseutil /R E01 /I /D 命令，參數來將 Log 檔案 Commit 至信箱資料庫，待執行完成之後當再檢查一次時，如果發現 Status 欄位值是 Clean Shutdown 則表示資料庫狀態已沒有問題。

```
Machine: EX01.lab04.com
[PS] E:\Recovery>Eseutil /R E03 /I /D

Extensible Storage Engine Utilities for Microsoft(R) Exchange Server
Version 15.02
Copyright (C) Microsoft Corporation. All Rights Reserved.

Initiating RECOVERY mode...
    Logfile base name: E03
            Log files: <current directory>
         System files: <current directory>
   Database Directory: <current directory>

Performing soft recovery...
                      Restore Status (% complete)

          0    10   20   30   40   50   60   70   80   90  100
          |----|----|----|----|----|----|----|----|----|----|
          ...................................................


Operation completed successfully in 2.562 seconds.
```

▲ 圖 6-24 修復信箱資料庫

相反的如果 Status 的欄位狀態仍是顯示 Dirty Shutdown，則可能得考慮執行 Eseutil /p 命令參數來修復信箱資料庫，不過這種作法可能會導致某一些尚未 Commit 的訊息資料遺失掉，等完成修復之後必須再使用參數 /d 來重整資料庫。才能算是大功告成。

6.8 避免記錄檔占用磁碟空間

當我們在信箱資料庫配置中，未啟用資料庫循環記錄設定時，交易記錄檔案的數量便會不斷增加，再加上如果沒有定期重整信箱資料庫，將可能導致這一些過多的 Log 檔案占用了許多儲存空間，此時我們便可以使用 Eseutil /mk 來檢查目前已 Commit 的記錄檔案編號（16 進位）資訊，然後將這一些已 Commit 的交易記錄檔全部手動清除。

做法很簡單！首先請切換到信箱資料庫的路徑下，然後確認 .chk 檔案的完整檔名之後（如 E03.chk），然後再執行 Eseutil /mk E03.chk，即可查看到 Checkpoint 欄位資訊。最後請改用 Windows 檔案管理介面，來開啟相對的信箱資料庫資料夾來將 Checkpoint 欄位中所顯示的交易記錄檔案編號通通刪除掉，即可立即多出更多的可用空間。

如果想查看選定的 "IT Mailbox Database.edb" 信箱資料庫對於存放空間的詳細使用情形，可以執行 ESEUTIL /MS "IT Mailbox Database.edb" 命令參數即可。

6.9 建立復原信箱資料庫

在前面的 Windows Server Backup 操作講解中，我們已經將選定的 Exchange Server 信箱資料庫復原完成，不過那只是將資料庫檔案復原至選定的路徑下，而非直接還原至 Exchange Server 之中。為了確保接下來的復原資料庫檔案能夠成功被 Exchange 所連接，我們在前面的講解中已完成了復原資料庫檔案的修復。接下來就可以開始建立一個復原資料庫（Recovery Database）來與這個復原的資料庫檔案進行連接，最後才是進行選定信箱的復原。

如圖 6-25 所示筆者執行了以下命令參數範例，來建立一個名為 RDB01 的復原資料庫，並且設定它連接至剛剛復原的資料庫以及記錄的檔案。完成復原資料庫的建立之後，還必須立即重新啟動 "Microsoft Exchange Information Store" 服務，才能讓此復原資料庫可以開始使用。

```
New-MailboxDatabase -Recovery -Name "RDB01" -Server EX01 -EdbFilePath "E:\
Recovery\IT Mailbox Database.edb" -LogFolderPath "E:\Recovery"
Restart-Service -DisplayName "Microsoft Exchange Information Store"
```

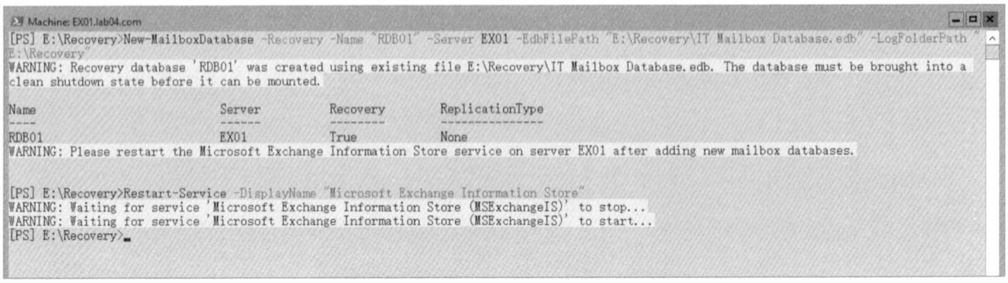

```
Machine: EX01.lab04.com
[PS] E:\Recovery>New-MailboxDatabase -Recovery -Name "RDB01" -Server EX01 -EdbFilePath "E:\Recovery\IT Mailbox Database.edb" -LogFolderPath "
E:\Recovery"
WARNING: Recovery database 'RDB01' was created using existing file E:\Recovery\IT Mailbox Database.edb. The database must be brought into a
clean shutdown state before it can be mounted.

Name                           Server          Recovery        ReplicationType
----                           ------          --------        ---------------
RDB01                          EX01            True            None
WARNING: Please restart the Microsoft Exchange Information Store service on server EX01 after adding new mailbox databases.


[PS] E:\Recovery>Restart-Service -DisplayName "Microsoft Exchange Information Store"
WARNING: Waiting for service 'Microsoft Exchange Information Store (MSExchangeIS)' to stop...
WARNING: Waiting for service 'Microsoft Exchange Information Store (MSExchangeIS)' to start...
[PS] E:\Recovery>_
```

▲ 圖 6-25 新增復原資料庫

若想要確認選定的復原資料庫是否正常運作中，以及查看資料庫檔案的存放路徑，請執行以下命令參數即可。

```
Get-MailboxDatabase -Identity "RDB01" -Status | FT Name,EdbFilePath,Mounted
-Auto
```

信箱資料庫與復原資料庫之差異

我們在新增信箱資料庫的時候只要加入 -Recovery 參數，即表示所要建立的資料庫類型為復原資料庫而非一般信箱資料庫，究竟這兩者有何差異呢？請看以下幾項重點說明：

- 使用者的 E-mail 無法經由復原資料庫來進行收發，而所有用戶端的連線通訊協定（包括了 SMTP、POP3、IMAP）也無法直接存取到復原資料庫。
- MAPI 通訊協定雖然可以用來連接與存取復原資料庫，但這僅限於專屬相容設計的復原工具與應用程式（例如其他協力廠商的備份軟體），並且連線登入存取的過程當中，還必須選定信箱語資料庫的 GUID 才可以。
- 任何信箱的管理皆無法套用在復原資料庫。
- 線上維護不會針對復原資料庫來進行，而循環紀錄功能也不能夠啟用。
- 復原資料庫無法用來還原公用資料夾中的資料
- 在企業版的 100 個資料庫數量限制中，復原資料庫並不包括在此計算之中。
- 在復原資料庫上是無法建立資料庫副本功能的，也就是它無法加入資料庫可用性群組（DAG）的保護之中。

6.10 人員信箱復原測試

一旦完成了復原資料庫的建立之後，我們便可以輕易的將復原資料庫中的任何信箱或選定的 Email，復原至正在線上運行中的信箱資料庫之中，完全不會影響到線上人員的正常使用。在開始測試復原功能之前，我們可以先在選定的人員信箱之中，除了執行清空 [刪除的郵件] 資料夾之外，還得像如圖 6-26 所示一樣開啟 [復原刪除的郵件] 介面中來徹底清除 Email。

▲ 圖 6-26 徹底清除 Email

確認了已經將準備復原的測試信箱中所有郵件清乾淨之後，在開始執行復原之前讓我們先執行一下如圖 6-27 所示的命參數，來查看在目前的復原信箱資料庫之中，有哪一些可以進行復原的信箱。在這個例子中所出現的 " 顧大俠 " 便是我們即將進行復原的人員信箱。

```
Get-MailboxStatistics -Database RDB01 | FT -Auto
```

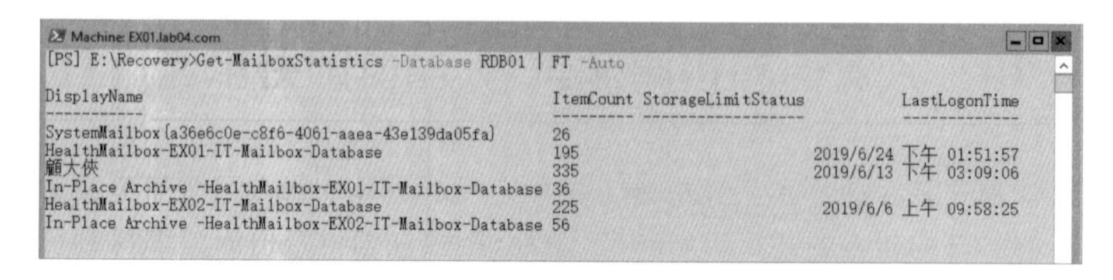

▲ 圖 6-27 檢查復原信箱資料庫

接下來我們只要如圖 6-28 所示執行以下命令參數，便可以將存於復原信箱資料庫中的 " 顧大俠 " 信箱，完整復原至正在線上運行中的 " 顧大俠 " 信箱。在此我們所新增的信箱復原要求名稱則是設定為 " 顧大俠 Recovery"。

```
New-MailboxRestoreRequest -Name "顧大俠 Recovery" -SourceDatabase RDB01
-SourceStoreMailbox "顧大俠" -TargetMailbox "顧大俠"
```

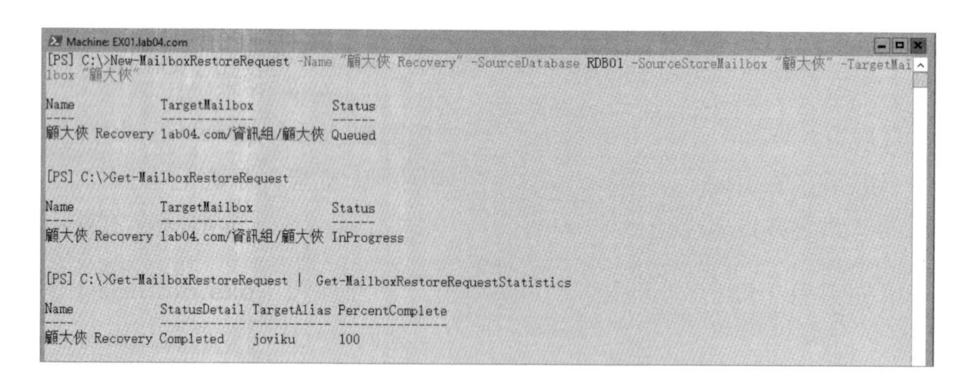

▲ 圖 6-28 復原選定的信箱

如果您不想復原至預設的信箱資料夾之中，而是想復原至線上的封存信箱之中，只要加入 -TargetIsArchive 的參數設定即可，不過必須確定此信箱已經啟用了線上封存信箱的功能。

當執行了信箱復原的命令參數之後，只要緊接著執行 Get-MailboxRestoreRequest 命令，便可以查看到目前所有復原任務的執行狀態。其中 Queued 表示仍在佇列中尚未開始復原，若顯示為 InProgress

則表示正在處理復原的郵件。至於復原過程中所需花費的時間長短，則得依照復原郵件的數量以及系統運行的效能來決定。

如果您想進一步查看復原進度的百分比，則可以透過以下命令的執行。執行後在 PercentComplete 欄位中，查看到目前已完成復原的百分比。當然復原進度顯示到達 100 時，此用戶信箱便可以在 OWA 或 Outlook 中即刻查看所有已復原的郵件。

```
Get-MailboxRestoreRequest | Get-MailboxRestoreRequestStatistics
```

關於常見的復原情境恐怕不會只有上述一種。今天假設您想要將 " 顧大俠 " 復原信箱中所有郵件，復原到選定信箱（珊迪小姐）中的資料夾，例如預先建立好名為 " 已復原的郵件 " 資料夾，便只要執行以下命令參數即可。

```
New-MailboxRestoreRequest -Name "顧大俠" Recovery" -SourceDatabase RDB01
-SourceStoreMailbox "顧大俠" -TargetMailbox "珊迪小姐" -TargetRootFolder "
已復原的郵件"
```

當面對已備分的信箱郵件數量相當多時，如果不想要復原整個備份信箱的郵件，而是只要復原該信箱中某個選定資料夾的郵件時該怎麼做呢？很簡單！只要像以下範例一樣，搭配 -IncludeFolders 參數來選定資料夾即可。

```
New-MailboxRestoreRequest -Name "顧大俠 VIP"  -SourceDatabase RDB01
-SourceStoreMailbox "顧大俠" -TargetMailbox "顧大俠" -IncludeFolders
"VIP/*"
```

相反的如果想要排除掉任何選定的資料夾，則可以加上 -ExcludeFolders 參數來選定資料夾即可。不過必須注意的是無論是 -IncludeFolders 還是 -ExcludeFolders 參數設定的使用，只要針對的是 Exchange 信箱內建的資料夾，其資料夾名稱就必須改用英文搭配雙 # 符號的使用才可以，例如："#Inbox#"、"#SentItems#"、"#DeletedItems#" 等等。

請注意！您可以把 Exchange Server 2019 的復原資料庫中的郵件，復原至選定的 Exchange Server 2016 或 Exchange Server 2013 的信箱之中，但無法復原至 Exchange Server 2010 或更舊版本的信箱之中。

6.11 刪除復原要求

針對您所新增過的信箱復原要求的設定，當時間一久恐怕會累積越來越多的設定，雖然不會影響到系統的運行效能，但在管理上總是會有檢視上的不便，因此若想要一次全部刪除這一些任務設定，只要如圖 6-29 所示執行以下命令參數即可。

```
Get-MailboxRestoreRequest | Remove-MailboxRestoreRequest
```

如果只是想要刪除已經 100% 執行完成的復原任務設定，則可以執行以下命令參數即可。

```
Get-MailboxRestoreRequest | Where Status -eq Completed | Remove-
MailboxRestoreRequest
```

```
Machine: EX01.lab04.com
[PS] C:\>Get-MailboxRestoreRequest | Remove-MailboxRestoreRequest

Confirm
Are you sure you want to perform this action?
Removing request 'lab04.com/資訊組/顧大俠\顧大俠 Recovery'.
[Y] Yes  [A] Yes to All  [N] No  [L] No to All  [?] Help (default is "Y"):
[PS] C:\>_
```

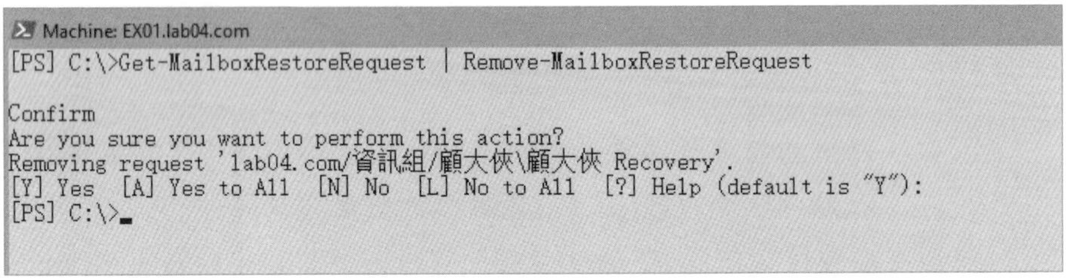

▲ 圖 6-29 刪除信箱復原要求

6.12 信箱的匯出

信箱的備份方式除了可以整合 Windows Server Backup 或第三方的備份軟體來完成之外，也可以透過 Exchange Server 本身內建的匯出 / 匯入功能，來將選定的信箱匯出成 PST 檔案格式，等到需要進行復原時再將 PST 檔案匯入至選定的目標信箱即可，而且無論是執行匯出還是匯入命令功能的操作，如同前面所介紹過的 New-MailboxRestoreRequest 命令一樣，可以加入 -IncludeFolders 以及 -ExcludeFolders 參數來設定所要包括或排除的郵件資料夾。

更棒的是 Exchange Server2019 的信箱匯出與匯入功能，除了可以透過 EAC 網站來執行基本的操作之外，對於進階的操作部分則可以經由 EMS 命令介面來完成。無論您將選擇哪一種操作方式，在開始之前都必須先建立與設定好一個網路共享資料夾，以便讓後續即將進行匯出或匯入的信箱，有一個專屬用來存放 PST 檔案的位置。如圖 6-30 所示您必須預先在準備好的共享資料夾屬性之中，針對在 [Security] 頁面的設定加入 [Exchange Trusted Subsystem] 群組並賦予 [Full control] 權限。點選 [OK]。最後請記住此共享資料夾的 UNC 路徑（例如：\\DC01\PSTFiles\）即可。

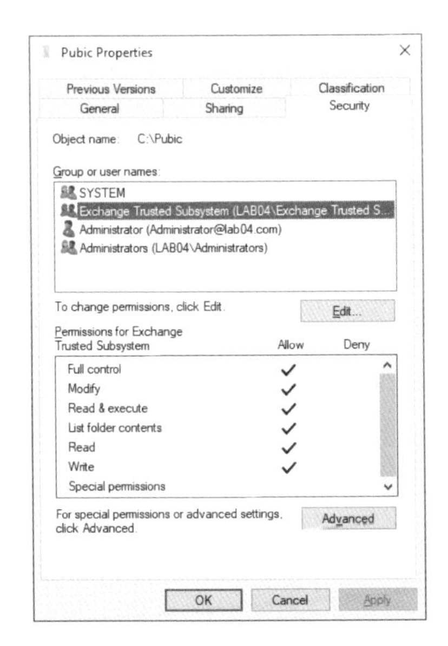

▲ 圖 6-30 匯出權限設定

設定好了存放 PST 檔案專屬的資料夾權限之後，對於後續負責執行此操作的管理員還必須有 "Mailbox Import Export" 角色的權限才可以。舉例來說，您可以通過執行以下命令參數讓 Administrator 擁有 "Mailbox Import Export" 角色的權限。

```
New-ManagementRoleAssignment -Role "Mailbox Import Export" -User
"Administrator"
```

接下來讓我們先來學習一下，如何從 EAC 網站上來進行信箱匯出的操作。如圖 6-31 所示您只要在 [收件者]\[信箱] 的頁面中點選上方的 [⋯] 功能選單，然後點選 [匯出為 PST 檔案] 繼續。

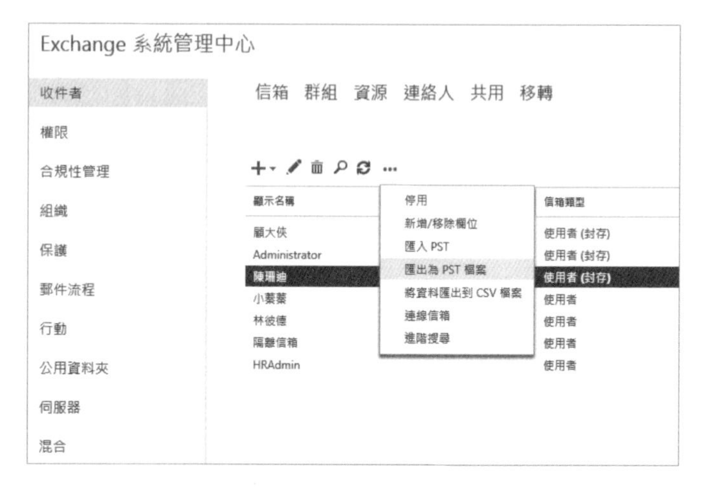

▲ 圖 6-31 信箱功能選單

在如圖 6-32 所示的 [匯出到 .pst 檔案] 頁面中，便可以點選 [瀏覽] 按鈕來針對選定的信箱，選擇 [只匯出此信箱的內容] 還是 [只匯出此信箱的封存內容] 兩種設定。點選 [下一步] 後會來到共享資料夾的 UNC 路徑的輸入。點選 [下一步]。

▲ 圖 6-32 選擇要匯出的信箱

最後您可以設定當開始執行信箱匯出任務之後，要以 Email 通知哪一位人員。點選 [完成]。如圖 6-33 所示便是一位被設定為通知對象的 Administrator 人員，所接收到匯出 PST 的進度訊息通知。

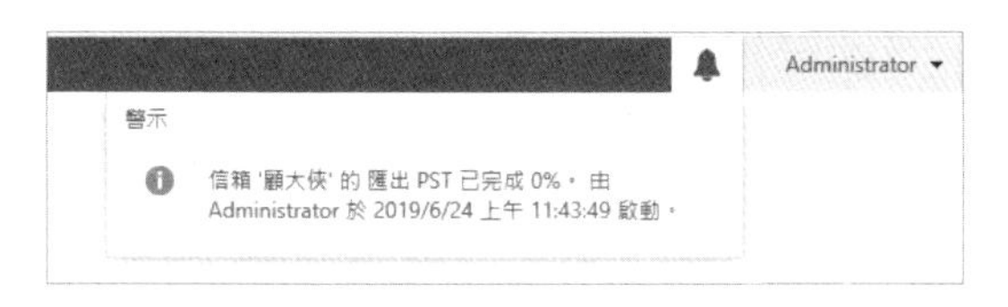

▲ 圖 6-33 信箱匯出提示

接下來讓我們來看看有關於透過 EMS 命令的操作講解。以下命令參數便是匯出單一信箱的簡單範例。

```
New-MailboxExportRequest -Mailbox JoviKu -FilePath \\DC01\PSTFiles\JoviKu.
pst
```

如果需要進行批次信箱的匯出，可以先建立好一個 Mailbox.txt 的文件，然後將所有準備匯出的信箱清單列在其中。接著再如圖 6-34 所示執行以下命令參數，即可完成信箱批次匯出的任務。成功完成匯出之後，您將可以在選定的共享資料夾中，看到每一個信箱的 PST 檔案。

```
$Export = Get-Content .\Mailbox.txt
$Export|%{$_|New-MailboxExportRequest -FilePath "\\DC01\PSTFiles\$($_.
alias).pst"}
```

```
Machine: EX01.lab04.com
[PS] C:\>$Export = Get-Content .\UserMailbox.txt
[PS] C:\>$Export|%{$_|New-MailboxExportRequest -FilePath "\\DC01\PSTFiles\$($_.alias).pst"}

Name          Mailbox                  Status
----          -------                  ------
MailboxExport lab04.com/資訊組/顧大俠 Queued
MailboxExport lab04.com/總務組/陳珊迪 Queued
MailboxExport lab04.com/資訊組/小蓁蓁 Queued

[PS] C:\>
```

▲ 圖 6-34 依據清單匯出選定的信箱

如果是要匯出所有信箱在選定接收日期的郵件，可以參考以下命令參數範例。

```
$Export = Get-Mailbox
$Export|%{$_|New-MailboxExportRequest -ContentFilter {(Received -lt
"01/10.2019")} -FilePath \\DC01\PSTFiles\$($_.alias).pst}
```

如果是要匯出所有信箱中選定資料夾的郵件，可以參考以下命令參數範例。

```
$Export = Get-Mailbox
$Export|%{$_|New-MailboxExportRequest -IncludeFolders
"#Sentitems#","#inbox#" -FilePath file://DC01/PSTFiles/$($_.alias).pst}
```

6.13 信箱的匯入

您可以隨時將已匯出的 PST 檔案，透過 New-MailboxImportRequest 命令與相關參數設定的執行，來將郵件匯入到選定的信箱或線上封存信箱之中。如圖 6-35 所示便是將 JoviKu.pst 中的所有郵件，匯入到 SandyChen 的線上封存信箱之中。

```
New-MailboxImportRequest SandyChen -FilePath \\DC01\PSTFiles\JoviKu.pst
-IsArchive -TargetRootFolder /
```

```
Machine: EX01.lab04.com
[PS] C:\>New-MailboxImportRequest SandyChen -FilePath \\DC01\PSTFiles\JoviKu.pst -IsArchive -TargetRootFolder /

Name          Mailbox                  Status
----          -------                  ------
MailboxImport lab04.com/總務組/陳珊迪 Queued
```

▲ 圖 6-35 匯入選定的 PST 檔案

本章結語

雖然 Exchange Server 2019 無論是從伺服端的管理操作設計，還是從用戶端的 Outlook 以及 OWA 的介面設計，在備份以及封存的功能上已經相當完善，但筆者仍認為在 Exchange 系統管理中心（EAC）還缺少一項監視功能，那就是監視所有信箱資料庫的計劃備份狀態，以及監視所有用戶於線上封存以及本機封存的執行狀態，如此才能讓 IT 部門完全掌握從伺服端到每一位用戶的備份運行，一旦發生需要進行信箱或 Email 的復原任務，才能夠根據發生的情境來判斷並選擇最佳的執行方法，讓復原任務的過程更有效率。

Active Directory 備份與還原管理實戰

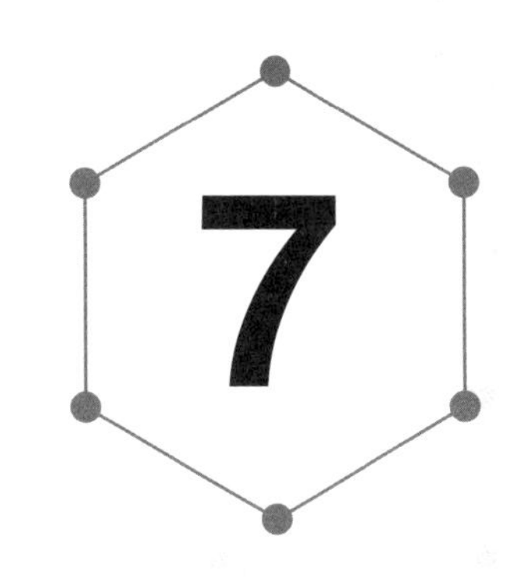

凡是部署於企業內網的微軟解決方案，幾乎都是相依在 Active Directory 的基礎架構上來運行，其中最典型的就是 Exchange Server。這樣的架構優勢在於可以簡化 IT 部門集中管理帳號、密碼、信箱、通訊錄、主機、資料夾共享、印表機共享以及安全性配置等需求。不過相對的風險則是一旦網域控制站（DC）的主機發生故障時，包括 Exchange Server 在內的所有相關聯的系統，通通都會出現無法正常運行的問題。因此可別只顧著備份 Exchange Server，確實做好 Active Directory 的備份、還原以及演練才是首要的任務。

7.1 Active Directory 架構優勢

是否需要讓組織的 E 化架構在 Active Directory 的運行基礎之上，一直以來都是 IT 人員熱門的討論話題。就筆者二十多年來的實務觀點而言，採用 Active Directory 為 IT 運行基礎的根本原因在於帳戶與密碼的集中管理，其他則都是屬於附加的價值。

因為在一個擁有 75 台用戶端與 2 台伺服器主機的小型企業中，通常只會配置一位全職的 IT 人員來負責管理。此人員除了要面臨每天處理不完的用戶端軟硬體問題之外，若是還要管理所有電腦中的帳號與密碼的新增、刪除以及修改等需求，IT 救火的生涯肯定會埋沒此人員在所公司的價值。

為此 IT 人員才需要部署一個 Active Directory 的架構環境，來讓所有的人員都只要一組帳號與密碼，就可以依據權限配置的不同來存取公司網路內的所有資源，包括了共享資料夾、印表機、網站、應用程式等等。如此一來不只提升了 IT 人員的管理效率，更是大幅簡化了人員的使用經驗。上述僅是說明採用 Active Directory 架構的基本效益，如果進一步讓它與 Microsoft 其他應用系統的整合，便是能看見它更多的優勢。

7.2 Active Directory 整合 Exchange Server

就以 Active Directory 整合 Exchange Server 的管理而言，便可以讓管理員在現行的網域帳號中來啟用信箱功能，且還可以藉由部署 DAG 功能，來達到網域中多台 Exchange Server 之間信箱資料庫的熱備援機制。除此之外，包括了企業通訊錄、動態通訊錄、動態傳輸規則、Edge Server 部署以及整合 AD RMS 郵件加密、整合 Skype Server for Business 即時訊息、整合 SharePoint Server 企業入口網站等等，全部都得在 Active Directory 架構下才能正常運行。

關於 Active Directory 所提供的相關功能與整合產品，當然還不止於上述所介紹的，重點是任何以它為基礎所運行的應用程式，雖然都可以同時讓管理員以及用戶得到好處，但必須加以防範的是萬一用戶或群組的帳號誤刪，或是網域控制站主機損毀等狀況發生，恐怕也將同一時間危及所有相關應用程式的正常運行。以 Exchange Server 來說在這種情境之下，所有用戶將可能連他們自己的信箱都無法連線登入，更別談其他功能的使用了。

有鑑於此管理員必須預先為 Active Directory 施打兩支預防針。第一支就是在同一個站台（Site）的網域之中，部署兩部以上的網域控制站。第二支則是定期備份 Active Directory 並實際演練災害重建。只要確實打了上述兩支預防針，就足以應付任何突如其來的天災人禍。關於第一支預防針的準備可參考筆者其它著作。至於第二支預防針，就讓我們在接下來的內容中來實戰學習一下。

7.3 AD 資源回收桶的準備

之前筆者曾介紹過有關於 Exchange Server 信箱的備份與還原，只要有確實做好備份，即便用戶已從信箱中徹底刪除郵件，仍可以從復原信箱資料庫（RDS）之中，來還原整個信箱或選定的郵件。而對 Active Directory 中所建立的帳號、群組以及連絡人等物件，如果刪除了是否也可以進行還原呢？答案是可以的。因為預設只要在刪除後的 180 天之內，就可以從資源回收桶進行還原。不過這裡所說的資源回收桶（Recycle Bin），可不是 Windows 桌面上的那個資源回收桶，而是 Active Directory 所提供的資源回收桶。

記得在 Windows Server 尚未提供 Active Directory 的資源回收桶功能以前，萬一發生了 IT 人員誤刪了使用者帳戶的情況時，就必須透過 ntdsutil 命令或 LDP 介面工具，來以較複雜的操作方式來進行還原。如今您只要透過 GUI 操作介面或 PowerShell 命令，就可以輕易的完成已刪除物件的查詢與還原。

在開始操作 Active Directory 的資源回收桶功能之前，您必須先確定目前的樹系等級至少是 Windows Server 2012 以上版本，關於這部分您可以如圖 7-1 所示透過 Get-ADForest lab04.com 命令的執行結果，來查看 [ForestMode] 欄位設定值。此範例中顯示了筆者目前的樹系等級已是 Windows Server 2016，因此是符合系統需求的。

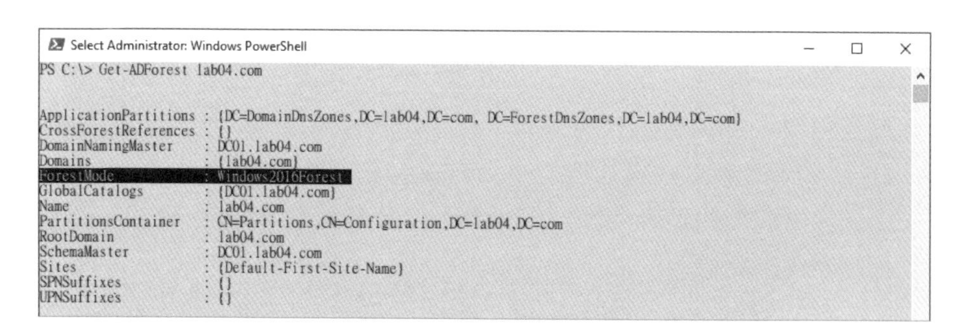

▲ 圖 7-1 查詢 AD 樹系等級

如果您發現查詢的結果是顯示 Windows2008R2Forest 或更舊的版本，則可以考慮將它進行升級。升級的命令參數可以參考以下範例。必須注意的是樹系的等級是否能夠升級，還得根據網域中是否有相對應的 Windows Server 網域控制站版本，並且一旦完成升級將無法進行降級。

```
Set-ADForestMode -Identity lab04.com -ForestMode Windows2012Forest。
```

確認了樹系的等級沒有問題之後，請在 [Server Manager] 介面中的 [Tools] 選單下開啟 [Active Directory Administrative Center]。在選取所要啟用 Active Directory 資源回收桶功能的網域之後，即可如圖 7-2 所示點選位在 [Tasks] 窗格之中的 [Enable Recycle Bin] 功能。必須注意的是此功能一旦在所選取的網域啟用之後便無法進行停用。

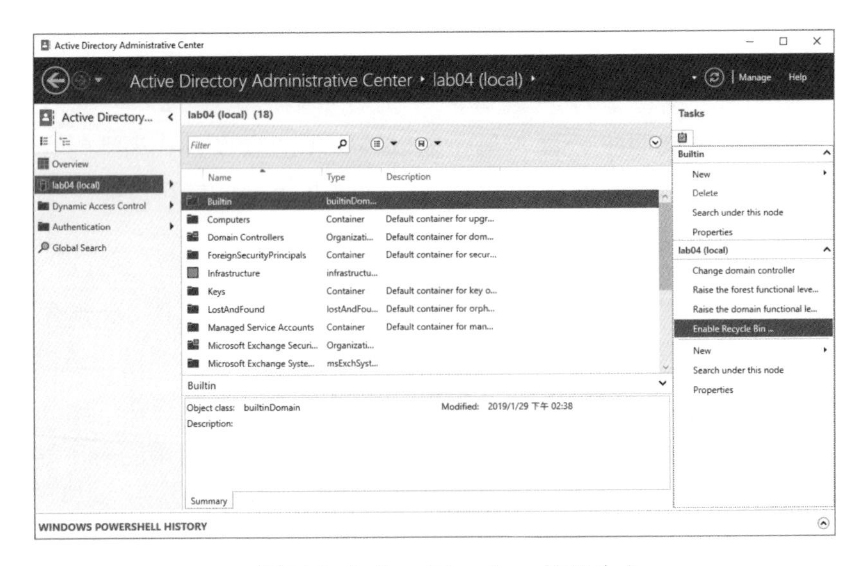

▲ 圖 7-2 Active Directory 管理中心

除了可以經由 [Active Directory Administrative Center] 介面來啟用 Active Directory 資源回收桶功能之外，若是您的網域控制站是建立在 Server Core 的作業模式下，也可以改由執行以下如圖 7-3 所示的 PowerShell 命令參數來完成。

```
Enable-ADOptionalFeature -Identity 'Recycle Bin Feature' -Scope
ForestOrConfigurationSet -Target 'lab04.com' -Server DC01
```

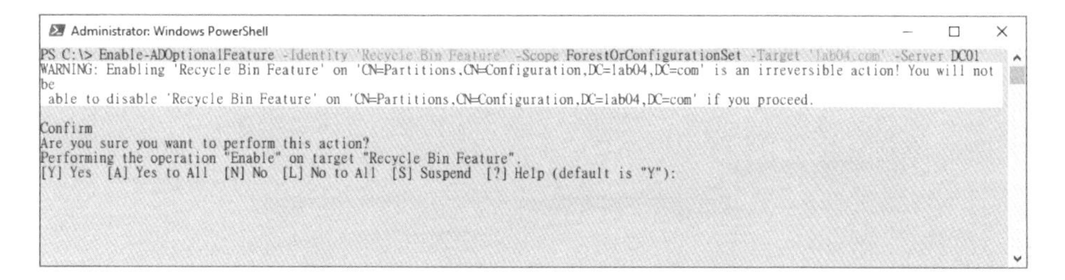

▲ 圖 7-3 啟用 AD 資源回收桶功能

無論是經由圖形操作介面還是命令介面來完成啟用，對於現行已開啟的 [Active Directory Administrative Center] 介面都必須重新整理，才能夠看到相關的功能選項。若您是將 Active Directory 資源回收桶功能啟用在整個樹系（Forest），則期下的所有網域控制站必須在完成複寫之後，才能開始使用此功能的操作。

7.4 AD 資源回收桶的使用

在成功啟用了 Active Directory 資源回收桶功能之後，接下來我們就可以在 [Active Directory Administrative Center] 介面中，像如圖 7-4 所示一樣嘗試透過滑鼠右鍵選單，來執行刪除（Delete）一個網域帳號或是群組。當然同樣的操作方式也可以在 [Active Directory Users and Computers] 介面中來完成。

如果想要以 PowerShell 命令來完成相同操作，可以執行 Remove-ADObject 命令搭配相關參數，即可用來刪除網域中的任何可允許刪除的物件。此外，如果想要直接刪除選定類型的物件，例如帳號、群組或是組織容器等等，則可以改選擇執行相對應的命令像是 Remove-ADUser、Remove-ADGroup、Remove-ADOrganizationalUnit 等等，命令參數設定上會更加簡單。例如您要刪除一個名為 HRAdmin 的帳號，只要執行 Remove-ADUser -I HRAdmin 即可完成。

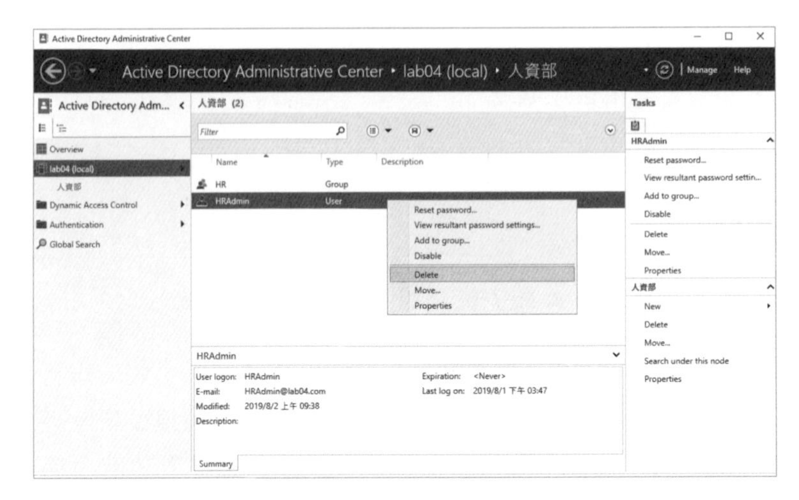

▲ 圖 7-4 帳號右鍵功能

對於那一些已經刪除的 Active Directory 物件，您可以在 PowerShell 命令視窗中執行 Get-Adobject -Includedeletedobjects 命令參數來呈列出來。若是想要篩選特定條件的物件，建議您可以參考如圖 7-5 所示的以下命令範例，透過結合 -Filter 參數設定來完成物件的篩選，常見的篩選設定值有 Displayname、Title、Department、Manager。

```
Get-Adobject -Filter {Displayname -eq "HRAdmin"} -Includedeletedobjects
```

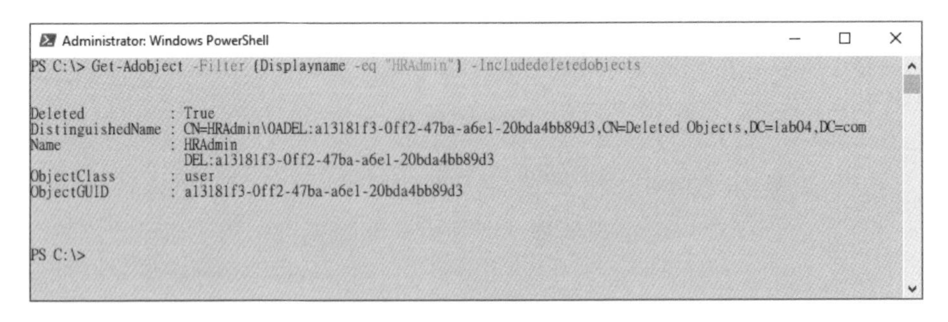

▲ 圖 7-5 查看已刪除的帳號

您也可以在 [Active Directory Administrative Center] 介面中，如圖 7-6 所示展開至 [Deleted Objects] 頁面，即可查看到所有已刪除的物件。您可以在選定任何已刪除的物件之後，再點選位在 [Tasks] 窗格中的 [Restore] 功能來完成還原。一旦還原之後便可以在此物件原有的容器位置查看到。

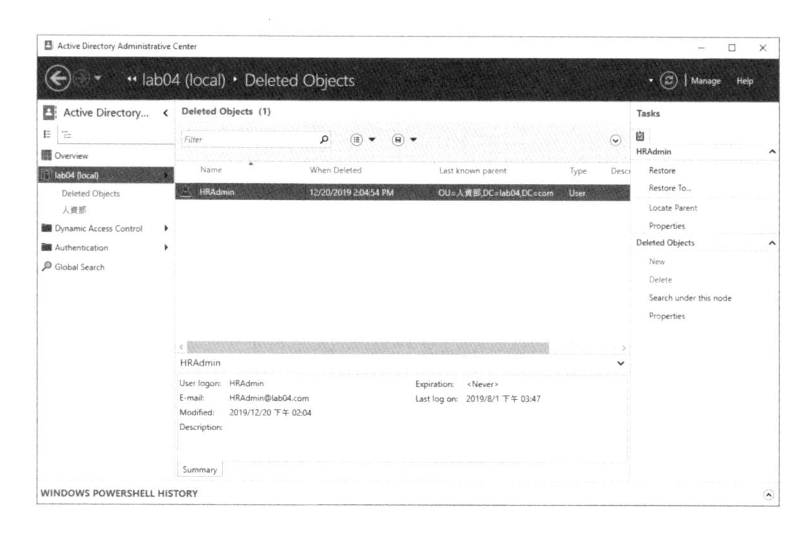

▲ 圖 7-6 查看已刪除的帳號

針對 Active Directory 已刪除物件的還原，一樣可以透過 PowerShell 命令來完成。如圖 7-7 所示便是對於名為 "HRAdmin" 的帳號進行還原，以及查詢是否已成功還原。

```
Get-Adobject -Filter {Displayname -eq "HRAdmin"} -Includedeletedobjects |
Restore-ADObject
Get-Adobject -Filter {Displayname -eq "HRAdmin"}
```

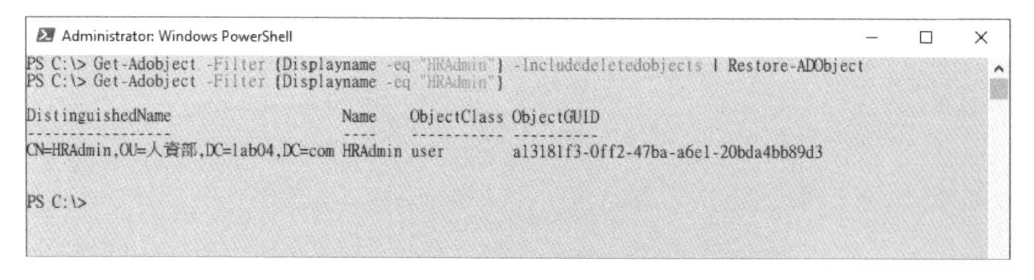

▲ 圖 7-7 以命令還原已刪除的帳號

7.5 自訂 AD 物件保存期限

在 Active Directory 系統預設的狀態下，任何已刪除物件的保存期限皆為 180 天（包括了帳號、群組、連絡人等等），只要在期限內您都可以還原選定的物件。若希望延長或縮減期限，則可以透過在 [Windows PowerShell 的 Active Directory 模組] 介面中，修改並執行下列命令範例即可。此 PowerShell 命令參數是針對 lab04.com 的網域，設定了 90 天的已刪除物件的保存期限。

```
Set-ADObject -Identity "CN=Directory Service,CN=Windows NT,CN=Services,CN=
Configuration,DC=lab04,DC=com" -Partition "CN=Configuration,DC=lab04,DC=com"
-Replace:@{"TombstoneLifeTime"=90}
```

想要查詢選定網域對於已刪除物件的保留天數設定，可以如圖 7-8 所示參考以下命令參數。

```
Get-ADObject -Identity "CN=Directory Service,CN=Windows NT,CN=Services,CN=
Configuration,DC=lab04,DC=com" -Partition "CN=Configuration,DC=lab04,DC=com"
-Properties TombstoneLifeTime
```

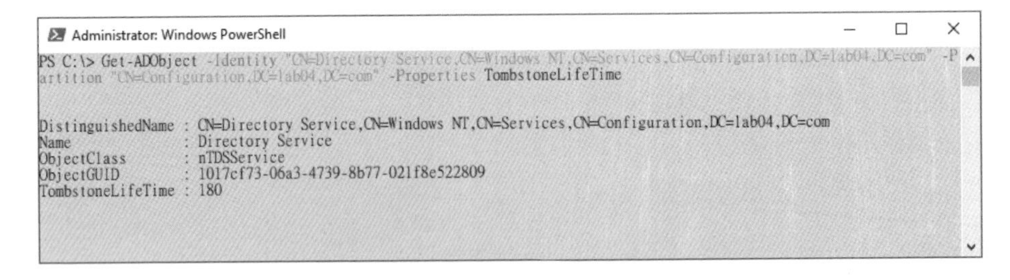

▲ 圖 7-8 查詢已刪除物件保留天數

7.6 備份前的準備

基本上備份網域控制站主機的方式有二種，針對部署在 Hyper-V 虛擬化平台之中，可以選擇直接備份該虛擬機器。如果是部署在實體主機中的，則可以選擇備份整個系統。無論是您採用了何種部署方式，都可以使用 Windows Server 2019 內建所提供的 Windows Server Backup 功能，來進行相關檔案的備份與還原。接下來將陸續示範的便是如何透過 Windows Server Backup 功能，來進行網域控制站主機系統的備份與還原。

開始之前我們必須準備用來存放備份檔案的位置，在此您可以選擇本機磁碟、外接磁碟（USB 或 IEEE 1394）、或網路共享位置等等。其中本機磁碟又可區分為專用磁碟或是與其他應用程式共同存取的磁碟。選用本機專用磁碟的好處在於不會影響到其他應用程式的運行效能，因為正在執行中的備份任務將會大幅度影響磁碟的 I/O 效能，因此強烈建議準備一顆本機專用磁碟。

至於磁碟的容量大小則必須依目前現行已使用的磁碟大小，以及預計每日要保存的備份數量來評估。在如圖 7-9 所示的 [Disk Management] 工具範例中，筆者準備好了一顆 [Disk1] 的磁碟，原則我們並不需要將它進行格式化以及設定磁碟代號，而是只要將它設定為上線即可。

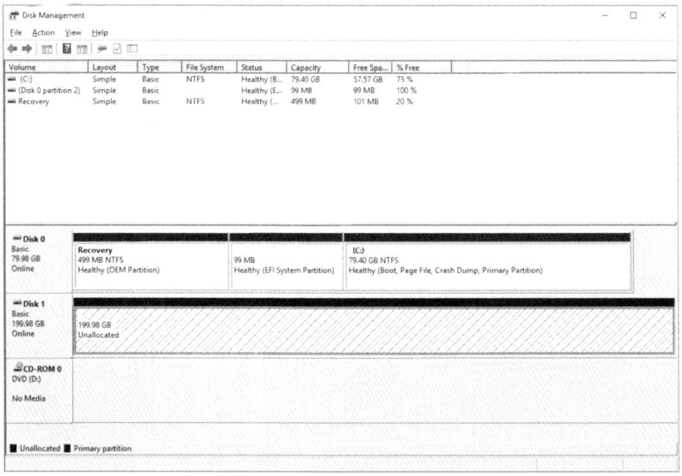

▲ 圖 7-9 磁碟管理員

準備好本機備份專用磁碟之後，請開啟 [Server Manager] 介面並在選定的 Exchange Server 主機上，按下滑鼠右鍵點選 [Add Roles and Features] 來開始設定新增功能。在如圖 7-10 所示的 [Features] 頁面中，可以找到 [Windows Server Backup] 的功能選項，請在勾選後點選 [Next] 按鈕繼續完成安裝即可。

若想透過 PowerShell 來進行安裝，只要執行 Install-WindowsFeature -Name Windows-Server-Backup 命令參數。如果想查詢是否已經此功能，則可以執行 Get-WindowsFeature Windows-Server-Backup 命令參數即可。

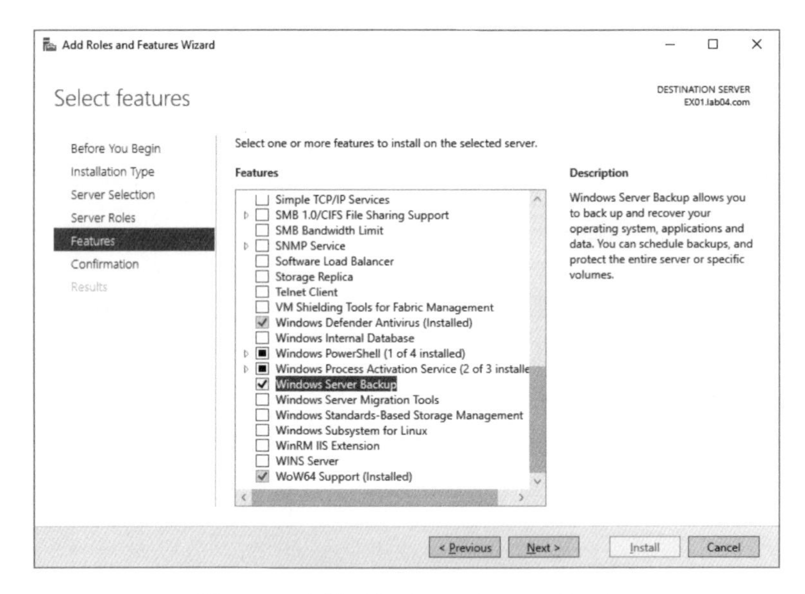

▲ 圖 7-10 安裝 Windows Server Backup

7.7 備份網域控制站主機

如圖 7-11 所示在開啟 Windows Server Backup 操作介面之後，可以發現後續在中間的 [Local Backup] 窗格中將可以檢視到本機所有的備份記錄。在右邊的 [Actions] 窗格之中，則可以讓我們點選備份排程、單次備份、還原以及配置效能設定。請在 [Actions] 窗格之中點選 [Backup Schedule Wizard] 功能並點選 [Next] 按鈕繼續。

小秘訣：如果您的網域控制站是安裝在 Server Core 作業模式下，那麼對於後續的維護管理，最好能夠預先在網域中的其他 Windows Server 主機中，執行 MMC 命令來開啟管理主控台，然後在介面的 [File] 選單中點選 [Add or Remove Snap-ins] 功能，來將遠端的網域控制站主機的 Windows Server Backup 功能加入。

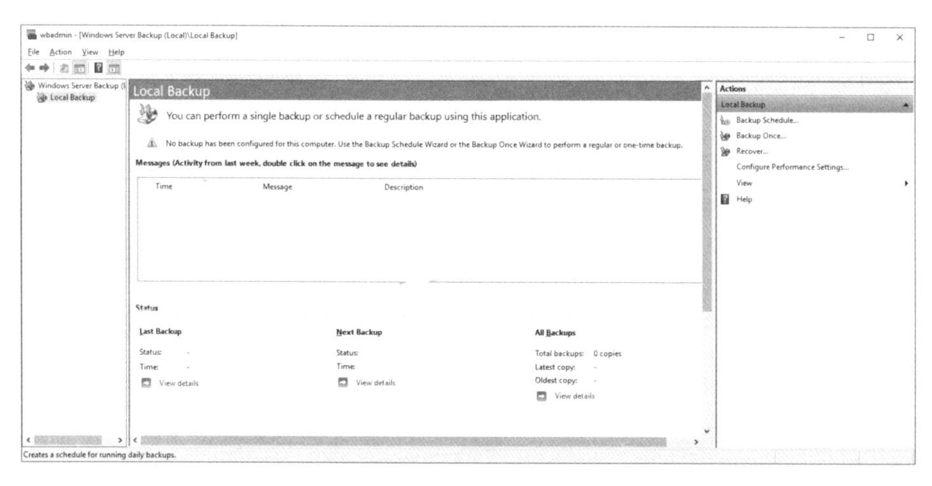

▲ 圖 7-11 Windows Server Backup 管理介面

接著會開啟如圖 7-12 所示的 [Select Backup Configuration] 頁面。在此分別有備份整台伺服器（Full Server）以及自訂（Custom）兩個選項可以選取。若選擇前者系統將會立即估算出備份整台主機所有資料的所需大小。如果選擇後者則可以自行進一步挑選需要備份的磁碟以及檔案。請點選 [Next] 按鈕。

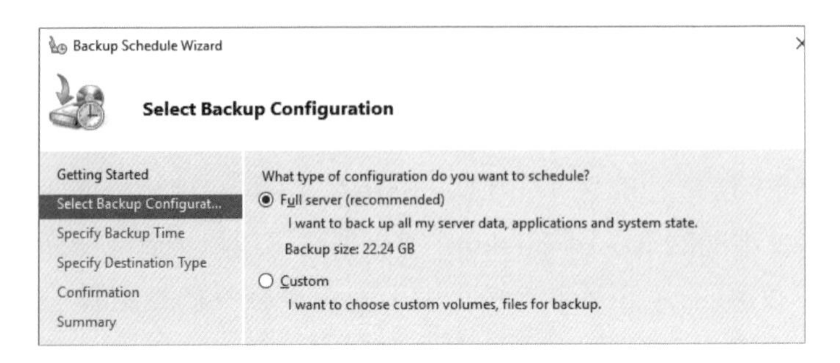

▲ 圖 7-12 備份類型選擇

如果您在上一個步驟中選擇了 [Custom]，則將會來到 [Select Item for Backup] 頁面，在此您可以點選 [Add Items] 按鈕開啟如圖 7-13 所示的 [Select Item] 頁面，來新增要備份的裸機還原選項、系統狀態、磁碟、資料夾以及檔案。此外採用這種備份方式，建議您進一步再回到上一個頁面中，點選 [Advanced Settings] 按鈕來將位在 [VSS Settings] 頁面的設定改為 [VSS full Backup]，以表示目前並沒有其他的備份軟體在同時進行備份。

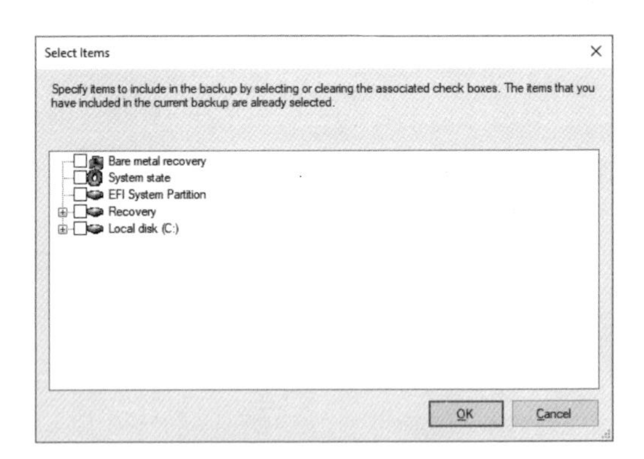

▲ 圖 7-13 自訂備份選項

關於系統狀態

所謂系統狀態（System state）內容包括了登錄檔案（Registry）、COM+ 類別註冊資料庫、開機檔案、Active Directory 憑證服務資料庫、Active Directory 網域服務資料庫、SYSVOL 資料夾、叢集服務資訊、IIS 網站的 Meta 資料以及 Windows 資源保護的相關檔案。

在如圖 7-14 所示的 [Specify Backup Time] 頁面中，可以選擇一天一次（Once a day）的選定時間進行備份，或是選擇一天多次時間的備份計劃。無論如何建議最好能夠選擇在半夜或是中午的離峰時間來執行備份，以免影響到網域控制站的運行效能。在此建議每天備份一次即可。點選 [Next]。

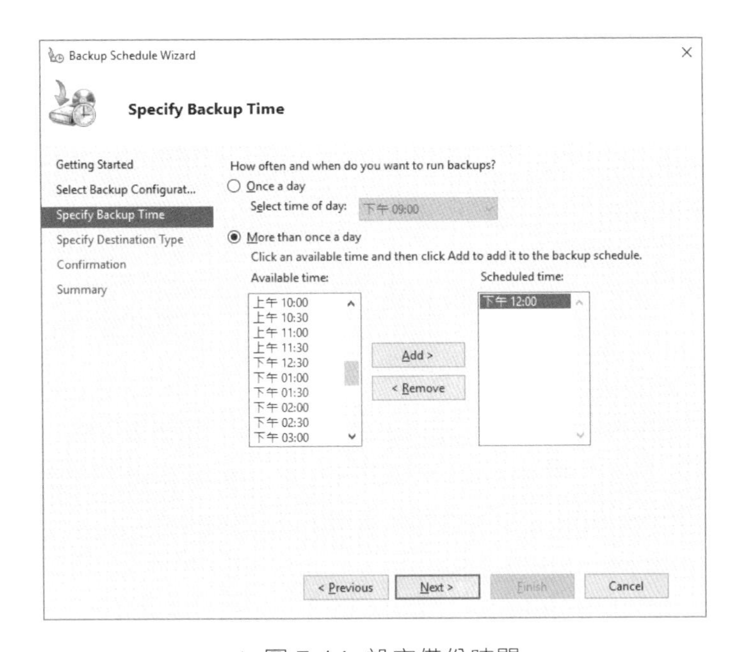

▲ 圖 7-14 設定備份時間

在如圖 7-15 所示的 [Specify Destination Type] 頁面中，依序可以選擇採用專用的硬碟、現行使用中的磁碟、網路共享資料夾，來作為存放備份檔案的目的地。在此強烈建議您無論是選擇哪一種備份目的地，最好預先準備好專用的 SSD 硬碟，否則當備份的資料量很大時，以備份到本機的現有磁碟而言，將會影響到本機硬碟的 I/O 效能而間接影響到系統的運行。

若是選擇備份至網路共享資料夾，恐怕還會影響到網路的頻寬，並且延長整個備份作業執行的時間，因此最好能夠有專屬連接的網路。在此筆者選取了 [Backup up to a hard disk that is dedicated for backups] 選項。點選 [Next]。

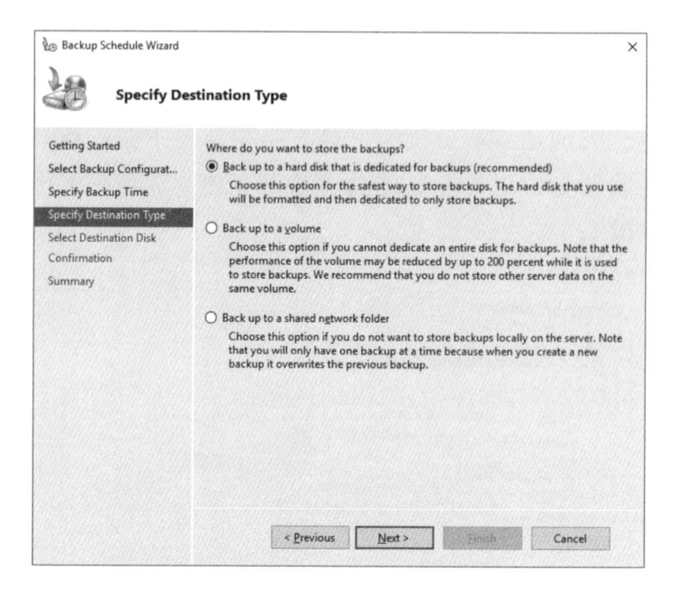

▲ 圖 7-15 選定備份類型

進入到如圖 7-16 所示的 [Select Destination Disk] 頁面中，系統會先偵測是否有經由 USB 或 IEEE 1394 所連接的外部磁碟。如果沒有上述外接的磁碟類型，則必須點選 [Show All Available Disks] 按鈕來選定目前可用的內接磁碟。點選 [Next]。

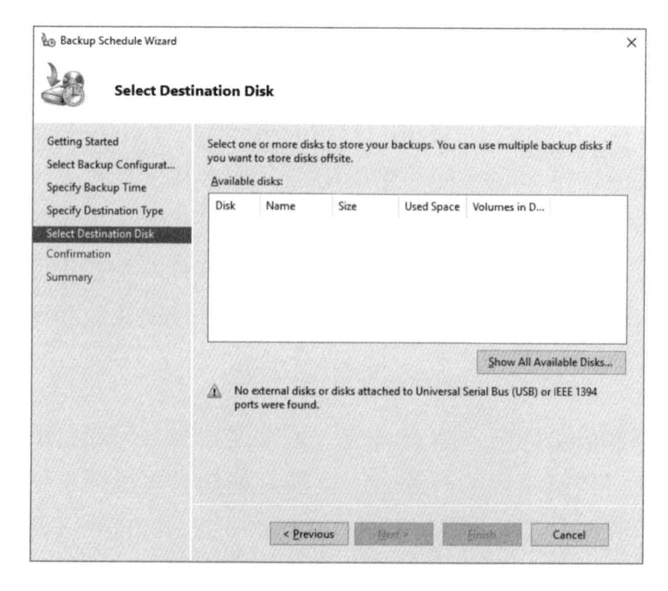

▲ 圖 7-16 選定備份磁碟

請注意！您所選定的磁碟將會被作為 Windows Server Backup 的專用磁碟，因此現行磁碟中的所有檔案將會被清除。

在如圖 7-17 所示的 [Confirmation] 頁面中將可以再次確認備份時間、排除的檔案設定、進階設定、備份存放的位置，以及備份來源項目有哪一些。確認上述設定皆正確之後，點選 [Finish] 即可。

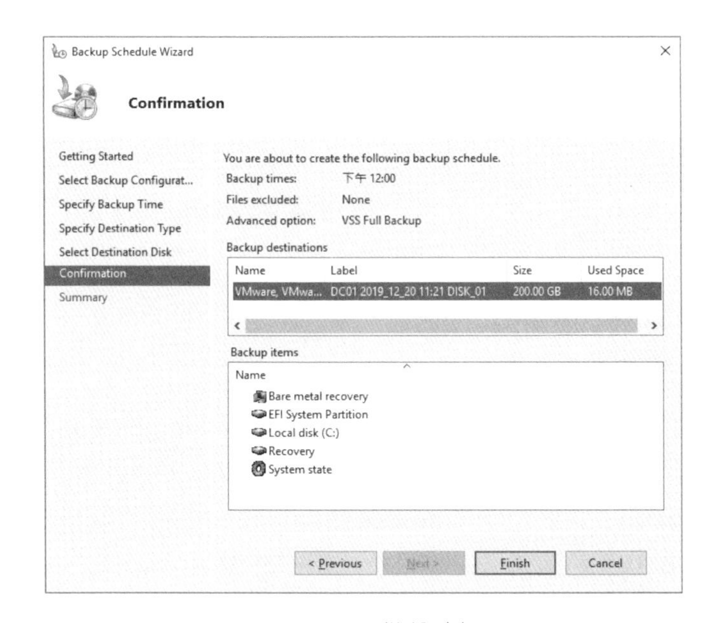

▲ 圖 7-17　備份確認

關於備份所需花費時間的長短，除了取決於檔案的多寡以及總體大小之外，便是關係到主機硬體、儲存設備或是網路連接的效能。在完成備份任務之後如果想查看備份檔案，以本文的例子您可以到磁碟管理員的操作介面中來設定備份磁碟的代號。完成設定之後便可以在該磁碟的 [WindowsImageBackup] 資料夾中，如圖 7-18 所示開啟以備份來源主機命名的資料夾，其中以 Backup 加上年月日流水號命名的資料夾，裡面便是存放著主要備份的來源檔案。

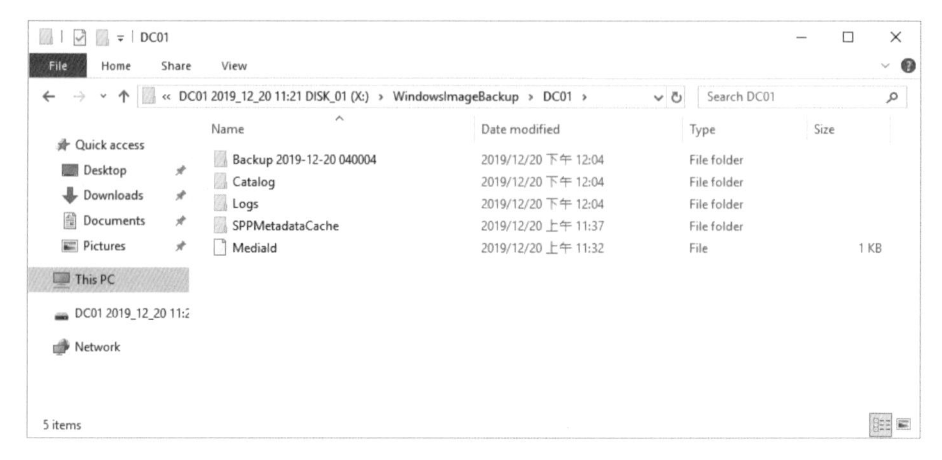

▲ 圖 7-18 查看備份檔案

7.8 其他備份功能

備份任務的執行除了可以經由 Windows Server Backup 視窗介面操作來完成之外，您也可以透過執行以下如圖 7-19 所示的 Wbadmin 命令參數，來進行網域控制站的關鍵備份任務。這裡所說的關鍵備份檔案（Critical）便是指開機檔案以及相關開機設定（BCD）、Windows 作業系統和登錄檔案、SYSVOL 相關檔案、Active Directory 資料庫與交易記錄等檔案。

整個備份過程的進度也可以由命令視窗來檢視，至於詳細結果則可以查看任務執行完成後所產生的記錄檔案。如果需要進行備份問題的排除，可以結合 Windows 事件檢視器中的 [Windows 記錄]\[應用程式] 來查看相關錯誤事件。

```
Wbadmin Start Backup -allCritical -Backuptarget:Y: -Quiet
```

```
Administrator: Windows PowerShell
PS C:\> Wbadmin Start Backup -allCritical -Backuptarget:Y: -Quiet
wbadmin 1.0 - Backup command-line tool
(C) Copyright Microsoft Corporation. All rights reserved.

Retrieving volume information...
This will back up (EFI System Partition),Recovery (499.00 MB),(C:) to Y:.
The backup operation to Y: is starting.
Creating a shadow copy of the volumes specified for backup...
Creating a shadow copy of the volumes specified for backup...
Creating a backup of volume (EFI System Partition) (99.00 MB), copied (0%).
Creating a backup of volume (EFI System Partition) (99.00 MB), copied (0%).
Creating a backup of volume (EFI System Partition) (99.00 MB), copied (100%).
The backup of volume (EFI System Partition) (99.00 MB) completed successfully.
The backup of volume Recovery (499.00 MB) completed successfully.
Creating a backup of volume (C:), copied (0%).
Creating a backup of volume (C:), copied (8%).
Creating a backup of volume (C:), copied (15%).
Creating a backup of volume (C:), copied (21%).
Creating a backup of volume (C:), copied (25%).
Creating a backup of volume (C:), copied (28%).
Creating a backup of volume (C:), copied (31%).
Creating a backup of volume (C:), copied (34%).
Creating a backup of volume (C:), copied (37%).
Creating a backup of volume (C:), copied (39%).
Creating a backup of volume (C:), copied (41%).
Creating a backup of volume (C:), copied (45%).
Creating a backup of volume (C:), copied (48%).
Creating a backup of volume (C:), copied (50%).
Creating a backup of volume (C:), copied (53%).
Creating a backup of volume (C:), copied (57%).
Creating a backup of volume (C:), copied (60%).
Creating a backup of volume (C:), copied (63%).
Creating a backup of volume (C:), copied (66%).
Creating a backup of volume (C:), copied (69%).
Creating a backup of volume (C:), copied (72%).
Creating a backup of volume (C:), copied (74%).
Creating a backup of volume (C:), copied (77%).
Creating a backup of volume (C:), copied (80%).
Creating a backup of volume (C:), copied (84%).
Creating a backup of volume (C:), copied (87%).
Creating a backup of volume (C:), copied (89%).
Creating a backup of volume (C:), copied (92%).
Creating a backup of volume (C:), copied (95%).
Creating a backup of volume (C:), copied (98%).
Creating a backup of volume (C:), copied (100%).
Summary of the backup operation:
------------------

The backup operation successfully completed.
The backup of volume (EFI System Partition) (99.00 MB) completed successfully.
The backup of volume Recovery (499.00 MB) completed successfully.
The backup of volume (C:) completed successfully.
Log of files successfully backed up:
C:\Windows\Logs\WindowsServerBackup\Backup-20-12-2019_07-41-43.log
```

▲ 圖 7-19 以 PowerShell 執行備份命令

無論您是採用 Windows Server Backup 的何種備份操作方式，都可以在如圖 7-20 所示介面中查看到本機備份的相關訊息，包括了最新一次、下一次以及所有備份的詳細資訊。舉例來說如果點選位在 [All Backups] 區域中的 [View details] 超連結，即可查看到目前所有已備份的清單，以及它們各自所完成的備份時間、磁碟分區、備份的檔案類型等資訊。

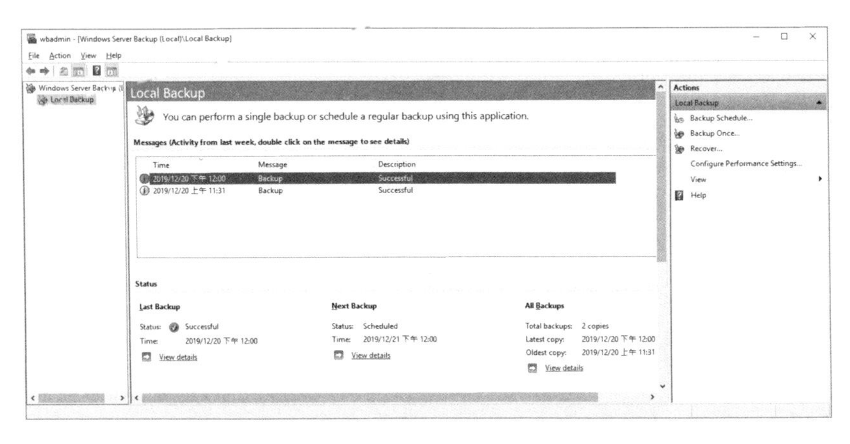

▲ 圖 7-20 Windows Server Backup 介面

對於已經完成的備份排程設定，您不一定非得等到排程的時間到來時才讓它執行，而是可以隨時點選位在 [Actions] 窗格中的 [Backup Once] 功能，來讓它立即執行備份任務。如圖 7-21 所示您可以在它所開啟的 [Backup Options] 頁面中，採用已設定好的排程備份設定（Scheduled backup options）或選擇不同的設定（Different options）來進行單次備份。

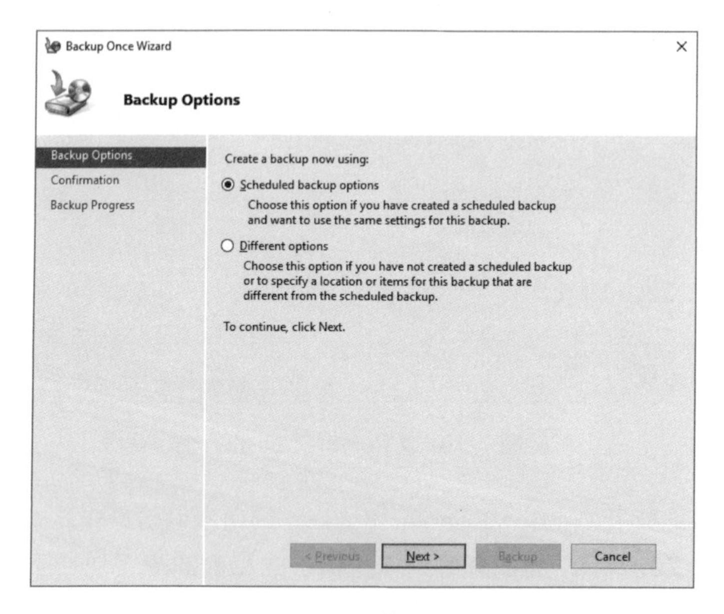

▲ 圖 7-21 手動執行排程備份

由於 Windows Server Backup 只是一個系統內建的極簡版備份工具，因此無法像其他付費的備份工具一樣，可讓管理員建立多個排程備份設定，而是僅能讓您修改已建立的排程備份設定。怎麼做呢？很簡單！只要再點選一次 [Backup Schedule] 便可以開啟如圖 7-22 所示的頁面，來進行備份排程設定的修改（Modify backup）或停止備份排程任務（Stop backup）。

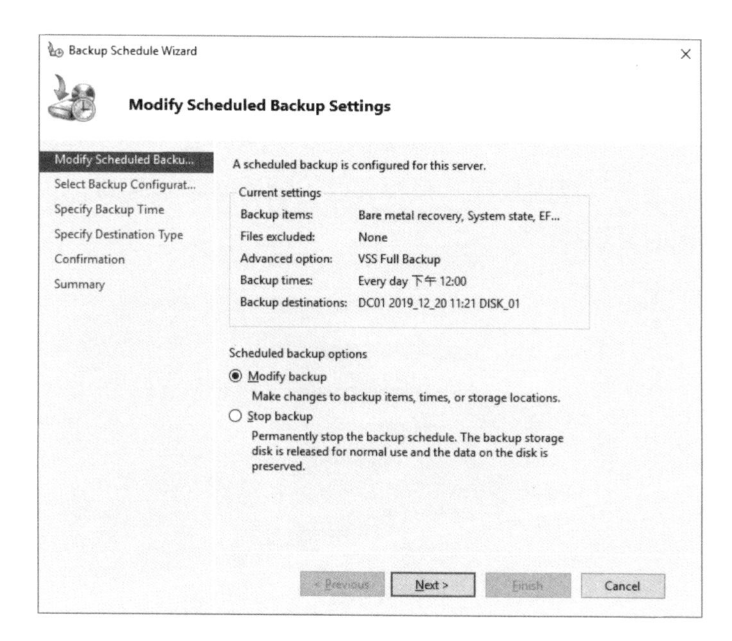

▲ 圖 7-22 修改排程備份設定

7.9 還原網域控制站主機

什麼樣的情境下需要還原網域控制站的備份呢？答案不外乎是網域控制站的服務無法啟動了、網域控制站之間的複寫無法成功、Exchange Server 始終無法連接 Active Directory 等等。不過以上的各種情境都還只是軟體方面的問題，如果是硬體方面的問題（例如：系統磁碟故障）那麼處理的方法也將有所不同，因為在這類的情境之下表示作業系統已經完全無法啟動了。接下來讓筆者先來示範如何針對軟體方問題的 Active Directory 進行還原。

首先在網域控制站可正常開機與登入的情況下，我們準備重新開機進入目錄服務還原模式，以便進行 Active Directory 的備份還原任務。在此您可以選擇執行 shutdown -o -r 命令讓系統在重新開機之後停留在 [Advanced Boot Options] 選單，然後自行選擇 [Directory Services

Repair Mode] 來啟動，或是執行 bcdedit /set safeboot dsrepair 命令來讓系統自動重新開機並進入目錄服務還原模式（Restore Mode）。如圖 7-23 所示來到目錄服務還原模式的登入頁面之後，您將無法以網域的帳號來進行登入，原因是在這種模式之下網路是無法連線的，因此您必須改以本機的管理員帳號來進行登入。

▲ 圖 7-23 登入目錄服務還原模式

在成功以本機管理員帳號登入目錄服務還原模式下的網域控制站之後，請以 Administrator 身份開啟 Windows PowerShell 命令視窗。接著如圖 7-24 所示筆者依序執行了 Wbadmin Get Versions -Backuptarget:Y: 以及 Wbadmin Get Versions -Backuptarget:X: 兩個命令參數，以取得儲存在目前這兩個磁碟中的備份資訊。其中的 [Version identifier] 欄位資訊變是我們所需要的。

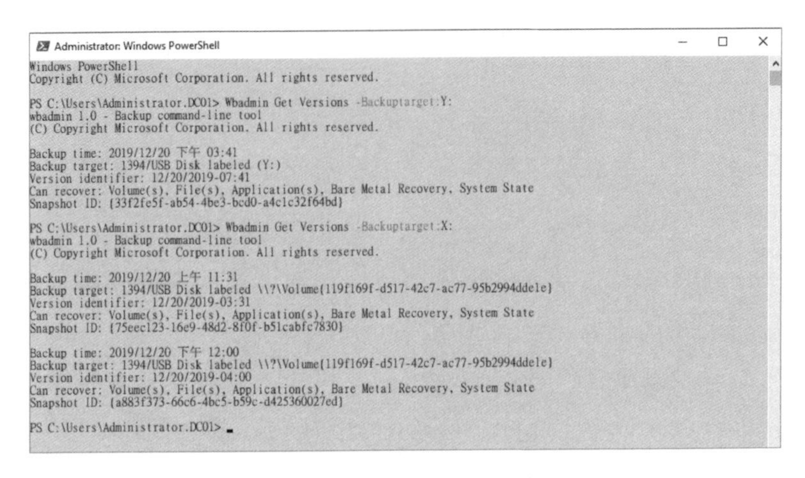

▲ 圖 7-24 查詢備份資訊

取得了準備要進行還原的 [Version identifier] 欄位資訊之後，便可以參考如圖 7-25 所示的以下命令參數，來還原選定版本以及磁碟的網域控制站備份。執行後整個還原的進度也都可以在命令視窗中查看到。

```
wbadmin start systemstaterecovery -version:12/20/2019.07:41
-backuptarget:Y: -machine:DC01 -quiet
```

```
Administrator: Windows PowerShell
PS C:\Users\Administrator.DC01> Wbadmin start systemstaterecovery -version:12/20/2019-07:41 -backuptarget:Y: -machine:DC01 -quiet
wbadmin 1.0 - Backup command-line tool
(C) Copyright Microsoft Corporation. All rights reserved.

Note:  The recovery operation will cause all replicated content (replicated
using DFSR or FRS) on the local computer to resynchronize after recovery.
The rise in network traffic due to resynchronization may cause potential
latency or outage issues.
Starting a system state recovery operation [2019/12/20 下午 04:37].
Processing files for recovery. This might take a few minutes...
Processed (61) files.
Processed (387) files.
Processed (387) files.
Processed (387) files.
Processed (387) files.
Processed (387) files.
Processed (9310) files.
Processed (27231) files.
Processed (37592) files.
Processed (41297) files.
Processed (49602) files.
Processed (63989) files.
Processed (69639) files.
Processed (76702) files.
Processed (87696) files.
Processed (101580) files.
Processed (117159) files.
Processed (131859) files.
```

▲ 圖 7-25 執行備份還原

確認網域控制站成功完成還原之後，就可以執行 bcdedit /deletevalue safeboot 命令參數，來設定以正常模式啟動作業系統。接著再執行 shutdown -t 0 -r 命令來立即進行重新開機。如圖 7-26 所示便是在重新開機與登入之後，系統會自動出現的命令視窗提示訊息。在重新開機並登入完成之後，請立即檢查原有網域控制站的各項問題是否已經恢復正常，這包括了用戶端的登入、Exchange Server 的連線與同步、網域控制站之間的複寫等等。

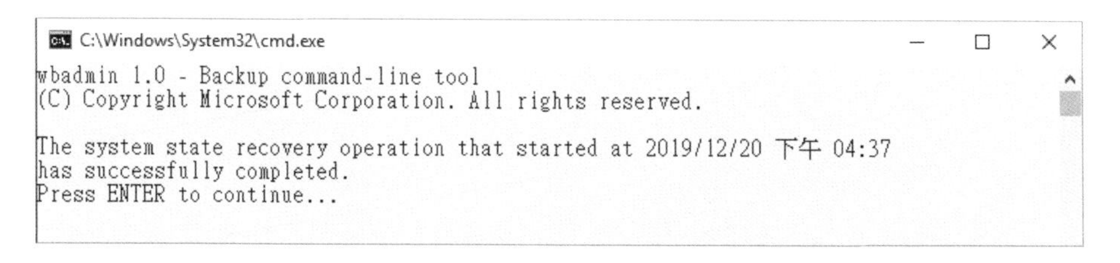

▲ 圖 7-26 重新登入網域控制站

關於 Wbadmin.exe 命令的使用方法，您可以在命令視窗中執行 Wbadmin /? 參數，來查看此命令的可用參數有哪一些。接著若想進一步知道選定參數的用法，例如查詢針對系統狀態的復原方法，您可以執行 wbadmin start systemstaterecovery /? 來查看即可。

7.10 如何執行裸機還原

當網域控制站主機的作業系統因故障而無法正常開機，或是主機的系統磁碟因損毀而更換了新硬碟，這一些狀況由於都已經無法以正常的開機方式，來自由選擇所要採用的啟動模式，因此肯定無法經由前面所介紹過的目錄服務還原模式來修復 Active Directory，而是必須改採用裸機還原法來進行修復，只要您在所執行的備份設定中有採用完整備份，或是在自訂備份的設定中有勾選 [Bare metal recovery]，便可以在接下來的實作講解中來完成裸機還原。

怎麼做呢？首先請在網域控制站的主機中，放入可開機的 Windows Server 2019 的 USB 磁碟或 DVD 來進行啟動。在完成了語言、時間以及鍵盤輸入法的設定之後，點選 [Next] 按鈕來到如圖 7-27 所示的頁面中，請點選 [Repair your computer] 連結繼續。

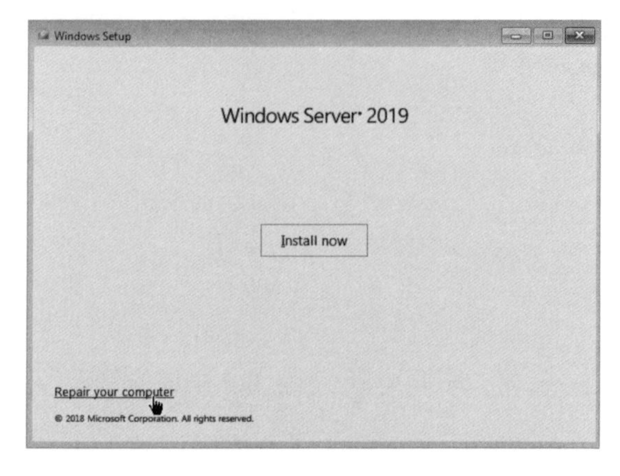

▲ 圖 7-27 啟動 Windows Server 安裝媒體

在 [Choose an option] 頁面中請點選 [Troubleshoot] 選項，來開啟如圖 7-28 所示的 [Advanced options] 頁面。在此請點選 [System Image Recovery] 功能，表示我們將以備份的映像來還原整個網域控制站。

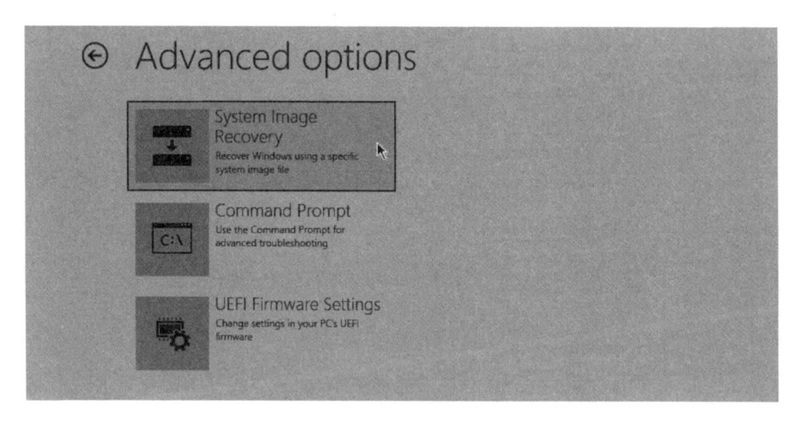

▲ 圖 7-28 開機進階選項

在如圖 7-29 所示的 [Select a system image backup] 頁面中，您可以自行選擇使用最新版本的備份映像來進行接下來的還原任務，或是選取 [Select a system image] 來讓自己手動挑選備份映像的所在位置。點選 [Next]。

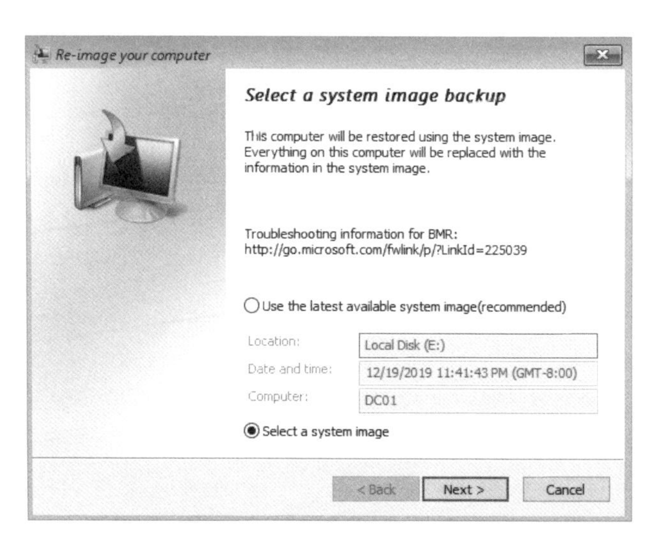

▲ 圖 7-29 選取系統映像備份

在如圖 7-30 所示的 [Select the location of the backup for the computer you want to restore] 頁面中，便是手動選擇備份映像的存放磁碟。若是備份映像並沒有存放在目前所列舉的磁碟清單之中，請點選 [Advanced] 按鈕來進行網路中其他共享位置的搜尋，以及其他已連接儲存裝置驅動程式的載入。其中如果選擇了搜尋網路中的其他共享位置，可能必須面對的風險便是惡意程式感染問題，因為在目前的狀態下是沒有任何安全防護的，因此選擇連接存取網路資源時務必特別小心謹慎。點選 [Next]。

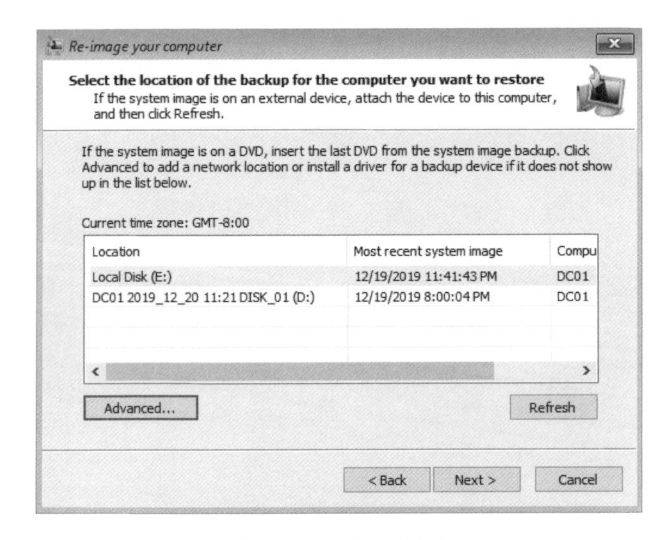

▲ 圖 7-30 選取備份位置

當我們所選取的磁碟或網路共享位置，有發現 Windows Server Backup 的備份映像時，就可以從 [Select the date and time of system image to restore] 清單中查看到目前所有備份映像的日期、時間以及備份的內容。在選取準備進行還原的映像之後點選 [Next]。

在如圖 7-31 所示的 [Choose additional restore options] 頁面中，如果您要還原的主機已安裝了全新的硬碟，可以考慮將 [Format and repartition disks] 選項勾選，讓系統在還原的過程之中來自動完成分割區的重建以及格式化。如果需要排除掉某一些磁碟請點選 [Exclude disks] 按鈕來進行設定。

此外萬一發生所連接的磁碟沒有被系統所偵測到，極可能是磁碟控制卡的驅動程式問題，在這種情境之下您可以在此點選 [Install drivers] 按鈕，來嘗試載入預先準備好的原廠相容驅動程式。接著您可以點選 [Advanced] 按鈕，來決定是否要在還原映像完成之後，自動重新啟動主機以及自動檢查與更新磁碟錯誤資訊。點選 [Next]。

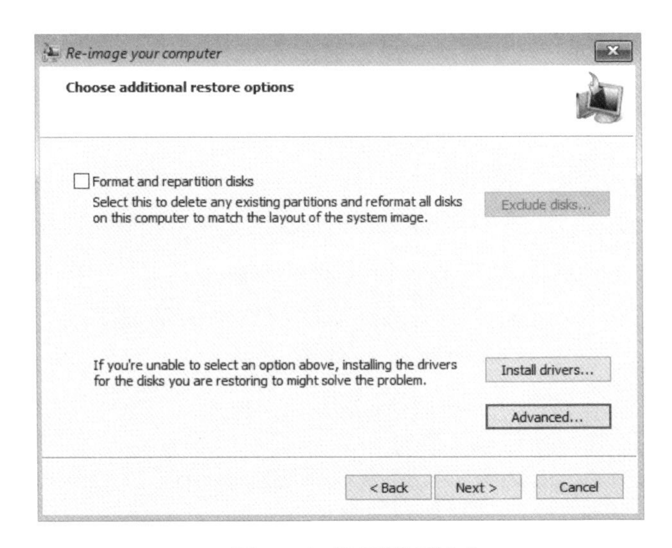

▲ 圖 7-31 還原選項設定

最後您將可以查看到即將執行還原任務的日期、時間、主機名稱以及磁碟相關資訊，確認無誤之後點選 [Finish]。執行後將會出現如圖 7-32 所示的警示訊息，來告知您所有在磁碟中的檔案資料，都將在完成還原任務之後而被清除。確認沒問題後點選 [Yes] 開始進行還原。

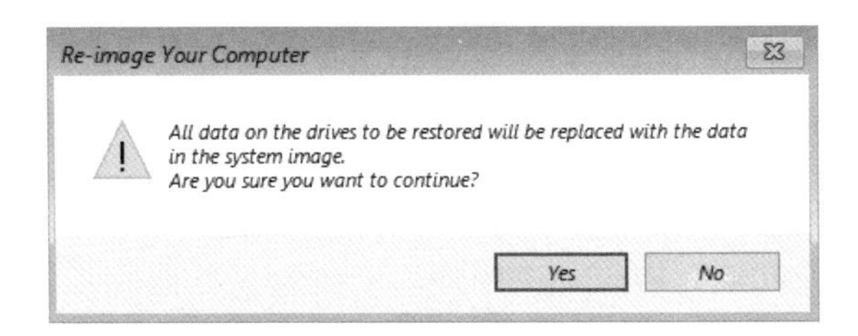

▲ 圖 7-32 確認進行還原

7.11 活用快照功能

當您準備進行 Active Directory 的還原任務之前，可能會希望先進行現行資料庫與備份資料庫的內容比對。此時就可以善用 Active Directory 資料庫快照管理的功能，來將過去曾經以 Windows Server Backup 所建立的網域控制站備份，來進行快照資料庫清單的查詢、掛載以及連接，當然您也可以選透過這項工具來快速建立快照。

其實不一定非得是採用最新的 Windows Server 2019 所建立的網域控制站，而只要是 Windows Server 2008 以上版本的作業系統，並且已經安裝了 Active Directory Domain Services（AD DS）或 Active Directory Lightweight Directory Services（AD LDS）伺服器角色，便可以使用以下幾個內建的管理工具，來分別進行 Active Directory 資料庫快照（Snapshot）的建立、掛載（Mount）、查詢、連接以及內容檢視：

- **Ntdsutil snapshot**：這個命令新增的 snapshot 操作選項，可以讓管理員進行快照的建立、檢視快照清單的、掛載或卸載 AD DS 與 AD LDS 資料庫。
- **Dsamain.exe**：透過此工具可以將指定的快照資料庫，連接成為一個自訂通訊埠的 LDAP 伺服器。
- **Ldp.exe 命令、Active Directory 使用者與電腦工具**：這兩支工具都可以用來檢視唯讀並且已經掛載的 AD DS 與 AD LDS 資料庫內容，讓管理員來進行不同快照備份的內容比較。

接下來就讓我們先來使用 Ntdsutil 命令工具，來示範建立 AD DS 資料庫快照。請如圖 7-33 所示在開啟命令視窗之後依序執行 ntdsutil、snapshot、activate instance ntds、create。確定完成快照的建立之後，請先將快照的序號複製起來，然後連續執行兩次 quit 命令來結束此工具的使用。

```
Select Administrator: Windows PowerShell
PS C:\> ntdsutil
C:\Windows\system32\ntdsutil.exe: snapshot
snapshot: activate instance ntds
Active instance set to "ntds".
snapshot: create
Creating snapshot...
Snapshot set {8ee33a37-0ce2-4811-9f56-7ef30f7c63d1} generated successfully.
snapshot: quit
C:\Windows\system32\ntdsutil.exe: quit
PS C:\>
```

▲ 圖 7-33 建立快照

在完成 AD DS 資料庫快照的建立之後，筆者嘗試開啟如圖 7-34 所示的 [Active Directory Users and Computers] 介面，來刪除一個測試用的人員帳號，以便後續拿來與快照資料庫的內容進行比較

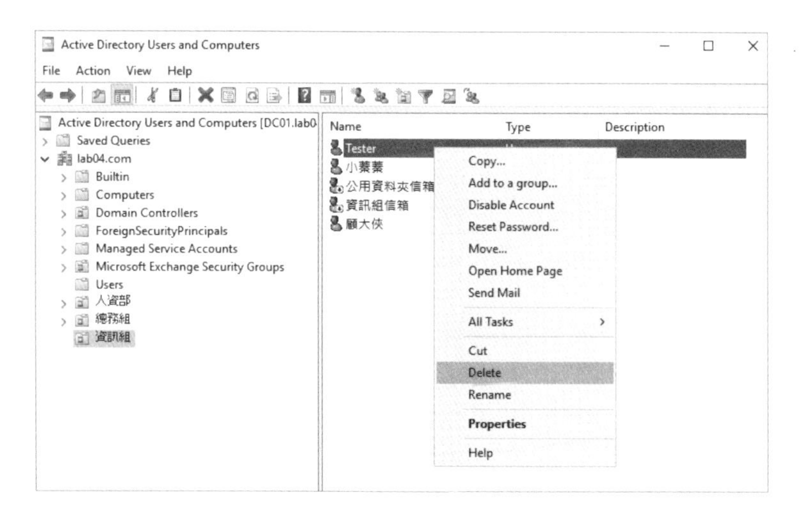

▲ 圖 7-34 測試刪除物件

接下來請再一次於命令視窗中依序執行 ntdsutil、snapshot、activate instance ntds 命令，然後再執行 list all 命令後便可以查看到剛剛所建立的快照，以及您過去以 Windows Server Backup 所執行過的備份。值得注意的是在每一個資料快照中都有兩組不同的序號，分別快照索引編號與 GUID，關於這兩組序號都可以用來作為快照掛載與卸載時的參數設定。

確認有出現剛剛所建立的快照之後，就可以像如圖 7-35 所示一樣執行以下命令參數，來掛載選定的快照資料庫。成功掛載之後請連續執行兩次 quit 命令來結束此工具的使用。請注意！其中快照資料庫序號必須修改成您所要掛載的序號。

```
mount 8ee33a37.0ce2.4811.9f56.7ef30f7c63d1
```

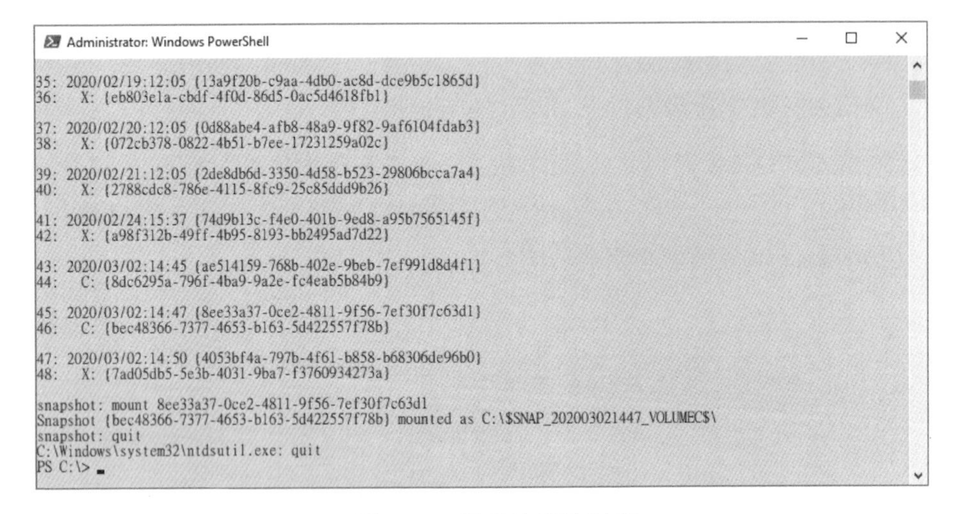

▲ 圖 7-35 掛載快照資料庫

如果想要卸載某一選定的快照資料庫，只要改執行 unmount 命令並輸入快照資料庫的序號即可。若想要刪除某一個快照，可以執行 Delete 命令。

成功掛載選定的快照資料庫之後，緊接著您可以如圖 7-36 所示透過以下命令參數，來建立一個自訂連接埠的 LDAP 伺服器，而這個伺服器所對應的資料庫路徑，便是在上一步驟中執行掛載時所顯示的路徑。至於連接埠（ldapport）設定可以輸入任一尚未使用中的連接埠號碼即可。

請注意！您無法在 PowerShell 命令視窗中執行以下命令參數，否則將會因為相關字串格式問題而導致執行失敗。

```
dsamain /dbpath C:\$SNAP_202003021447_VOLUMEC$\windows\NTDS\ntds.dit /
ldapport 51389
```

```
Administrator: C:\Windows\system32\cmd.exe - dsamain /dbpath C:\$SNAP_202003021447_VOLUMEC$\windows\NTDS\nt...
C:\>dsamain /dbpath C:\$SNAP_202003021447_VOLUMEC$\windows\NTDS\ntds.dit /ldapport 51389
EVENTLOG (Informational): NTDS General / Service Control : 1000
Microsoft Active Directory Domain Services startup complete
```

▲ 圖 7-36 建立 LDAP 伺服器

在成功建立自訂的 LDAP 伺服器之後，切勿關閉該命令視窗，否則將會導致該服務中止執行。在執行的狀態下，您可以開啟 [Active Directory Users and Computers] 介面，然後在最上層的節點上按下滑鼠右鍵並點選 [Change Domain Controller] 來開啟如圖 7-37 所示的 [Change Directory Server] 頁面。

最後請在選取 [The Domain Controller or AD LDS Server] 設定之後，手動輸入此伺服器的完整名稱以及自訂的連接埠編號，即可查看到其中的 [Status] 欄位出現 Online 的狀態。點選 [OK] 完成連線。在成功連線快照資料庫的 LDAP 伺服器之後，您就可以發現剛剛快照後所刪除的人員帳號，在這個 AD DS 快照資料庫中是仍然存在的，藉此可以比較出正式資料庫與快照資料庫的不同之處。

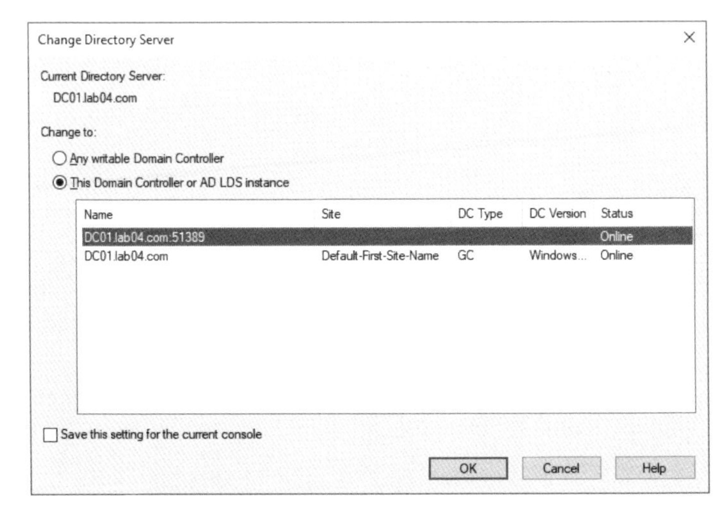

▲ 圖 7-37 變更網域控制站連接設定

本章結語

想讓 Exchange Server 的備份計劃完整無缺，原則上從 Active Directory 資料庫、網域控制站主機到 Exchange Server 主機、Exchange Server 資料庫的備份都是不可或缺的。只可惜目前官方雖然都有提供相對的工具，可以解決當前備份與還原的管理問題，但是缺乏了一個 IT 人員所需要的集中管理工具，讓管理者可以更有效率的從單一操作介面之中，來輕鬆完成帳號、信箱、資料庫甚至於裸機的復原，而不是總得回想該使用的工具或是命令參數是什麼。

無論如何期望 Microsoft 在未來新版本的發行中，能夠從這方面的管理需求去強化整體的設計，讓各項的維護任務操作更簡單與流暢，以降低 Exchange Server 管理人員的工作負擔。

Exchange Server 2019 企業文件管理秘訣

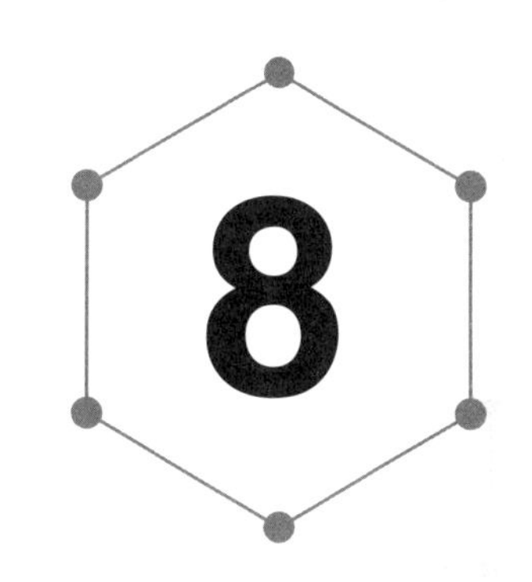

雲端技術越是向上發展，Email 信箱的使用需求便會越大。現今在企業的數位化辦公室當中，幾乎任何與用戶資訊應用有關的 IT 系統，都離不開四大重點的管理或整合，分別是 Email、IM、Document、Data。其中前三項對於廣泛的用戶而言是最重要的，因為在他們每一天與小組成員協同合作的過程之中，皆需要使用到它們。在 Microsoft 的解決方案中，光是 Exchange Server 便可以提供 Email 以及 Document 管理的服務，只是 IT 部門要如何善用相關內建功能，來妥善解決用戶們的需求，便是本章節的實戰學習重點。

8.1 簡介

當網路連接的速度越快時，用戶對於儲存空間的要求就會越大，對於各種數位檔案的品質要求也會越高。而在過不久 5G 商用網路將會遍佈全球各個主要城市，屆時將可以滿足所有物聯網設備的連接需求，其中對於行動商務工作者而言，將可以有比現行 4G 網路更快 20 倍以上的速度，來存取各種雲端大數據、大容量信箱、大檔案。

當有了流暢的高速網路來存取大容量的信箱以及大檔案時，信箱功能的需求對於用戶來說就會遠比過去來得更加重要，因為它幾乎成為了個人的行動檔案伺服器，除了可以讓用戶隨時發送、接收來自四面八方的 Email 之外，想要妥善上傳、下載以及管理各種的數位檔案，像是 Office 文件、4K 相片、4K 影音也都不是問題，不必再像過去一樣處處受到儲存空間不足或網路速度太慢的束縛。

對於企業 IT 而言想要提供用戶一個絕佳的行動檔案伺服器存取經驗，除了要有高速網路以及大容量儲存設備的基礎建設之外，更重要的是要幫用戶選對適合的軟體工具，且這項工具在伺服端的架構上，還必須能夠提供用戶永續不間斷的連接服務。在此強烈推薦採用 Microsoft Exchange Server 2019。

Exchange Server 2019 不僅是收發郵件的管理平台，長久以來它還提供了公用資料夾的服務，讓用戶可以輕易的透過 Office Outlook 或 OWA 網站，在存取個人與團隊信箱的同時，也可以安全管理從小組到部門的所有共享檔案，而不需要完全依賴傳統檔案伺服器的使用，換句話説我們可以把團隊在日常協同合作的過程當中，所有常會使用到的文件、簡報、影音、相片等等，分類集中在公用資料夾之中，讓所有用戶都可以隨時隨地在存取信箱的同時，輕易取得這一些重要的檔案資源。

接下來讓我們從學習 Exchange Server 的 Email 附件管理開始，再深入講解公用資料夾以及郵件大小的管理。

8.2 IIS 伺服器憑證準備

在初步完成 Exchange Server 2019 的基本部署之後，為了方便 OWA 的用戶端在接收到 Email 附件的同時，除了可以選擇下載附件來離線閱讀之外，也能夠選擇直接線上預覽 Office 文件內容，以提升人員協同合作的效率，這時候就必須新增部署一部 Office Online Server，來負責處理 Web 線上閱讀以及編輯的任務，如此不僅可以有效分散系統負載，避免 Exchange Server 承壓過重之外，同時還能夠在未來進一步考量部署 SharePoint Server 以及 Skype for Business Server 時與其整合。

然而想要讓 Exchange Server 2019 整合於 Office Online Server，最初的重要準備事項，除了必須安裝好一部加入現行網域的 Windows Server 2016 或 Windows Server 2019 的主機（或虛擬機器）之外，還必須預先準備好伺服器憑證，以便能夠讓 Office Online Server 在配置連接 Exchange Server 時，能夠採用更安全的 SSL 連接方式來完成部署。

關於在 Office Online Server 主機中配置伺服器憑證的方法有三種，分別是 MMC、CA 憑證伺服器網站以及 IIS 管理員工具，在此我們以使用 IIS 管理員工具為例。請在開啟 IIS 管理員工具之後，點選至伺服器節點頁面並開啟 [Server Certificates] 頁面。如圖 8-1 所示在此請點選位在 [Actions] 窗格之中的 [Create Domain Certificate] 超連結繼續。

▲ 圖 8-1 IIS 伺服器憑證管理

在如圖 8-2 所示的 [Distinguished Name Properties] 頁面中，請依序完成一般名稱、組織、組織單位、城市、區碼以及國家資訊的輸入，其中一般名稱（Common name）的輸入最為重要，因為它必須與 DNS 伺服器中所記錄的名稱相同，也就是往後要讓 Exchange Server 所連接的 Office Online Server 位址。點選 [Next]。

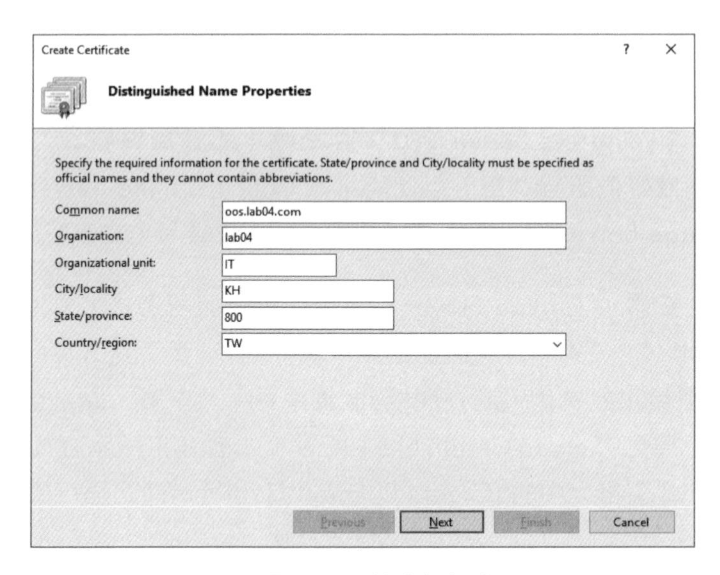

▲ 圖 8-2 憑證資訊設定

在 [Online Certification Authority] 頁面中，請先點選 [Select] 按鈕來挑選網域中的 CA 憑證伺服器，再輸入一個好記的憑證識別名稱。點選 [Finish]。如圖 8-3 所示回到 [Server Certificates] 頁面之中，便可以查看到剛剛所申請的伺服器憑證，往後您可以隨時在此頁面中對於該憑證進行檢視、匯出、更新或移除等操作。

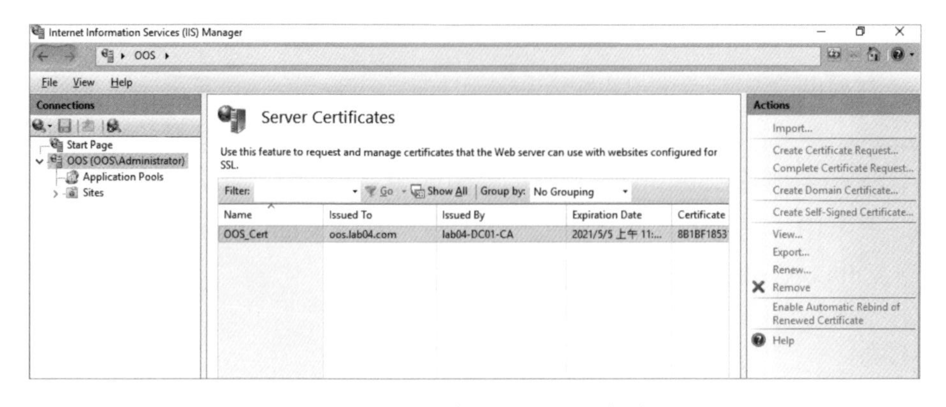

▲ 圖 8-3 完成伺服器憑證申請

8.3 安裝 Office Online Server

完成了伺服器憑證的準備之後，接下來我們要準備來安裝 Office Online Server 的程式，不過在此之前必須先完成一些 Windows Server 功能與程式的安裝。首先請開啟 PowerShell 命令介面，然後如圖 8-4 所示執行以下命令與參數，以及完成 IIS 網站等相關功能的安裝。

```
Add-WindowsFeature Web-Server,Web-Mgmt-Tools,Web-Mgmt-Console,Web-WebServer,Web-Common-Http,Web-Default-Doc,Web-Static-Content,Web-Performance,Web-Stat-Compression,Web-Dyn-Compression,Web-Security,Web-Filtering,Web-Windows-Auth,Web-App-Dev,Web-Net-Ext45,Web-Asp-Net45,Web-ISAPI-Ext,Web-ISAPI-Filter,Web-Includes,NET-Framework-Features,NET-Framework-45-Features,NET-Framework-Core,NET-Framework-45-Core,NET-HTTP-Activation,NET-Non-HTTP-Activ,NET-WCF-HTTP-Activation45,Windows-Identity-Foundation,Server-Media-Foundation
```

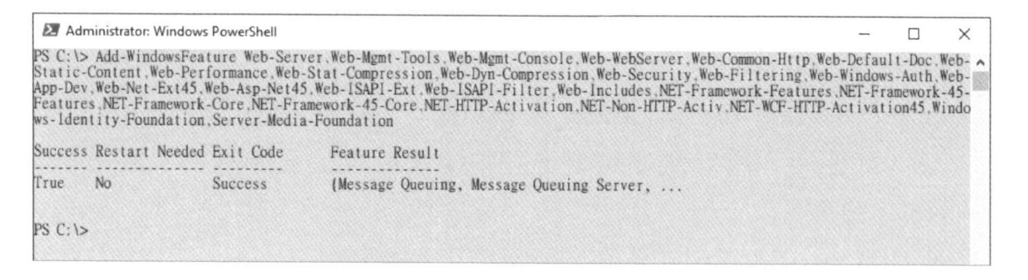

▲ 圖 8-4 Windows 功能準備

緊接著您可以到以下 Microsoft 官方網址，下載安裝 Visual C++ Redistributable Packages for Visual Studio 2013 程式，完成安裝之後再開啟 Microsoft.IdentityModel.Extention 網址下載程式並完成安裝即可。如圖 8-5 所示便是它的安裝設定頁面，請將 [I accept the terms in the License Agreement] 設定勾選，點選 [Install] 即可。

Visual C++ Redistributable Packages for Visual Studio 2013 下載網址：

➥ https://www.microsoft.com/download/details.aspx?id=40784

Microsoft.IdentityModel.Extention 下載網址：

➥ https://go.microsoft.com/fwlink/p/?LinkId=620072

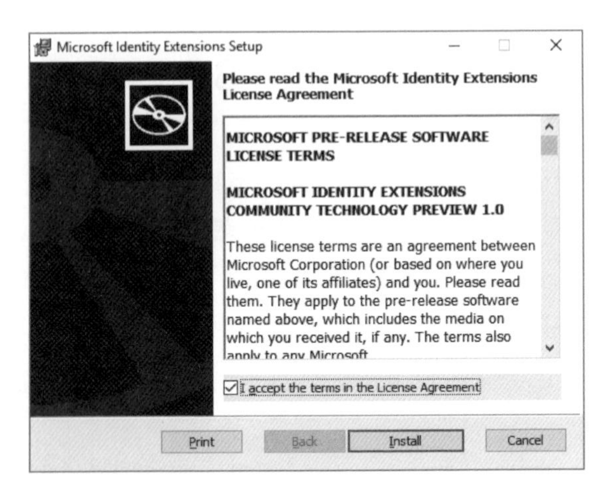

▲ 圖 8-5 安裝 Microsoft.IdentityModel.Extention

完成了上述所有相關準備之後，就可以到 Microsoft Volume License 服務中心或 MSDN 訂閱者的下載網站，來下載最新的 Office Online Server 的 ISO 映像。在此筆者所使用的映像 ISO 名稱是 en_office_online_server_last_updated_november_2017_x64_dvd_100181876.iso。如圖 8-6 所示整個安裝過程中僅需要設定安裝路徑，點選 [Install Now] 即可。

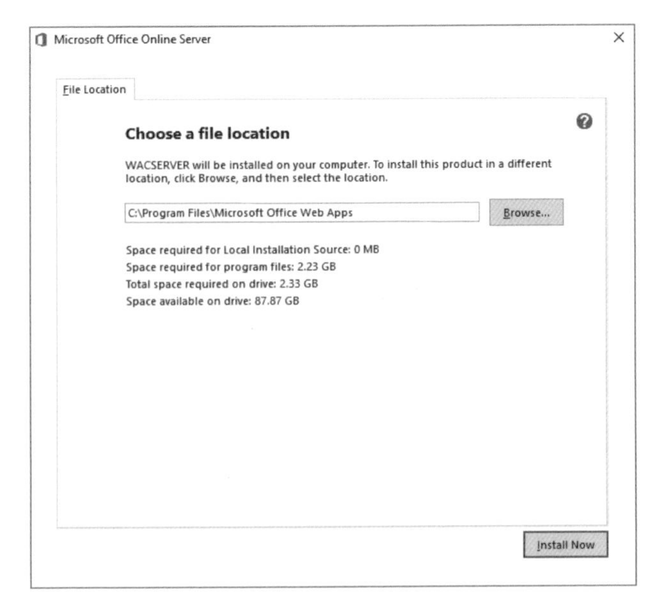

▲ 圖 8-6 安裝 Office Online Server

請注意！您無法將 Office Online Server 安裝在 Exchange Server、SharePoint Server、Active Directory 網域控制站（DC）的主機之中。建議運行在一個獨立的虛擬機器之中。

在完成了 Office Online Server 的安裝之後，建議您緊接著完成最新更新程式的下載與安裝，例如您可以到 Microsoft 官網（https://www.microsoft.com/en-us/download/details.aspx?id=57629）下載 wacserver2019-kb4011028-fullfile-x64-glb.exe 更新程式，在此網頁中可以自行選擇所要顯示的語言版本。

在完成了 Office Online Server 的主程式與最新更新程式的安裝之後，您可以在 PowerShell 命令介面中，如圖 8-7 所示執行以下命令參數來完成 Office Online Server 網站集區的建立，其中 -InternalURL 與 -ExternalURL 必須輸入 HTTPS 連線網址，至於 -CertificateName 也必須輸入伺服器憑證的易記名稱。

```
New-OfficeWebAppsFarm -InternalURL "https://oos.lab04.com" -ExternalURL
"https://oos.lab04.com" -CertificateName "OOS_Cert"
```

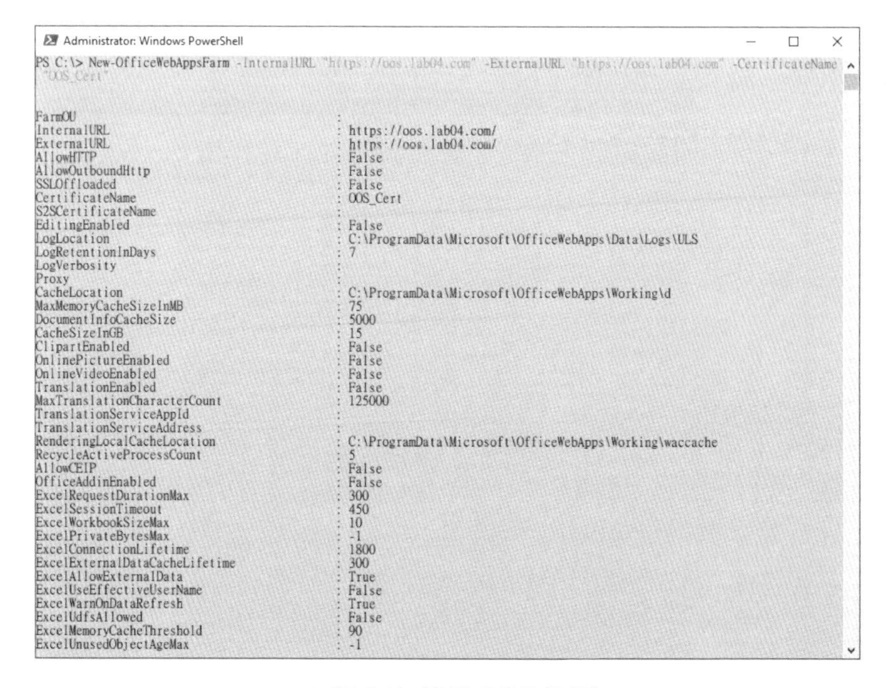

▲ 圖 8-7 新增 OOS 集區

成功建立 Office Online Server 集區之後，可以看到此伺服器網站服務相關屬性欄位的預設值。其實這裡頭有許多的設定，後續都可以根據實際環境運作的需要來進行調整，這包括了是否允許使用未加密的 HTTP 連線、是否允許編輯、是否啟用剪貼簿功能、快取檔案位置、最大快取記憶體大小值、以及各項與線上 Excel 功能等等有關的設定。

最後建議您可以開啟本機的 [服務] 管理員介面，如圖 8-8 所示來查看是否有 [Office Online] 服務正在執行中的狀態。除此之外您還可以透過網頁瀏覽器的連線，來確認此服務網站的連線與回應是否正常，以本文的範例來說只要在網址列中輸入 https://oos.lab04.com /hosting/discovery 即可，若顯示結果回應了相關的 XML 程式碼頁面，即表示網站的回應是正常的，那麼就可以開始準備完成與 Exchange Server 2019 的整合配置。

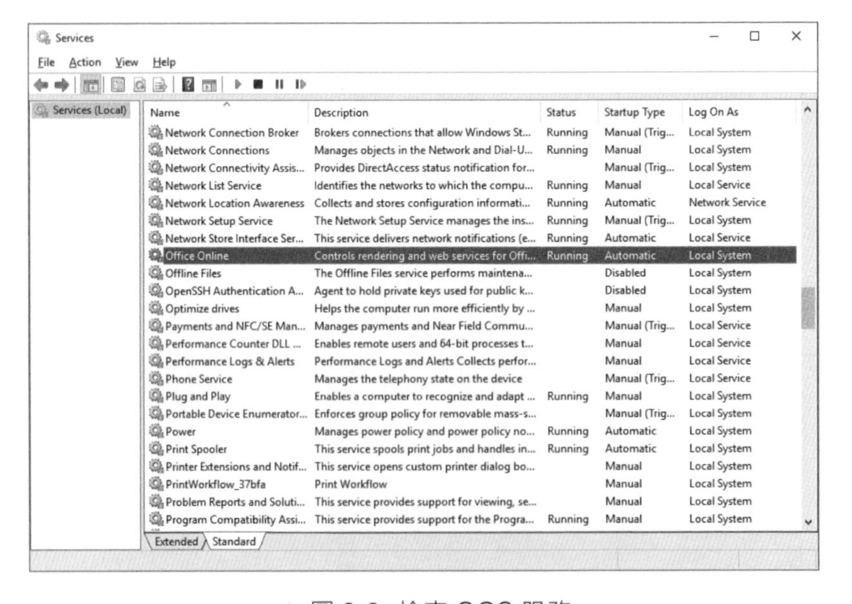

▲ 圖 8-8 檢查 OOS 服務

您可能遭遇的問題

當您透過執行 New-OfficeWebAppsFarm 相關命令參數來建立 OOS 集區時，卻出現像如圖 8-9 所示的錯誤訊息，來提示您目前並沒有安裝 Windows Server 的這項 InkandHandwritingServices 功能，這表示您所目前安裝的 Office Online Server 版本檔案名稱可能是 ct_office_online_server_may_2016_x64_dvd_8480703.iso 或更早版本，而不是本文所介紹安裝的 en_office_online_server_last_updated_november_2017_x64_dvd_100181876.iso 版本。

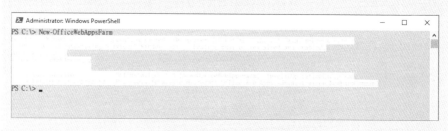

▲ 圖 8-9 新增 OOS 集區錯誤

8.4 OOS 整合 Exchange Server 配置

在 Exchange Server 2019 尚未整合連接 Office Online Server 之前，OWA 用戶對於 Email 附件檔案的檢視或編輯，僅能選擇先下載至本機電腦之中，透過 Office 應用程式來進行開啟。如今只要成功整合連接了 Office Online Server 的網站集區，就可以讓所有新舊版本格式的 Office 文件，都能夠直接在 OWA 網站的操作頁面中來進行檢視或編輯。

關於 Exchange Server 2019 整合連接 Office Online Server 的方式有二種，分別是伺服器層級與組織層級，前者適用伺服器數量較少的 Exchange Server 架構，後者則可以簡化擁有數量較多的 Exchange Server 架構，尤其是有橫跨 Site 或地理位置的大量部署環境。首先來看看對於伺服器層級的連接設定方法。如圖 8-10 所示筆者執行了以下命令，表示要讓 EX01 這台 Exchange Server 主機連接 oos.lab04.com 的 Office Online Server 主機。

```
Set-MailboxServer EX01 -WacDiscoveryEndpoint https://oos.lab04.com/hosting/
discovery
```

若想確認是否已經成功完成設定，請執行以下命令參數來查看即可。

```
Get-MailboxServer EX01 | FL -WacDiscoveryEndpoint
```

在確認完成連接設定之後，請執行 Restart-WebAppPool MsExchange OwaAppPool 命令完成網站應用程式集區的重新啟動操作，如此便可以讓 OWA 用戶立即使用 Email 附件的預覽等功能。

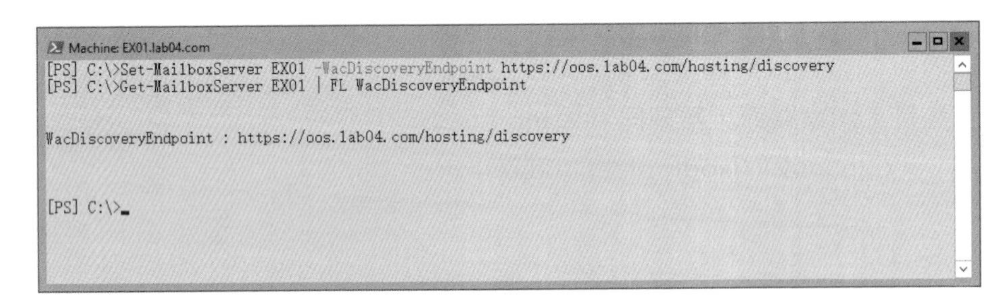

▲ 圖 8-10 設定伺服器層級連接 OOS

上述的作法是以伺服器等級的設定方式，若是想要套用在整個 Exchange 組織設定之中，可以如圖 8-11 所示改執行以下命令參數來完成。必須特別注意的是若組織中還有舊版的 Exchange Server 2013，則請勿套用組織等級的設定方式，因為舊版 Exchange Server 並不支援 Office Online Server 的整合。

```
Set-OrganizationConfig -WacDiscoveryEndpoint https://oos.lab04.com/hosting/
discovery
```

在完成了組織層級的 Office Online Server 連接設定之後，可以進一步執行 Get-OrganizationConfig | Select WAC* 命令參數來查看設定是否成功。確認成功之後同樣需要執行 Restart-WebAppPool MsExchangeOwaAppPool 命令來使其立刻生效。

```
Machine: EX01.lab04.com
[PS] C:\>Restart-WebAppPool MsExchangeOwaAppPool
[PS] C:\>Set-OrganizationConfig -WacDiscoveryEndpoint https://oos.lab04.com/hosting/discovery
[PS] C:\>Get-OrganizationConfig | Select WAC*

WACDiscoveryEndpoint
--------------------
https://oos.lab04.com/hosting/discovery

[PS] C:\>Restart-WebAppPool MsExchangeOwaAppPool
[PS] C:\>_
```

▲ 圖 8-11 設定組織層級連接 OOS

請注意！若您原本採用的是伺服器層級的連接設定，而現在將要修改組織層級的連接設定，可以執行 Set-MailboxServer EX01 -WACDiscoveryEndpoint $null 命令，來清空原本在 EX01 伺服器等級中的設定值。以此類推來完成其他 Exchange Server 的現行設定。

想要確認 Exchange Server 是否有成功連接 Office Online Server 的網站集區，可以在 Exchange Server 的事件檢視器中，來查看是否有在應用程式事件中產生識別碼為 140 或 142 的事件。關於這項操作若是想要在 EMS 命令介面中來查詢，只要如圖 8-12 所示執行以下命令參數即可，其中 140 便是事件的識別碼。

```
Get-WinEvent -LogName Application | ? {$_.Id -eq "140"}
```

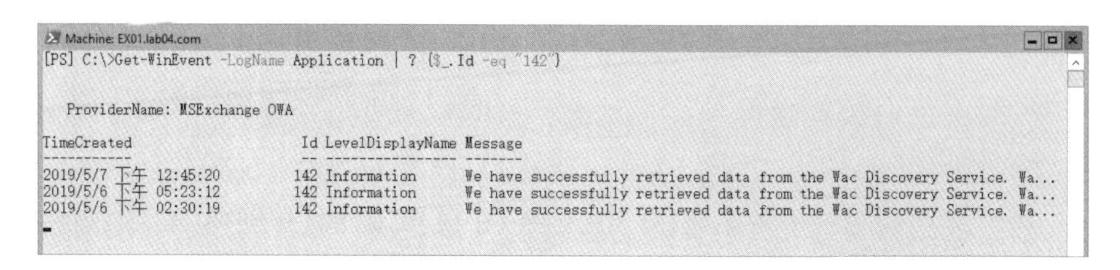
Machine: EX01.lab04.com
[PS] C:\>Get-WinEvent -LogName Application | ? {$_.Id -eq "142"}
ProviderName: MSExchange OWA
TimeCreated Id LevelDisplayName Message
2019/5/7 下午 12:45:20 142 Information We have successfully retrieved data from the Wac Discovery Service. Wa...
2019/5/6 下午 05:23:12 142 Information We have successfully retrieved data from the Wac Discovery Service. Wa...
2019/5/6 下午 02:30:19 142 Information We have successfully retrieved data from the Wac Discovery Service. Wa...

▲ 圖 8-12 檢查 OOS 與 Exchange 的連線是否正常

8.5 測試 Office Online Server 功能

在 Exchange Server 伺服器上我們僅能夠測試它 Office Online Server 的連線是否正常，而無法確認文件在 Office Online Server 上能不能夠被正常開啟與閱讀。在此提供可以透過網頁瀏覽器的直接連線方式，來完成這項測試需求，也就是確認在沒有透過 Exchange Server 2019 的連接之下，是否能夠正常開啟 Office 文件。

想要使用這項測試功能，首先必須先在 Office Online Server 的 PowerShell 命令介面之中，執行 Get-OfficeWebAppsFarm | FL OpenFromUrlEnabled 命令，來確認 OpenFromUrlEnabled 的欄位值是否已被設定成 True，如果發現目前的設定值是 False，請如圖 8-13 所示執行 Set-OfficeWebAppsFarm -OpenFromUrlEnabled:$true 命令來完成修改即可。

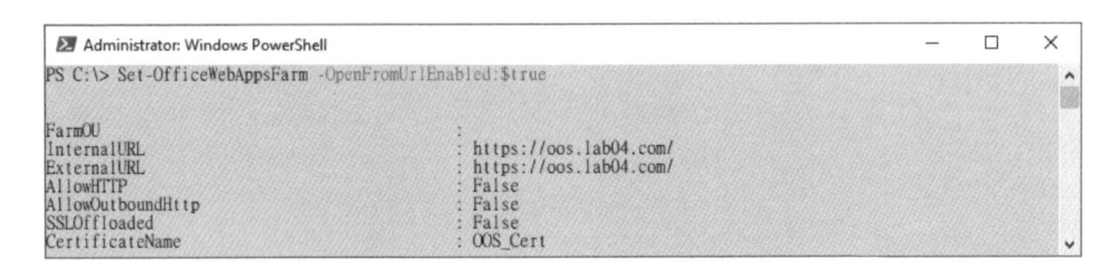

▲ 圖 8-13 設定允許從網址開啟文件

接下來便可以在網路內任何電腦的網頁瀏覽器上，輸入 Office Online Server 的網址（例如：https://oos.lab04.com/op/generate.aspx），然後在如圖 8-14 所示頁面的第一個欄位之中，以 URL 或 UNC 表示方式來輸入文件檔案的位址（例如：\\oos.lab04.com\share\Hyper-V 之 PowerShell 高效率管理術 .docx）並點選 [Create Link] 按鈕。此時便會產生開啟此文件的網址與內嵌資訊，在下方的兩個欄位之中。

針對所產生的網址部分，您可以點選 [This this link] 超連結來進行開啟測試，來檢視儲存在企業網頁伺服器（URL）或檔案共用資料夾（UNC）中的 Word、Excel、PowerPoint 三種類型檔案。

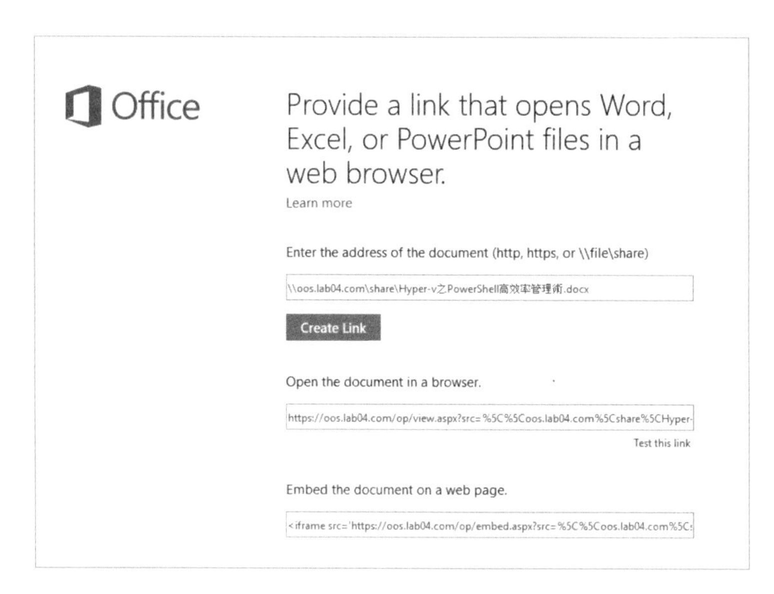

▲ 圖 8-14 URL 直接開啟測試

請注意！線上檢視器程式並不能夠對於開啟的 Office 文件進行編輯，也不能開啟任何需要驗證身份的文件檔案，包括了已經由 ADRMS 服務加密過的文件。

如圖 8-15 所示便是透過 Office Online Server 的 URL 直接連線方式，所成功開啟的 Office Word 文件內容。在操作上針對不同的 Office 文件內容檢視，Word 文件中的格式與版面配置會被保留，而 Excel 活頁簿中的資料則可一樣提供篩選和排序功能，至於在 PowerPoint 簡報中也可以播放所設定的動畫。

當準備要開啟檢視的文件檔案大小，大於 Office Online Server 所支援的大小時，將會出現 " 檔案太大 " 的錯誤訊息。目前 Word 與 PowerPoint 文件沒有大小限制，但下載過程所花費的時間限制是 60 秒。至於 Excel 文件則有 5MB 大小的限制。

▲ 圖 8-15 成功開啟 Word Online 文件

如圖 8-16 所示則是透過 Exchange Server 2019 的 OWA 信箱之中，所開啟的 PDF 文件內容。實際上這項操作您可以在任何的郵件或公用資料夾中的 Office 文件，來自由選擇下載或是預覽，其中 PDF 文件僅能進行預覽，而 Office 原生的 Word、Excel 以及 PowerPoint 文件，則可以進一步選擇進入線上編輯模式。

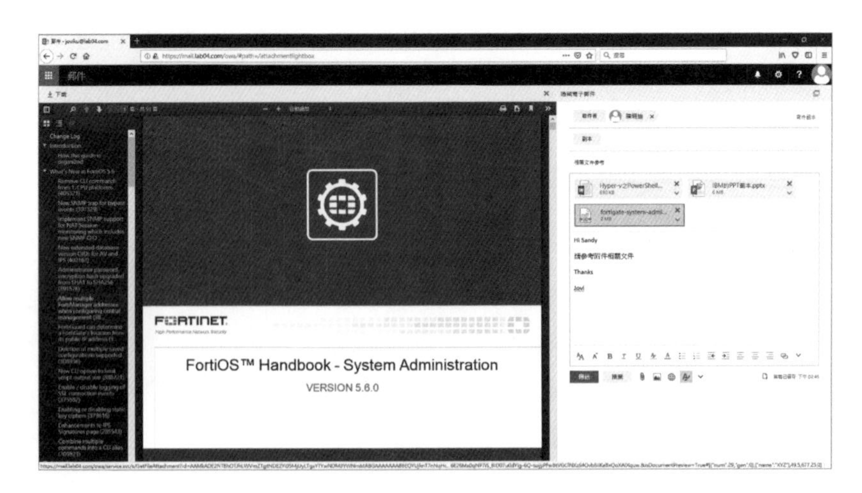

▲ 圖 8-16 預覽 Email 附件內容

請注意！如果 Email 目前是被 S/MIME 所加密則將無法進行 Office 文件的預覽。

8.6 建立公用資料夾專屬資料庫

在 Exchange Server 2013 版本以前的信箱與公用資料夾，是採用了各自的資料庫格式來進行存放，而打從 Exchange Server 2013 版本開始則統一使用了信箱的資料庫，來作為公用資料夾的存放區，這種方式大幅度改善了用戶存取公用資料夾時的效能。接下來就讓我們一同來學習如何為公用資料夾，建立一個專屬的信箱資料庫。

首先請在 [Exchange 系統管理中心] 網站上，點選至 [伺服器]\[資料庫] 頁面中，然後點選新增圖示來開啟如圖 8-17 所示的 [新增資料庫] 頁面。在此您可以自訂新的公用資料庫名稱、所在伺服器以及資料庫與記錄檔的存放路徑，在此我會建議您將這兩個路徑設定，都選定在高效能的 SSD 儲存區之中，而且最好是採用 ReFS（Resilient File System）檔案系統的磁碟分割區之中。接著請將 [裝載這個資料庫] 設定勾選之後點選 [儲存] 繼續。

▲ 圖 8-17 新增資料庫

完成公用資料夾專屬的信箱資料庫建立之後，請重新啟動 [Microsoft Exchange Information Store] 服務使其立即生效。而重啟此服務的方式，除了可以透過 [服務] 管理介面來進行操作之外，您可以透過在 Exchange 主機的 EMS 命令介面之中，執行 Restart-Service -Name MSExchangeIS 或 Restart-Service -DisplayName "Microsoft Exchange Information Store" 命令方式來重啟此服務。

如果想透過 EMS 命令介面來建立信箱資料庫，則可以參考以下命令範例，在此範例中除了新增一個名為 PFDB01 的信箱資料庫之外，緊接著也可查詢此資料庫目前的狀態資訊。

```
New-MailboxDatabase -Name "PFDB01"
Get-MailboxDatabase -Identity PFDB01 -Status | FT
```

如圖 8-18 所示回到 [資料庫] 頁面中，便可以看到剛剛所建立的 PFDB01 信箱資料庫，您可以隨時在此進一步點選 [檢視詳細資料] 超連結，或是透過上方功能圖示進行新增其他信箱資料庫，當然也可以編輯現行的任一資料庫屬性，或是刪除已經不再使用的信箱資料庫。

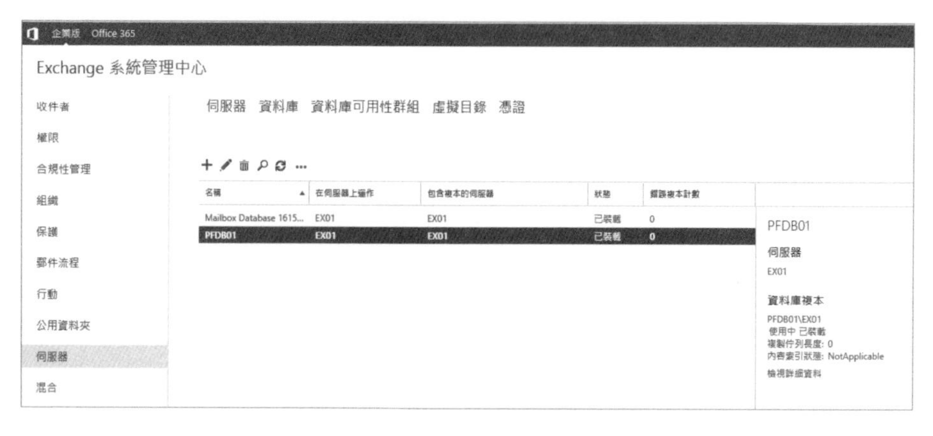

▲ 圖 8-18 完成資料庫新增

如圖 8-19 所示便是信箱資料庫的 [限制] 頁面設定，在此建議您妥善配置有關資料庫整體大小的限制，除了有助於避免有限的硬碟空間被無限制使用的風險之外，還能夠確保不會因資料庫檔案過大的問題，導致系統存取時的 I/O 效能降低問題。至於保留已刪除郵件以及保留已刪除信箱的天數設定，仍須根據後續公用資料夾中所要存放的文件重要程度來自行調整。

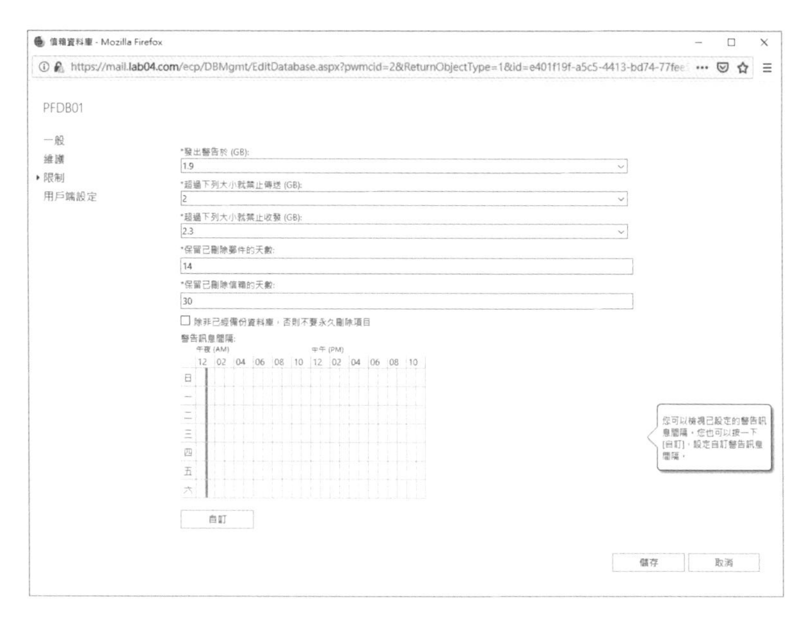

▲ 圖 8-19 資料庫屬性

8.7 建立公用資料夾信箱

完成了信箱資料庫的建立之後，接下來就可以開始新增公用資料夾信箱到這個資料庫之中，然後再開始陸續新增所需要的各種用途資料夾。公用資料夾信箱的建立是可以多個的，不過主要階層的信箱只會有一個，而它也是唯一可以寫入的信箱，其餘所建立的信箱都是屬於次要階層信箱且是唯讀副本狀態，其用途主要便是在負載平衡。

至於要如何新增公用資料夾信箱呢？很簡單！請在 [公用資料夾]\[公用資料夾信箱] 頁面中，點選新增的小圖示來開啟如圖 8-20 所示的 [新增公用資料夾信箱] 頁面。在此必須依序輸入新公用資料夾的名稱、選擇組織單位、選擇信箱資料庫。點選 [儲存]。如果想透過 EMS 命令介面來新增公用資料夾信箱，則可以參考以下命令參數。在此如果沒有設定組織單位以及信箱資料庫，則將會自動採用預設值，也就是沒有組織單位並選定預設的信箱資料庫。

```
New-Mailbox -PublicFolder -Name "公用資料夾信箱01"
```

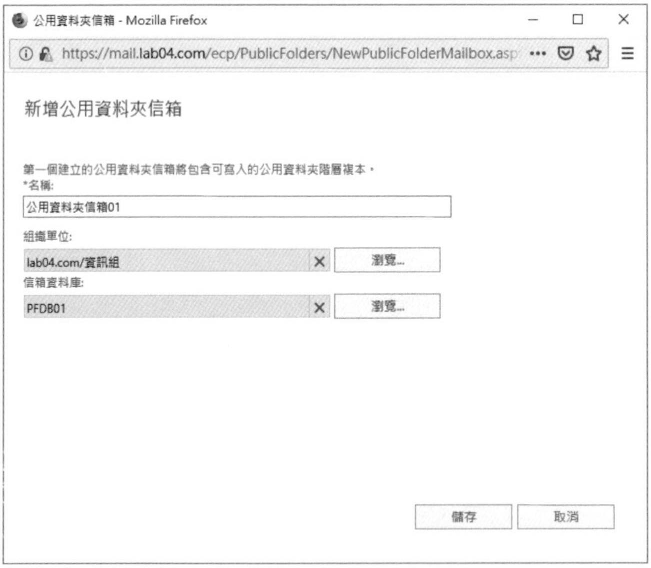

▲ 圖 8-20 新增公用資料夾信箱

在完成了公用資料夾信箱的建立之後，便可以如圖 8-21 所示點選至 [公用資料夾] 的頁面中來新增、刪除以及編輯公用資料夾，而在新增的過程中僅需要設定名稱即可。如果想要查看目前公用資料夾信箱的相關資訊，可以參考執行以下命令參數。其中比較特別的是 IsRootPublicFolderMailbox 參數，目的在於顯示是否為主要階層的公用資料夾信箱。

```
Get-Mailbox -PublicFolder | Format-Table -Auto Name,ServerName,Database,Is
RootPublicFolderMailbox
```

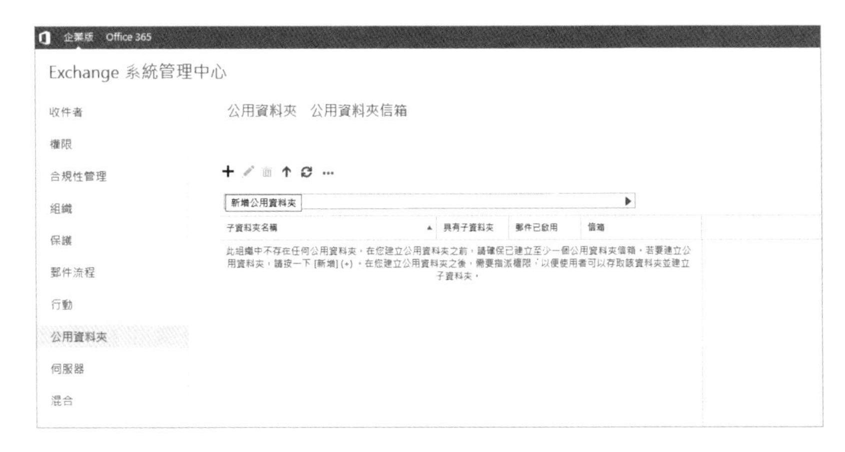

▲ 圖 8-21 管理公用資料夾

在前面有關於信箱資料庫的管理中，我們曾經說明到您可以為該資料庫設定警告配額、限制配額以及張貼文件的大小限制，而在如圖 8-22 所示公用資料夾信箱的屬性中，則同樣可以進行相同的配置。因此您可以在此決定是否要採用信箱資料庫的配額設定，或是自訂各項配額的大小設定。然而需要另外設定公用資料夾信箱配額的情境，通常是發生在當人員信箱與公用資料夾信箱，位在相同的信箱資料庫時才可能需要使用到。

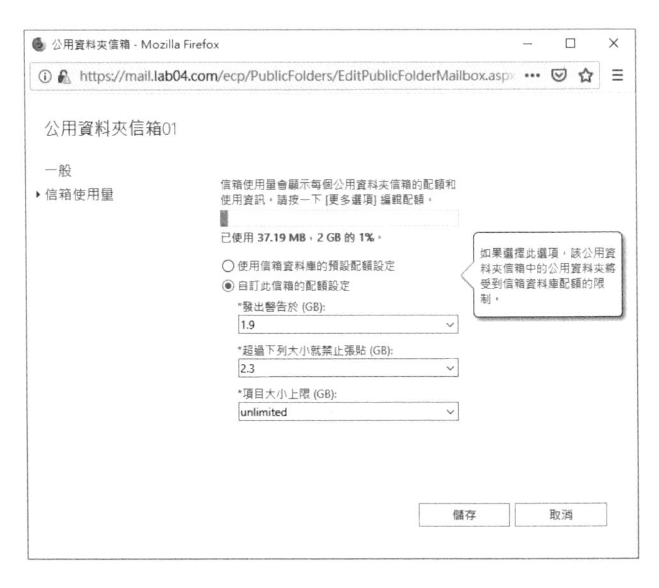

▲ 圖 8-22 公用資料夾信箱屬性

8.8 設定公用資料夾屬性

明白了信箱資料庫以及公用資料夾信箱的相依關係以及屬性之後，接下來需要學習的就是有關於公用資料夾屬性的管理。IT 人員將可以針對不同用途需求的公用資料夾，來調整各自的屬性配置。

如圖 8-23 所示此為筆者目前已建立的相關公用資料夾範例，我們可以在選取任一資料夾之後，點選右下方的 [管理] 超連結，來修改資料夾的用戶權限配置之外，可以透過點選上方圖示中的編輯功能，來開啟此資料夾的屬性頁面。

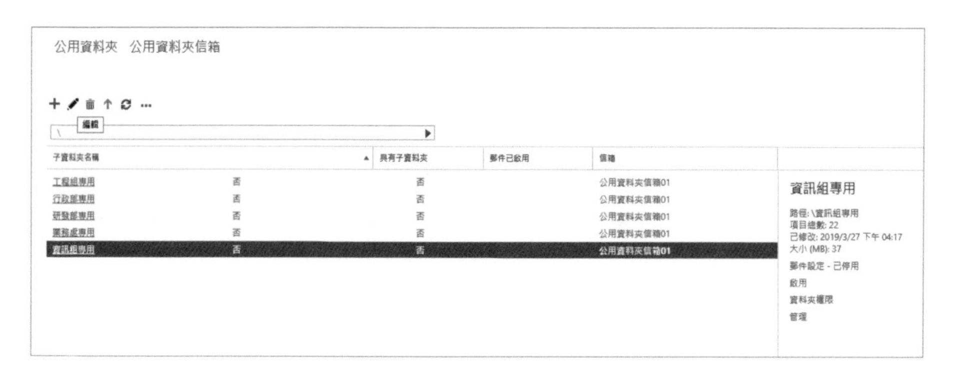

▲ 圖 8-23 管理公用資料夾

在如圖 8-24 所示的 [一般] 頁面中，可以讓您修改資料夾名稱以及得知資料夾的路徑、項目總數、大小、所屬的公用資料夾信箱以及已修改的日期與時間。針對一些存取較為頻繁的公用資料夾，筆者建議您可以將 [為此公用資料夾維護每個使用者的已讀和未讀取的資訊] 設定勾選，如此一來才能夠讓每一位使用者，看見自己對於每一個文件或 Email 的讀取狀態。

公用資料夾 - Mozilla Firefox
https://mail.lab04.com/ecp/PublicFolders/EditPublicFolders.aspx?pwmcid
資訊組專用
一般
統計資料
限制
*名稱:
資訊組專用
路徑:
\資訊組專用
項目總數:
22
大小 (MB):
37
公用資料夾信箱:
公用資料夾信箱01
已修改:
2019/3/27 下午 04:17
為此公用資料夾維護每個使用者的已讀取和未讀取的資訊
當勾選時，會追蹤每個使用者的郵件已讀取和未讀取資訊，沒有勾選此設定時，所有使用者都會看到相同的已讀取和未讀取資訊。
儲存 取消

▲ 圖 8-24 公用資料夾一般資訊

在 [統計資料] 頁面中，則可以分別檢視到刪除的郵件、刪除項目的大小總和、擁有者以及連絡人計數等統計數據。在如圖 8-25 所示的 [限制] 頁面中，可以決定是否要採用上層公用資料夾信箱層級的相關 [儲存配額] 限制，而在 [刪除項目保留] 以及 [保留天數] 部分，也同樣可以決定是否要採用上層公用資料夾信箱的設定或修改設定。

公用資料夾 - Mozilla Firefox
https://mail.lab04.com/ecp/PublicFolders/EditPublicFolders.aspx?pwmcid
資訊組專用
一般
統計資料
限制
儲存配額:
使用組織配額預設值
公用資料夾的配額限制不可超過到公用資料夾信箱的配額限制。
*超過下列大小就發出警告 (MB)
unlimited
*超過下列大小就禁止張貼 (MB)
unlimited
*項目大小上限: (MB)
unlimited
刪除項目保留:
使用組織保留預設值
*保留刪除項目的期限 (天)
5
保留天數:
使用組織的保留天數預設值
*資料夾內容的保留天數
5
儲存 取消
https://mail.lab04.com/ecp/PublicFolders/EditPublicF...001A7B815255117D44A6478EE5310A3C8200000000000140000#

▲ 圖 8-25 公用資料夾限制設定

8.9 用戶端管理公用資料夾

針對 Exchange Server 2019 公用資料夾的管理，管理員不僅可以透過 [Exchange 系統管理中心] 網站以及 EMS（Exchange Management Shell）命令介面來完成，還可以直接在 Outlook 的操作介面中來進行，只可惜目前尚未提供在 OWA 的用戶操作介面中來進行如同 Outlook 的配置。

以 Outlook 2016 與 Outlook 2019 為例無論是一般用戶還是管理員，在預設的狀態下都是無法檢視到公用資料夾，必須像如圖 8-26 所示一樣在導覽窗格下方的選項中，點選至 [資料夾] 檢視模式。執行後將會發現顯示了 [公用資料夾] 的樹狀選項，展開後將可以看到 [我的最愛] 以及 [所有公用資料夾] 選項。

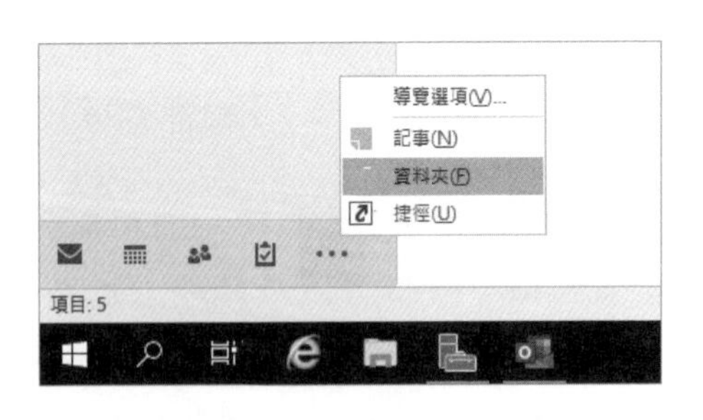

▲ 圖 8-26 切換資料夾檢視模式

想要新增第一層的資料夾，只要在 [所有公用資料夾] 的節點上按下滑鼠右鍵點選 [新增資料夾]，即可開啟如圖 8-27 所示的 [建立新資料夾] 頁面。在此除了需要輸入新資料夾名稱之外，還可以設定資料夾包含的訊息類型，分別有郵件與通知項目、工作項目、日誌項目、行事曆項目、記事項目以及連絡人項目，其中 [郵件與通知項目] 為系統預設選項。點選 [確定]。

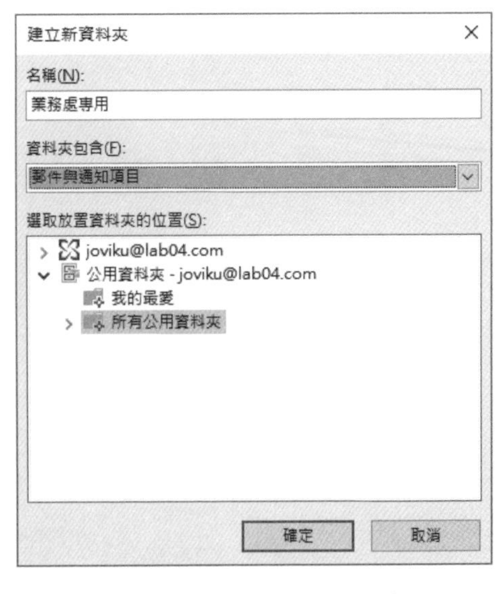

▲ 圖 8-27 建立新資料夾

如果在新增第一層資料夾的操作過程中，出現了您沒有權限建立子資料夾的相關錯誤訊息，則表示目前並沒有被授予根目錄的相關存取權限。解決的方法可以請 Exchange 管理員透過 [Exchange 系統管理中心] 網站，或是直接在 Outlook 介面中來配置權限。如圖 8-28 所示便是當一般用戶開啟 [所有公用資料夾] 的內容頁面時，可以進一步在 [摘要] 頁面之中檢視到目前所擁有的權限，不過是以反白呈現而沒有權限修改。

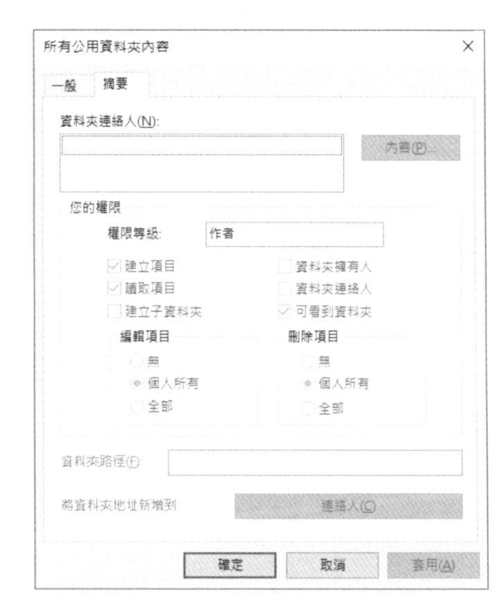

▲ 圖 8-28 檢視根資料夾權限

在此筆者以選擇透過 [Exchange 系統管理中心] 來完成上述設定。如圖 8-29 所示在 [公用資料夾] 的頁面中，請點選設定小圖示便可以看到 [根權限] 的選項，開啟後來看看能夠配置的權限設定有哪一些。

▲ 圖 8-29 公用資料夾管理

在如圖 8-30 所示的 [公用資料夾權限] 的頁面中，請先點選 [瀏覽] 按鈕來選取準備要授予權限的帳號。接著您可以直接授予選定的權限等級，或是自行勾選所要賦予的權限，這包括了建立項目、讀取項目、建立子資料夾、編輯個人所有、編輯全部、資料夾擁有人、資料夾連絡人、顯示資料夾、刪除個人所有以及全部刪除。其中如果您只想允許此帳戶能夠建立各階層的資料夾，僅需要勾選 [建立子資料夾] 選項，如此一來即便資料夾建立完成，此帳號也無法在任何資料夾之中新增文件。點選 [儲存]。

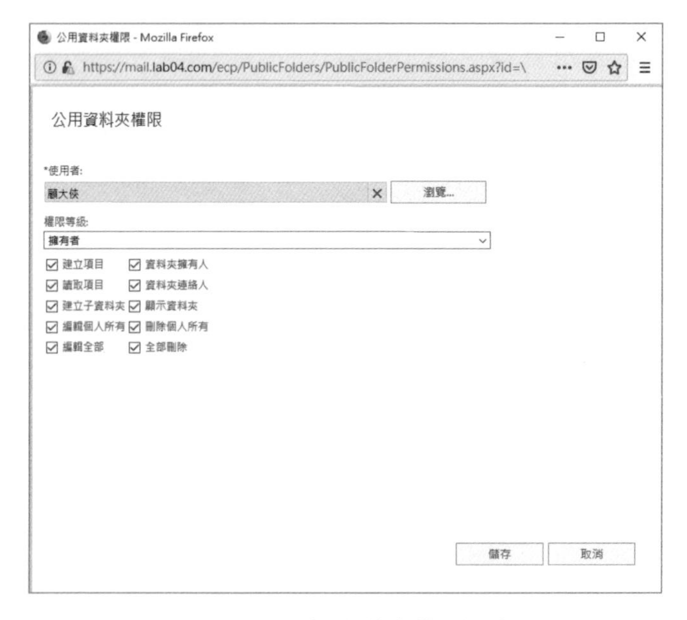

▲ 圖 8-30 根資料夾權限設定

完成了公用資料夾根權限的配置之後，您可以決定是否要讓所有現行的子資料夾來繼承此權限設定。如圖 8-31 所示便可以在 Outlook 介面之中，看到筆者所建立的公用資料夾範例。在此筆者建議的資料夾分類方式，是在第一層採部門單位來劃分，接著再根據用途來規劃第二層以後的資料夾，例如您可能會在業務部的資料夾下，繼續建立客戶連絡人、廠商連絡人、行事曆以及記事等等的資料夾。

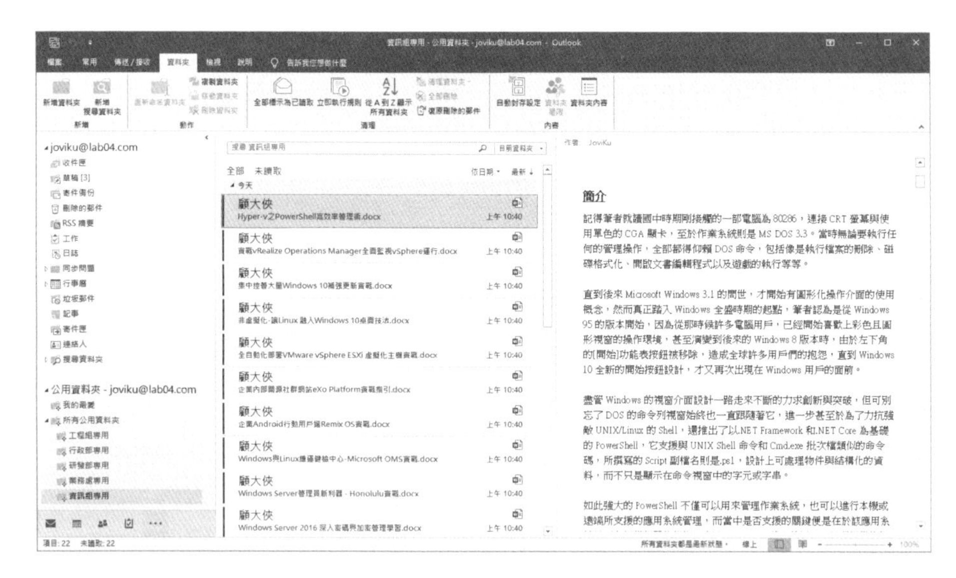

▲ 圖 8-31 Outlook 公用資料夾與文件

用戶可以直接將 Windows 中任何想要上傳的文件，直接透過滑鼠的批次選取方式，一氣呵成拖曳至所要存放的公用資料夾之中。

透過 OWA 的用戶端網站雖然無法直接管理公用資料夾的階層與權限，但是對於一般用戶而言卻可以把自己常用的多個公用資料夾，像如圖 8-32 所示一樣在 [我的最愛] 節點上，按下滑鼠右鍵並點選 [新增公用資料夾至我的最愛] 功能，來快速一一完成新增的操作，讓往後對於公用資料夾的存取更加容易，不必得完全依賴 Outlook 的使用。

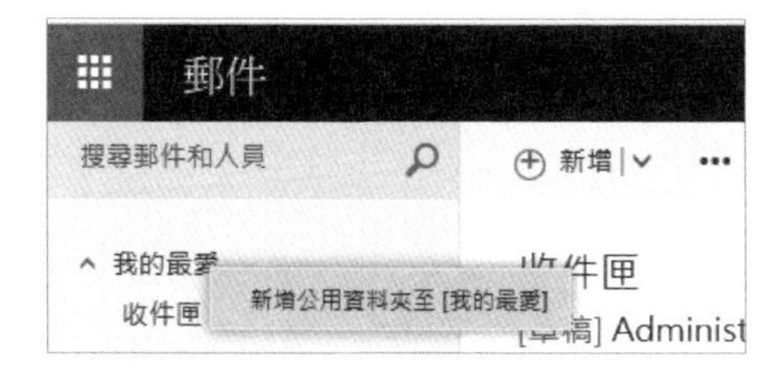

▲ 圖 8-32 OWA 我的最愛設定

如圖 8-33 所示便是筆者所新增兩個公用資料夾至 [我的最愛] 的範例，用戶除了可以檢視以及下載附件之外，若有整合 Office Online Server 則同樣可以直接在線上進行文件內容的預覽。

▲ 圖 8-33 OWA 存取公用資料夾

8.10 限制郵件大小

5G 網路世代的來臨讓每一位 Exchange 的行動商務工作者，都可以把信箱作為行動文件伺服器來使用，尤其是在搭配內建公用資料夾的使用下更是無往不利。然而若想要讓每一位用戶都能夠使用的相當流暢，除了要給予用戶們大容量的信箱空間以及高速的連線網路之外，還得注意郵件大小的限制是否控制得當，否則可能就會發生像如圖 8-34 所示一樣的附件上傳受限問題。

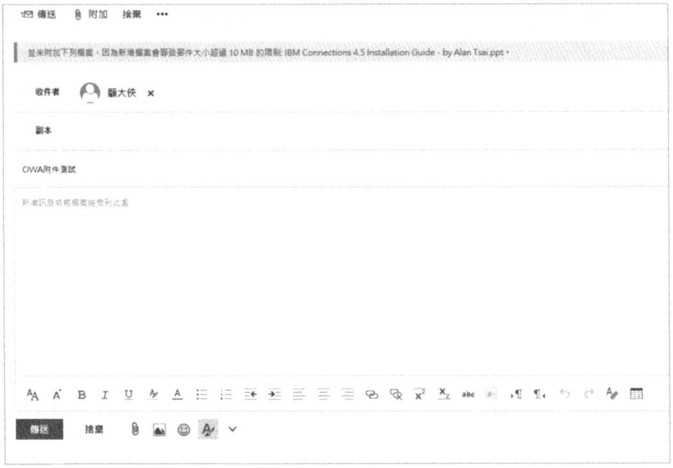

▲ 圖 8-34 郵件大小警示

關於 Exchange Server 2019 對於郵件大小限制的管理方式，可是有層層的控制設定，基本上這些包括了傳輸配置、接受連接器、傳送連接器以及個人信箱的設定。想要知道每一層關卡現行的大小限制，可以在 EMS 命令介面中如圖 8-35 所示依序完成以下命令與參數的執行，其中在個人信箱部分，筆者以檢查 Administrator 的信箱設定為例。

```
Get-Transportconfig | FT Maxsendsize, Maxreceivesize
Get-Receiveconnector | FT Name, Maxmessagesize
Get-Sendconnector | FT Name, Maxmessagesize
Get-Mailbox Administrator |FT Name, Maxsendsize, Maxreceivesize
```

```
Machine: EX01.lab04.com
[PS] C:\>Get-Transportconfig | FT Maxsendsize, Maxreceivesize

MaxSendSize              MaxReceiveSize
-----------              --------------
10 MB (10,485,760 bytes) 10 MB (10,485,760 bytes)

[PS] C:\>Get-Receiveconnector | FT Name, Maxmessagesize

Name                         MaxMessageSize
----                         --------------
Default EX01                 36 MB (37,748,736 bytes)
Client Proxy EX01            36 MB (37,748,736 bytes)
Default Frontend EX01        36 MB (37,748,736 bytes)
Outbound Proxy Frontend EX01 36 MB (37,748,736 bytes)
Client Frontend EX01         36 MB (37,748,736 bytes)
Default EX02                 36 MB (37,748,736 bytes)
Client Proxy EX02            36 MB (37,748,736 bytes)
Default Frontend EX02        36 MB (37,748,736 bytes)
Outbound Proxy Frontend EX02 36 MB (37,748,736 bytes)
Client Frontend EX02         36 MB (37,748,736 bytes)

[PS] C:\>Get-Sendconnector | FT Name, Maxmessagesize

Name     MaxMessageSize
----     --------------
Internet 35 MB (36,700,160 bytes)

[PS] C:\>Get-Mailbox Administrator |FT Name, Maxsendsize, Maxreceivesize

Name          MaxSendSize MaxReceiveSize
----          ----------- --------------
Administrator Unlimited   Unlimited
```

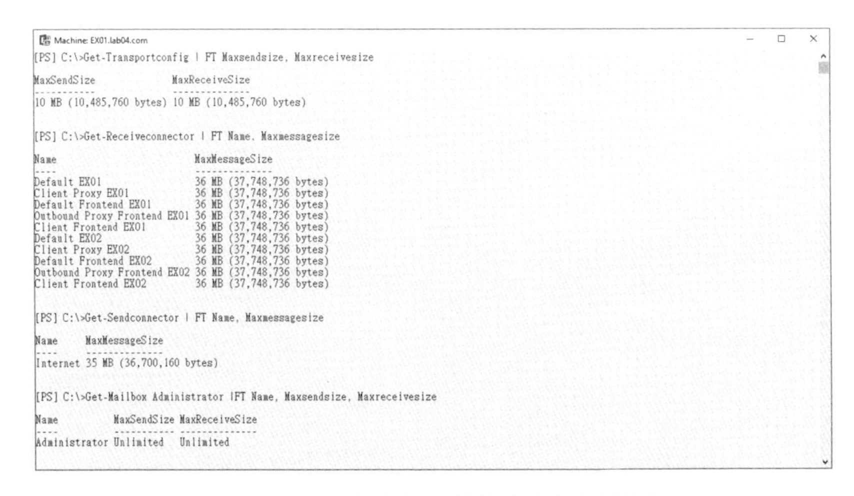

▲ 圖 8-35 查詢各項郵件大小限制配置

上述的每一項郵件大小限制都是可以修改的，以傳輸配置為例若想將傳送與接收的大小皆修改為 35MB 並立即查看設定結果，可以如圖 8-36 所示執行下列命令與參數即可。

```
Set-TransportConfig -MaxSendSize 35MB -MaxReceiveSize 35MB
Get-Transportconfig | FT Maxsendsize, Maxreceivesize
```

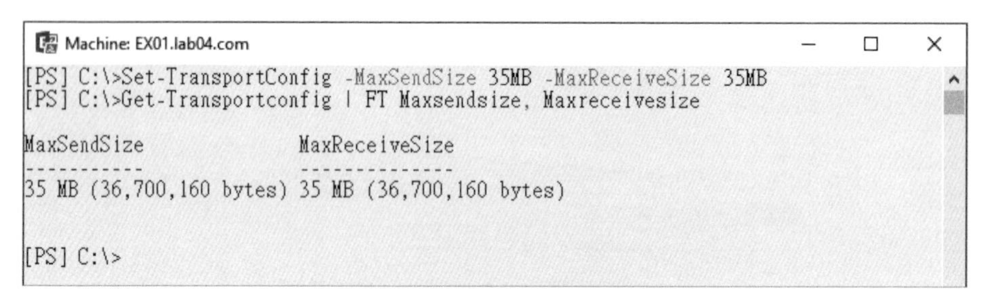

▲ 圖 8-36 設定傳輸配置郵件大小限制

針對選定信箱的郵件大小限制的設定，同樣可以透過命令或 Exchange 系統管理中心來完成，在此筆者以後者的操作方法來作說明。請在 [收件者] 的頁面中針對選定的信箱開啟編輯頁面。接著在 [信箱功能] 頁面中點選位在 [郵件大小限制] 區中的 [檢視詳細資料] 超連結，來開啟如圖 8-37 所示的 [郵件大小限制] 頁面，便可以設定傳送以及接收時的郵件大小限制。

▲ 圖 8-37 修改選定信箱郵件大小配置

關於 Exchange 郵件大小的限制，除了上述各項的配置是必要的修改之外，對於 OWA 的用戶而言則還會受到網站程式本身的限制，為此管理員可以開啟預設的設定檔案 web.config 來進行修改，預設路徑是 C:\Program Files\Microsoft\Exchange Server\V15\ClientAccess\Owa。開啟後只要像如圖 8-38 所示找到 maxRequestLength 關鍵字並修改其設定值即可，預設的大小限制為 35000。

```
web - Notepad
File  Edit  Format  View  Help
        <profiles>
          <add extension=".manifest" policy="DisableCache" kernelCachePolicy="DontCache" />
          <add extension=".crx" policy="DisableCache" kernelCachePolicy="DontCache" />
        </profiles>
      </caching>
    </system.webServer>
    <system.web>
      <!-- OM:1818779 Disable file change notification for OWA -->
      <httpRuntime maxUrlLength="500" maxRequestLength="35000" requestValidationMode="2.0" enableVersionHeader="false" fc
      <authentication mode="Windows" />
      <sessionState mode="Off" />
      <globalization requestEncoding="utf-8" responseEncoding="utf-8" />
      <customErrors defaultRedirect="auth/errorFE.aspx" mode="On">
        <error statusCode="500" redirect="auth/errorFE.aspx?httpCode=500" />
        <error statusCode="503" redirect="auth/errorFE.aspx?httpCode=503" />
        <error statusCode="404" redirect="auth/errorFE.aspx?httpCode=404" />
      </customErrors>
      <trace enabled="false" requestLimit="10" pageOutput="false" traceMode="SortByTime" localOnly="true" />
      <pages enableSessionState="false" enableViewState="false" enableViewStateMac="true" autoEventWireup="false" smartNa
      <compilation defaultLanguage="c#" debug="false">
        <assemblies>
          <!-- Any assembly not in the GAC or the owa\bin folder that is referenced from an aspx page needs to be
Windows (CRLF)    Ln 94, Col 55    100%
```

▲ 圖 8-38 修改 OWA 的 Web.config

本章結語

Microsoft 在文件管理的解決方案是主推整合 SharePoint Server，因此這對於長期單純使用 Exchange Server 的企業用戶而言，可以明顯感受到它在公用資料夾的發展進程上，雖然仍有一些在伺服端相關功能的改善設計，但在用戶端需求的功能部分似乎早已停滯不前，其中像是對於行動 App 的支援、WorkFlow 的支援、ISO 文件管理的支援、文件內容變更的自動通知、影音管理的整合等等，目前皆只能夠在 SharePoint Server 平台上才能得以實現。

為此筆者建議官方應當持續發展 Exchange 公用資料夾功能的設計，除了上述所列的常見功能之外，還可以加入像是小組共享雲端文件夾，以及整合於個人信箱中的雲端私有空間，以利於更多行動商務人士的實務應用需要。

Exchange Server 2019 資訊安全管理技法

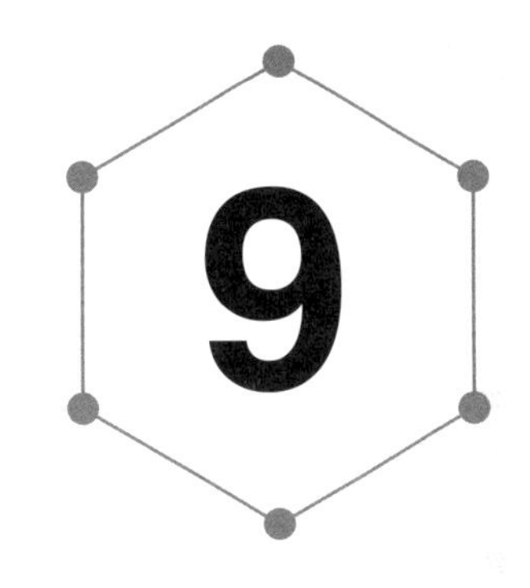

想想看 Mail Server 管理人員最擔心哪些事情？答案不外乎是垃圾郵件、中毒、入侵。因為想要徹底防禦不是一件容易的事，除了系統本身要有完善的安全防護機制，以及近乎牢不可破的架構設計之外，更重要的還得做好所有人員的基礎資訊安全教育，如此才能有效阻絕惡意人士從技術面或社交面進行攻擊的可能性。Exchange Server 2019 可協助企業 IT 部門，鞏固好技術面的安全基礎，讓 IT 人員可以有更多時間專注做好內部人員的教育訓練。如何辦到？就讓筆者引領大家一起閱讀章節的實戰講解。

9.1 簡介

現今資訊科技產業已是物聯網、大數據以及 AI 發展為首的年代，想想看這對於發展郵件平台相關解決方案的廠商而言有何關聯呢？是否有機會善用這一些新技術來徹底強化郵件平台的功能，甚至於翻轉傳統大家對於它的刻板印象呢？

所謂大數據以及 AI 的科技應用，其目的就是希望能夠更精準的發現問題、解決問題、預防問題。因此當將它們發揮在郵件平台的發展時也是一樣的，不外乎就是用以強化訊息流的安全以及提升訊息協同合作的效率。

首先在安全方面舉例來說，對外這將使得帶有惡意程式碼或詐欺的 Email，難有通過訊息篩選器而進入到用戶信箱的機會，對內則將使得可能帶有組織敏感資訊的 Email 發送至 Internet。在協同合作方面，從郵件的收發、連絡人、會議、資源預約的管理，其實也都可以在結合 AI 技術的應用上，讓管理上更加有智慧與靈活。

Exchange Server 一直以來都是郵件平台領域的領導者，且早在雲端大數據還尚未在市場上被炒熱以前，Microsoft 便已經開始懂得善用這項技術，來幫組織透過智慧篩選服務（Filtering Agent）把關所有進入到內網中的每一封 Email，讓每一位用戶的信箱接受到惡意訊息的可能性降到最低。如今最新版本的 Exchange Server 2019 不只繼續善用雲端大數據來篩選垃圾郵件，更是在結合內建 Malware Agent 的使用下，幫助組織直接篩選掉任何夾帶有惡意附件的 Email。

關於事前的防護需要，Exchange 除了有第一線的對外安全防禦措施之外，也提供了敏感資訊的外流保護功能，這包括了郵件發送的審核機制、資料外洩防護（DLP）以及可整合 ADRMS 服務的加密保護等等。而對於事後的稽核與採證則有提供了郵件探索、保留等合規性管理（Compliance）的功能。這一些都是後續筆者所要陸續和讀者們一同探討的重點。

透過本文的實戰講解首先讓我們一同來學習一下，如何透過 Exchange 內網信箱伺服器與 DMZ 邊際伺服器的整合部署，打造出一個既簡易又能有效防護垃圾郵件、病毒以及各種惡意訊息危害的安全網。最後筆者也將特別介紹如何善用新安全功能，來補強管理人員連線伺服器的漏洞疑慮。

9.2 Edge Transport 硬體需求

Exchange Server 2019 支援了與舊版 Exchange Server，在相同 Active Directory 的架構中共存運行，這些版本包括了 Exchange Server 2013 累計更新 21（CU21）以及 Exchange Server 2016 累計更新 11（CU11）或更新版本，並且也相容於其中現行的 Edge Transport Server 部署。

關於部署 Edge Transport Server 所採用的作業系統，必須是 Windows Server 2019 Standard 或 Datacenter 版本，並且可選擇安裝在 Server Core 或完整的桌面環境之中，而它所需要的硬體需求可參考表 9-1。

請注意！ Edge Transport Server 不支援安裝與執行在 Nano 伺服器的運作模式下。

▼ 表 9-1 Edge Transport Server 硬體需求

元件	需求	附註
CPU	支援 Intel 64 與 AMD64 架構的處理器	不支援 Intel Itanium IA64 處理器
RAM	建議至少 64B 記憶體	Exchange 2019 支援最多 256GB 記憶體
分頁檔案大小	建議設定成已安裝記憶體大小的 25%，並將分頁檔案最小值和最大值設定成同樣大小。	無
磁碟空間	系統磁碟機至少剩下 200 MB 的可用空間。對於 Exchange 程式安裝的目標磁碟，請提供 30GB 以上的可用空間，對於包含訊息佇列資料庫的磁碟機則至少 500 MB 以上的可用空間。	無

元件	需求	附註
螢幕解析度	建議至少設定成 1024 x 768 以上像素	無
檔案系統	NTFS：建議將系統磁碟以及 Exchange 的二進位檔案、診斷記錄檔案、郵件佇列資料庫所需要使用到的磁碟分割區，採用此類型的檔案系統。 ReFS：適合用以存放 Exchange 信箱資料庫以及交易記錄檔案。	無

在網路和目錄伺服器需求部分可以參考表 9-2 說明。

▼ 表 9-2 網路和目錄伺服器需求

元件	需求
網域控制站（DC）	作業系統必須是 Windows Server 2012 R2 以上版本。
Active Directory 樹系	樹系功能層級必須至少是 Windows Server 2012 R2。
Active Directory 站台	站台中必須包含至少一個可寫入的網域控制站（DC），且同時也是全域類別伺服器（GC）。
DNS 命名空間	支援了連續、不連續、單一標籤網域以及斷續四種 DNS 命名空間。
IPv6	只有在現行網路支援 IPv4 與 IPv6，並且在 Exchange Server 的網路設定也已經啟用了 IPv4，才能支援 IPv6 的使用。

9.3 Edge Transport 系統需求

除了主機硬體與網路的需求之外，在系統需求面部分首先必須設定兩項與 DNS 有關的配置。第一是如圖 9-1 所示的主機 DNS 尾碼，由於此主機無須加入至內網的 Active Directory 之中，因此這個尾碼必須與內網的 Active Directory 尾碼相同。第二則是內網的 DNS 記錄中請新增一筆對應的 A 記錄，如此一來內網的信箱伺服器，才能夠以 DNS 完整名稱方式來連接 Edge Transport 主機。

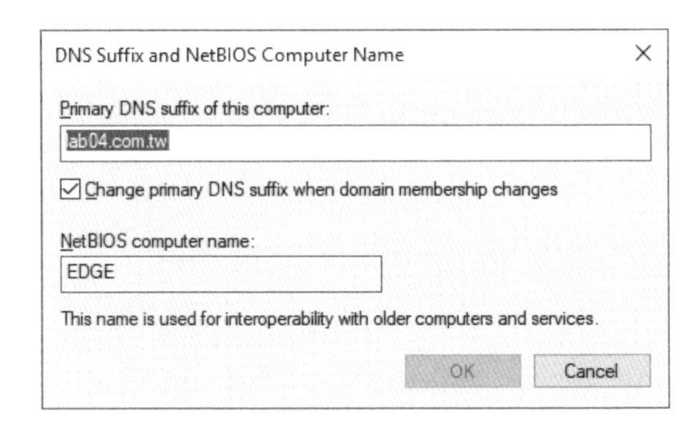

▲ 圖 9-1 主機 DNS 尾碼設定

等到後續確認內網的信箱伺服器能夠與位在 DMZ 的 Edge Transport 主機連接與同步資料之後，還得再新增一筆 MX 記錄來指向 Edge Transport 主機的 A 記錄，如此一來才能夠讓所有來自 Internet 的 Email，都能夠先通過 Edge Transport 的安全篩選。

接著請開啟 Windows PowerShell 介面，執行如圖 9-2 所示的 Install-WindowsFeature ADLDS 命令，來完成 Active Directory 輕量型目錄服務的安裝。此功能的安裝也可以從 [伺服器管理員] 介面來完成。

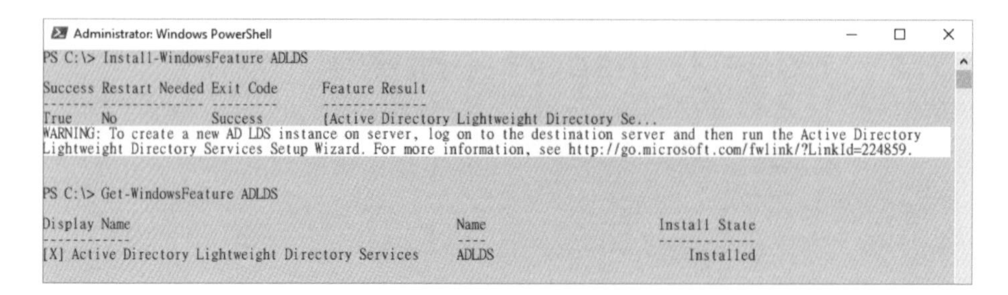
```
PS C:\> Install-WindowsFeature ADLDS

Success Restart Needed Exit Code      Feature Result
------- -------------- ---------      --------------
True    No             Success        {Active Directory Lightweight Directory Se...
WARNING: To create a new AD LDS instance on server, log on to the destination server and then run the Active Directory
Lightweight Directory Services Setup Wizard. For more information, see http://go.microsoft.com/fwlink/?LinkId=224859.

PS C:\> Get-WindowsFeature ADLDS

Display Name                                            Name                Install State
------------                                            ----                -------------
[X] Active Directory Lightweight Directory Services     ADLDS                   Installed
```

▲ 圖 9-2 安裝 ADLDS 功能

最後您還需要到以下官方網址下載並安裝 Visual C++ 相關套件。

Visual C++ Redistributable for Visual Studio 2012 Update 4 下載：

➥ https://www.microsoft.com/download/details.aspx?id=30679

9.4 本機防火牆配置

關於 Edge Transport 伺服器的部署，由於一般是將它安裝在 DMZ 網路之中，並不需要直接連線內部網路中的 Active Directory，因此在伺服器上的郵件收發配置以及收件者資訊，都會儲存在本機的 AD LDS 服務資料庫之中。

而 Edge Transport 伺服器與內部 Exchange 信箱伺服器的同步機制，便需要透過 Edge 訂閱功能（Edge Subscription），來從 Active Directory 複寫同步至 AD LDS，它們之間的連線方式則是使用了 Secure LDAP 的 50636/TCP 埠口。除此之外，由於它在後續正式運作之後，將作為收發 Internet 郵件的主機，因此還必須在邊際防火牆以及本機防火牆的配置中，加入 SMTP 埠口（TCP 25）的開啟才行。

接下來就讓我們一同來學一下，如何正確配置 Edge Transport 伺服器的本機防火牆設定。首先請從開始功能選單中開啟 [設定] 頁面中，再點選 [Update & Security] 按鈕來開啟如圖 9-3 所示的 [Windows Security]

頁面。在此將可以看見有關 Windows 安全的主要管理功能都集中於此。請點選 [Firewall & network protection] 繼續。

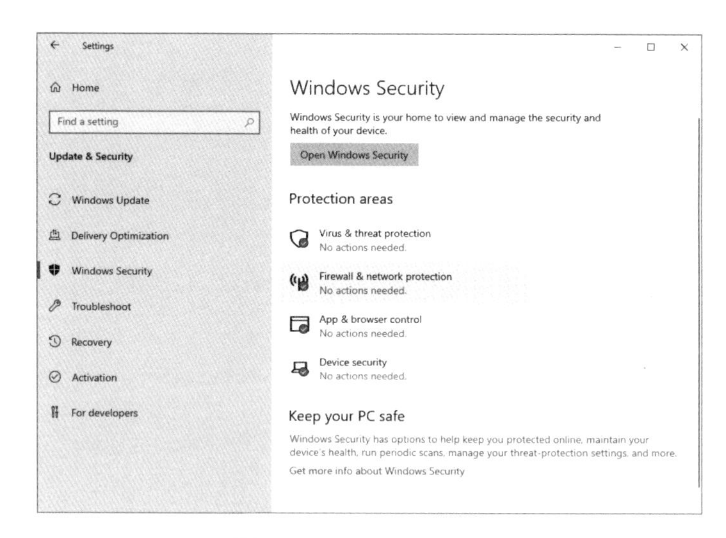

▲ 圖 9-3 Windows 安全管理

在 [Firewall & network protection] 頁面中請點選位在下方的 [Advanced settings] 超連結，來開啟如圖 9-4 所示的 [Windows Defender Firewall with Advanced Security] 管理介面。接著請在 [Inbound Rules] 節點頁面中，點選位在 [Action] 窗格之中的 [New Rule] 功能。

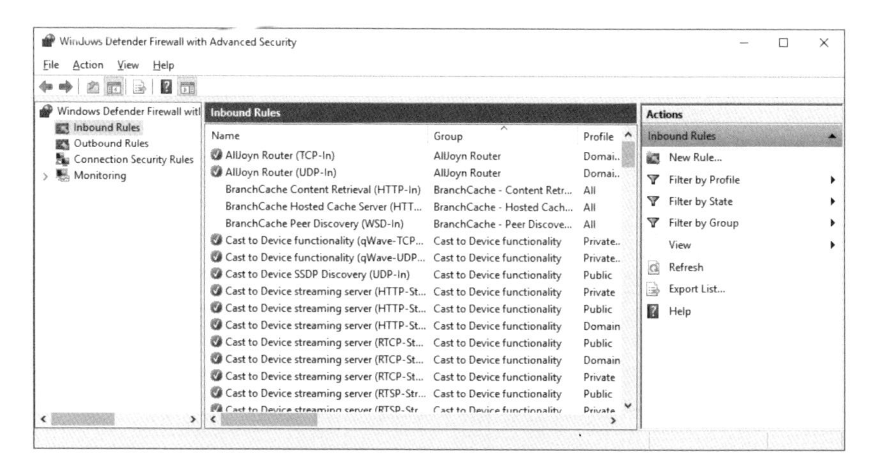

▲ 圖 9-4 防火牆進階管理

在接下來所開啟的 [Rule Type] 頁面中請選取 [Port] 並點選 [Next]。在如圖 9-5 所示的 [Protocol and Ports] 頁面中，請先選取 [TCP] 再選取 [Specific local ports] 並輸入 25。點選 [Next]。

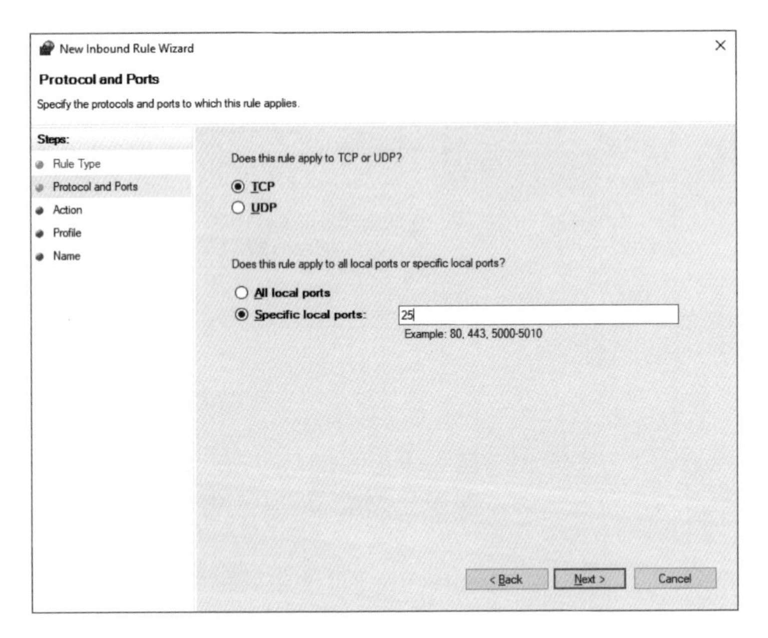

▲ 圖 9-5 協定與埠口設定

在 [Action] 頁面中請選取 [Allow the connection] 設定。點選 [Next]。在 [Profile] 頁面中，可以勾選要套用此規則的網路設定，建議您可以三者都勾選。最後在 [Name] 的頁面中，請輸入一個規則識別名稱。點選 [Finish]。

還記得前面筆者有提到 Edge Transport 的同步機制，將會使用到 Secure LDAP 的 50636/TCP 埠口，因此您還必須繼續完成第二筆的 [Inbound Rules] 設定，並且可以在完成新增之後，進一步開啟屬性頁面來修改如圖 9-6 所示的 [Scope] 設定，讓唯一選定的內網 Exchange Server，能夠通過此埠口來與此 Edge Transport 伺服器進行連線。點選 [OK]。

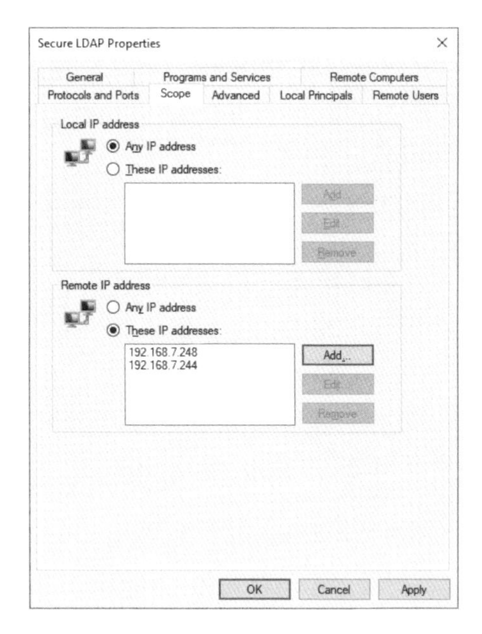

▲ 圖 9-6 允許 IP 範圍設定

9.5 開始安裝 Edge Transport

完成了所有準備工作之後，就可以開始來進行 Edge Transport 伺服器的安裝。如同之前的版本一樣，Exchange Server 2019 的 Edge Transport 伺服器安裝方式，可以選擇從執行圖形介面的 Setup.exe 程式，並透過勾選 [邊際傳輸角色] 選項來進行安裝，或是在 EMS 介面中如圖 9-7 所示執行以下命令參數的方式來進行安裝。必須注意的是此角色無法與信箱伺服器角色安裝在同一個作業系統之中。

```
.\Setup /mode:install /roles:ET /IAcceptExchangeServerLicenseTerms
```

請注意！若沒有預先設定好主機的 DNS 尾碼，則在執行 Edge Transport 安裝程式時將會出現錯誤。

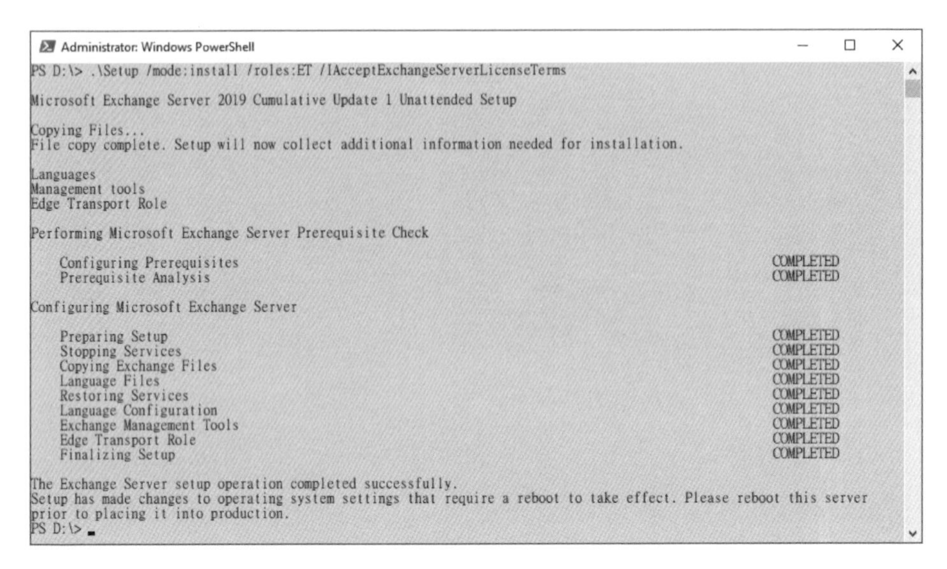

▲ 圖 9-7 安裝 Edge Transport 完成

9.6 測試 Edge Transport

完成了 Edge Transport 的安裝之後，接下來可以如圖 9-8 所示透過執行以下命令參數，來產生 Edge 訂閱檔案，其中存放的路徑可以任意選定現行已存在的資料夾位置。

```
New-EdgeSubscription -FileName "C:\Data\EdgeSubscriptionInfo.xml"
```

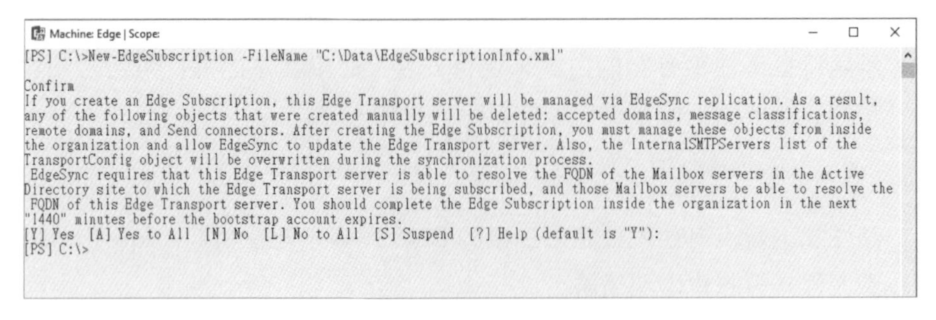

▲ 圖 9-8 建立 Edge 訂閱檔案

緊接著您必須將上一步驟中所產生的 Edge 訂閱檔案，複製到內網 Exchange 信箱伺服器的磁碟中，再開啟 EMS 介面來如圖 9-9 所示執行以下命令參數，以完成匯入的操作。

```
New-EdgeSubscription -FileData ([byte[]]$(Get-Content -Path "C:\Data\
EdgeSubscriptionInfo.xml" -Encoding Byte -ReadCount 0)) -Site "Default-
First-Site-Name"
```

```
Machine: EX01.lab04.com
[PS] C:\>New-EdgeSubscription -FileData ([byte[]]$(Get-Content -Path "C:\Data\EdgeSubscriptionInfo.xml" -Encoding Byte -ReadCount
0)) -Site "Default-First-Site-Name"

Name            Site                 Domain
----            ----                 ------
Edge            lab04.com/Configu... lab04.com.tw
WARNING: EdgeSync requires that the Mailbox servers in Active Directory site Default-First-Site-Name be able to resolve the IP
address for Edge.lab04.com.tw and be able to connect to that host on port 50636.

[PS] C:\>_
```

▲ 圖 9-9 匯入 Edge 訂閱檔案

在成功匯入 Edge 訂閱檔案於內網的 Exchange 信箱伺服器之後，可以立即執行 Test-EdgeSynchronization -FullCompareMode 命令，來測試一下同步的測試是否成功。如圖 9-10 所示如果在 FailureDetail 欄位中出現了 "The LDAP server is unavailable" 錯誤訊息，即表是防火牆的設定可能有問題，或是兩台主機之間的網路連線有問題，必須在此故障排除之後才能夠繼續接下來的操作。

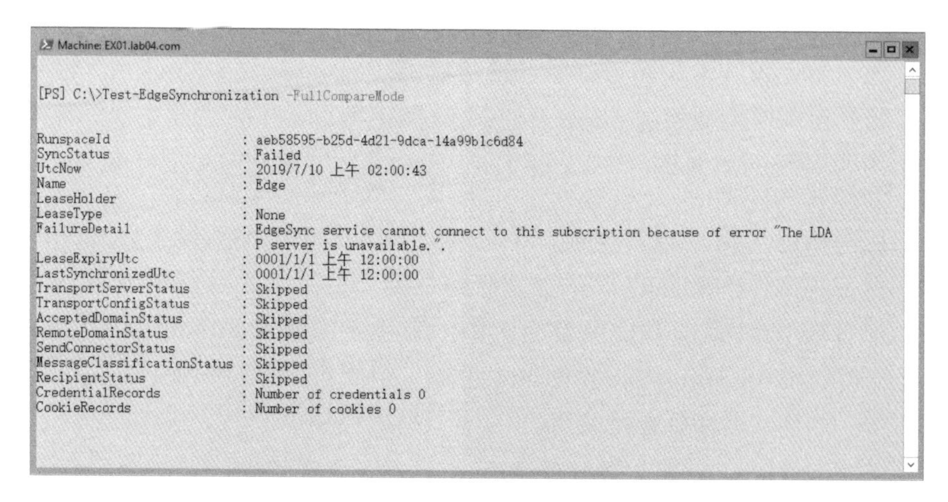

▲ 圖 9-10 測試與 Edge 的連線同步

成功完成 Edge 訂閱檔的匯入以及連線同步測試之後，您便可以在 [Exchange 系統管理中心] 網站上，點選至 [郵件流程]\[傳送連接器] 頁面中，查看到系統所自動建立的兩則連接器設定，分別是輸出與輸入的連接設定，這時候您可能需要停用或修改原有的傳送連接器設定，以便讓對外郵件的傳遞與接收，都能夠經由 Edge Transport 服務來完成。

關於 EdgeSync 服務對於不同資料類型的同步排程，分別是配置資料（Configuration data）為 3 分鐘一次，收件者資料（Recipient data）與拓樸資料則皆為 5 分鐘一次，若想要異動上述預設配置，可以透過 Set-EdgeSyncServiceConfig 命令來修改，而若是隨時想要手動立即啟動同步任務，則可以執行 Start-EdgeSynchronization 命令即可。

最後建議您測試一下對於 Internet 的 Email 發送，觀察是否能夠從內網路的信箱伺服器成功轉送到 Edge Transport 伺服器，而觀察的工具就是透過 Get-Queue 命令或是位在 [Exchange Toolbox]\[Queues Viewer] 的圖形操作介面。

9.7 郵件黑白名單配置

針對在伺服端垃圾郵件管理的部分，基本上可區分成三個階段來進行篩選，首先第一階段是最外層的連線篩選（Connection filtering）功能，因此目前僅能使用在 Edge Transport 伺服器之中，它主要先進行寄件者的 IP 位址的黑名單（IP Block List）與白名單（IP Allow List）識別。

這部份除了可以讓管理員以手動輸入的方式，來輸入所要允許與拒絕特定的寄件伺服器的 IP 位址或範圍之外，也可以採用在 IP 允許清單提供者或 IP 封鎖清單提供者設定中，來指定所要參照 Internet 上的 RBL（Real-time Spam Black Lists）主機（例如：zen.spamhaus.org，不過有一些是需要額外支付費用的。

如圖 9-11 所示便是筆者透過 Add-IPBlockListProvider 命令參數，來成功新增黑名單參照主機的範例，並緊接著嘗試執行 Set-IPBlockListProvider 命令參數來修改其設定，其中 zen.spamhaus.org 便是參照主機的網域，而 RejectionResponse 參數則是設定當收到由黑名單主機所發送的 Email，將在退信的同時自動附加在此所描述的回應文字。必須注意回應的文字輸入必須是 ASCII 碼，否則將會出現範例中的錯誤訊息。

```
Add-IPBlockListProvider -Name Spamhaus -LookupDomain zen.spamhaus.org
-AnyMatch $true -Enabled $true -RejectionResponse "IP address is listed by
Spamhaus (https://www.spamhaus.org/lookup/)"
```

```
Select Machine: Edge | Scope:
[PS] C:\>Add-IPBlockListProvider -Name Spamhaus -LookupDomain zen.spamhaus.org -AnyMatch $true -Enabled $true -Rejection
Response "IP address is listed by Spamhaus (https://www.spamhaus.org/lookup/)"

Name     LookupDomain     Priority
----     ------------     --------
Spamhaus zen.spamhaus.org 1


[PS] C:\>Set-IPBlockListProvider Spamhaus -RejectionResponse "您組織的郵件主機已被Spamhaus列為黑名單"
Set-IPBlockListProvider : Cannot bind parameter 'RejectionResponse'. Cannot convert value "您組織的郵件主機已被Spamhaus
列為黑名單" to type "Microsoft.Exchange.Data.AsciiString". Error: "String argument cannot contain non-ASCII characters.
"
At line:1 char:53
+ ... ockListProvider Spamhaus -RejectionResponse "您組織的郵件主機已被Spamhaus列為黑名單"
+
    + CategoryInfo          : InvalidArgument: (:) [Set-IPBlockListProvider], ParameterBindingException
    + FullyQualifiedErrorId : CannotConvertArgumentNoMessage,Microsoft.Exchange.Management.SystemConfigurationTasks.Se
   tIPBlockListProvider

[PS] C:\>
```

▲ 圖 9-11 新增與設定黑名單參照主機

您也可以選擇用 Add-IPAllowListProvider 命令與相關參數，來設定 IP 白名單提供者。

在黑名單參照主機設定好的幾天後，建議您可以到 C:\Program Files\Microsoft\Exchange Server\V15\scripts 路徑下執行 .\Get-AntispamTopRBLProviders.ps1 來查看是否有相關運行的記錄檔案

此外關於提供者參照設定，企業組織也可以將這個黑名單資料庫建置在組織中的 DNS 伺服器記錄裡，如此一來便可以讓整個企業的分公司與各分點進行黑白名單的參考，必須注意的是一旦寄件伺服器的 IP 位址

被定義為白名單時，那麼從這裡所寄送過來的郵件將直接被視為合法郵件，因此將會直接越過第二層與第三層的篩選器檢查。

如果想要搜索黑名單資料庫所輸入的 IP 位址是否在選定的黑名單資料庫之中，可以參考如圖 9-12 所示所執行的命令參數。

```
Test-IPBlockListProvider "Spamhaus" -IPAddress 118.161.57.25
```

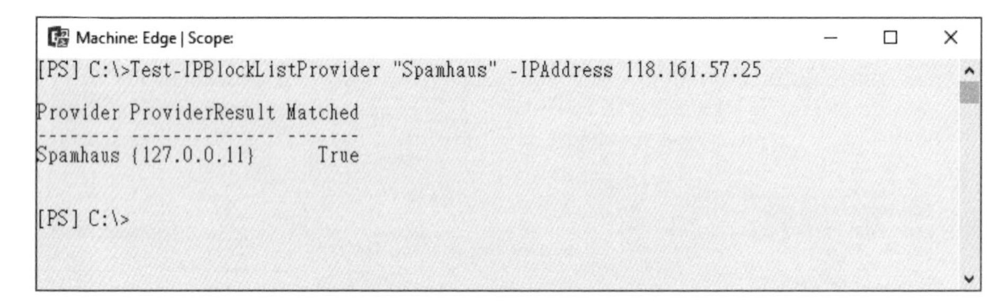

▲ 圖 9-12 搜索黑名單資料庫

如果想要自行手動新增 IP 黑名單位址，可以如圖 9-13 所示參考以下命令參數的用法，值得注意的是您還可以設定有效日期，如此一來一旦到期之後該 IP 位址便會自動被解禁。

```
Add-IPBlockListEntry -IPRange 10.10.10.1 -ExpirationTime "2019/10/10 23:59"
```

```
Machine: Edge | Scope:
[PS] C:\>Add-IPBlockListEntry -IPRange 10.10.10.1 -ExpirationTime "2019/10/10 23:59"

Identity IPRange     ExpirationTime          HasExpired IsMachineGenerated
-------- -------     --------------          ---------- ------------------
1        10.10.10.1  2019/10/10 下午 11:59:00 False      False

[PS] C:\>Get-IPBlockListEntry

Identity IPRange     ExpirationTime          HasExpired IsMachineGenerated
-------- -------     --------------          ---------- ------------------
1        10.10.10.1  2019/10/10 下午 11:59:00 False      False

[PS] C:\>
```

▲ 圖 9-13 新增 IP 黑名單

上述範例中的 IPRange 設定除了可以是單一 IP 位址之外，也可以輸入像是 10.10.10.1.10.10.10.5 或 192.168.10.0/24。如果後續想要移除選定的 IP 黑名單清單（例如 1），只要執行 Remove-IPBlockListEntry 1 命令即可。

您也可以選擇用 Add-IPAllowListEntry 命令與相關參數來設定白名單 IP 位址清單。

9.8 封鎖寄件者

接著在第二階段的 SMTP 篩選中，主要是針對寄件者篩選（Sender Filtering）、收件者篩選（Recipient Filtering）、寄件者識別碼篩選（Sender ID）以及寄件者信譽檢查（Sender Reputation）。接下來筆者將以寄件者篩選的配置為例。

對於那未知的外部郵件是否為垃圾郵件，原則上只要 Exchange Server 的垃圾郵件智慧篩選器，搭配黑名單參照主機的資料庫，便可以自動幫我們篩選掉絕大多數的垃圾郵件，但是若對於那已知道的垃圾郵件寄件者名單，肯定得要設定封鎖在先。

現在就讓我們來看看以下這個常見的封鎖範例。如圖 9-14 所示筆者在 EMS 命令介面之中，透過執行以下 Set-SenderFilterConfig 命令與參數，首先讓 Exchange 傳輸服務幫組織新增封鎖來自 user1@contoso.com 與 user2@contoso.com 兩位寄件者的 Email，且不會影響現行的寄件者封鎖清單，然後再封鎖來自 test.com 網域的所有來信，以及封鎖 fake.com.cn 網域與子網域的所有來信。

▲ 圖 9-14 封鎖寄件者

緊接著若想要隨時知道目前究竟封鎖了哪一些寄件者名單，只要執行以下列命令範例即可。

```
Get-SenderFilterConfig | FL BlockedSenders,BlockedDomains,BlockedDomainsAnd
Subdomains
```

進一步如果想要封鎖空白主旨的 Email，只要加入 -BlankSenderBlockingEnabled $true 參數設定即可。

9.9 Email 智慧篩選管理

根據外來 Email 的內容來決定郵件的接收、拒絕、刪除以及隔離的判斷，是由第三階段的內容篩選功能（Content Filter agent）來負責處理，而它的依據則是 SCL（Spam Confidence Level）的評分，也就是垃圾郵件信賴等級，而它將會在準備進入組織的每一封 Email 標頭中加上此戳記。

如圖 9-15 所示當我們在 EMS 命令介面中執行 Get-ContentFilterConfig | FL SCL* 命令之後，便可以發現在預設的狀態下目前僅有 SCLRejectThreshold 的功能有被啟用（True），而且是設定為 7 分，也就是說如果根據 Exchange 傳輸服務的智慧篩選器（Intelligent Message Filter），判定寄送進來的 Email 的 SCL 分數高達 7 分時，將會自動拒絕此郵件的接收。

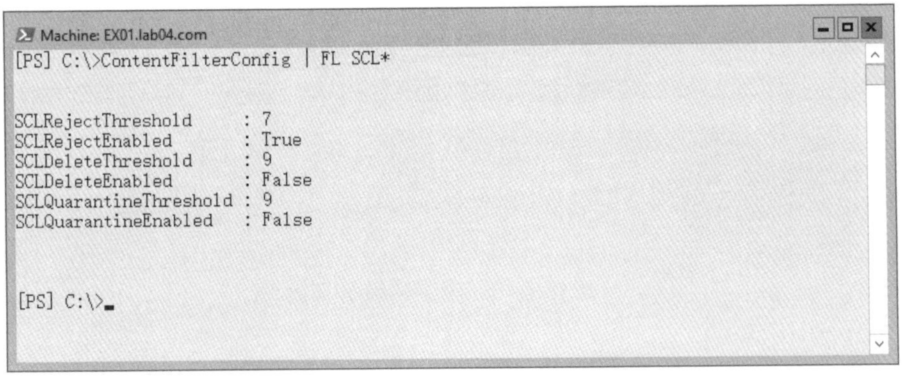

```
Machine: EX01.lab04.com
[PS] C:\>ContentFilterConfig | FL SCL*

SCLRejectThreshold       : 7
SCLRejectEnabled         : True
SCLDeleteThreshold       : 9
SCLDeleteEnabled         : False
SCLQuarantineThreshold : 9
SCLQuarantineEnabled     : False

[PS] C:\>_
```

▲ 圖 9-15 預設 SCL 設定

至於針對來源郵件的刪除（SCLDeleteThreshold）與隔離（SCLQuarantineThreshold）功能，儘管預設都有設定為 9 分，但這兩項功能並沒有啟用它。因此接下來我們對這個預設值做一點調整。在開始之前必須注意刪除閾值必須大於拒絕閾值，而拒絕閾值又必須大於隔離閾值，否則設定時將會出現錯誤訊息。

9.10 結合隔離信箱的使用

前面筆者曾提及針對 SCL 的評分結果，除了可依據分數來將它們進行接收、拒絕、刪除之外，還可以選擇轉入隔離信箱之中，以便讓相關有存取權限的人員能夠開啟該信箱，來查看是否有被誤判為垃圾的郵件。因此筆者如圖 9-16 所示執行了以下三道命令參數，首先完成隔離信箱的設定然後再修改 SCL 設定，其中刪除的 SCL 設定為 9 分，拒絕的分數為 7 分，而隔離的分數則修改為 5 分。最後再執行命令 Get-ContentFilterConfig | FL SCL* 來查看是否已成功設定。

```
Set-ContentFilterConfig -QuarantineMailbox Quarantine@lab04.com
Set-ContentFilterConfig -SCLDeleteEnabled $true -SCLDeleteThreshold 9
-SCLRejectEnabled $true -SCLRejectThreshold 7 -SCLQuarantineEnabled $true
-SCLQuarantineThreshold 5
```

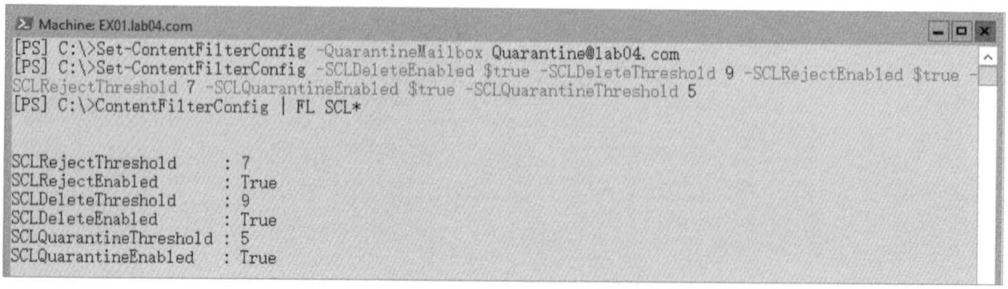

```
Machine: EX01.lab04.com
[PS] C:\>Set-ContentFilterConfig -QuarantineMailbox Quarantine@lab04.com
[PS] C:\>Set-ContentFilterConfig -SCLDeleteEnabled $true -SCLDeleteThreshold 9 -SCLRejectEnabled $true -
SCLRejectThreshold 7 -SCLQuarantineEnabled $true -SCLQuarantineThreshold 5
[PS] C:\>ContentFilterConfig | FL SCL*


SCLRejectThreshold      : 7
SCLRejectEnabled        : True
SCLDeleteThreshold      : 9
SCLDeleteEnabled        : True
SCLQuarantineThreshold  : 5
SCLQuarantineEnabled    : True
```

▲ 圖 9-16 設定隔離信箱與 SCL

對於已經進入到隔離信箱中的外來郵件，凡是有權限開啟此信箱的人員，都可以透過使用 Outlook 的 [再寄一次] 按鈕功能，來釋放已傳送至垃圾隔離信箱的郵件，以便重新傳送原始郵件收件人。如果想要授予名為 Quarantine 信箱的存取權限選定的人員（例如 :Sandy），只要執行以下命令參數即可。

```
Add-MailboxPermission -Identity "Quarantine" -User Sandy -AccessRights
FullAccess -InheritanceType All
```

最後要處理的問題是當寄件者收到退信時，其中的退信內容可否顯示自訂的文字，而不是顯示系統預設的 "Message rejected as spam by Content Filtering" 訊息。答案是可行的，只要使用 Set-ContentFilterConfig 命令搭配 -RejectionResponse 參數來設定回應內容即可。如果想要查詢目前所設定的退信回應訊息，請下達命令 Get-ContentFilterConfig | FL *Reject*。

9.11 基本病毒防護管理

在一個企業資訊網路的環境當中，基本的病毒防護措施不外乎是伺服器作業系統、用戶端作業系統以及郵件伺服器系統這三大重點，而針對這三大的防毒重點實際上 Microsoft 早已幫我們預先準備好，只要您相對使用的是 Windows Server 2019、Windows 10 以及 Exchange Server 2019。

其中前兩者所內建的便是 Windows Defender Antivirus 防毒服務，以 Windows Server 2019 來說您便可以在最初完成安裝的同時，如圖 9-17 所示在自動開啟的 [Server Manager] 介面中，看見 [Windows Defender Antivirus] 的狀態是呈現 "Real-Time Protection On"，也就是即時保護的狀態。

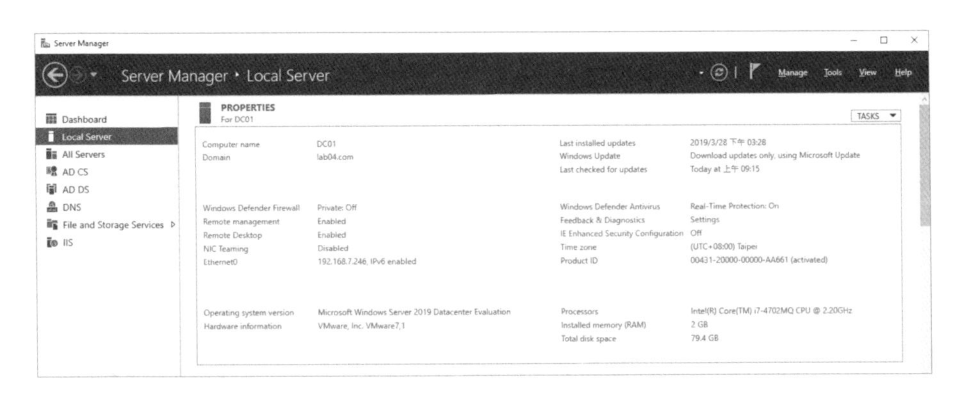

▲ 圖 9-17 Windows Server 2019 預設啟用防毒功能

如何確認即時保護的狀態確實是能夠發揮作用的呢？很簡單，只要到 Internet 上去下載任一供測試用且沒有任何危害的病毒檔案，作業系統便會立即出現像如圖 9-18 所示一樣的提示視窗，來禁止該檔案寫入至作業系統的任何位置之中。

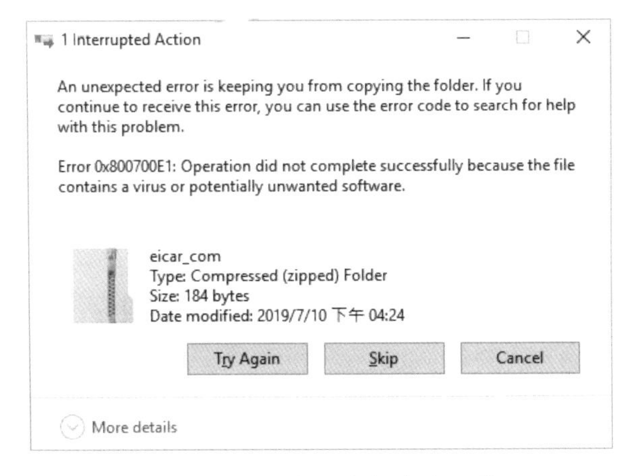

▲ 圖 9-18 阻斷惡意程式寫入警示

若因為已經有購買其他第三方的防毒軟體，而需要停用或是調整運行中的 Windows Defender Antivirus 防毒設定，只要點選它相對應的超連結即可進一步開啟 [Virus&threat protection settings] 的設定頁面。

做好了作業系統層面的病毒防護之後，緊接著就必須郵件伺服器系統的病毒防護。在 Exchange Server 2019 的架構中，只要在 EMS 介面中執行 Get-TransportAgent 命令便可以看見負責執行防毒任務的 Mailware Agent 是否正在啟用狀態。

如果想要進一步查看網域內所有 Exchange Server 的 Mailware Agent 配置，則可以如圖 9-19 所示執行 Get-MalwareFilteringServer 命令，這一些設定包括了強制掃描、放行篩選、更新頻率以及主要更新的網址等等，若需要修改則可以改執行 Set-MalwareFilteringServer 來完成。

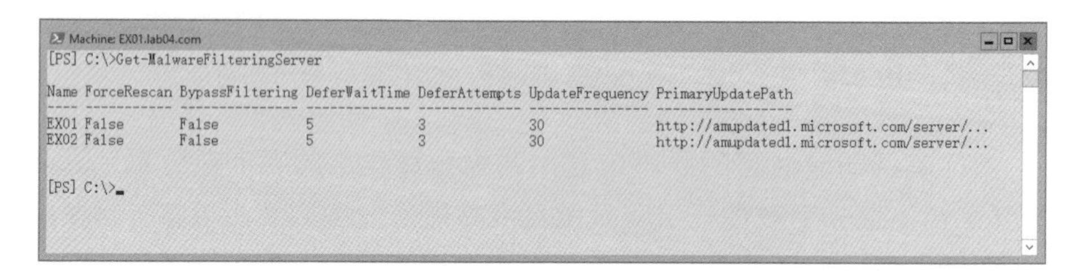

▲ 圖 9-19 檢視惡意程式篩選器伺服器

除了 Mailware Agent 的基本配置之外，還可以設定針對病毒郵件的處理原則。在如圖 9-20 所示的 [Exchange 系統管理中心] 的 [保護] 頁面中，即可選擇是否要啟用或停用任一項原則設定，且當原則數量較多時還可以設定排列順序。接著您可以選擇新增或是直接修改預設的原則設定，而它的配置摘要資訊也都可以在這個頁面中檢視到。

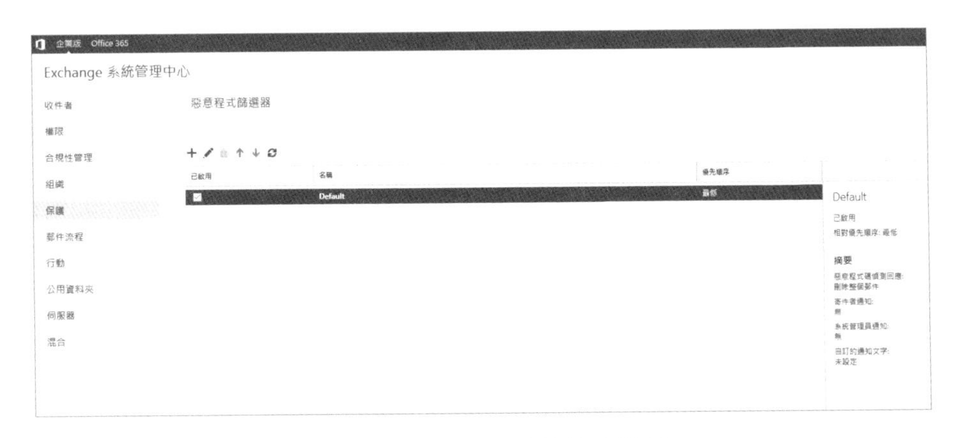

▲ 圖 9-20 惡意程式篩選器管理

如圖 9-21 所示便是開啟編輯系統預設的 [Default] 原則。首先在 [設定] 頁面中，可以設定 [惡意程式碼偵測回應]，一般來說我們會選擇 [刪除所有附件並使用預設警示文字] 即可，而非採用預設的 [刪除整個郵件]。在 [通知] 部分，可以選擇是否通知內部與外部寄件者，以及指定將郵件未傳遞之訊息，發送給相關的內部與外部管理員。

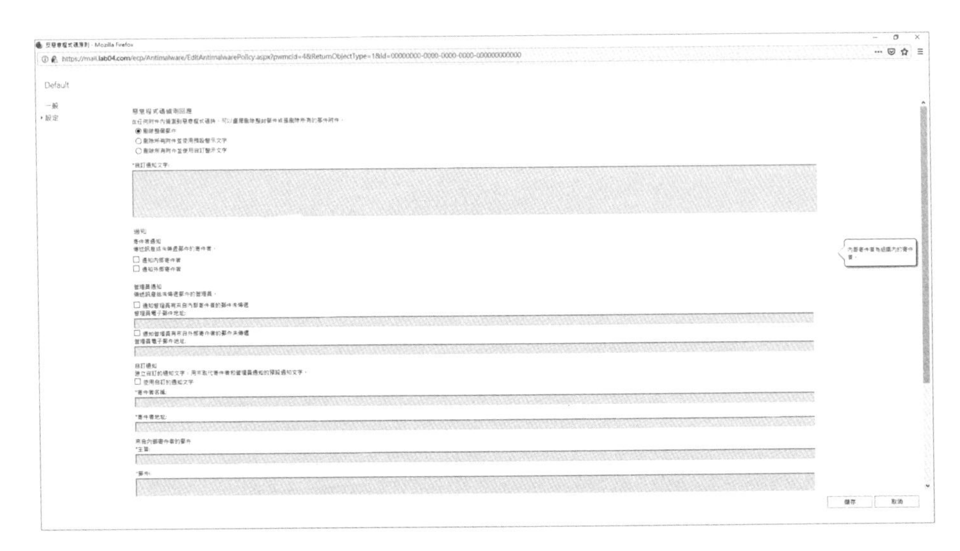

▲ 圖 9-21 反惡意程式碼原則設定

進一步則可以設定 [自訂通知]，來取代要給寄件者以及管理者的預設通知訊息內容。操作方式您只要將 [使用自訂的通知文字] 勾選，讓後依序輸入自訂的寄件者名稱、寄件者地址、主旨以及郵件本文，而此設定也同樣可以對於內部與外部的寄件者，設定不同的主旨與郵件本文。

9.12 進階病毒防護管理

關於惡意程式篩選器原則，除了可以經由 [Exchange 系統管理中心] 來管理之外，也可以透過 EMS 命令介面的相關命令參數來完成。如圖 9-22 所示便是新增一個反惡意程式碼原則，並採用預設的刪除整風惡意郵件之設定，然後設定啟用內部寄件者的管理員通知機制，同時指定該管理員的 Email 地址。完成新增之後再執行 Get-MalwareFilterPolicy 命令來查看現行的原則清單。

```
New-MalwareFilterPolicy -Name "Malware Filter Policy01" -EnableI
nternalSenderAdminNotifications $true -InternalSenderAdminAddress
administrator@lab04.com
```

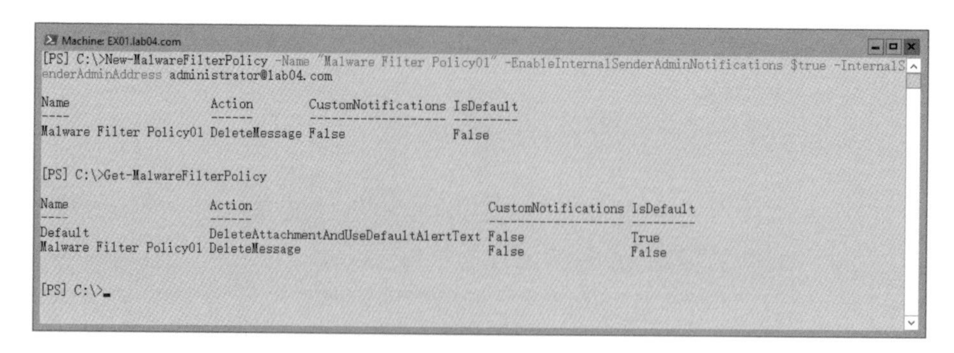

▲ 圖 9-22 新增反惡意程式碼原則

在多網域的架構中您還可以針對不同的收件者網域，建立不同的惡意程式篩選器規則。例如您可以執行以下命令參數，讓 lab05.com 的收件者網域，使用一個新建且名為 "LAB05 Recipients" 的規則，而此規則隸屬於現行的 "LAB05 Malware Filter Policy" 原則。

```
New-MalwareFilterRule -Name "LAB05 Recipients" -MalwareFilterPolicy "LAB05
Malware Filter Policy" -RecipientDomainIs lab05.com
Set-MalwareFilterRule " LAB02 Recipients" -ExceptIfSentToMemberOf "LAB02
Human Resources"
```

如果您需要暫時停止這部 EX01 伺服器的惡意程式篩選器功能，只要執行 Set-MalwareFilteringServer EX01 -BypassFiltering $True 命令即可，如圖 9-23 所示，接著再執行 Get-MalwareFilteringServer | FL BypassFiltering 命令，便會發現 BypassFiltering 的欄位值已為 True。在這種情況下對於夾帶有惡意程式碼的 Email，便可以順利通行至收件者信箱之中。換句話說當需要恢復正常運作時，只要將此欄位值設定為 False 即可。什麼樣的情境下可能需要這麼做？不外乎是正式部署前的測試或是正在進行第三方防毒方案的測試。

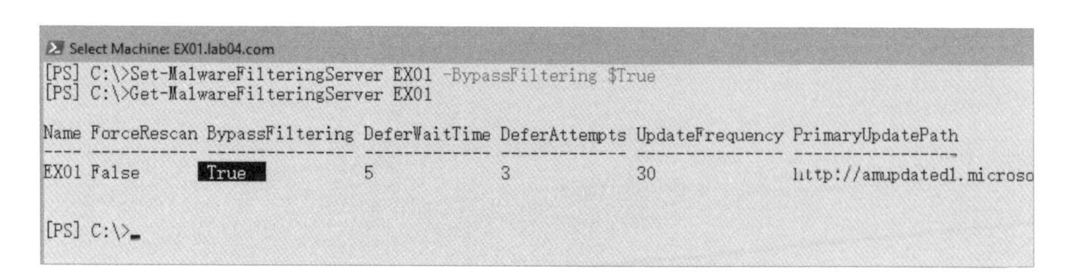

▲ 圖 9-23 關閉 Exchange 防毒引擎

當您確定要使用第三方廠商所提供的同類型安全防護軟體，則可以直接將 Exchange 內建的惡意程式篩選器（Malware Agent）進行停用，只要如圖 9-24 所示執行命令 & $env:ExchangeInstallPath\Scripts\Disable-Antimalwarescanning.ps1，來執行停用此代理程式的腳本即可。相反的如果要恢復啟用此代理程式，請執行 & $env:ExchangeInstallPath\Scripts\Enable-Antimalwarescanning.ps1 命令即可。啟用過程之中也將會自動更新防毒引擎。

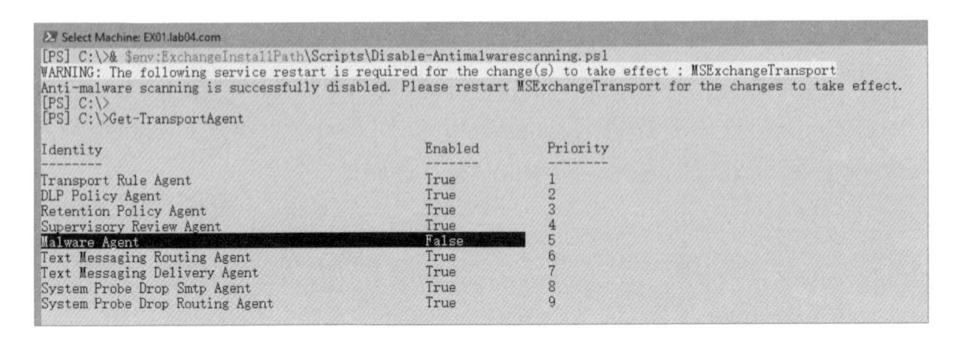

▲ 圖 9-24 停用 Malware Agent

9.13 病毒防護測試

前面介紹過 Windows Server 2019 內建的防毒功能，確實可以攔截帶有惡意程式碼檔案的寫入，那麼如果同樣的惡意程式碼夾帶在 Email 的附件之中，Exchange Server 2019 的 Malware Agent 是否也能夠成功攔截呢？答案是肯定的，如圖 9-25 所示便是一封已被預設警示文字檔案，取代掉原惡意程式碼檔案的 Email 附件，開啟後將可以查看到警示的文字內容以及原附件的檔案名稱。

▲ 圖 9-25 遭取代的惡意 Email 附件

關於 Malware Agent 的定義檔與防毒引擎，預設會每 30 分鐘進行線上檢查與更新，假設您想要將 EX01 伺服器的更新頻率改為 10 分鐘，則可以執行 Set-MalwareFilteringServer EX01-UpdateFrequency 60 命令即可。

至於如果想要隨時手動執行更新，則可以同樣 EMS 在命令介面中，切換到 Exchange 腳本的路徑下（預設為 C:\Program Files\Microsoft\Exchange Server\V15\Scripts），再如圖 9-26 所示執行 .\Update-MalwareFilteringServer.ps1 -Identity EX01（或 EX02）命令，來完成 EX01 或 EX02 伺服器防毒引擎與定義檔的更新。

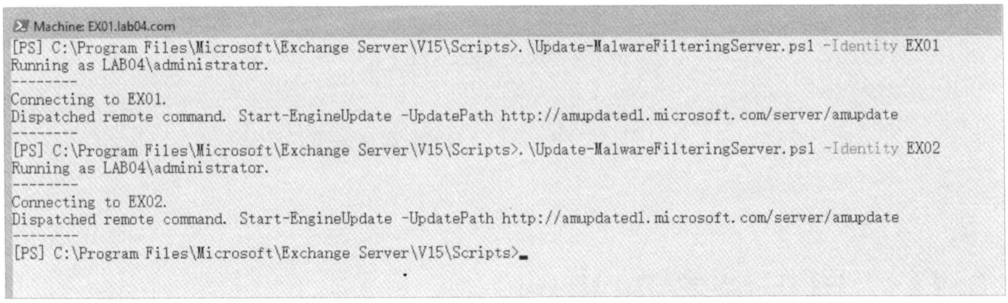

```
Machine: EX01.lab04.com
[PS] C:\Program Files\Microsoft\Exchange Server\V15\Scripts>.\Update-MalwareFilteringServer.ps1 -Identity EX01
Running as LAB04\administrator.
--------
Connecting to EX01.
Dispatched remote command. Start-EngineUpdate -UpdatePath http://amupdatedl.microsoft.com/server/amupdate
--------
[PS] C:\Program Files\Microsoft\Exchange Server\V15\Scripts>.\Update-MalwareFilteringServer.ps1 -Identity EX02
Running as LAB04\administrator.
--------
Connecting to EX02.
Dispatched remote command. Start-EngineUpdate -UpdatePath http://amupdatedl.microsoft.com/server/amupdate
--------
[PS] C:\Program Files\Microsoft\Exchange Server\V15\Scripts>_
```

▲ 圖 9-26 手動更新防毒引擎與定義檔

不管是 Windows Server 2019 還是 Exchange Server 2019 的防毒測試，都不需要去找真正的病毒檔案來進行測試，因為那畢竟仍有潛在的危險性，而是只要如圖 9-27 所示到以下的 EICAR 網站上，來下載完全沒有危害性的病毒測試檔案即可。

EICAR 病毒測檔案下載網址：

➥ http://2016.eicar.org/85-0-Download.html

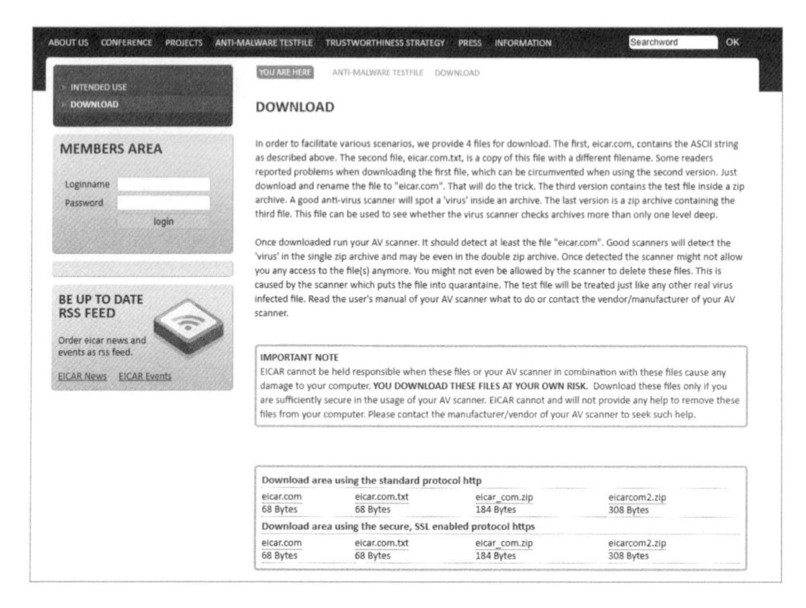

▲ 圖 9-27 EICAR 病毒測檔案下載

9.14 用戶端存取規則

在資訊安全防範的思維之中，管理人員經常會將重點聚焦在用戶端以及來自外部的攻擊，但其實相較於這兩者的安全問題，直接來自於管理人員自身所引發的安全漏洞恐怕更是嚴重許多，因為一旦發生等同整個系統已經淪陷。

來自於管理人員自身的安全漏洞，不僅止於一般所認知的帳戶與密碼，而應該包括了所允許連線管理的工具以及來源 IP 位址。為此，Exchange Server 2019 提供了一項名為用戶端存取規則（Client Access Rule）的管理功能，其用途就可以用來解決這一項安全需求。

目前針對用戶端存取規則的配置，只能透過 EMS 命令介面來完成。如圖 9-28 所示便是透過以下命令參數，來設定對於 EAC（Exchange 系統管理中心）的連線使用，僅能經由 192.168.7.246 的 IP 位址才能夠連線，其餘的來源 IP 位址都將會遭到系統的拒絕連線。緊接著可以執行 Get-ClientAccessRule 來查看已成功新增的用戶端存取規則。

```
New-ClientAccessRule -Name "Restrict EAC Access" -Action DenyAccess
-AnyOfProtocols ExchangeAdminCenter -ExceptAnyOfClientIPAddressesOrRanges
192.168.7.246
```

```
Machine: EX01.lab04.com
[PS] C:\>New-ClientAccessRule -Name "Restrict EAC Access" -Action DenyAccess -AnyOfProtocols ExchangeAdminCenter -ExceptAnyOfClientIPAddresse
sOrRanges 192.168.7.246

Name                Priority Enabled DatacenterAdminsOnly
----                -------- ------- --------------------
Restrict EAC Access 1        True    False


[PS] C:\>Get-ClientAccessRule

Name                Priority Enabled DatacenterAdminsOnly
----                -------- ------- --------------------
Restrict EAC Access 1        True    False


[PS] C:\>_
```

▲ 圖 9-28 新增用戶端存取規則

當完成上述有關於 New-ClientAccessRule 命令參數的執行之後，對於任何非例外 IP 的連線，在 Exchange 系統管理中心的網站上皆會出現如圖 9-29 所示的警示訊息而無法連線。

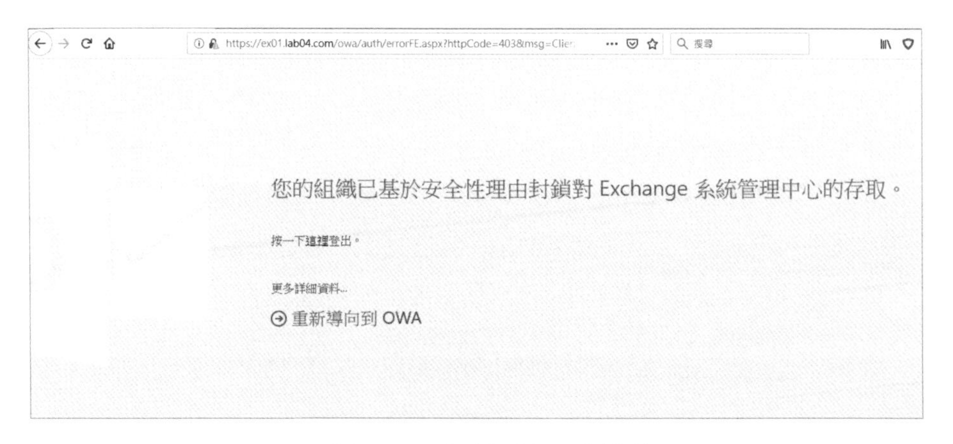

▲ 圖 9-29 成功限制 EAC 連線

如果是想要封鎖管理人員在非選定的 IP 位址電腦上，來透過 EMS 連線 Exchange Server 主機，如圖 9-30 所示可以參考以下命令範例。在此的關鍵設定便是將其中的 -AnyOfProtocols 參數設定為 RemotePowerShell。

```
New-ClientAccessRule -Name "Block PowerShell" -Action DenyAccess
-AnyOfProtocols RemotePowerShell -ExceptAnyOfClientIPAddressesOrRanges
192.168.7.248
```

同樣的若進一步執行 Get-ClientAccessRule 命令，便可以查看到剛剛完成新增的第二條用戶端存取規則。

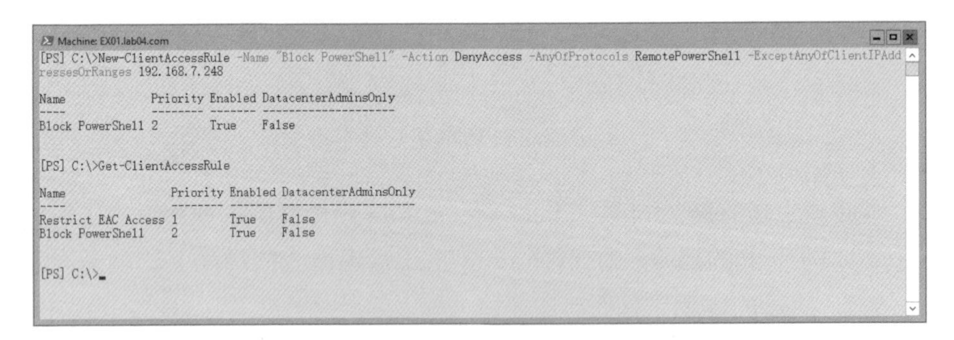

▲ 圖 9-30 新增用戶端存取規則

在完成了遠端 PowerShell 的連線限制之後，只要是在排除名單以外的 IP 位址，在嘗試進行連線時，便會像如圖 9-31 所示一樣出現 "Remote PowerShell Connection is blocked" 的訊息，而導致無法成功連線。

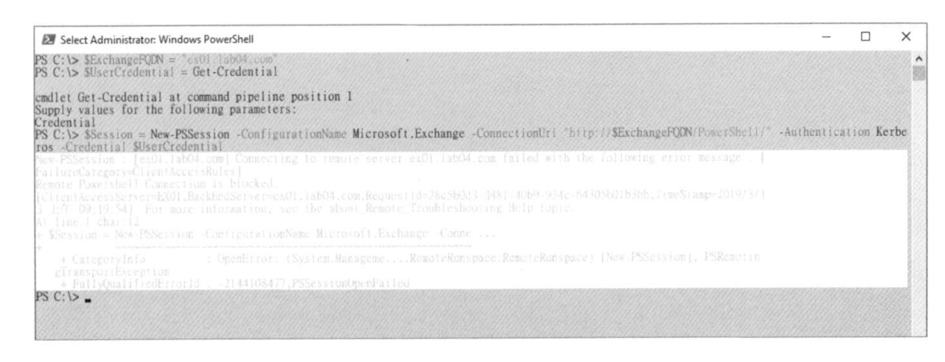

▲ 圖 9-31 成功限制 PowerShell 連線

前面筆者曾提到想要查詢現行的用戶端存取規則狀態，可以透過執行 Get-ClientAccessRule 命令，但若想要修改某一個用戶端存取規則，則可以如圖 9-32 所示參考以下命令參數。此範例便是用以關閉選定的用戶端存取規則。

```
Set-ClientAccessRule -Identity 'Restrict EAC Access' -Enabled $False
```

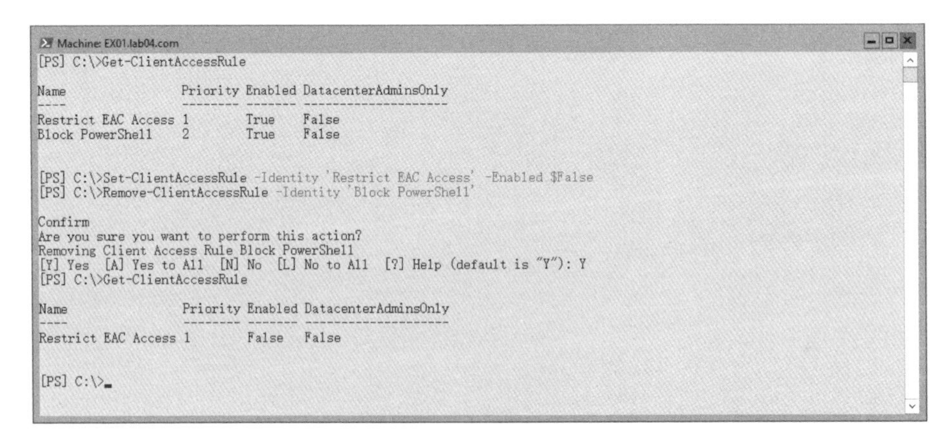

▲ 圖 9-32 查詢與關閉用戶端存取規則

如果是想要刪除某一個選定的用戶端存取規則，則可以參考以下命令範例：

```
Remove-ClientAccessRule -Identity 'Block PowerShell'
```

本章結語

儘管 Exchange Server 2019 提供的安全管理功能，已經比其他同類型的解決方案更加完善，但筆者個人認為仍有許多待增強的空間。其中最迫切需要的就是一個「資訊安全中心」儀表板網站，也就是將所有與安全有關的數據，進行分門別類的動態呈現，且必須是一個以圖表化為主的友善操作頁面，而這些數據應包括了人員帳戶安全警示、垃圾郵件分析、病毒威脅分析、攻擊威脅分析、DLP（Data Loss Prevention）統計圖表、各類 AI 分析結果與建議説明等等。

只可惜目前 Microsoft 空有這些數據，而沒有直接將這些數據具體圖表化，並呈現在內建 [Exchange 系統管理中心] 的網站之中。現階段若有需要只能透過整合 Azure、SCOM 或第三方的監視方案來達成，關於這點實在非常可惜。無論如何筆者仍強烈建議官方應該重視這項需求，畢竟這對於系統管理人員每一天的維運來說，是相當重要的安全參考依據。

Exchange Server 2019 整合 ADRMS 保護敏感資訊

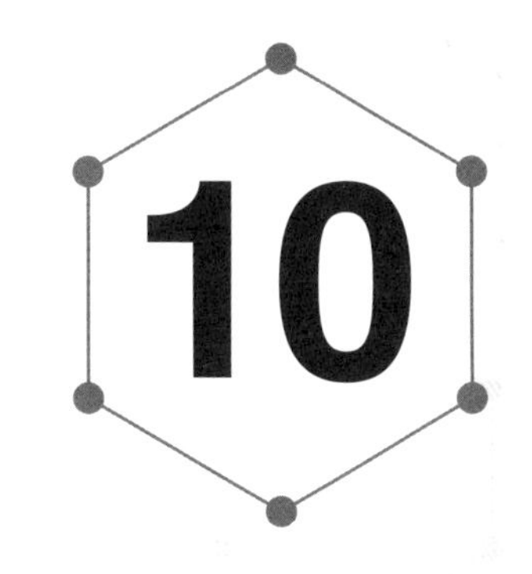

在一個數位化的辦公室中，最敏感的資訊不外乎是儲存在資料庫或文件之中，前者可透過前端的應用程式來查詢，後者則可從檔案伺服器的共享路徑中來取得。至於敏感資訊外洩的途徑，常見的除了有 USB 隨身碟以及雲端硬碟之外，Email 肯定是有心人士的首選。本章節將和讀者們一起來實戰學習，如何透過整合 Windows Server 2019 ADRMS 的使用，同時做好文件以及 Email 內容的加密保護。

10.1 簡介

在一個企業的 IT 基礎建設中，即便是外行的行政人員可能都知道安裝防火牆的重要性，因為在他們的電腦之中預設也都已經啟用了防火牆功能，來防範透過網路連接的各種攻擊與入侵行為。既然如此，那麼對於用以保護整個企業內網安全的邊際防火牆（Edge Firewall）肯定更加重要，因為只要管理上稍有不慎，都可能隨時讓內網的各種系統遭受癱瘓或敏感資訊遭到竊取。

然而對於內行的 IT 人員來說，都知道防火牆是保護企業網路避免遭受攻擊的最佳守門員，可是對於保護敏感資訊遭到竊取的可能性，很抱歉！它頂多只能提供一半的保護能力，換句話說如果只是藉由安裝防火牆，就想要防範敏感資訊外洩那是完全不可能的。

為什麼呢？很簡單！因為根據國內外許多資訊安全機構的調查，針對組織敏感資訊外洩的途徑，幾乎都是來自內部員工直接於內網之中將資料竊取，而非來自於所謂駭客的入侵與竊取。以國內來說，過去最常見的案例就是內部員工將竊取而來的員工或會員的個資，賣給詐騙集團來做為非法用途。

也因為諸如此類的案例層出不窮，才讓企業 IT 部門除了防火牆之外，開始有了部署「防水牆」的危機意識，前者主要防範非法入侵，後者則是防範有所謂內鬼將機密外流的風險。只是防範敏感資訊外流的解決方案有很多，全看要針對的資訊類型以及要防範的程度來選擇，其中最基本的防範措施，就是針對文件與 Email 的保護機制。

關於防水牆概念的解決方案相當多，但若是強調在針對 Office 文件以及整合 Exchange Server 2019 的使用，筆者仍推薦使用由 Windows Server 2019 所內建的 ADRMS（Active Directory Rights Management Service）伺服器角色，主要原因除了它無縫結合於 Office 應用程式的操作介面之外，對於 IT 人員而言無論是在部署還是維運管理上也是相對容易許多。接下來就讓我們從實際安裝與配置一台 ADRMS 主機開始，來徹底來了解一下它如何讓 Office 用戶端以及 Exchange 管理人員，輕鬆保護每一份敏感文件以及電子郵件的「內容」。

10.2 安裝 ADRMS

如同前一版的 Windows Server 2016 一樣，針對 Windows Server 2019 任何內建的伺服器角色或功能，只要透過伺服器管理員（Server Manager）介面，便可以進行新增或移除。如圖 10-1 所示只要在 [Manage] 的選單中，點選 [Add Roles and Features] 便可以開始準備來安裝 ADRMS 伺服器角色。

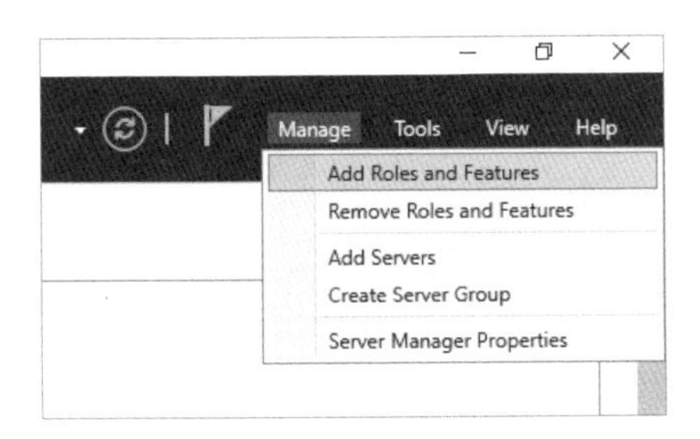

▲ 圖 10-1 伺服器管理員介面

請注意！請勿將 ADRMS 伺服器角色選擇安裝在網域控制站主機之中，否則將可能發生無法預期的錯誤。

在連續點選 [Next] 按鈕至如圖 10-2 所示的 [Select server roles] 頁面，請將 [Active Directory Rights Management Service] 勾選。點選 [Next]。

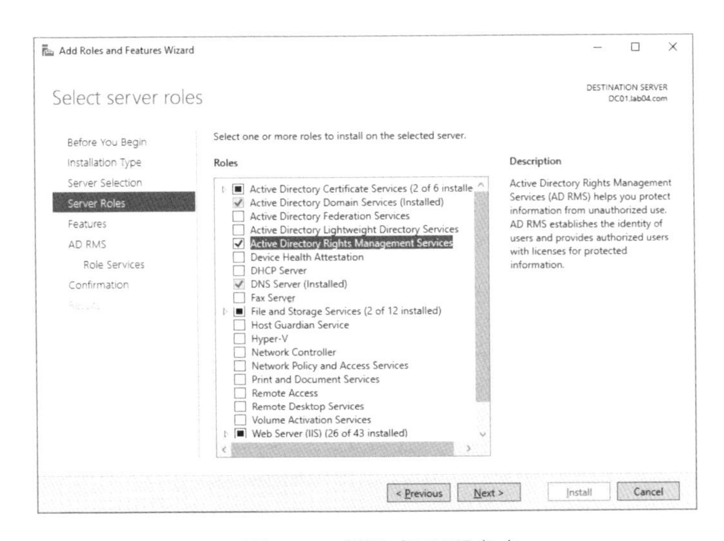

▲ 圖 10-2 選取伺服器角色

如圖 10-3 所示在 [Select role services] 的頁面中，只要將其中的 [Active Directory Rights Management Services] 勾選即可，至於 [Identity Federation Support] 服務的安裝，只有在進行跨組織的 Active Directory 整合時，才會用到識別身分同盟的認證機制。點選 [Next]。

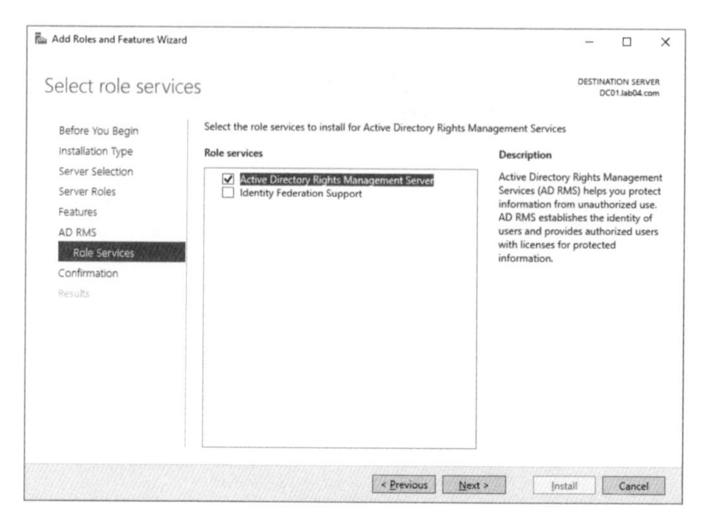

▲ 圖 10-3 選取角色服務

成功完成安裝之後，將出現如圖 10-4 所示的結果頁面，您可以點選 [Perform additional configuration] 超連結，來緊接著完成 ADRMS 必要的配置設定，或是也可以先點選 [Close] 按鈕，等到後續再回到伺服器管理員介面來繼續未完成的配置。

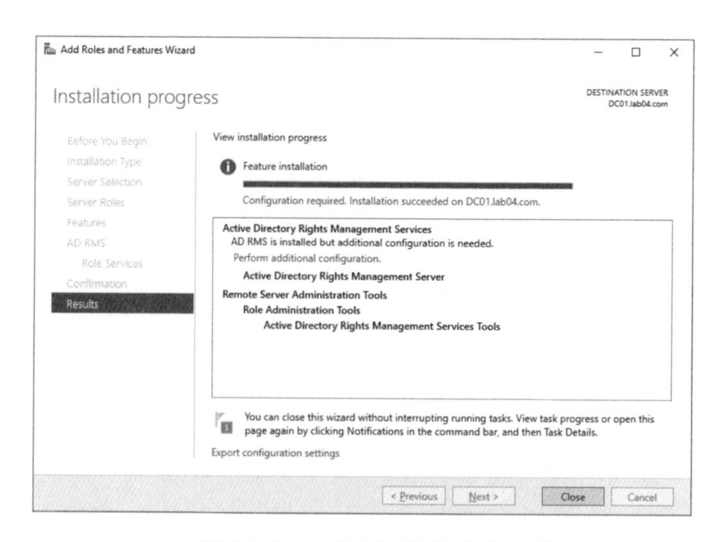

▲ 圖 10-4 完成 ADRMS 角色安裝

請注意！完成安裝之後對於 ADRMS 所加入的網域是不能夠任意變更的，否則將會導致 ADRMS 伺服器服務無法正常啟動。

10.3 配置 ADRMS

若您是在完成 AD RMS 伺服器角色安裝的一段時間之後，才打算來開始完成最後的配置設定，只要在如圖 10-5 所示的 [伺服器管理員] 介面中，點選位在上方旗幟的警示圖示，即可透過點選 [Perform additional configuration] 超連結來開啟。

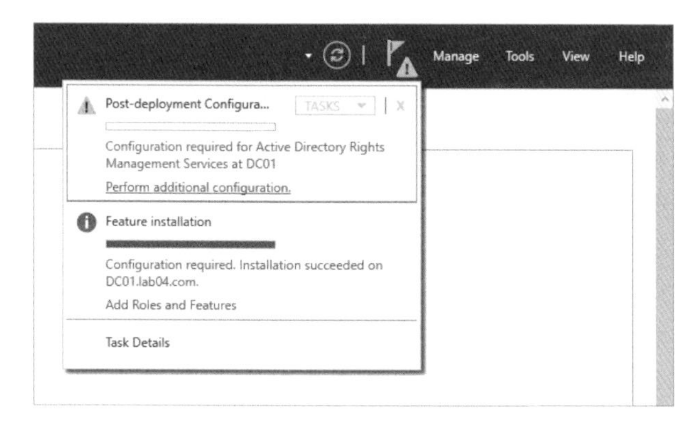

▲ 圖 10-5 伺服器管理員介面

首先在 [AD RMS Cluster] 的頁面中，請將 [Create a new AD RMS root cluster] 勾選即可。至於另一個 [Join an existing AD RMS cluster] 選項無法勾選的原因，在於目前系統並沒有偵測到在現有 Active Directory 之中，有任何的 ADRM 根叢集伺服器。點選 [Next]。

在 [Configuration Database] 的頁面中，必須設定 AD RMS 所要連接的後端 SQL Server 資料庫，如圖 10-6 所示您可以選擇使用 Windows Server 2019 內建的 SQL Server（Windows Internal Database）。或是設定連接內網中現行的 SQL Server 與 Database Instance。

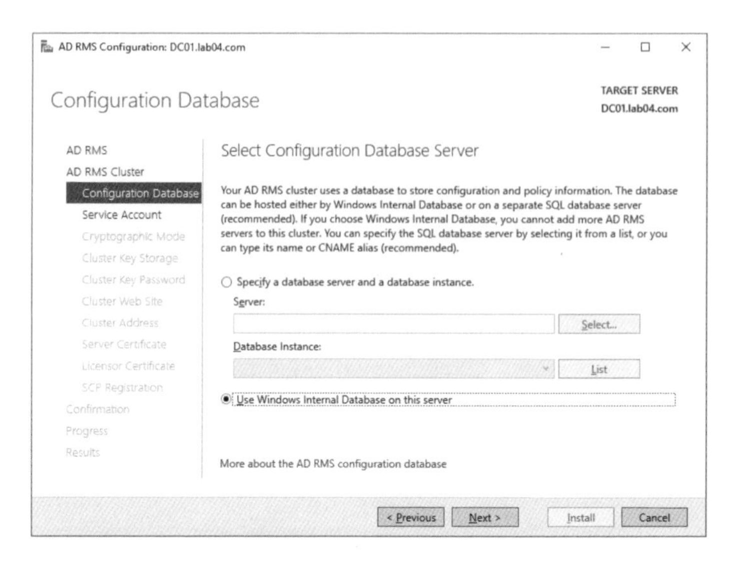

▲ 圖 10-6 設定資料庫

關於上述的資料庫連接設定，前者適用於單一台的 ADRMS 伺服器架構，後者則是用於部署多台的 ADRMS 伺服器叢集架構，也就是您可以搭配網路負載平衡器（NLB），來達到網路流量平衡以及容錯的目的。

接下來在如圖 10-7 所示的 [Service Account] 頁面中，請點選 [Specify] 按鈕來設定一個用來做為啟動 ADRMS 伺服器服務的帳號。點選後將會出現 Windows 安全性對話框，請輸入一個選定的帳戶名稱與密碼，此帳戶只要是 Domino Users 群組的成員即可，不必選定 Domino Admins 的群組成員。完成設定之後，系統將會自動把此帳號加入到 ADRMS 服務群組的成員之中。點選 [Next]。

請注意！您不能選擇以目前登入中的網域管理員帳號，來做為 ADRMS 服務的帳號，否則將會出現錯誤訊息而無法繼續。

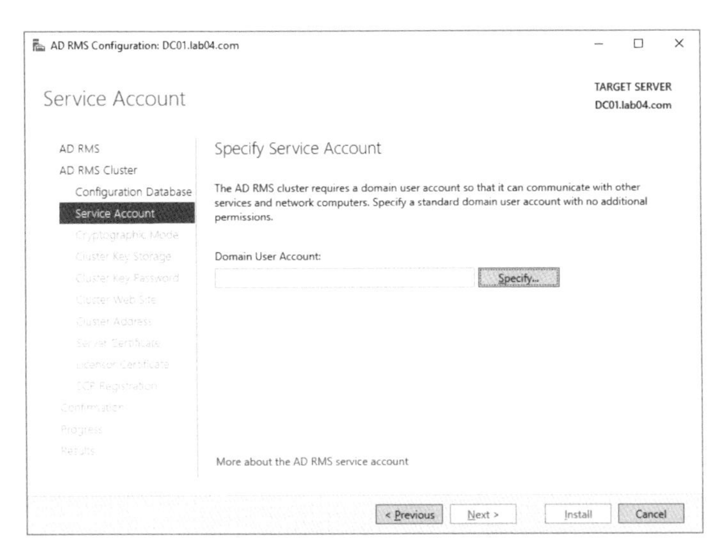

▲ 圖 10-7 服務帳戶設定

在 [Cryptographic Mode] 頁面中，可以設定以密碼加密保護的強度與演算法，在此建議採用預設的 [Cryptographic Mode 2(RSA 2048-bit keys/SHA-256 hashes)] 設定即可。點選 [Next]。

在如圖 10-8 所示 [Cluster Key Storage] 的頁面中，請選取 [Use AD RMS centrally managed key storage] 設定即可。至於如果選取 [Use CSP key storage] 設定，則需在取得特定的密碼編譯服務提供者才能夠儲存 AD RMS 叢集金鑰，而且如果後續有新的伺服器加入時，還必須透過手動方式來將金鑰完成發佈作業，在管理上肯定會相當不方便。點選 [Next]。

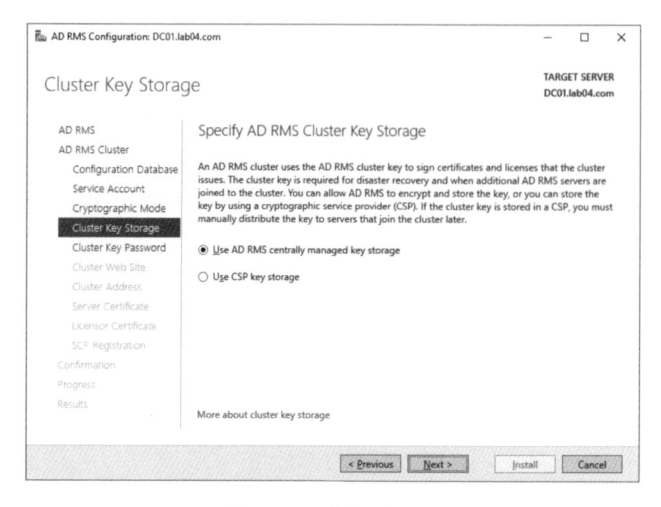

▲ 圖 10-8 叢集金鑰儲存

在 [Cluster Key Password] 頁面中，請輸入密碼來保護叢集金鑰，而未來無論是要加入新的 ADRMS 伺服器至叢集中，或是需要從備份中還原此伺服器，都將需要提供此密碼，因此請務必牢記此密碼設定。在如圖 10-9 所示的 [Cluster Web Site] 頁面中，請選定將要安裝 ADRMS 網站程式的 IIS 站台。當同一台主機上已有多個 IIS 站台時，建議您最好能夠預先建立好一個獨立的 IIS 站台來供它使用。必須特別注意的是請勿將它與 SharePoint 安裝在同一個站台。點選 [Next]。

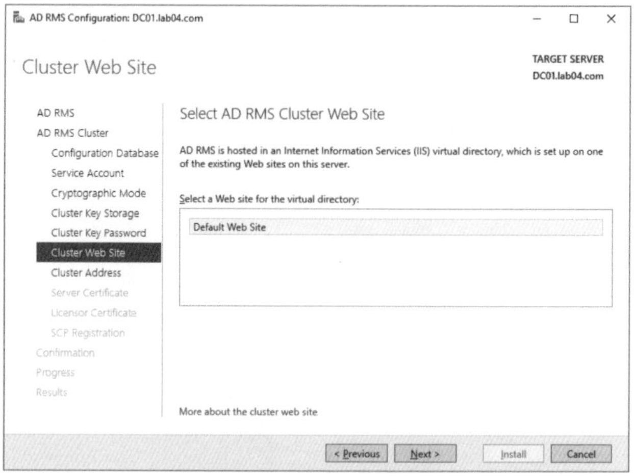

▲ 圖 10-9 叢集網站設定

在 [Cluster Address] 頁面中，可以決定 ADRMS 的叢集位址，是否要採用安全的 SSL 加密連線，並且輸入完整網域名稱位址（FQDN）。如果想要採用 SSL 連線方式，則必須預先為這個網站申請網站憑證，如此一來再搭配這部分的設定之後，才能夠正常被 Office 用戶端其他伺服器連線使用。點選 [Next]。

在 [Server Certificate] 頁面中，可以從主機現有的憑證之中，挑選一個給 ADRMS 網站專用的伺服器憑證。如果是選擇自我簽署（Self-signed）憑證則是適用在測試環境之中。至於如果目前還沒有任何適用的伺服器憑證，可以選取 [Choose a certificate for SSL encryption later] 選項，等到後續再自行從 IIS 管理員介面中，來完成憑證申請與設定。點選 [Next]。

在 [Licensor Certificate] 頁面中，可以指定一個名稱來產生伺服器的識別憑證，在預設的狀態下將以主機名稱命名。關於此憑證後續最好能夠連同 AD RMS 的資料庫一同備份，以利於災害重建時使用。點選 [Next]。

在如圖 10-10 所示的 [SCP Registration] 頁面中，必須選擇 [Register the SCP now]，如此一來用戶端電腦需要進行 Office 文件的加密時，或是需要與 Exchange Server 2019 進行整合時，才能夠在相同的 Active Directory 網域之中，自動找到 ADRMS 服務連接位址。

關於這項設定也可以後續在 AD RMS 管理主控台中來進行。點選 [Next]。在最後的 [Confirmation] 頁面中，請檢查一下前面步驟中的所有設定，其中最重要的便是 [Cluster Address] 與 [SCP Registration] 兩項設定，確認無誤之後點選 [Install] 按鈕即可。

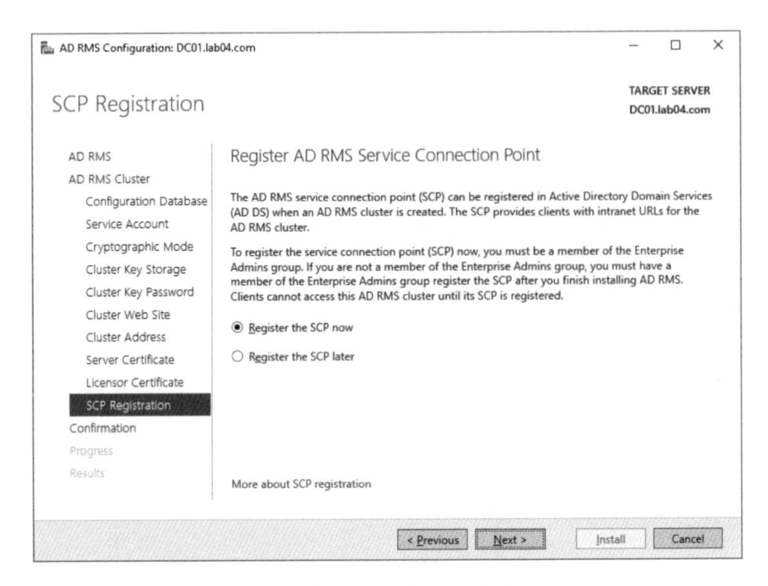

▲ 圖 10-10 SCP 登錄

10.4 ADRMS 資料夾權限設定

當您在完成 ADRMS 伺服器的安裝與基本配置之後，如果就直接到 Exchange Server 2019 伺服器中來完成連接設定，並嘗試透過傳輸規則或是用戶的 OWA、Outlook 來進行郵件的權限原則設定，此時肯定會發生加密的相關錯誤問題，像是在在 Email 傳遞失敗的退信內容中看見" Delivery not authorized" 的錯誤訊息。

而管理人員也會在事件檢視器中找到事件 ID 為 8004 的錯誤資訊。針對上述問題主要發生的原因，便是 Exchange Server 主機本身對於 ADRMS 服務的存取權限問題所致。因此若是選擇不經由 Outlook、OWA 或是 Exchange 傳輸規則，來使用 ADRMS 的加密保護功能，而選擇透過 Word、Excel 或是 PowerPoint 來加密保護編輯中的 Office 文件，則是不會有上述這項問題。

想要解決 ADRMS 整合 Exchange Server 的權限配置問題，首先請示在 ADRMS 的主機中，找到位在 C:\Inetpub\wwwroot_wmcs 資料夾，然後按下滑鼠右鍵點選 [Properties] 並開啟至 [Security]。在點選 [Edit] 按鈕之後便會開啟如圖 10-11 所示的 [Permission] 頁面，在此便可以點選 [Add] 按鈕來將 Exchange Server 的主機新增進來，並勾選 [Full control] 權限。點選 [OK] 繼續。

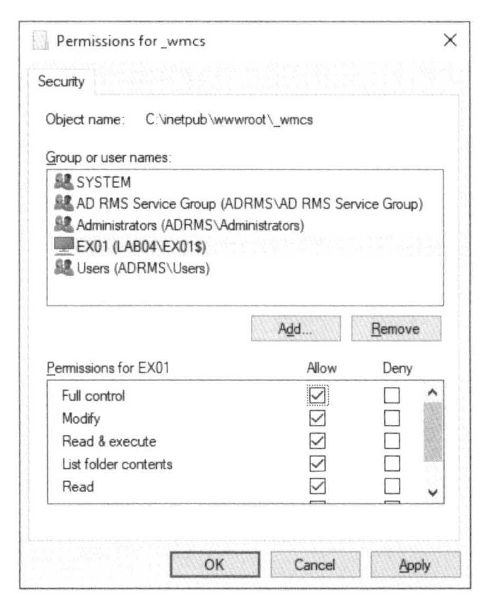

▲ 圖 10-11 資料夾權限設定

在一次回到此資料夾的 [Security] 頁面之後，請點選 [Advanced] 按鈕來開啟如圖 10-12 所示的 [Advanced Security Settings for _wmcs] 頁面，請將位在此頁面下方的 [Replace all child object permission entries with inheritable permission entries from this object] 選項勾選，以便可以將權限的設定套用至旗下的所有子資料夾。點選 [OK] 按鈕即可。

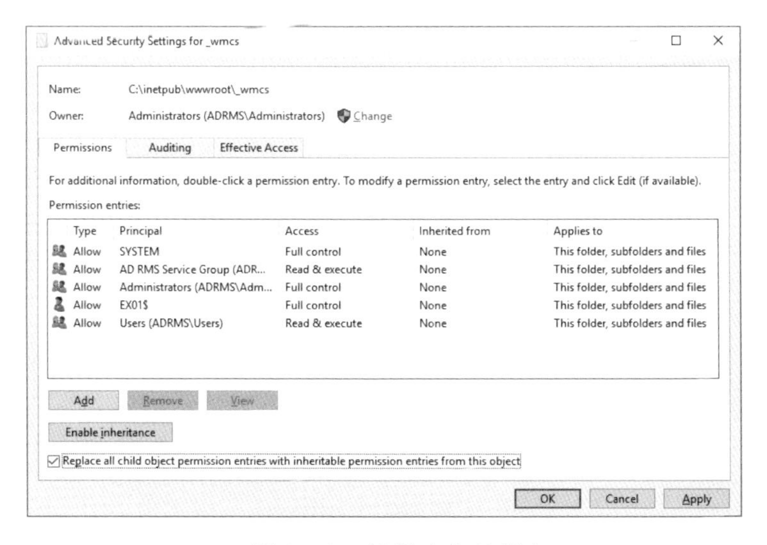

▲ 圖 10-12 進階安全性設定

10.5 超級用戶群組配置

雖然說 ADRMS 提供了文件與郵件內容安全加密的保護機制，但它同時存在一項安全風險，那就是可能發生所有用戶皆無法開啟加密內容的窘境，原因很簡單！只要被授權具備完全控制或編輯權限的帳號已經不存在時，這樣的情境便會真實上演。

為了避免上述問題的情境發生，建議您最好預先在 ADRMS 的管理設定中做好應有的防範措施，那就是選定超級用戶群組，如此一來凡是該群組的成員，都可以解密任何用戶所加密的文件或 Email 內容，並且可以移除受 ADRMS 保護的設定。值得注意的是這項配置也適用在日誌規則（Journal Rule）所封存的郵件，讓稽核人員得以開啟所有被封存的加密郵件，只要管理員有預先把 Exchange Server 主機加入至超級用戶群組即可。

在我們準備於 ADRMS 的管理設定中，配置選定的超級用戶群組之前，首先必須在 Exchange 系統管理中心網站中，點選至 [收件者]\[群組] 頁面，再點選新增小圖示並選擇 [通訊群組]，來開啟如圖 10-13 所示的 [新增通訊群組] 頁面。在此您便可以為自訂的超級用戶群組，設定好顯示名稱、別名、附註、組織單位、擁有者以及成員。點選 [儲存] 繼續。

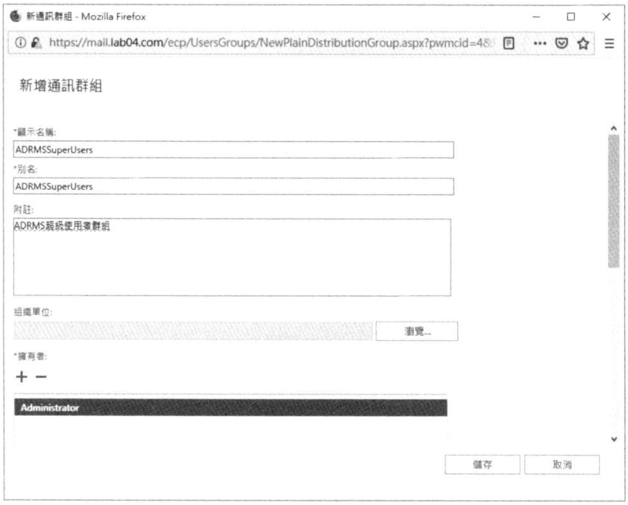

▲ 圖 10-13　新增通訊群組

關於此超級用戶群組的成員新增方法，您也可以透過開啟 Exchange 命令管理介面（EMS），然後透過執行 Add-DistributionGroupMember 命令搭配 -Member 參數來進行設定。如果想要查看上述範例的群組成員，只要執行 Get-DistributionGroupMember -Identity ADRMSSuperUsers 命令即可。

完成了超級用戶群組以及成員的設定之後，最後請開啟 ADRMS 服務的管理介面，點選至 [Security Policies]\[Super Users] 頁面中，再點選 [Change super user group] 超連結來開啟如圖 10-14 所示的 [Super User Group] 頁面，即可透過 [Browse] 按鈕的點選，來選定將前面步驟中所新增的超級用戶群組。點選 [OK]。

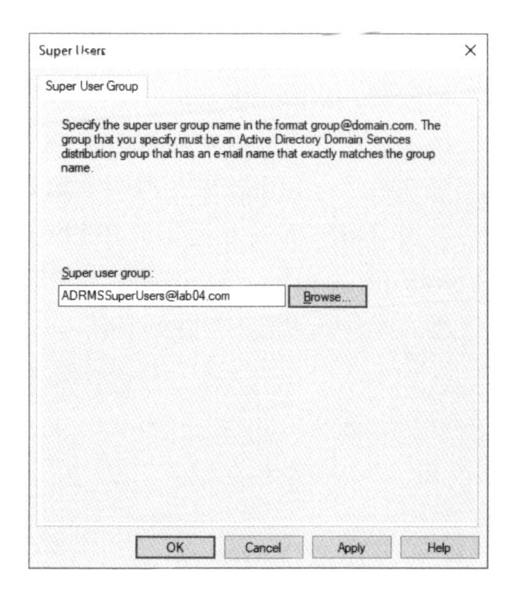

▲ 圖 10-14　選定 ADRMS 超級用戶群組

10.6 權限原則範本管理

在企業的資訊安全規範中，針對不同文件與 Email 的機密等級，可以選擇套用不同的 ADRMS 範本。舉例來說，對於財務部門每個月發送給所有人員的薪資條，對於收件者而言它便無法將該 Email 轉送給其他人員，且即便是 Exchange 信箱管理人員或是已被授權能夠存取該信箱的人員，皆無法開啟經由 ADRMS 加密的 Email 來查看其內容。

由此可見無論是對於不同的使用對象或是情境，只要管理者預先建立好各種所需要的 ADRMS 範本，便可以讓需要的用戶來自由選擇與套用，或是讓 Exchange 管理員能夠根據不同的傳輸規則設定需求，來選擇適用的 ADRMS 範本。接下來就讓我們來一同來學習一下，如何在 ADRMS 主機上建立範本。

首先請在開啟 ADRMS 管理主控台介面之後，點選位在 [Rights Policy Templates] 頁面中的 [Create Distributed Rights Policy Template] 超連結。在 [Add Template Identification Information] 頁面中，可以為這項新範本原則新增不同語言的識別名稱與說明，非常適合運用在擁有跨國多點營運的企業架構。點選 [Next]。

在如圖 10-15 所示的 [Add User Rights] 頁面中，您可以先將所要賦予權限的用戶 Email 地址加入之後，再分別設定他們各自的權限清單，這包括了：完全控制、檢視、編輯、儲存、匯出（另存新檔）、列印、轉寄等等。而在頁面下方中的「Grant owner(author)full control right with no expiration」選項，建議您將它一併勾選，可避免發生所有被授權的人員帳號已不存在的窘境。

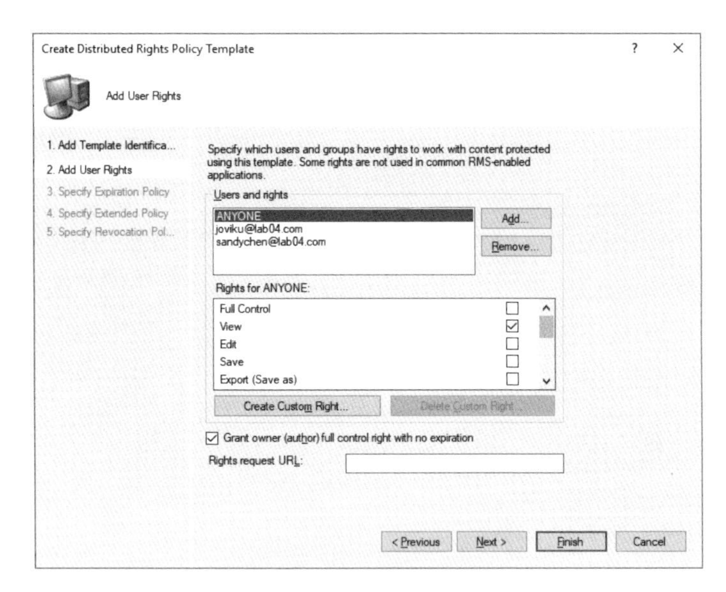

▲ 圖 10-15 新增用戶權限設定

另外如果您希望往後接收到經 ADRMS 加密郵件或文件的收件者，可以即時以 E-mail 方式，來向管理員來要求其他 ADRMS 的權限需求時，則可以在 [Rights request URL] 輸入相關連線的網址，不過您必須預先製作好相對應的說明網頁。點選 [Next]。

如圖 10-16 所示在 [Specify Expiration Policy] 的頁面中，您可以決定套用此範本的郵件訊息或文件的內容過期時間，如此一來一旦因為指定的天數過期或是超過了指定的日期，除非原發佈者再重新發佈一次，否則用戶將無法再開啟此 Email 或是文件。

至於在 [Use license expiration] 的天數設定部份，一旦過期的天數到達時，用戶端必須重新連線到 ADRMS 的主機上下載新的授權，因此如果此刻剛好發生了無法與 ADRMS 主機的連線狀況時，那麼該 Email 或文件將會無法開啟。點選 [Next]。如果不要在此範本中設定期限，請勾選 [Never expires] 設定。點選 [Next]。

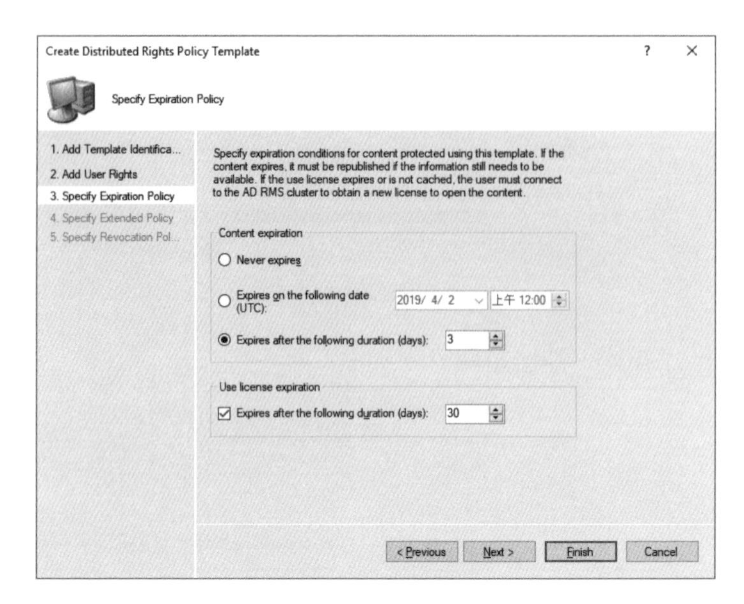

▲ 圖 10-16 指定到期原則]

在 [Specify Extended Policy] 的頁面中，可設定這項原則範本保護內容的延伸配置。首先您可以決定是否要讓用戶，能夠透過有安裝 ADRMS 附加元件（add-on）的瀏覽器來檢視受保護的內容。接著可強制用戶每一次開啟加密郵件或文件時，都必須要求下載新的授權憑證才能檢視其加密內容。點選 [Next]。最後在 [Specify Revocation Policy] 的頁面中，可分別設定撤銷清單的發佈位置、撤銷清單重新整理的間隔天數、公開金鑰對應簽署撤銷清單的檔案。點選 [Finish]。

回到 [Rights Policy Templates] 節點頁面中，便可以看到我們方才所新增的權限原則範本。未來您將可以對它進行修改、刪除、複製、封存以及檢視權限摘要。例如您可以點選 [Copy] 來執行複製功能，以便快速產生多個權限原則範本。若是點選 [View Rights Summary] 則將會開啟如圖 10-17 所示的 [User Rights Summary] 頁面，來迅速檢視不同用戶的授權摘要。

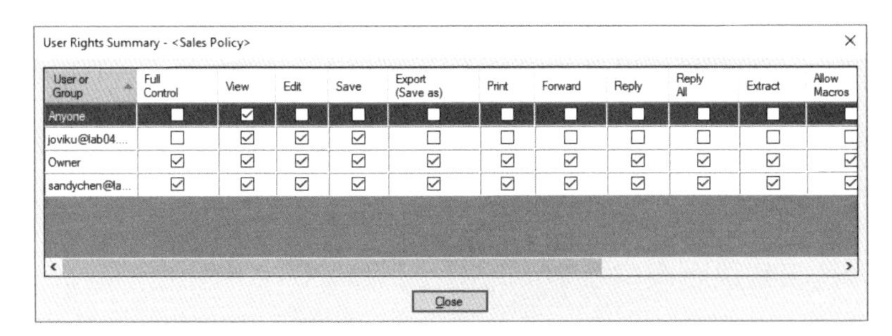

▲ 圖 10-17 檢視權限原則摘要

10.7 保護源頭文件

想要避免敏感的資訊外洩，首要的任務應該是先保護源頭的機密文件，接著才是對於一些非文件類型的資訊進行保護，其中 Email 便是主要的保護目標。首先在文件的保護部分，不外乎是針對主流的 Word、Excel、PowerPoint 以及 PDF 文件的內容加密。

在此筆者以 Office 2019 的 Word 操作為例，用戶可以在 [資訊] 頁面中針對 [保護文件] 的下拉選單中點選 [限制存取]。首次的使用將需要先點選 [連線至版權管理伺服器並取得範本]，才會進一步出現所有可用的權限原則範本，如圖 10-18 所示便是筆者選取了所自訂的一個名為 [Sales Policy] 的範本。

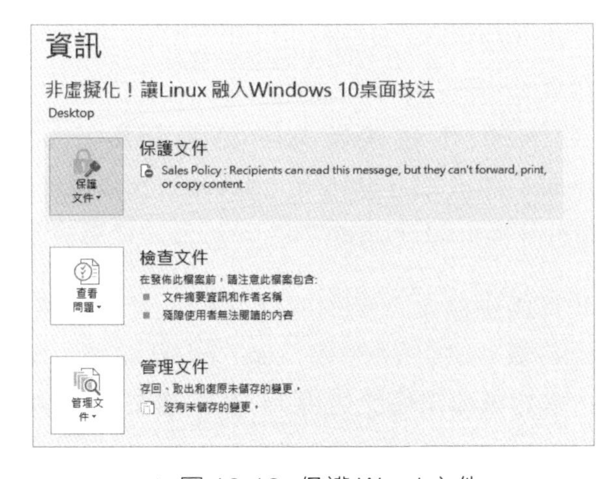

▲ 圖 10-18 保護 Word 文件

雖然説用戶們可以根據文件的敏感程度與類型，來自行選擇所要套用的權限原則範本，但對於普遍使用 Windows Server 共享資料夾，來做為集中管理文件的組織而言，勢必得要有一個解決方案來讓不同的共享資料夾，能夠根據預先的定義自動以 ADRMS 加密其中的文件。

還好這項解決方案早在 Windows Server 2012 開始便已經提供，不需要另外尋求第三方解決方案，那就是 [檔案伺服器資源管理員] 功能。想要使用這項功能您必須先在 [Server Manager] 介面之中，如圖 10-19 所示將位在 [Server Roles] 頁面中的 [File Server Resource Manager] 功能勾選並完成安裝即可。

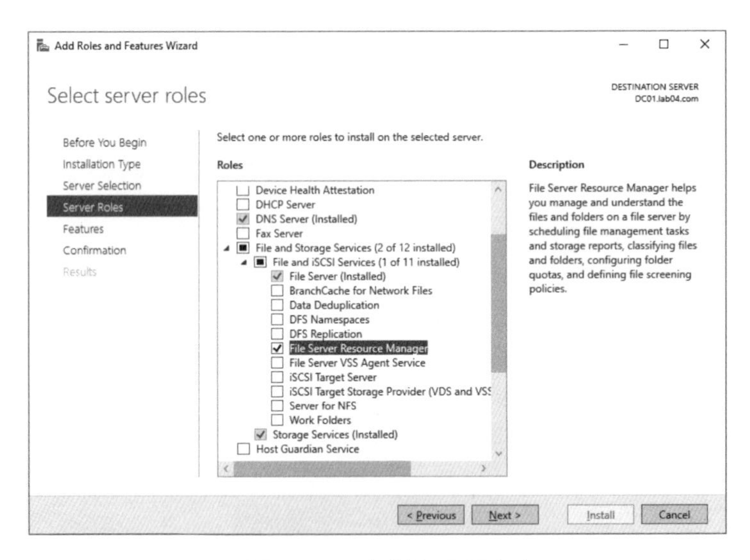

▲ 圖 10-19 安裝伺服器角色

緊接著請從 [Tools] 下拉選單之中點選開啟 [File Server Resource Manager] 介面，然後在 [File Management Tasks] 頁面的 [Actions] 窗格中點選 [Create File Management Task] 超連結繼續。

在 [General] 頁面中請輸入新的工作名稱，並且可將 [Enable] 設定勾選。在 [Scope] 頁面中，請先將 [User Files] 勾選，接著請透過點選 [Add] 按鈕，來將後續準備要套用 ADRMS 自動加密保護功能的本機資料夾一一加入。

在如圖 10-20 所示的 [Action] 頁面中，您選擇在 [Select a template] 設定中自行選定要使用的權限原則範本，或是在選取 [Enter manual settings] 設定後，再來自行手動依序設定讀取、變更以及完全控制的人員 Email 地址。此外值得注意的是在預設的狀態下，文件的擁有者以及資料夾的擁有者，將會自動擁有完全控制的權限，不過後者設定是可以被取消的。

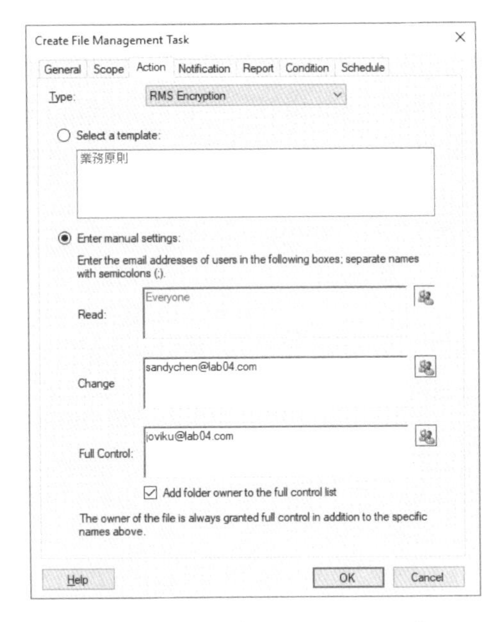

▲ 圖 10-20 建立檔案管理工作

接著在 [Notification] 頁面中，可以設定以 Email 進行工作執行前的通知，或是選擇寫入至事件記錄之中，進一步還可以讓它執行選定的外部命令。在 [Report] 頁面中，可以選擇是否要產生相關的記錄檔以及報告，其中報告除了可以選定格式之外，還可以進一步設定以 Email 自動傳遞給選定的人員。而當收件者有多位人員時，僅需在 Email 位址之間加入分號（;）即可。至於本地報告的儲存位置，預設將會自動儲存在 C:\StorageReports\Scheduled 路徑之中。

在如圖 10-21 所示的 [Condition] 頁面中，可以設定執行此管理工作的條件。舉例來說，您可以在 [File name patterns] 欄位中，以分號（;）相隔輸入多個不同文件類型的副檔名（例如：*.docx;*.xlsx）。在進階的運用部分，則可以結合檔案的屬性來做為條件，例如僅加密標示為財務部為屬性的文件。

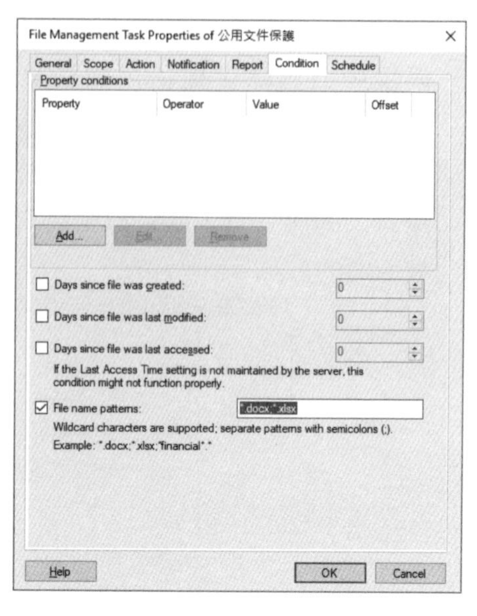

▲ 圖 10-21 執行條件設定

最後在如圖 10-22 所示的 [Schedule] 頁面中，可以設定此文件管理工作執行的時間點，例如您可以選定每週日的凌晨 1:00 來執行此工作。如果想要對於每一次新增的文件來立即執行工作，請將 [Run continuously on new files] 設定勾選。點選 [OK] 完成設定。

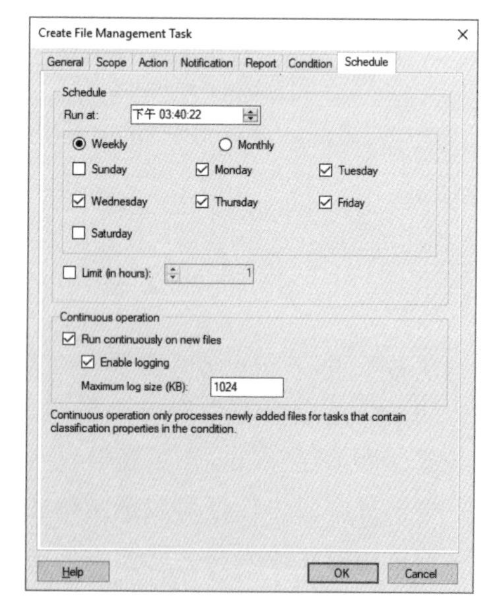

▲ 圖 10-22 執行排程設定

如圖 10-23 所示再次回到 [File Management Tasks] 頁面中，您將可以檢視到剛剛所建立的工作項，選取後您將可以隨時在 [Actions] 的窗格之中，來針對它進行編輯、啟用（關閉）、執行、取消或是刪除等操作。

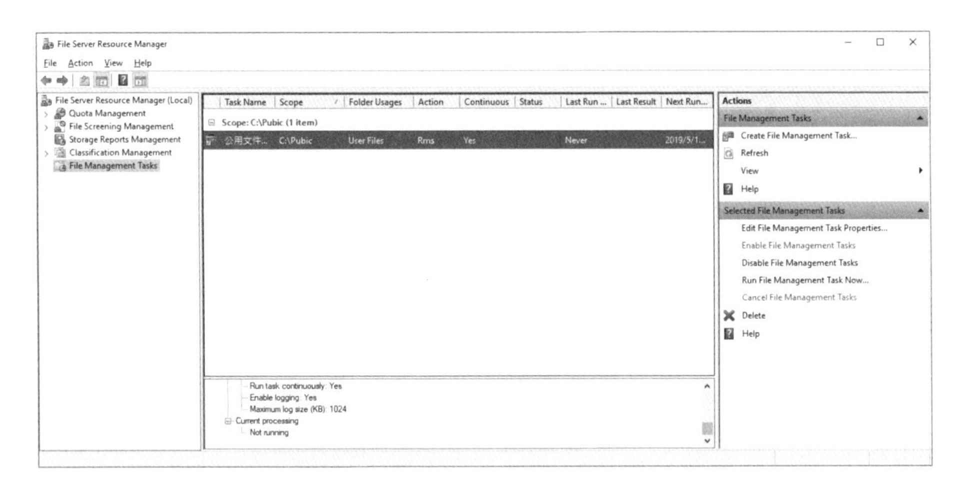

▲ 圖 10-23 檔案管理工作清單

如圖 10-24 所示便是在點選執行 [Run File Management Task Now] 後所開啟的頁面，您可以在此選擇於背景執行或是觀察並等待完成執行。點選 [OK]。

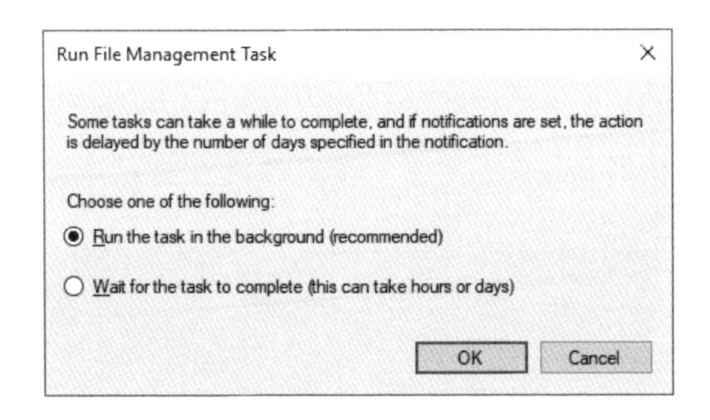

▲ 圖 10-24 手動執行檔案管理工作

在成功完成檔案管理工作的執行之後，將會自動開啟如圖 10-25 所示的 [File Management Task Report] 網頁，其報告內容主要有被處理的相關文件數量、大小、類型以及清單列表，有助於管理人員查看已被加密的文件清單。

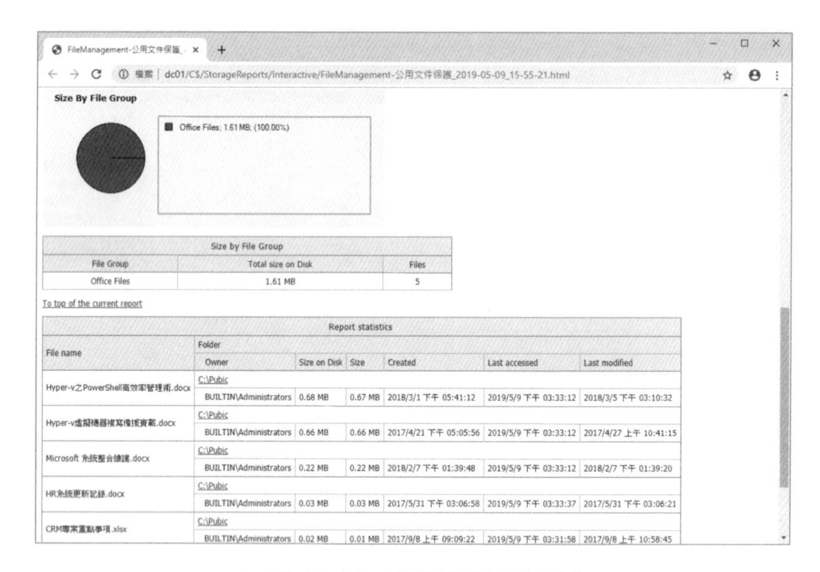

▲ 圖 10-25　檔案管理工作報告

無論是用戶經由 Office 來手動選擇權限原則範本，還是由管理員在伺服器上透過檔案管理工作所完成的自動加密保護，一旦文件受到 ADRMS 加密處理之後，開啟時都將會出現類似如圖 10-26 所示的 " 正在為您的電腦設定「資訊版權管理」..." 訊息，也就是正在嘗試連接 ADRMS 服務。

▲ 圖 10-25　開啟受保護的文件

一旦系統發現無法成功連接 ADRMS 服務來取得相關憑證時，以 Excel 來說將會出現如圖 10-27 所示的 " 此活頁簿已受保護 " 的錯誤訊息而無法開啟舞文件。此外，即便能夠成功連接 ADRMS 服務，系統會再進一步檢查目前所登入的帳號，是否有足夠的權限來開啟此文件，如果發現沒有足夠的權限，則會出現權限方面的錯誤訊息。

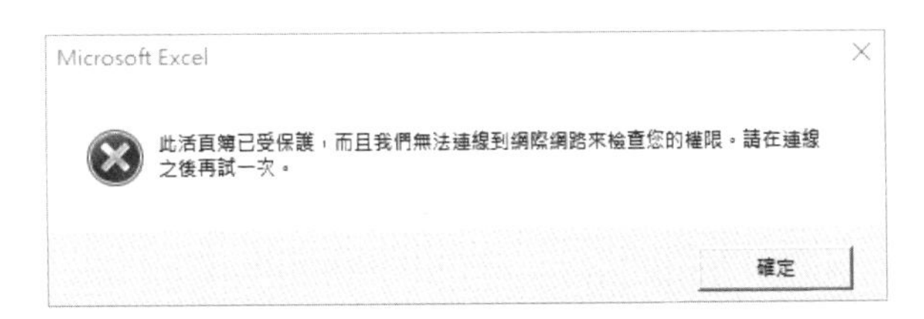

▲ 圖 10-27 外流文件無法開啟

如何開啟 ADRMS 加密的 PDF 文件？

針對經由 ADRMS 加密保護的 PDF 文件，您是無法經由 Microsoft Office 或 Acrobat Reader 來直接開啟的，而是必須透過第三方的 Foxit Reader 來開啟，您可以到以下官網來免費下載。

➥ Foxit 官網：http://www.foxitsoftware.tw/downloads/

10.8 Exchange 整合 ADRMS 設定

前面我們已經介紹了如何經由用戶端 Office 以及伺服端的檔案資源管理員工具，來進行 ADRMS 加密保護文件的任務。接下來我們所要實戰講解的則是對於 Email 的保護機制，也就是對於用戶準備要寄送的 Email 進行手動或自動的 ADRMS 加密保護任務。

無論是要採手動還是自動保護，前提都必須先完成 ADRMS 與 Exchange Server 的整合配置。操作方法很簡單，請在 EMS（Exchange Management Shell）命令介面之中，如圖 10-28 所示執行 Set-IRMConfiguration-

InternalLicensingEnabled $true 命令，便可以完成與 ADRMS 主機服務的連接設定。若想要查看設定結果是否正確，可以執行 Get-IRMConfiguration 命令來得知。

```
Machine: EX01.lab04.com
[PS] C:\>Set-IRMConfiguration -InternalLicensingEnabled $true
[PS] C:\>Get-IRMConfiguration


InternalLicensingEnabled         : True
ExternalLicensingEnabled         : False
AzureRMSLicensingEnabled         : False
TransportDecryptionSetting       : Optional
JournalReportDecryptionEnabled   : True
SimplifiedClientAccessEnabled    : False
ClientAccessServerEnabled        : True
SearchEnabled                    : True
EDiscoverySuperUserEnabled       : True
RMSOnlineKeySharingLocation      :
RMSOnlineVersion                 :
ServiceLocation                  :
PublishingLocation               :
LicensingLocation                : {}
```

▲ 圖 10-28 Exchange Server IRM 配置

在沒有設定 AD RMS 伺服器的連線位址情況下，為何 Exchange Server 會知道要連線哪一台主機呢？其實原因簡單，那就是我們已設定了 ADRMS 服務連線點（SCP），而這項設定就是儲存在 Active Directory 資料庫之中。

10.9 手動加密電子郵件

關於 ADRMS 伺服器角色整合 Exchange Server 2019 的保護功能，主要可以透過兩種操作方式來完成。首先第一種方式是搭配 Exchange Server 的傳輸規則，來判定與執行所有要經過 ADRMS 加密的 Email。至於第二種做法則是由 Outlook 或 OWA 的用戶，來自行決定郵件寄送時，所套用的 ADRMS 權限範本。

在此讓我們先來看看第二種做法的操作說明。如圖 10-29 所示用戶在 OWA 的 [設定權限] 選單之中，便可以自行選擇所要套用的權限範本。至於如圖 10-30 所示的範例，則是寄件者在 Outlook 中選擇權限範本。

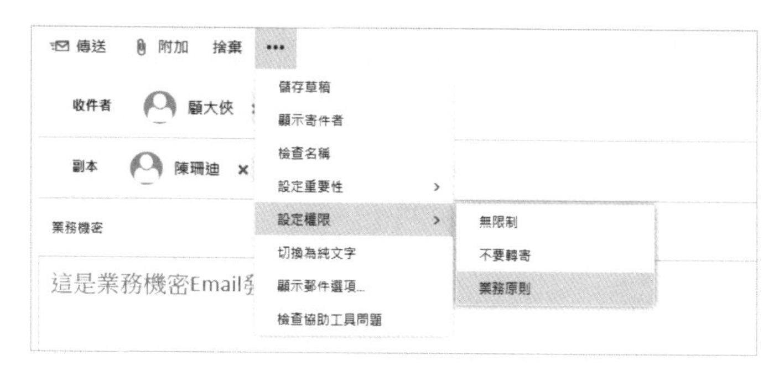

▲ 圖 10-29 OWA 選擇權限範本

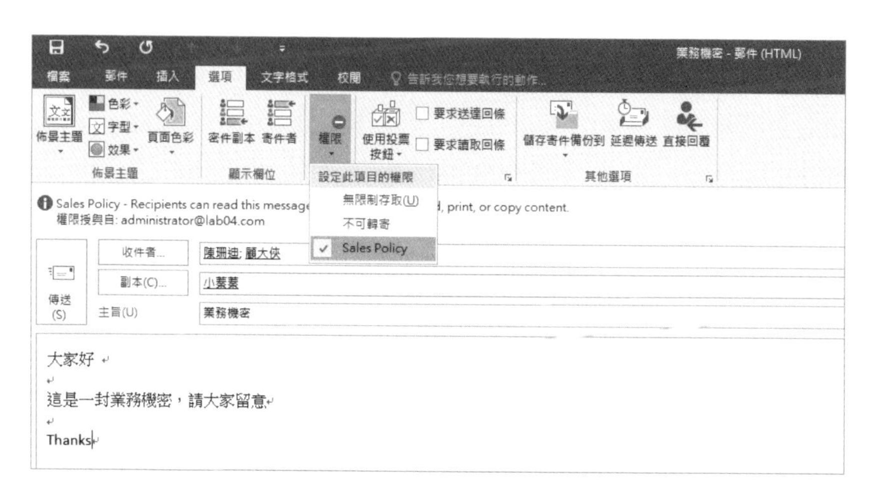

▲ 圖 10-30 Outlook 選擇權限範本

想要在 Exchange Server 伺服器操作中得知目前有哪一些 ADRMS 權限範本可以使用，您只要在 EMS 命令介面之中如圖 10-31 所示執行 Get-RMSTemplate 命令即可。在預設狀態下僅會有一個「不要轉寄（Do Not Forward）」權限範本，一旦寄送的 Email 套用了此權限，收件者所收到的 Email 將是一封經由 ADRMS 所加密的郵件內容，因此無法對這一封郵件進行轉寄、複製、列印或是螢幕的截圖。

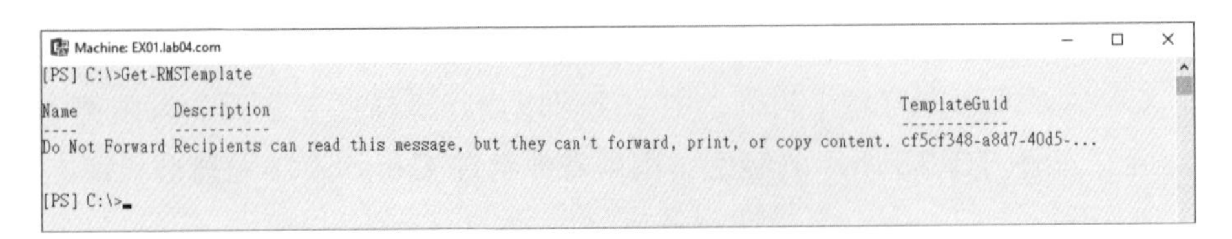

▲ 圖 10-31 查看權限範本清單

10.10 自動加密電子郵件

前面所介紹的做法是讓 OWA 或 Outlook 用戶，自行根據所要發送的 Email 敏感程度，來選擇所要套用的權限範本。然而在許多企業的資訊安全政策中，肯定都會有一些強制加密郵件內文與附件的規定，例如針對特定部門之間或人員之間的往來郵件。無論條件為何，此時便可以善用 Exchange 系統管理中心網站中所提供的傳輸規則，來滿足這一項自動加密郵件的配置需求。

怎麼實作呢？首先請開啟 [Exchange 系統管理中心] 網站，在如圖 10-32 所示的 [郵件流程]\[規則] 頁面中，點選新增小圖示就可以看到各種可用的規則範本，其中 [套用權限保護至郵件 ..] 就是我們需要的，當然您也可以選擇 [建立新的規則]，然後再來自行完成細項設定。

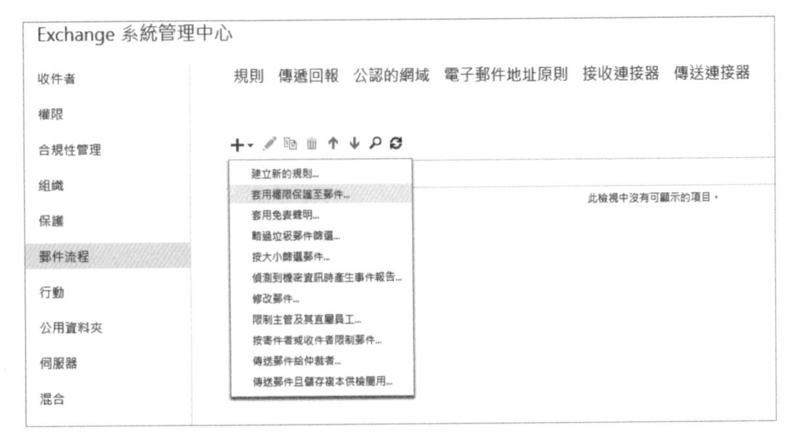

▲ 圖 10-32 傳輸規則選單

在如圖 10-33 所示的 [新增規則] 頁面中，筆者建立了一個名為 " 人資部門郵件保護 " 的規則，其條件則設定為凡是經由 HR 群組成員，所發送給組織內人員的 Email，全部都必須自動套用 " 不要轉寄 " 的權限範本來加以保護。如此一來便可以確保所有與人事薪資有關的敏感資訊通通受到保護。當然您可以在此進一步設定例外狀況的條件，像是針對特定的主旨或寄件者等條件。點選 [儲存]。

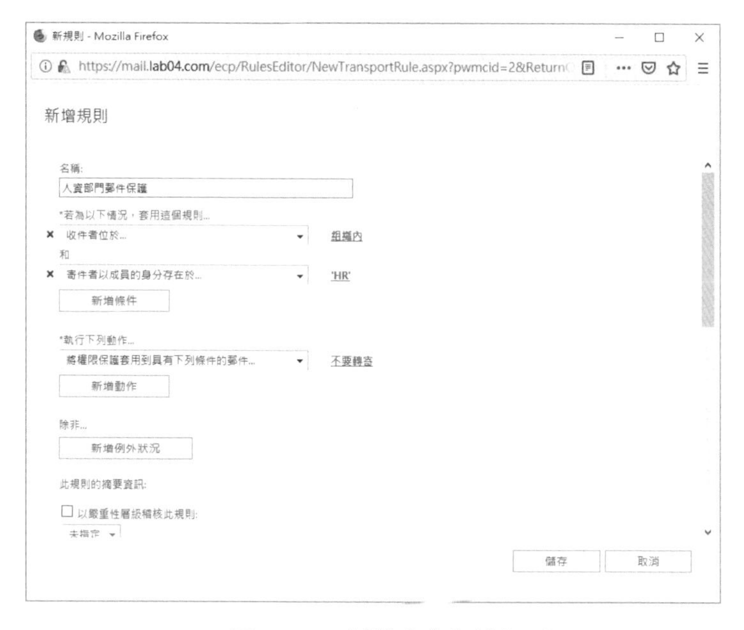

▲ 圖 10-33 新增郵件保護規則

儘管對於尚未經由 ADRMS 加密的 Office 文件，在新增至 Email 的附件之後仍然可以受到完整的內容保護，但對於一些極力想縮減或控制用戶信箱空間的 IT 部門而言，恐怖不是一個能夠被接受的解決方案。為此，建議您可以善用前面所介紹過的檔案伺服器共享方式，讓 Email 內容中僅提供 UNC 的共享超連結，來取代傳統直接夾帶附件檔案的方式來運行。

不過結合檔案伺服器共享的做法，只適合內網的人員協同合作，若想要擴展到 Internet 以利於人員在外網時的方便使用，則可以考慮整合 SharePoint Server 2016 以上版本的文件庫功能，因為它同樣支援結合 ADRMS 服務的加密保護機制，對於在文件的管理功能上更是優於 Windows 檔案伺服器。

本章結語

好的 IT 解決方案不一定要遠求，更不一定需要得花大錢才能辦到，就如同本文所介紹的 ADRMS 一樣，只要在現行 Active Directory 中部署一台 ADRMS 主機，就能夠同時解決 Office 文件內容以及 Exchange Server 的 Email 訊息保護需求。但是現今許多 IT 人員，可能不知道這項方案早已內建於 Windows Server 之中。

因而不斷向外去尋找相似的第三方解決方案，結果不僅得額外編列可觀的 IT 預算，到頭來可能還無法像 Microsoft 自家的 ADRMS 服務一樣，緊密無縫的整合於 Windows 檔案伺服器以及 Exchange Server，甚至於若有進一步部署企業資訊入口網站（EIP）的需求，還可以考慮導入 SharePoint Server，建構最完善的企業私有雲商務協作平台。

Exchange Server 2019 合規性實戰管理

在以 Email 往來的網路世界裡，小公司通常只在意 Email 能不能正常收發，但對於中大型的企業來說，他們更關心用戶 Email 的發送是否有在合規性的範圍內進行，因為一旦有任何用戶違規使用，便可能讓內部敏感的業務數據、研發資訊或是員工個資外洩，進而造成難以估計的商譽損失。

因此，應當在最初評估與導入 Mail Server 專案計劃書中，就已經加入了相關的配套方案，不過這可能會使得整體的導入成本大幅提高。還好，如今只要選擇部署 Exchange Server 2019，便可以讓這一些額外支出的配套方案，通通變成內建功能直接享用。

11.1 簡介

不管資訊科技如何快速向上發展，企業對於 Email 的使用始終是依賴程度最高的服務。現今的辦公作業可以一天沒有電話、傳真機甚至於上網，但若少了 Email 老闆肯定跳腳，因為對外幾乎所有與業務往來的訊息，包括了報價、訂單、專案進度、客服訊息等等，全部都得透過 Email 來進行收發。至於對內部分，人員之間的協同合作也都是以 Email 為基礎在運行。換句話說少了它就算有電話、電腦、網路也難以補救沒有 Email 的窘境。

有句話說水能載舟亦能覆舟，這句話用在 Email 也是一樣的。善用 Email 的溝通方式不僅可以提升人員的協作效率，也能改善客戶以及合作夥伴的關係。相反的如果人員對於一些敏感資訊的發送沒有小心處理，輕者可能造成同事之間的誤會，重者則可能因此將這些敏感資訊，發送到不該收到的外部信箱之中。而這一些常見誤發的敏感資訊有報價、人員個資、網路連線資訊等等。

上述只是針對常見敏感資訊的誤發情境，如果今日遭遇的是有內部人員的惡意洩密，那就牽扯到法律訴訟的問題了，此時公司便會要求 IT 部門協助提供相關的事證資料。關於諸如此類的惡意行為，相信在越大的組織當中越是常見。因此，建構一套全方位的郵件系統，絕對不能夠只考量到郵件的收發、效能、穩定性、安全性以及高可用性，更要深入郵件系統在合規性的管理機制與功能面，是否能夠滿足企業在 IT 管理政策上的實踐。

選擇部署 Exchange Server 2019 企業版的優勢之一，就是直接內建了合規性管理功能，而不需要再編列額外的 IT 預算來整合第三方的解決方案。在接下來的實戰講解中，筆者除了會介紹合規性中的日誌規則、就地封存、保留原則、郵件探索、郵件發送仲裁、訴訟資料暫留以及資料外洩防護功能之外，也會說明如何設定郵件免責聲明，讓人員對外發送的郵件獲得基本的保障。

在開始進入各項合規性功能的實戰講解之前，管理者必須優先學習的肯定是如何幫用戶搜索郵件的發送狀態，因為這幾乎是用戶們最喜歡諮詢的問題之一。其實操作方法很簡單，只要開啟 [Exchange 系統管理中心] 網站，點選至如圖 11-1 所示的 [郵件流程]\[傳遞回報] 頁面，即可透過設定要搜尋的信箱、搜尋傳送給此人的郵件、搜尋由此人寄來的郵件或主旨來查找到相關已傳遞郵件。

▲ 圖 11-1 傳遞回報

11.2 設定郵件免責聲明

一般來說商務人士對於 Email 的發送，都會預先設定好自動附加在郵件內容尾部的簽名，以表明自己的職務、聯絡方式以及公司的服務等等。不過為了更加嚴謹管理公司 Email 的發送，通常 IT 部門還會要求加入所謂的郵件免責聲明於簽名之後。

在 Exchange Server 中用戶可以自行於 Outlook 或 OWA 中來自行設定簽名內容，但並不需要自行手動來設定郵件免責聲明，而是只要交由 IT 人員於伺服端來統一進行設定與套用即可。如此往後如果需要修改其內容，也僅需要從伺服端來完成修改即可。設定方法很簡單，首先請開啟 [Exchange 系統管理中心] 網站。在 [郵件流程]\[規則] 頁面中，從新增的圖示選單中點選 [套用免責聲明] 來開啟如圖 11-2 所示的 [新增規則] 頁面。

▲ 圖 11-2 新增郵件免責聲明規則

在此除了輸入新規則的名稱之外，請條件下拉選單中選取 [收件者位於 ..] 並設定成 [在組織外]。在執行動作的下拉選單中，請選取 [附加免責聲明] 並設定好免責聲明的文字內容。最後再設定嚴重性層級以及強制的規則模式。點選 [儲存]。

完成了郵件免責聲明規則的設定之後，就可以立即從 Outlook 或 OWA 中來發一封信到外部信箱試試。如圖 11-3 所示在此便可以看到一封由 Outlook.com 所收到的 Email，其內容的尾部已自動附上了我們預先設定好的郵件免責聲明。

▲ 圖 11-3 郵件免責聲明範例

11.3 日誌規則的使用

日誌規則可算是 Exchange Server 所提供最早的合規性管理功能。它的運作方式很簡單，其實就是依規則設定來將選定的郵件發送，自動轉送一份完整的記錄至選定的信箱內。接著只要被賦予讀取權限的相關人員，便可以隨時在自己的 Outlook 或 OWA 操作介面中，來開啟該日誌信箱並進行郵件的閱讀。這項功能對於遺失郵件的查找或重要郵件的稽核都是相當便利的。

如圖 11-4 所示便是筆者在 [Exchange 系統管理中心] 網站的 \[合規性管理]\[日誌規則] 中，所新增的一筆日誌規則範例，目的就是要將人力資源部門所收發的內部郵件，自動轉送一份至選定的人員信箱之中備存。

▲ 圖 11-4 日誌規則管理

當點選新增的圖示後將會開啟如圖 11-5 所示的 [新增日誌規則] 頁面。在此請依序輸入接收日誌報告的郵件地址、新日誌規則名稱、選定要進行日誌備存的目標使用者或群組。最後在日誌中所要記錄的郵件類型，可以自行選擇所有郵件、僅內部郵件、僅外部郵件。點選 [儲存]。

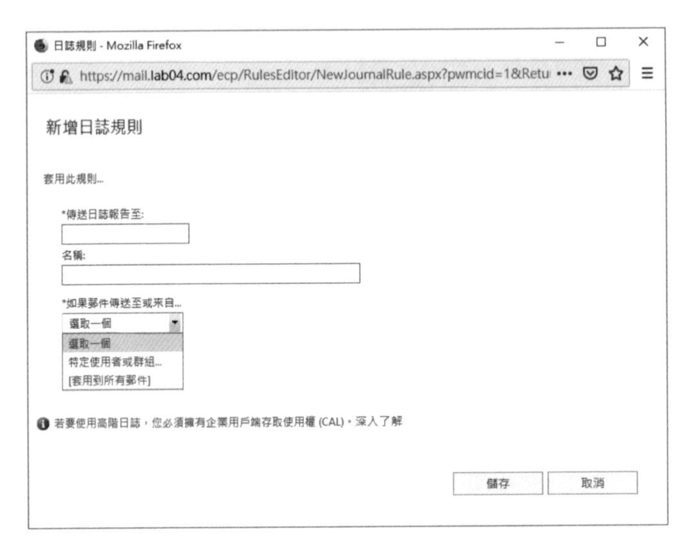

▲ 圖 11-5 新增日誌規則

回到日誌規則的頁面中，可以進一步點選 [選取地址] 超連結，來設定如圖 11-6 所示未傳遞回報的接受信箱，如此一來管理人員才能透過此信箱，得知哪一些符合規則的郵件沒有被成功轉送至日誌信箱。

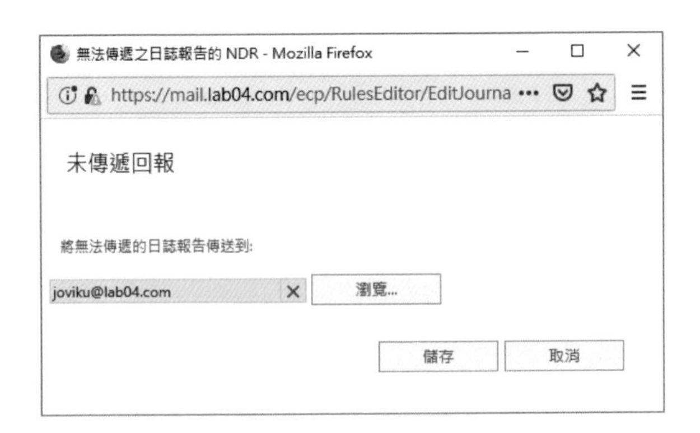

▲ 圖 11-6 未傳遞回報

如圖 11-7 所示便是一封成功被轉送至日誌信箱的 Email。在此首先可以發現寄件者顯示的為 [Microsoft Outlook]，這表示這項執行動作是由系統來自動完成處理。在郵件內容部分也與一般的郵件呈現方式不同，因為郵件的本文會統一改顯示為郵件原始碼中的寄件者地址、主旨、訊息識別碼、收件者地址。至於原始郵件的本文與相關附件，則會自動變成此日誌郵件的附件。

▲ 圖 11-7 已轉發為日誌的郵件

11.4 就地封存的使用

前面所介紹的日誌功能是由管理員針對選定的信箱，在伺服端直接完成內外郵件發送後的集中保存。對於用戶來說如果想要自行保存重要郵件，早期常見的做法就是由用戶自行在 Outlook 介面中，先行建立好存放於本機的 Outlook 資料檔案（.pst）並開啟。如此一來用戶便可以隨時將任何自認為重要的郵件，在介面中直接拖曳到此資料檔案的位置。這種做法的主要好處，便在於即使 Exchange Server 無法連線，也一樣能夠繼續存取這些已封存在本機電腦中的郵件。

雖然 Outlook 所提供的郵件本機封存功能看似不錯用，但是並非所有用戶都願意使用它。再者可能也會因為組織 IT 管理政策的因素，不會讓用戶去使用這項功能。此時就可以選擇使用將用戶封存郵件，存放於伺服端的線上封存的功能，而此功能的主要好處就是交由 IT 部門來集中管理與配置，包括信箱線上封存功能的啟用與停用、資料庫位置、配額以及封存原則的管理等等。

您可以在 [Exchange 系統管理中心] 網站的 [收件者]\[信箱] 頁面中，如圖 11-8 所示在選定要設定的信箱之後，點選位在 [就地封存] 區域中的 [啟用] 超連結繼續。

▲ 圖 11-8 信箱管理

接著在如圖 11-9 所示的 [建立就地封存] 頁面中，便可以透過點選 [瀏覽] 按鈕來選取用來存放線上封存信箱的資料庫。在此建議可以將不同分公司的線上封存信箱，集中存放在相同的信箱資料庫之中，並且與主要信箱的資料庫分開存放。

▲ 圖 11-9 建立就地封存

如果想要針對選定的組織單位人員，來批次啟用線上封存功能（例如：業務部），可以透過執行 Get-User -Filter "Department -eq '業務部'" | Enable-Mailbox -Archive 命令參數來一次完成設定。

完成了就地封存信箱的建立之後，用戶就可以在 Outlook 或 OWA 中看 [線上封存] 的信箱，對於想要封存的郵件可以隨時拖曳過去即可。在如圖 11-10 所示的範例中，則可以同時分別看到存放在本機的封存（JoviKu_Local）、共用信箱的線上封存以及用戶自己的線上封存。

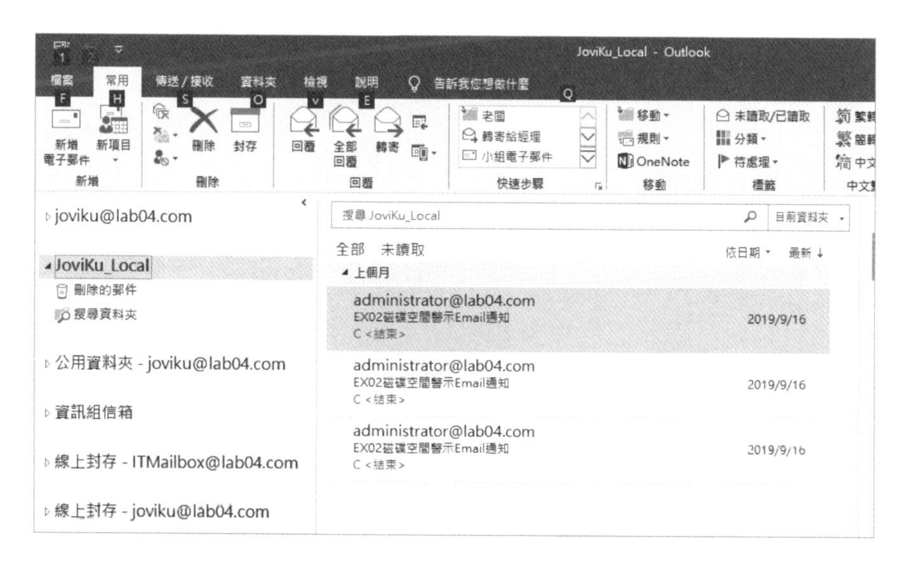

▲ 圖 11-10 Outlook 信箱

11.5 管理郵件保留原則

當在人員的主要信箱上又多了一個線上封存信箱之後，除了可以讓用戶隨時將郵件拖曳至線上封存信箱來進行保存之外，也可透過管理員預先幫我們建立好的封存原則或保留標籤，像如圖 11-11 所示一樣來自由套用在選定的郵件或郵件資料夾設定中。

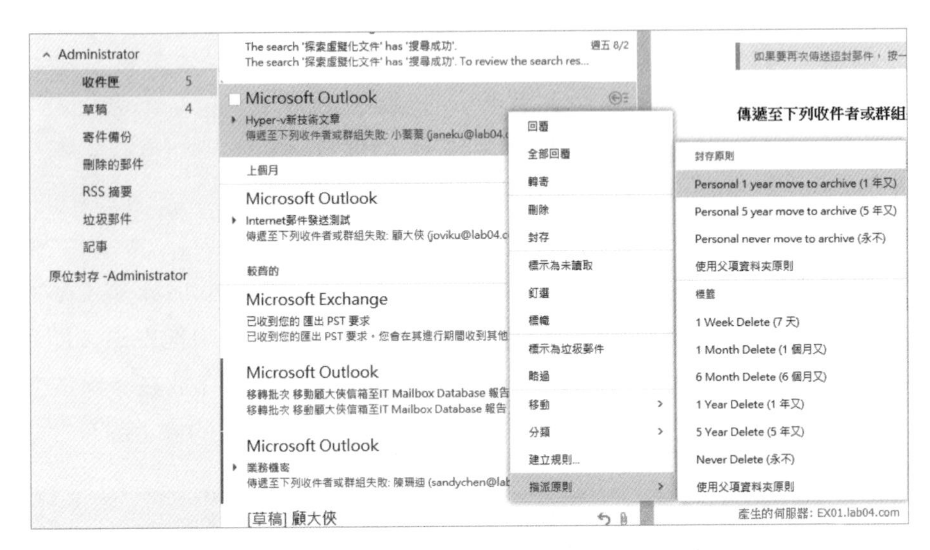

▲ 圖 11-11 指派原則

接下來讓我們開啟 [Exchange 系統管理中心] 網站。在 [合規性管理]\[保留標記] 頁面中，如圖 11-12 所示可以透過點選新增的小圖示，發現能夠建立的保留標記分別有：自動套用至整個信箱（預設）、自動套用至預設資料夾、依使用者套用至項目和資料夾（個人）。其中最後一個選項便是可以允許用戶自行選擇性套用的設定。

就地電子文件探索和保留　稽核　資料外洩防護　保留原則　保留標記　日誌規則

一般使用者可以看到保留標記，並且可以使用這些標記來指定使用者信箱中的郵件何時要移至封存或從信箱中移除。深入了解...

自動套用至整個信箱 (預設)
自動套用至預設資料夾
依使用者套用至項目和資料夾 (個人)

名稱	類型	保留期間	保留動作
	個人	30 天	刪除
	個人	7 天	刪除
1 Year Delete	個人	365 天	刪除
5 Year Delete	個人	1825 天	刪除
6 Month Delete	個人	180 天	刪除
Default 2 year move to archive	預設值	730 天	封存
Never Delete	個人	無限制	刪除
Personal 1 year move to archive	個人	365 天	封存
Personal 5 year move to archive	個人	1825 天	封存
Personal never move to archive	個人	無限制	封存

1 Month Delete
保留標記類型
個人
保留期間
30 天
保留期限過後
刪除 (暫時可復原)
註解

▲ 圖 11-12 保留標記管理

在如圖 11-13 所示的新標記頁面中，首先必須設定一個新標記的名稱，然後設定所要執行的保留動作、保留期間以及註解。點選 [儲存]。

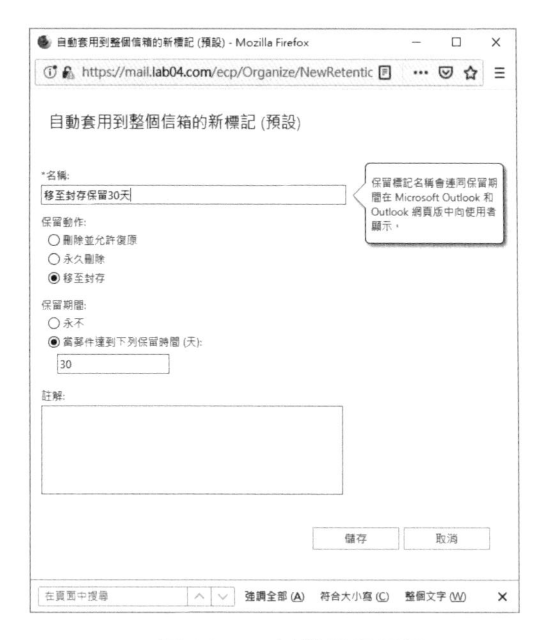

▲ 圖 11-13 新增保留標記

當完成了所有需要使用到的保留標記新增之後，就可以切換到 [保留原則] 頁面中，如圖 11-14 所示來新增保留原則設定。在此您可以為每一個保留原則，添加多個不同地保留標記。

▲ 圖 11-14 新增保留原則

完成了保留原則的建立之後，您可以在開啟人員信箱的屬性編輯頁面之後，在如圖 11-15 所示的 [信箱功能] 頁面中，來選定要套用至此信箱的保留原則。

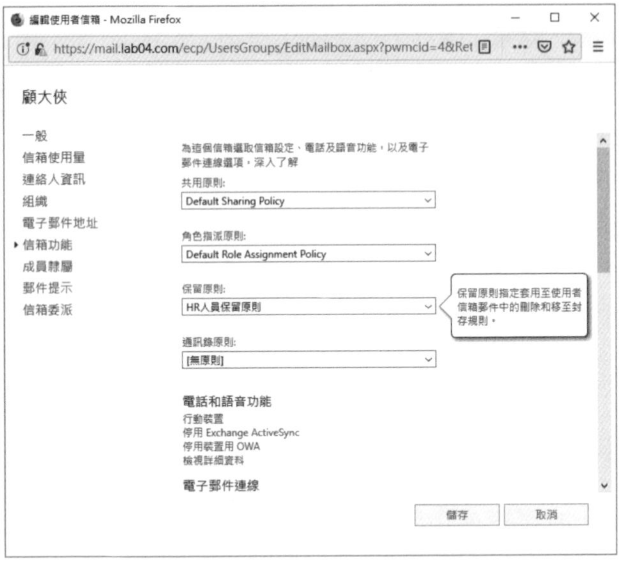

▲ 圖 11-15 設定信箱功能

如果想要得知某一位人員信箱（例如：SandyChen）所套用的原則標籤有哪一些，只要如圖 11-16 所示在 EMS 命令介面中執行以下命令參數即可。

```
$1 = Get-Mailbox SandyChen
Get-RetentionPolicy $1.RetentionPolicy | Fl RetentionPolicyTagLinks
```

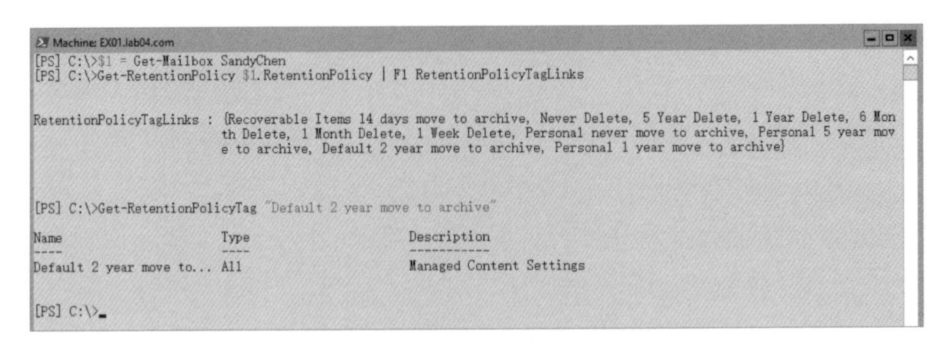

▲ 圖 11-16 查詢人員保留原則標籤

如果是要查看其中某一個保留原則標記的設定，可以參考以下命令參數範例。

```
Get-RetentionPolicyTag "Default 2 year move to archive"
```

11.6 保留原則結合郵件規則的使用

當 Exchange 管理員於伺服端建立好封存原則以及保留標籤之後，雖然可以建立一些供用戶們可自行選用的原則，但那畢竟得手動去針對選定的郵件或資料夾來進行設定，似乎仍有一些不便之處。為此，您可以改指導用戶善用郵件規則功能，讓郵件封存的設定自動根據規則條件來套用。

如何做呢？請如圖 11-17 所示在 Outlook 功能列的 [規則] 選單中點選 [建立規則]。接著我們略過快速規則設定功能，改點選 [進階選項] 繼續。

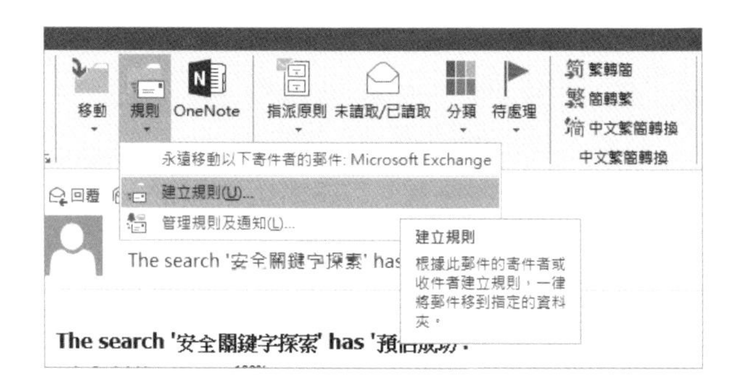

▲ 圖 11-17 Outlook 規則選單

在開啟 [規則精靈] 之後，便可以在 [步驟 1: 選取條件] 頁面中選擇並設定規則的執行條件，例如您可以設定依寄件者、收件者、重要性、敏感度等條件。點選 [下一步]。接著在如圖 11-18 所示 [步驟 1: 選取動作] 頁面中，請勾選 [套用保留原則] 設定並點選 [保留原則] 超連結繼續。

▲ 圖 11-18 建立規則

如圖 11-19 所示在 [保留原則] 頁面中，便可以看到目前可用的保留原則清單，請在選取之後點選 [套用] 即可。進一步您也可以點選 [使用資料夾原則] 按鈕來完成相關設定。

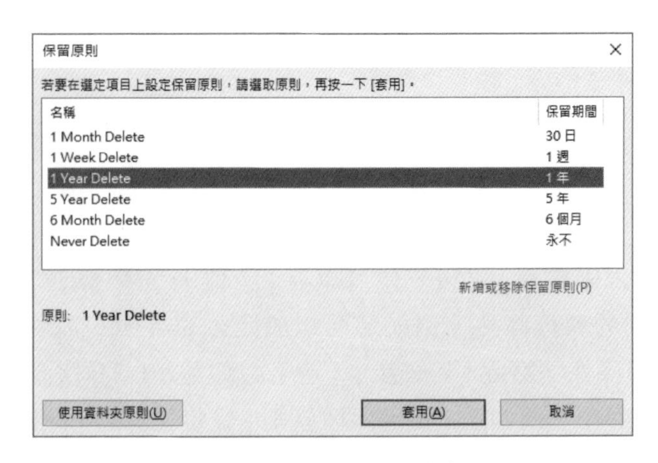

▲ 圖 11-19 保留原則清單

11.7 郵件探索與保留

長年累月下來企業中往往會有許多敏的感資訊，這一些包括了像是業務、研發人事方面的訊息，分散在人員信箱或公用資料夾之中。為了避免企業自身的商業利益受損，通常會要求 IT 部門針對一些選定的信箱進行稽核，必要時還得完整保存相關郵件，以防未來如果發生法律訴訟方面的事件時，可以隨時取得這一些郵件訊息來做為呈堂證供。

想要進行包含公用資料夾以及多重信箱的郵件探索與保留，管理人員必須同時屬於 [Compliance Management] 與 [Discovery Management] 的管理員角色成員。關於這部分的配置，您可以在 [Exchange 系統管理中心] 網站的 [權限]\[管理員角色] 頁面中來完成設定。

就地保留是一項需要有啟用 Exchange 企業用戶端存取使用權（CAL）才可以使用的功能。

確認已符合管理員所需要的權限之後，便可以在 [合規性管理]\[就地電子文件探索和保留] 頁面中，點選新增小圖示來開啟如圖 11-20 所示的 [新增就地電子文件探索和保留] 頁面。在此請分別輸入新的名稱與描述。點選 [下一步] 繼續。

▲ 圖 11-20 就地電子文件探索和保留

在如圖 11-21 所示的頁面中首先可以決定是否要搜尋信箱，並且可以自行添加所要搜尋的信箱清單，或是直接選取 [搜尋所有信箱] 設定。接著可以決定是否要勾選 [搜尋所有公用資料夾] 設定。點選 [下一步]。

▲ 圖 11-21 選定信箱或公用資料夾

在 [搜尋查詢] 的頁面中可以進一步決定是要包含所有內容，還是僅根據準則設定來篩選結果。其中若要執行後者功能的操作，您必須隸屬於 [Discovery Management] 管理員角色的成員才可以。如圖 11-22 所示若有權限執行篩選，便可以在 [搜尋查詢] 頁面中來分別設定要查詢的關鍵字、起訖日期、寄件者、收件者以及郵件類型等條件。點選 [儲存]。最後請決定是否要啟用就地保留功能以及設定保留天數。

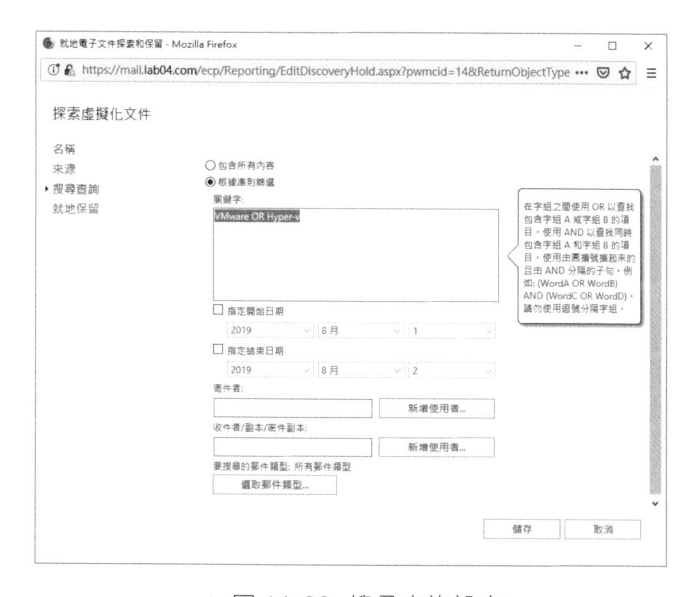

▲ 圖 11-22 搜尋查詢設定

如圖 11-23 所示再次回到 [就地電子文件探索和保留] 頁面中，便可以看到剛剛所新增的設定。在此如果出現狀態是顯示 " 預估成功 "，便可以點選 [預估搜尋結果] 的超連結來查看其探索結果。

▲ 圖 11-23 完成新增探索設定

如圖 11-24 所示在 [就地電子文件探索搜尋預覽] 頁面中，將可以在 [所有項目] 中查看到所有符合查詢條件的郵件清單。若是要查看個別信箱與公用資料夾的探索結果，則只要點選分類名稱即可。

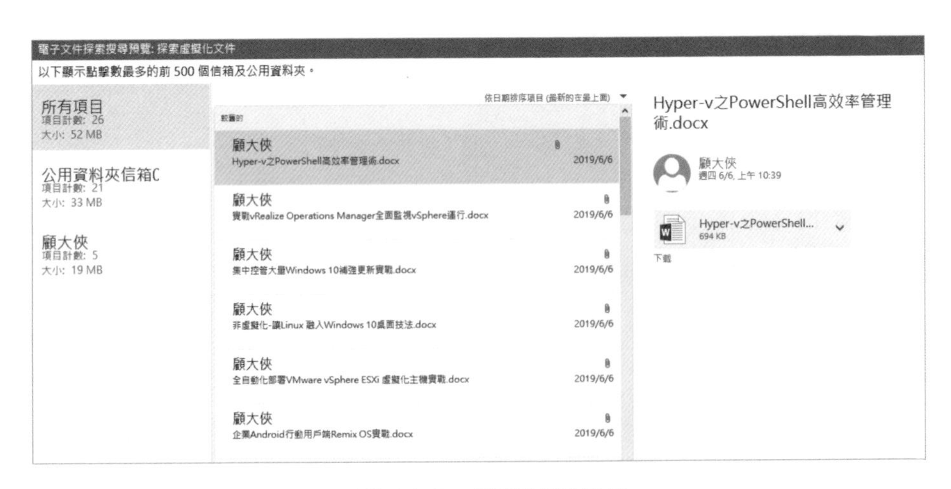

▲ 圖 11-24 預覽搜尋結果

當您所啟動的探索設定執行成功之後，啟動者將會收到搜尋成功的相關 Email 通知，如圖 11-25 所示內容中詳細描述了包括執行的起迄時間、成功搜尋的來源 Email 信箱清單、大小、數量等資訊。

▲ 圖 11-25 探索報告通知

此外對於所建立過的探索設定，您可以隨時在選定之後從搜尋小圖示選單之中，點選 [複製搜尋結果]。如圖 11-26 所示便是執行 [複製搜尋結果] 後所開啟的頁面，也就是您可以將此設定所有探索的結果，複製一份到選定的探索信箱之中，而且可以選擇是否要包含無法搜尋的項目記錄，以及決定在複製的過程中，是否要啟用重複資料的刪除以及完整記錄。最後建議您可以將 [複製完成時傳送電子郵件給我] 的設定勾選。點選 [複製]。

▲ 圖 11-26 複製搜尋結果

想要建立橫跨多重信箱的關鍵字探索，不一定非得透過 [Exchange 系統管理中心] 網站來完成不可。如果您已熟悉 EMS 命令介面的使用，則可以直接透過如圖 11-27 所示的 New-MailboxSearch 命令參數範例來完成探索設定的建立。

```
New-MailboxSearch -Name "安全關鍵字探索" -SourceMailboxes JoviKu,SandyChen
-TargetMailbox Administrator -StartDate "2019/06/01" -EndDate "2019/08/01"
-Recipients "@lab04.com" -SearchQuery "安全" -StatusMailRecipients
Administrator
```

▲ 圖 11-27 以命令建立探索設定

在上述的命令參數範例中，並沒有設定啟用就地保留功能。以下針對 HR 信箱的探索設定，則是有添加 InPlaceHoldEnabled $true 參數設定，來啟用無限期的郵件就地保留功能，若要設定保留天數只要再添加 ItemHoldPeriod 參數來設定即可。

```
New-MailboxSearch -Name "HR 群組就地保留" -SourceMailboxes HR
-InPlaceHoldEnabled $true
```

針對任何已建立好的探索設定，只要像以下命令範例一樣，透過 Start-MailboxSearch 命令來啟動它即可。

```
Start-MailboxSearch -Name "HR 群組就地保留"
```

11.8 郵件發送仲裁

過去常聽說企業使用 IBM Domino/Notes 來做為 Mail Server 的好處之一，就是它能夠透過簡易的開發設計，讓 Email 的傳遞可以遵循預先定義好的流程來完成，如此便可以讓一些較敏感的郵件發送單位或人員，在發送郵件的過程之中，需要先經由選定的人員核准之後才能到達目的地信箱。在目前的 Exchange Server 2019 設計中，雖然無法提供像 IBM Domino/Notes 那樣強大的客製化設計的能力，但基本的郵件傳送流程功能卻是直接內建而不需要額外開發的。

怎麼做呢？很簡單！只要先開啟 [Exchange 系統管理中心] 網站，然後在 [郵件流程]\[規則] 頁面中，如圖 11-28 所示點選位在新增圖示選單中的 [傳送郵件給仲裁者] 繼續。

▲ 圖 11-28 傳輸規則管理

接著在如圖 11-29 所示的 [新增規則] 頁面中，在輸入新的規則名稱之後，可以選定群組或人員的收件者來做為條件。在 [執行下列動作] 的選單中，可以自由選擇 [將需要核准的郵件轉寄到] 或 [轉寄給寄件者的經理進行核准] 設定，其中後者的判定方法是根據 Active Directory 人員屬性中的組織設定來決定。最後您可以進一步設定例外狀況的條件，例如可以針對選定的人員或群組，來作為略過郵件傳送核准的條件。在規則模式設定中選取 [強制]。點選 [儲存]。

▲ 圖 11-29 新增規則

完成上述有關於 [傳送郵件給仲裁者] 的規則新增之後，可以立即嘗試發送一封符合規則條件設定的 Email。發送後仲裁者將會收到類似如圖 11-30 所示的 Email 通知。在此可以發現原主旨已被加入了 " 核准要求 " 的字眼，而內容也會出現 " 請提供您的決策 " 的敘述，至於附件則是夾帶了原始郵件。仲裁者可以在閱讀完附件之後，再來決定要點選 [核准] 或 [拒絕]。

▲ 圖 11-30 核准要求通知

一旦仲裁者點選 [核准] 之後原始郵件便會正式發送給收件者，反之若點選了 [拒絕] 則寄件者便會收到駁回的退信。在前面我們講解到有關仲裁規則中的 [轉寄給寄件者的經理進行核准] 動作設定，其判定就是根據如圖 11-31 所示的人員屬性，只要完成在 [組織]（Organization）頁面中的 [經理]（Manager）設定，便可以決定相對的仲裁者。

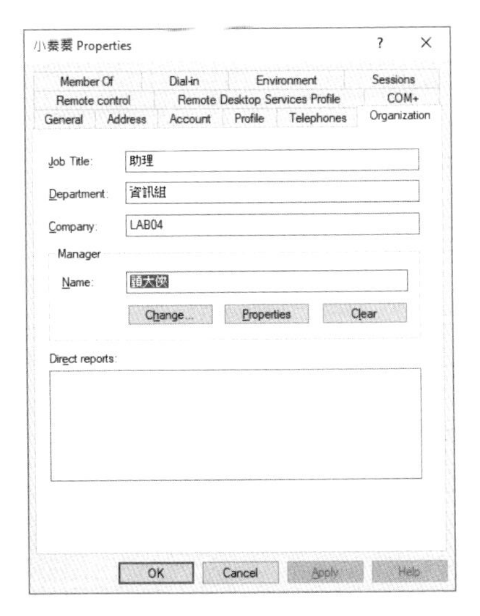

▲ 圖 11-31 AD 使用者組織設定

11.9 訴訟資料暫留的使用

在一些重視研發的企業中，用戶的信箱裡頭經常會有許多敏感資訊，如研發與業務部門等等，為了確保公司營運的自身利益，建議最好能夠針對某一些特定人員或部門，完整保他它們所有往來的郵件訊息，而這一些對象肯定就是有權掌握公司研發或業務相關敏感訊息的人士，以避免往後發生法律訴訟方面的事件時，公司的法務單位能藉此提出有利的事證。

想要妥善保存選定用戶的郵件，聰明的您可能會發現不就透過前面所介紹過的日誌規則、傳輸規則功能就可以辦得到了。其實若只是想針對某一些用戶信箱來完整保存他們的郵件，包含已從 [刪除的郵件] 資料夾中徹底清除的郵件，以供往後可以隨時從這一些信箱當中，探索到具有法律效力的郵件，那麼 [訴訟資料暫留] 這一項功能肯定是最佳的選擇。

如何在 Exchange Server 2019 中啟用訴訟資料暫留功能呢？首先針對單一信箱的啟用設定部分，只要在開啟選定信箱屬性編輯頁面之後，進一步點選位在 [信箱功能] 頁面 [訴訟資料暫留] 區域中的 [啟用] 超連結，即可開啟如圖 11-32 所示的設定頁面。您可以分別輸入訴訟保留持續的天數、附註以及詳細說明的 URL。點選 [儲存]。

▲ 圖 11-32 啟用訴訟資料暫留

完成人員信箱的訴訟資料暫留功能啟用之後，就可以如圖 11-33 所示執行以下命令參數讓其設定立即生效，並可查看該信箱有關於訴訟資料暫留的設定值，包括了啟用狀態、說明網址、啟用日期與時間、擁有人以及附註。

```
Start-ManagedFolderAssistant -Identity JoviKu
Get-Mailbox JoviKu | FL LitigationHoldEnabled,RetentionUrl,LitigationHoldD
ate,LitigationHoldOwner,RetentionComment
```

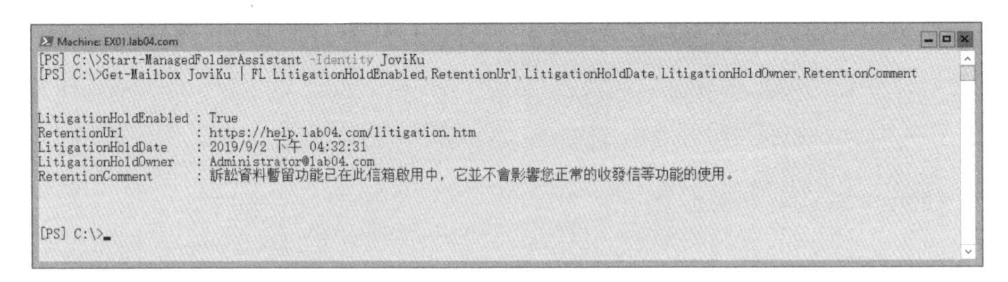

▲ 圖 11-33 立即生效訴訟資料暫留設定

當人員信箱的訴訟資料暫留設定生效之後，該人員便可以在自己的 Outlook 介面中，如圖 11-34 所示看到位於 [帳戶資訊] 頁面的訴訟資料暫留資訊。

▲ 圖 11-34 Outlook 帳戶資訊

想要知道哪一些人員信箱已啟用了訴訟資料暫留功能，最快的方式就在 [收件者]\[信箱] 頁面中，如圖 11-35 所示點選位在 [選項] 圖示選單中的 [進階搜尋] 繼續。

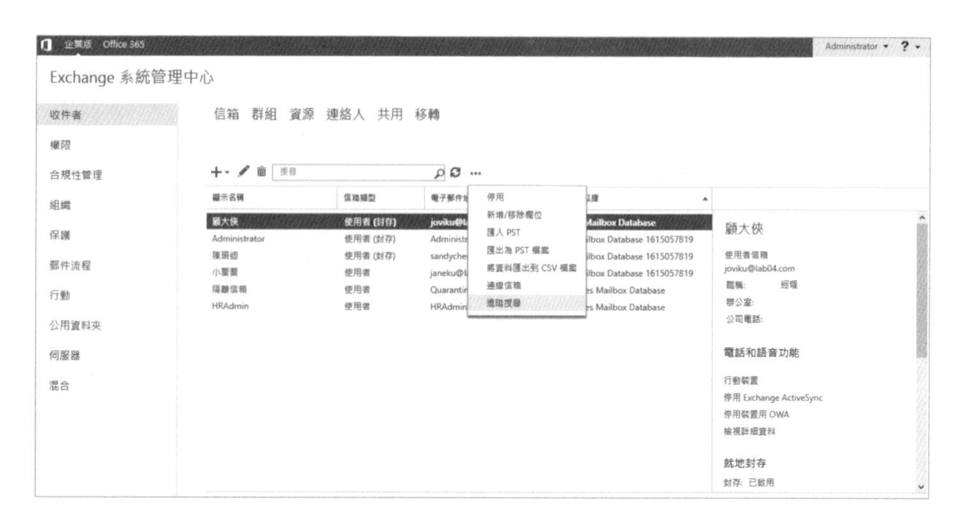

▲ 圖 11-35 信箱功能選單

在開啟 [進階搜尋] 頁面之後，請如圖 11-36 所示點選 [新增條件] 按鈕並加入 [已啟用訴訟資料暫留] 的設定。點選 [確定] 即可。您也可以在此設定複合式條件來進行查詢。

▲ 圖 11-36 進階搜尋設定

如圖 11-37 所示便是針對已啟用訴訟資料暫留功能信箱的兩筆搜尋結果。可以發現其中的搜尋欄位顯示的是 "LitigationHoldEnabled:True"，這表示如果想要經由 EMS 命令介面來執行查尋，只要比對該欄位的值是否為真（True）即可。

▲ 圖 11-37 信箱搜尋結果

接下來就讓我們在 EMS 命令介面之中，透過執行以下命令參數來查看所有人員信箱的訴訟資料暫留功能啟用狀態。其中筆者加入了 LitigationHold* 參數，表示要查看所有與訴訟資料暫留相關的欄位設定，如圖 11-38 所示可以看見凡是 "LitigationHoldEnabled " 欄位值為 True 即是已啟用完成。

```
Get-Mailbox -ResultSize Unlimited -Filter {RecipientTypeDetails -eq
"UserMailbox"} | Format-List Name,LitigationHold*
```

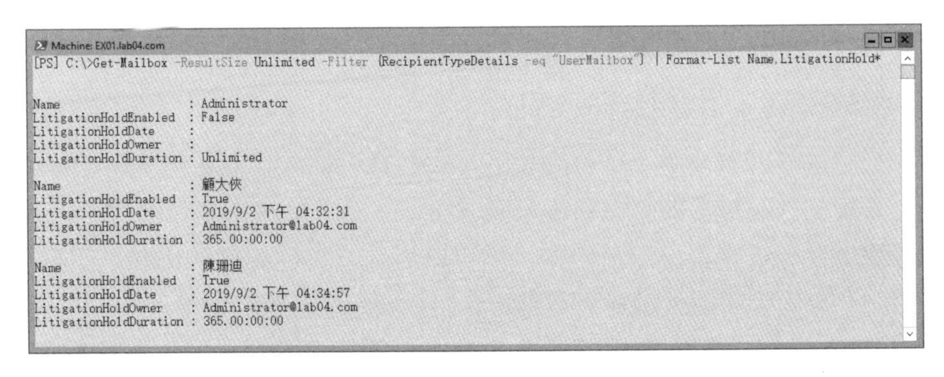

▲ 圖 11-38 查看信箱訴訟資料暫留狀態

關於訴訟資料暫留功能的啟用，除了可以透過 [Exchange 系統管理中心] 網站的操作來完成，也可以經由 EMS 命令介面來執行。舉例來說，如果您想要針對所有人員信箱啟用訴訟資料暫留功能，並且將暫留期限設定為 180 天，則可以透過以下命令參數來完成。

```
Get-Mailbox -ResultSize Unlimited -Filter "RecipientTypeDetails
-eq 'UserMailbox'" | Set-Mailbox -LitigationHoldEnabled $true
-LitigationHoldDuration 180
```

11.10 資料外洩防護（DLP）

組織中為了防範某一些敏感的資訊，被以 Email 方式發送到組織內某些選定的人員、部門、群組或是組織以外的信箱之中，在 Exchange Server 2007 與 Exchange Server 2010 版本時期，IT 人員通常都會盡可能善用傳輸規則的設定，來解決這一方面的管理問題。

然而問題來了，因為有許多的敏感資訊，若僅依賴主旨與內文關鍵字的篩選，恐怕是無法真正百分百判斷成功的，這包括了像是個資中的護照號碼、信用卡號碼、身分證字號、銀行帳號…等等。因為諸如這一類的資訊，大多有它們各自的編碼規則，因此我們就必須要有一套能夠自動辨別這一類資訊的元件加入，才能夠真正完全監視到是否被附加在 Email 之中，進而再來決定對於這些敏感郵件的拒絕、記錄或是放行等動作。

上述的管理問題在 Exchange Server 2019 架構中，您可以善用內建的資料外洩防護（DLP，Data Loss Prevention）功能來加以解決。它不僅提供了現成豐富的 DLP 範本，還可以自訂新的防護原則以及結合傳輸規則，來設定新防護原則所需要的條件、規則以及處理動作。

接下來就讓我們一同來學習一下，如何以最簡單的方式來建立 DLP 的防護機制。請開啟 [Exchange 系統管理中心] 並在 [郵件流程]\[規則] 頁面中，如圖 11-39 所示的點選位在新增圖示選單中的 [偵測到機密資訊時產生事件報告] 繼續。

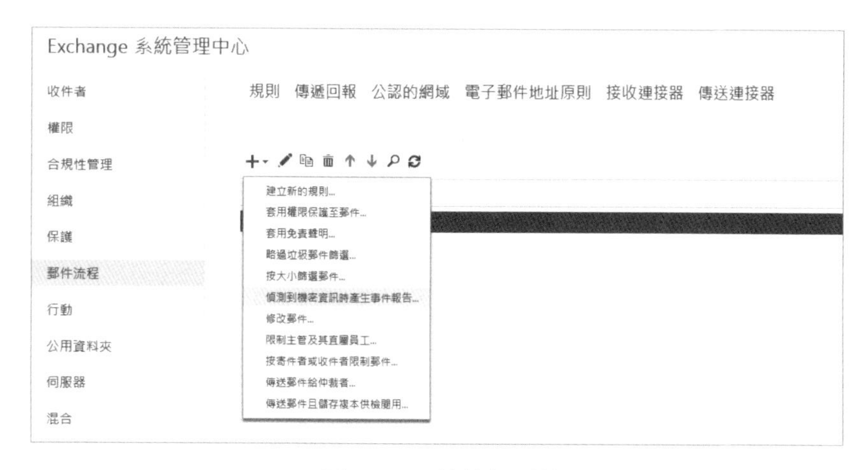

▲ 圖 11-39 傳輸規則管理

在如圖 11-40 所示的 [新規則] 頁面中請先輸入新規則名稱，在條件的設定中筆者以選擇當收件者位於組織外，以及選定 " 台灣身分證 " 來做為機密資訊的條件類型。在 [執行動作] 的設定部分，則是選擇 [產生附隨報告並傳送到] 設定並選定人員，並且以原則提示通知寄件者。最後請決定是否要設定例外條件，以及選定 [強制] 使用此規則模式。點選 [儲存]。

▲ 圖 11-40 新規則設定

在上述的傳輸規則設定中，最值得注意的就是如圖 11-41 所示的 [機密資訊類型] 設定。在此可以我們可以從眾多內建的類型清單之中，找到適用於自己國家與地區的機密資訊類型，且可以同時添加多個不同機密資訊類型於規則條件的設定之中。

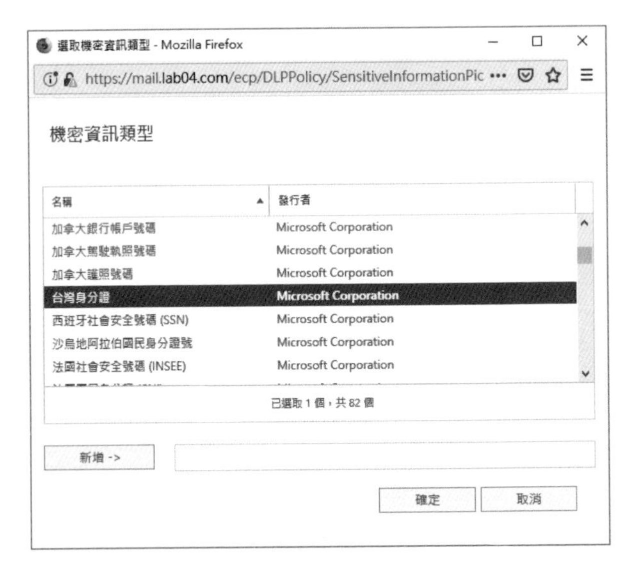

▲ 圖 11-41 選擇機密資訊類型

如圖 11-42 所示便是當所建立的傳輸規則，偵測到有人員嘗試發送了關於身分證資訊的 Email 至組織外的信箱時，所自動發送給管理人員的 Email 通知範例。

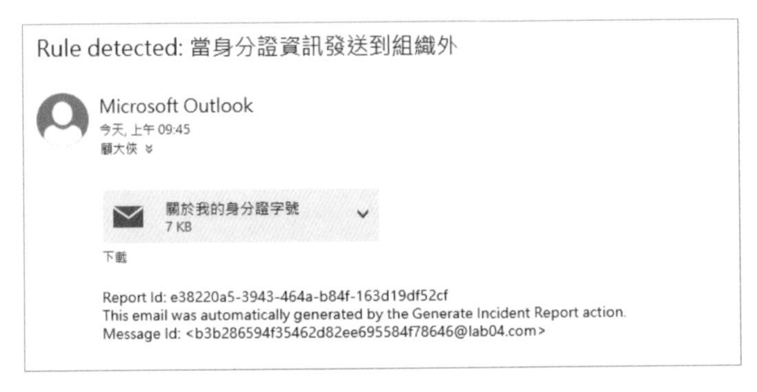

▲ 圖 11-42 規則事件報告通知

針對原寄件者來說，上述的郵件除了可能因 DLP 原則設定而遭到封鎖之外，也有可能允許寄件者以業務理由覆寫及傳送。無論是哪一種原則設定，只要管理員對於該 DLP 原則有選定 [以原則提示通知寄件者] 的設定，便可以在寄件者在正式送出郵件之前，自動於 Outlook 或 OWA 的寄件者欄位上方，出現如圖 11-43 所示的原則提示訊息。在此以點選 [覆寫] 超連結為例。

▲ 圖 11-43 原則提示

如圖 11-44 所示用戶將會看到在提示訊息的視窗中有兩項設定可以選擇，分別是手動輸入業務上的正常理由之訊息，或是選取 [此郵件不包含機密資訊] 之設定。然而無論用戶選擇為何，其實管理人員早已經攔截並接收到這封 Email 的完成內容了。

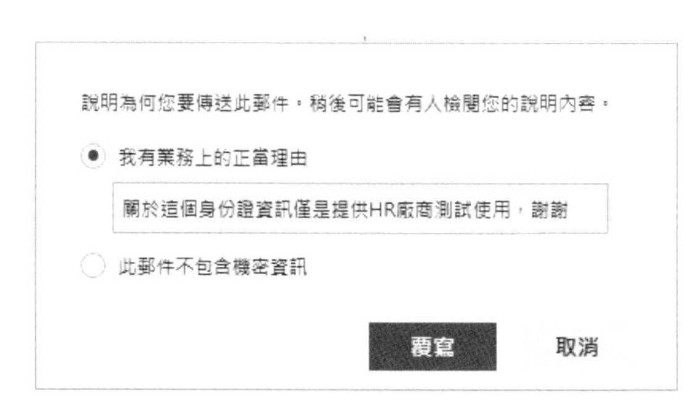

▲ 圖 11-44 發送覆寫設定

最後您可以在 [合規性管理]\[稽核] 頁面中，發現系統還提供了一個以合規性為基礎的查詢頁面，方便管理人員可以進行相關設定異動的記錄查詢，例如，您想要知道已啟用訴訟資料暫留的信箱名單、非擁有者存取信箱查詢、系統管理員角色群組報告，以及針對電子文件探索設定所進行過的變更等等。

本章結語

就 Email 合規性管理功能的議題上，可以發現 Exchange Server 2019 已經內建了相當完整的解決方案，讓 IT 部門幾乎不需要再尋求第三方的解決方案來進行整合。不過若真要雞蛋裡挑骨頭來檢視它美中不足的地方，我想同樣還是筆者過去一直強調的老問題，那就是它少了能夠方便管理員可透過行動裝置，來進行各項與郵件仲裁、稽核、保留、訴訟暫留以及 DLP 等等有關的數位儀表板，讓管理人員可以隨時在第一時間掌握合規性的最新相關數據。

系統監測與效能最佳化

IT 部門對於剛完成部署的 Exchange Server 2019 伺服器維護任務，不僅要確保它不斷的持續運行，更要讓它的執行效能維持在穩定的最佳狀態，因為一旦效能變差，用戶端馬上就會感受到收發郵件的速度變慢了，或是開啟郵件的時間變長了等等。

想要讓 Exchange Server 整體架構的運行效能維持在最佳狀態，永遠的不二法門就是監視與最佳化，唯有定期的進行監視與最佳化才能夠讓 Exchange Server 從作業系統、網路、應用程式、服務，一直到磁碟 I/O 讀寫的運行都得到良好的控制。本章就來公布筆者獨家的最佳化調校秘方吧！

12.1 簡介

想想看如果說一個全新應用系統的部署，只要選擇使用更快的 CPU、更多的記憶體以及更快的儲存設備，就能徹底解決運行時效能不彰的問題，那麼還需要系統工程師這個角色的資訊人員做什麼呢？

以筆者過去數以百計的專案經驗來說，其實為新系統的導入與安裝，選擇比預期更快與更大容量的伺服器設備，而非只是選擇適用或堪用的伺服器設備，肯定可以為用戶提供絕佳運行體驗的基礎。不過必須注意的是這樣往往只是剛開始不久的體驗，一旦上線的人數越來越多以及存放的資料越來越龐大時，日子一久用戶對於速度變慢的抱怨便會陸續增加。此時若只是一味的增添硬體資源，通常難以解決現況的問題。

相信許多人都知道中醫師診察病患疾病的方法是望、聞、問、切，唯有通過這四診才能對症下藥。然而這裡所說的中醫師就好比系統工程師，肯定得先找出生病的原因才能提供解決方案，而不是僅看到系統運行速度變慢了，就開始動手升級 CPU、擴充記憶體或是更換儲存設備，到頭來可能徒勞無功。

就以 Exchange Server 2019 的來說當發現其運行的速度越來越慢時，首先應當從 Windows Server 作業系統來監視三大硬體資源的使用情形，以及進行 Active Directory 的健康診斷與調教後，再來評估是否需要擴充或升級硬體設備，而在評估的過程中最重要的就是透過現有的工具，這包括了 Windows Server 以及 Exchange Server 內建功能，找出可能影響效能的原因，進而在不需要擴充硬體資源的狀態下，來完成運行效能的提升。

12.2 監視 Windows Server 效能

Windows Server 內建的 [Task Manager] 肯定是 IT 系統人員最常使用的監視工具，因為您可以隨時在桌面的工作列上，按下滑鼠右鍵來選擇開啟它。如圖 12-1 所示在開啟後的 [Performance] 頁面中，您可以先以整體使用率或邏輯處理方式檢視 CPU 的效能，一般來說我們會建議採用後者方式來檢視，因為如此一來就可以知道每一個核心資源的負載情形，根據經驗若系統人員發現有其中一個核心始終維持在 100% 的狀態下，通常可能的原因會是某裝置的驅動程式或韌體尚未更新，當然也有可能是因為特定的 Windows 更新程式所造成，只要移除後並重新安裝往往可以解決此問題。

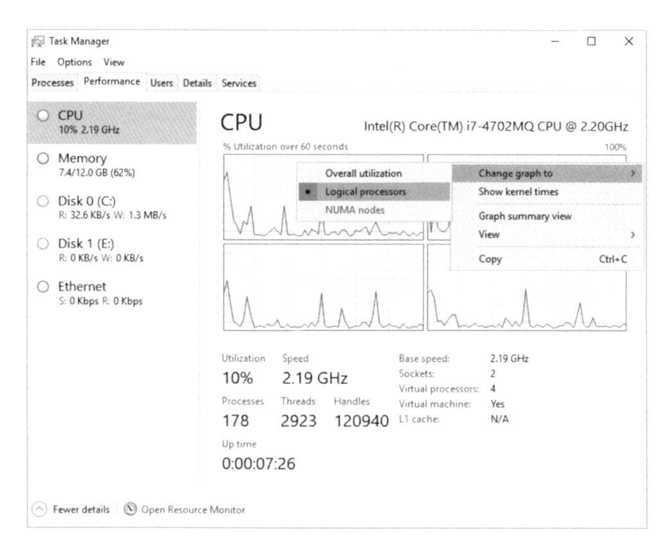

▲ 圖 12-1 Windows Server 基本效能監視

在如圖 12-2 所示的 [Details] 頁面中您除了可以對於特定運行中的執行程序，設定其優先順序（Set priority）之外，還可以進一步配置它對於多核心 CPU 資源的親和性（Set affinity），有效避免某一些高負載的程序將所有 CPU 核心的資源用盡，而導致其他原本正常運行中的重要程序所到影響。

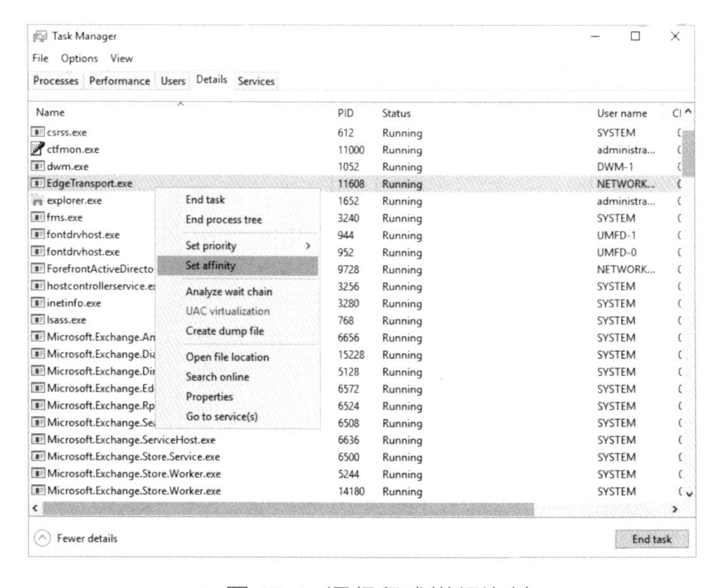

▲ 圖 12-2 運行程式詳細資料

如圖 12-3 所示便是處理器親和性的配置頁面，我們可以讓某一些應用程式（例如：EdgeTransport.exe）限定在特定 CPU 核心數的使用。如此一來當同時有許多較重要的應用程式需要較多的 CPU 資源時，便不會讓一些執行程序因短缺資源，而造成效能的運行大受影響。

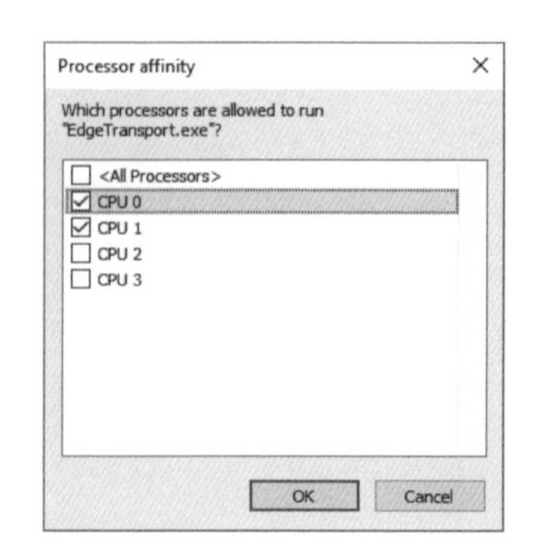

▲ 圖 12-3 設定親和性

在 [Task Manager] 工具的 [Performance] 頁面中，您還有一個進階工具可以使用，那就是資源監視器，您只要在該頁面之中點選 [Open Resource Monitor] 超連結即可開啟。如圖 12-4 所示在此您可以分別在 CPU、Memory、Disk 以及 Network 的子頁面中，針對所選定的執行中程序即時查看它們資源的使用情形。舉例來說，如果發現在 [Disk] 頁面中的 [Highest Active Time] 百分比持續維持在 50% 以上，您就必須即時找出占用最多磁碟 I/O 資源的執行程序，並且在必要時更換速度更快的儲存設備。

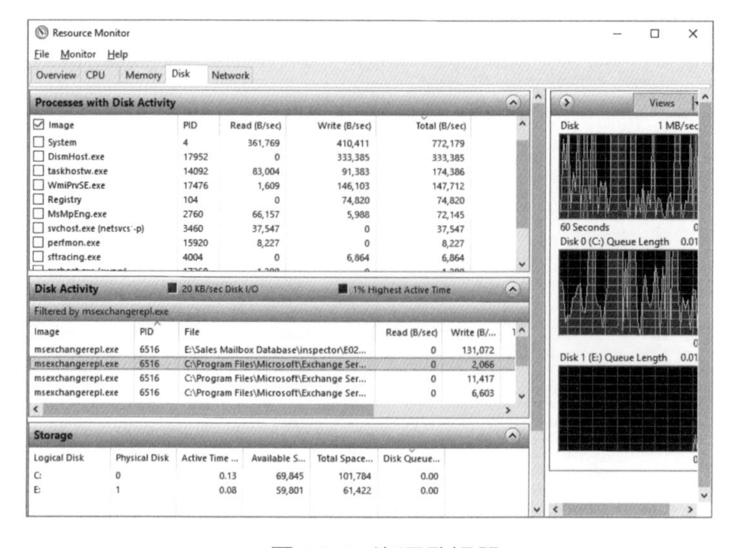

▲ 圖 12-4 資源監視器

12.3 善用 BPA 工具找問題

還記得前面筆者已經強調過 Windows Server 是應用系統效能運行好或壞的根本因素，因此我們除了必須懂得用肉眼來查看影響系統效能的執行程式之外，還必須學會善用內建所提供的工具，來幫我們找出其他不易被察覺的潛在問題，而這些問題恰好可能是影響運行效能的因素之一。

在此推薦所有管理人員都應該善用最佳做法分析程式（BPA，Best Practices Analyzer）。它早內建於 Windows Server 2012 以上版本的伺服器管理員工具之中，主要用途便是針對現行已安裝的伺服器角色進行掃描，找出任何已知可能影響穩定以及效能的原因，並提供可行的線上解決方案讓管理人員參考。

操作方法很簡單，只要如圖 12-5 所示在 [Server Manager] 介面中針對選定的伺服器，點選位在 [BEST PRACTICES ANALYZER] 窗格中的 [TASKS]\[Start BPA Scan] 即可。

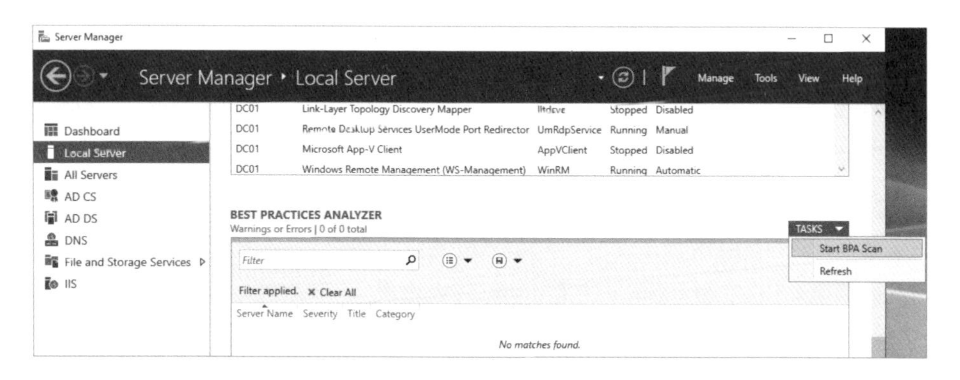

▲ 圖 12-5 伺服器管理員介面

當 BPA 掃描結束之後便可以像如圖 12-6 所示一樣，看到許多警告與錯誤的事件，而這一些事件也都有關聯的伺服器與類別名稱，原則上都應該優先處理錯誤的事件，因為它可能是直接關係到伺服器的安全或正常運行。舉例來說，如果出現了 "Use SSL when you use Basic authentication" 的事件，即表示在該伺服器的 IIS 網站之中，已有網站設定採用了未加密的基本驗證功能，並且沒有配置伺服器的 SSL 憑證來加以保護連線的安全性。

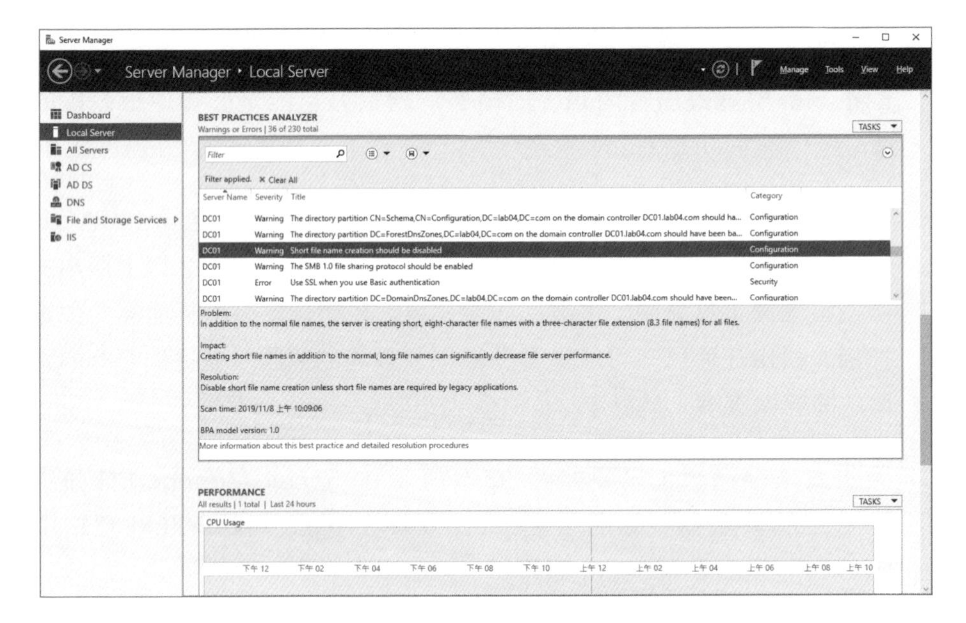

▲ 圖 12-6 BPA 掃描結果

第二個是警告事件的例子，如圖所示當出現了 "Short file name creation should be disabled" 的事件時，表示系統提示我們最好能夠去停用建立短檔名的功能，原因是此設定可能會造成被大量連線存取的檔案伺服器服務，增加相當大的效能負擔，因此除非在您公司的網路之中仍有其他應用系統，只能夠唯一存取短檔名的檔案，否則唯有關閉描述中的建立短檔名功能，才能有效避開此問題的發生。只是要如何停用建立短檔名的功能呢？

其實凡是經由 BPA 所診斷出來的每一個問題說明，其內容下方都會有一個超連結，點選會將會開啟 Microsoft 線上的解決方案，我們可以依據此線上說明的指引，先從 [開始]\[執行] 的方塊中輸入 regedit，然後

從 [登錄編輯程式] 介面中切換至 HKEY_LOCAL_MACHINE\SYSTEM\CurrentControlSet\Control\File System 節點下，可以看到許多檔案系統有關的參數設定，這包括了對於 NTFS 檔案系統的壓縮、加密以及配額通知頻率設定等等，這一些預設值您都可以根據實際檔案系統運行的需要來進行調整。請開啟 [NtfsDisable8dot3NameCreation] 繼續。

請將 [NtfsDisable8dot3NameCreation] 修改為 1 即可。成功關閉預設建立短檔名的功能之後，後續系統便不會再為每一個經由各種途徑，所儲存的長檔名的檔案，再來特別建立一個相對八個字元的主檔名與三個字元的副檔名，解除了可能嚴重降低檔案伺服器效能的第一個頭號隱患。

12.4 監視 Exchange Server 效能

無庸置疑 CPU 效能與記憶體大小，是決定 Exchange Server 是否能夠快速運行的基礎。首先在 CPU 相關的計數器部分，如圖 12-7 所示考量 Exchange Server 正常運行的效能表現，最基本的整體 CPU 負載狀態（[Processor(_Total)\ % Processor Time]）最好不要持續超過 75%，此外也可以考慮同時加入 [Processor(_Total)\ % User Time] 以及 [Processor(_Total)\ % Privileged Time] 計數器的監視，同樣的這一些平均值都必須小於 75%，才能夠保證 CPU 的基礎效能沒有問題。

在多核心的分配中如果您有配置 Exchange Server 的相關程式，僅能使用選定的核心來運行，那麼對於 [System\ Processor Queue Length (all instances)] 的監視就必須針對選定的處理器核心來進行，並且每一個核心持續回報的處理器佇列長度不能大於 6，否則即表示處理器在準備以及等待執行佇列中資料的時間過長，肯定會影響 CPU 在處理 Exchange Server 各項服務運行的正常表現。

最後建議您也加入 Processor Information(_Total)\% of Maximum Frequency 計數器的監視，用以確定目前主機是處於 100% 高效能的運行模式，尤其是針對實體主機而言此監視更是重要。

\\EX01	
Process	_Total
% Processor Time	399.661
Processor	_Total
% Privileged Time	1.561
% Processor Time	6.720
% User Time	5.074
Processor Information	_Total
% of Maximum Frequency	100.000
System	
Processor Queue Length	0.000

▲ 圖 12-7 監視 CPU 運行效能

至於如何讓 Windows Server 2019 主機運行在高效能的模式之下呢？其實只要如圖 12-8 所示開啟位在 [Control Panel] 頁面中的 [Power Options] 管理功能即可查看與修改。在此必須選擇 [High performance] 設定才能讓 CPU 以 100% 的效能全速運行，除非要降低耗能才改選擇 [Balanced] 或 [Power saver] 設定。

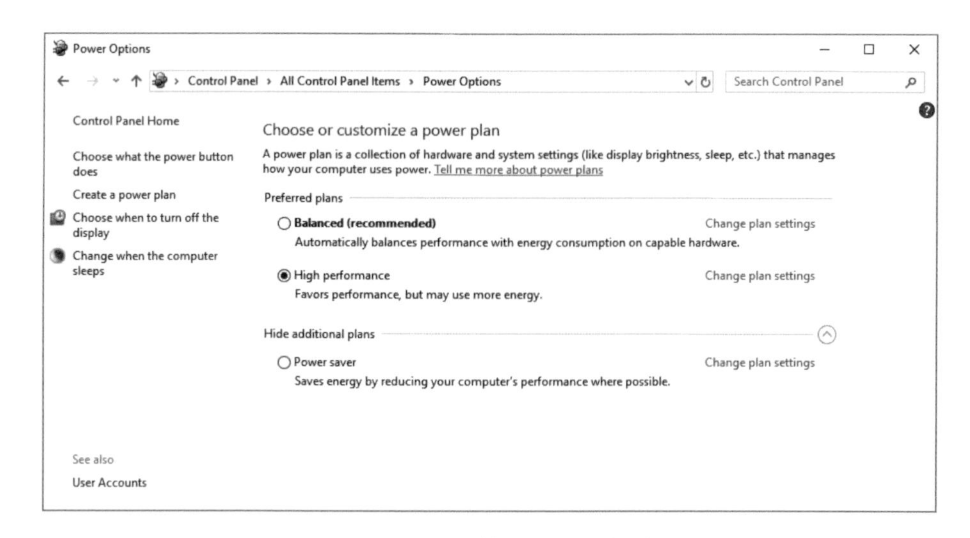

▲ 圖 12-8 主機電源選項設定

當 Exchange Server 正在處理各類郵件收發與路由的任務時，如果這時候管理員也在伺服端執行一些背景管理任務，包含像是信箱的移轉、匯出或是信箱資料庫的維護時，便會使得主機 CPU 的負載加重。

在記憶體部分與 Exchange Server 運行效能相關的主要有兩部分，在如圖 12-9 所示 .NET Framework 部分主要有 [.NET CLR Memory\% Time in GC] 以及 [.NET CLR Memory\Allocated Bytes/sec]，前者必須持續小於 10% 而後者則必須持續小於 <50MB 才屬於健康狀態。

其中垃圾回收功能（GC，Garbage Collection）是 .NET 中的自動記憶體管理器，負責釋放不需要的虛擬記憶體以確保包含 Exchange 在內執行程序的運行。無論如何盡可能讓 .NET Framework 維持在最新版本，是 Exchange Server 記憶體效能最佳化的必備作為。

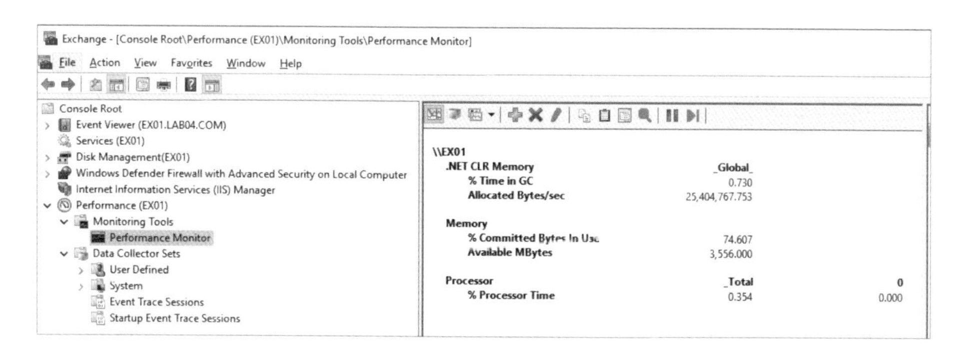

▲ 圖 12-9 監視 CPU 與記憶體資源

在記憶體使用狀況的監視部分，則是有兩大計數器的監視需要特別留意，分別是 [\Memory\%Committed Bytes in Use] 以及 [\Memory\Available Mbytes]。前者主要用以監視已完成提交的執行程序所使用的百分比，此值建議持續不要超過 80%。後者則是目前可用記憶體的大小，必須維持在總記憶體大小的 5% 以上，若長時間低於此值請盡速擴充記憶體，否則將會影響 Exchange 整體架構的效能表現。在記憶體分頁檔案（Page file）的配置部分，請採用固定大小並且設定與現行記憶體容量加上 10M 的大小即可，不過最大值請不要超過 32GB。

除了 CPU 與記憶體之外，影響 Exchange Server 運行效能最重要的關鍵資源，肯定就是存放區 I/O 效能的表現。如圖 12-10 所示建議您在 [Performance Monitor] 的 [Add Counter] 設定頁面中，分別將 [MSExchange Database Instances] 類別下的 [I/O Database Reads (Attached) Average Latency]、[I/O Database Reads (Recovery) Average Latency]、[I/O Database Writes (Attached) Average Latency]、[I/O Log Writes Average Latency] 計數器一一加入，並且加入對於所有 Exchange 信箱伺服器的監視。

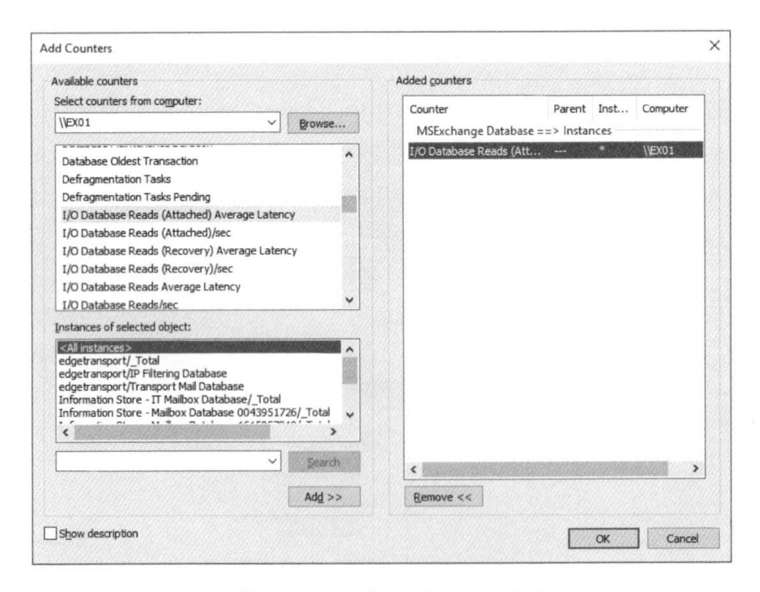

▲ 圖 12-10 選定 I/O 效能監視

如圖 12-11 所示便可以在報表的頁面中，看到剛剛所加入的四個有關於 Exchange 資料庫的 I/O 計數器，每一個計數器將會即時監視所有系統資料庫與信箱資料庫的數據，而它們持續運行的理想數值，依序分別是針對每個資料庫讀取操作的平均時間長度必須小於 20 毫秒、被動資料庫讀取操作的平均時間長度必須小於 200 毫秒、每個資料庫寫入操作的平均時間長度必須小於 50 毫秒，最後則是對於每個記錄檔案寫入操作的平均時間長度必須小於 10 毫秒。

\\EX01

MSExchange Database ==> Instances	edgetransport _Total	edgetransport IP Filtering Database
I/O Database Reads (Attached) Average Latency	0.000	0.000
I/O Database Reads (Recovery) Average Latency	0.000	0.000
I/O Database Writes (Attached) Average Latency	0.000	0.000
I/O Log Writes Average Latency	0.000	0.000

▲ 圖 12-11　監視信箱資料庫與記錄

也唯有如此才能夠確保資料庫在 I/O 方面的運行效能沒有問題。相反的如果發現某個信箱資料庫的運行長時間大於標準值，那麼您可能需要減少該信箱資料庫的信箱數量，或是將它轉移到更快儲存設備的資料存放區之中，效能問題才有機會獲得明顯的改善。

12.5 收集主機運行效能數據

建立不同階段的效能基準線的優點，在於未來一旦發生相同系統條件下，有效能低落的情況發時，便能夠透過再一次建立新的效能記錄，來與前一次效能基準線的比較，找出真正影響效能表現的主要原因。建立的方法很簡單，只要如圖 12-12 所示在 [Performance Monitor] 工具頁面的 [User Defined] 的節點上，按下滑鼠右鍵並點選 [New]\[Data Collector Set]。

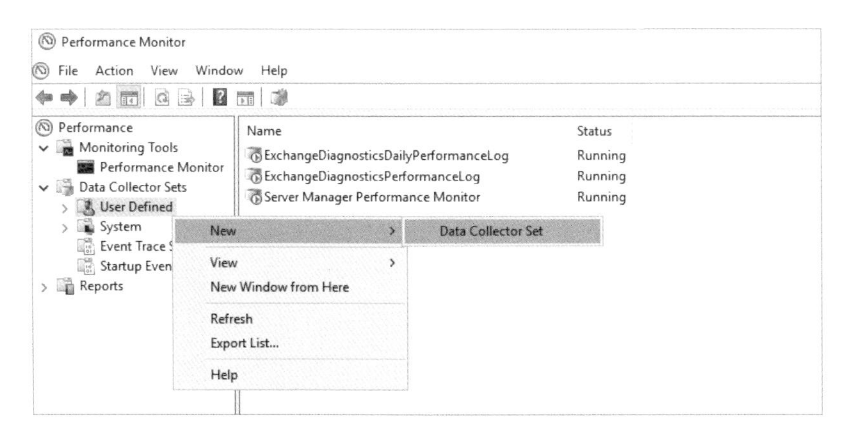

▲ 圖 12-12　新增資料收集器設定

在完成新名稱並選擇手動建立的設定之後，請在如圖 12-13 所示的頁面中點選 [Add] 按鈕，來挑選所有想要監視的效能物件，並且設定想要的抽樣時間。請注意！每一次建立的效能基準線，其所監視的物件清單與抽樣時間務必要相同，如此才有辦法進行前後效能數據的比較。點選 [Next]。

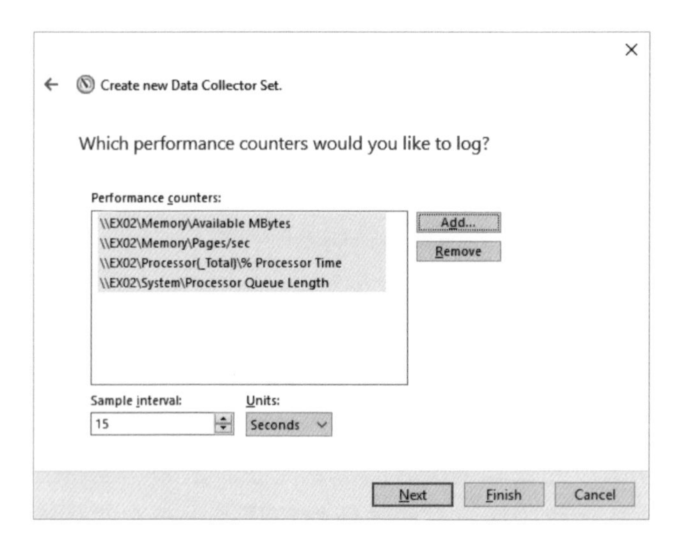

▲ 圖 12-13 設定欲監視的效能物件

接著您可以決定是否要以特定的帳戶來執行此資料收集器，最後便可以決定是否要立即啟動這個資料收集器，或是想要開啟此資料收集器的內容，以便設定自動執行的排程等設定。完成效能基準線收集器的建立之後，您便可以在執行一段時間之後，如圖 12-14 所示在該設定項按下滑鼠右鍵點選 [Latest Report] 功能，來查看最近一次的效能分析報告。

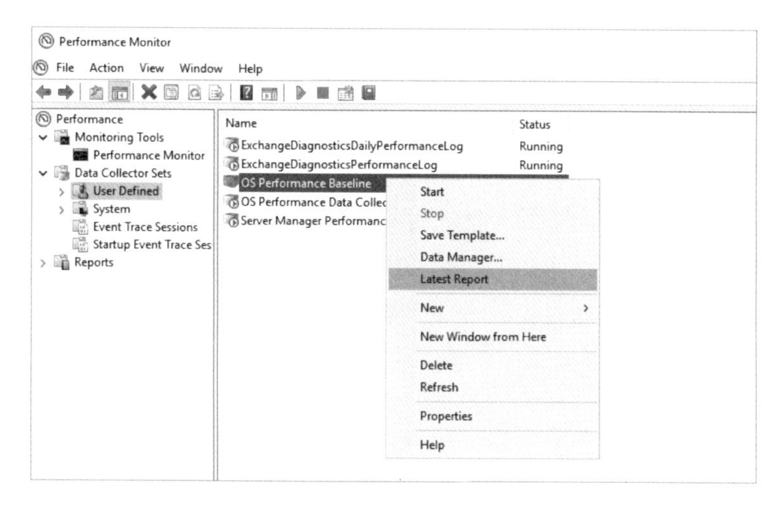

▲ 圖 12-14 資料收集器右鍵選單

如圖 12-15 所示便是效能收集後的圖表報告檢視，在此若只想要檢視某個區間資料，例如針對 CPU 與記憶體使用率較高的時間區段，只要在選取後按下滑鼠右鍵點選 [Zoom to] 來進行該區間資料的放大檢視即可。

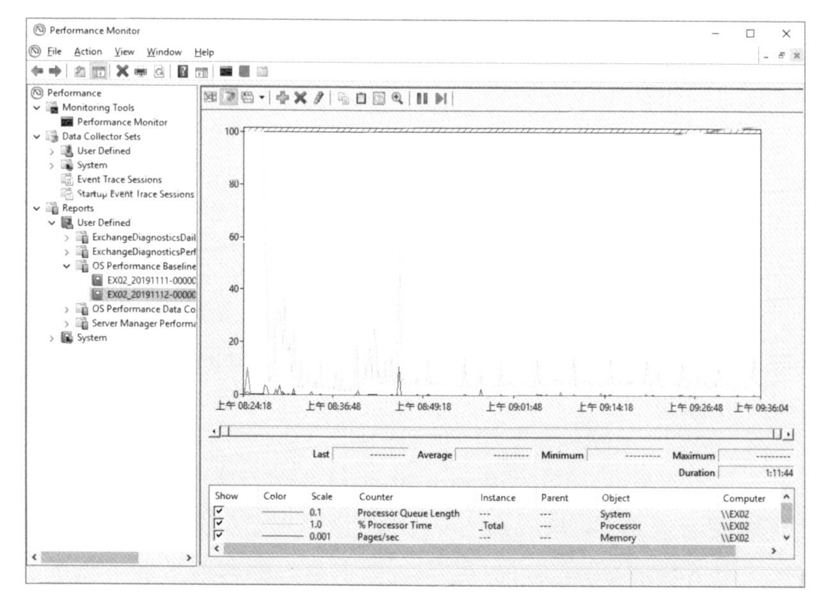

▲ 圖 12-15 檢視最新效能收集報告

12.6 善用 ReFS 提升信箱資料庫效能

復原檔案系統（ReFS, Resilient File System）是 Microsoft 打從 Windows Server 2012 版本開始，就已經推出的新型檔案系統，它有兩大主要特特色分別是能夠比傳統 NTFS（New Technology File System），更有效率地處理大型檔案的存取，以及自動探測磁碟的壞軌以及修復資料的錯誤，讓資料不至於存放於有問題的磁軌之中。

更棒的是它會在處理多數無法修正的損毀問題時，持續讓有問題的磁碟區維持在上線狀態，僅有在極少數的情況下會需要讓該磁碟進入離線狀態。而在單一磁碟分割區的大小與單一檔案大小部分，則紛紛皆支援了 35PB（petabytes），遠大於傳統 NTFS 所支援的 256 TB。

在效能方面您可以選擇將 ReFS 檔案系統，建立在 Storage Spaces Direct 的階層式儲存架構之中，讓系統自動將經常存取的檔案與資料存放在效能層（Flash），而將那些沒有經常被異動的檔案，存放於需要大空間的儲存層（HDD）之中。而常見的做法便是規劃鏡像加速的同位檢查（Mirror-accelerated parity）的磁碟部署，來同時兼顧效能、容量、安全以及成本的需求。

採用 ReFS 檔案系統來存放 Exchange 資料庫、交易記錄檔案、內容索引檔案是最佳的選擇，不過它可不適合用來做為系統的磁碟分割區，或是用來存放 Exchange 的執行程式。建立的方法很簡單，只要在 [Disk Manager] 操作介面中執行 [New Simple Volume] 功能，並且在如圖 12-16 所示的 [Format Partition] 頁面中選擇 [ReFS] 的 [File systems] 即可。

值得注意的是它在 [Allocation unit size] 部分支援了 4K 與 64K，在此筆者會建議若後續 Exchange Server 也將建立 DAG 的複寫備援架構，請選擇採用 64K 的配置大小，將可以獲得更好的存取效能。點選 [Next] 完成 ReFS 檔案系統分割區的建立。

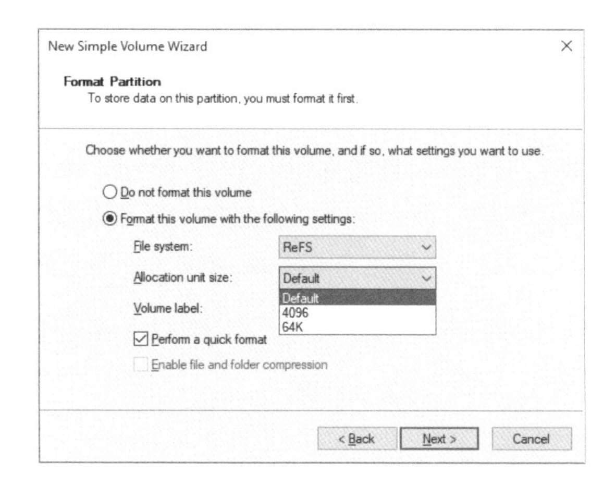

▲ 圖 12-16 格式化磁碟分割區設定

如圖 12-17 所示在此便可以看見剛剛我們所建立的 Disk2 磁碟分割區，所顯示的檔案系統便是類型便是 ReFS。

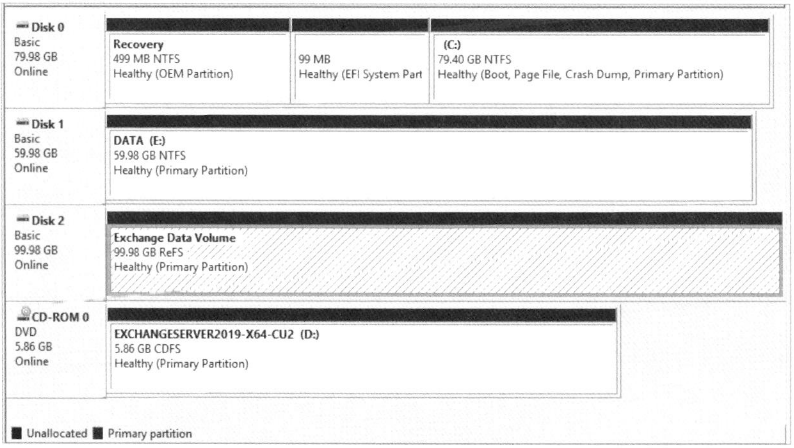

▲ 圖 12-17 完成磁碟格式化

此外根據官方的説法會建議關閉 Exchange Server 檔案在 ReFS 檔案系統中的資料一致性功能（Integrity Streams），您可以選擇在最初就執行 Format-Volume -DriveLetter 磁碟代號 -FileSystem ReFS -SetIntegrityStreams $False 命令來完成 ReFS 磁碟格式化的整體設定，或是事後再透過執行 Set-FileIntegrity -FileName 檔案名稱 -Enable $False 來針對選定的 Exchange

檔案進行設定。若是要查看目前的設定值則可以執行 Get-FileIntegrity -FileName 檔案名稱命令。

您也可以如圖 12-18 所示透過執行以下 Get-Volume -DriveLetter C,E,X 命令，來查看這一些磁碟目前所採用的檔案系統類型，以及它們各自的磁碟類型、健康狀態、剩餘空間以及總磁碟大小等資訊。

```
Select Machine: EX01.lab04.com
[PS] C:\>Get-Volume -DriveLetter C,E,X

DriveLetter FriendlyName         FileSystemType DriveType HealthStatus OperationalStatus SizeRemaining      Size
----------- ------------         -------------- --------- ------------ ----------------- -------------      ----
X           Exchange Data Volume ReFS           Fixed     Healthy      OK                     98.28 GB  99.94 GB
C                                NTFS           Fixed     Healthy      OK                     40.58 GB   79.4 GB
E           DATA                 NTFS           Fixed     Healthy      OK                     57.21 GB  59.98 GB

[PS] C:\>_
```

▲ 圖 12-18 查看各磁碟狀態資訊

若是您打算採用 Windows Server 2019 所內建的 Hyper-V 虛擬化平台，來部署 Exchange Server 2019 的虛擬機器，那麼您便可以選擇將這一些虛擬機器部署在 ReFS 檔案系統之中，來大幅提升 Exchange 虛擬機器在後續維護管理上的效能，因為它具備了兩項在 NTFS 檔案系統中所沒有的特性，分別是 Block cloning 以及 Sparse VDL，前者可解決快速複製虛擬機器以及加速完成檢查點合併（checkpoint merge）的作業時間，而後者則可透過 ReFS 將檔案快速歸零（zero-fill）的特性，讓原本需要花費十幾分鐘以上來建立固定虛擬磁碟的時間，變成只需要幾秒鐘。

儘管 ReFS 檔案系統提供了許多新的特色，非常適合用來運行 Exchange Server 2019 以及 Hyper-V 虛擬機器，不過對於一般檔案的儲存與存取需求，可能就不是那樣適合了，因為相較於傳統 NTFS 它有以下功能是不支援的，需要系統管理人員特別留意，分別有檔案系統壓縮、檔案系統加密、交易、永久連結、物件識別碼、卸載資料傳輸（ODX）、簡短名稱、擴充屬性、磁碟配額、可用來開機、分頁檔案（Page file）支援以及支援卸除式儲存媒體。

12.7 優化 Active Directory 運行

Exchange Server 的架構與一般 Mail Server 最大的不同之一，在於它是完全相依在 Active Directory 的基礎建設運行。換句話說一旦 Active Directory 發生故障或效能不彰時，Exchange Server 肯定也會發生無法正常運行或是連線存取的速度明顯變慢。因此在正式生產環境的部署之中，除了要讓擔任網域控制站（DC）的伺服器，使用 64 位元的硬體設備以及作業系統，以提升 Exchange 連線存取目錄服務的效能表現之外，還必須確認以下幾個重點：

- 網域五大伺服器角色的運行必須正常，在大型的架構中可以考慮將這一些角色分開在不同主機中來運行。
- 相依 DNS 的運行必須正常，且最好能夠定期維護記錄，清除已不在使用的記錄。
- 站台與站台之間的複寫必須正常，必要時可能需要調整複寫的排程或是複寫的方式。
- 定期執行 Active Directory 資料庫離線重組與資料庫壓縮，以便讓資料庫檔案始終維持在最佳狀態。

首先您可以如圖 12-19 所示透過執行 netdom query fsmo 命令參數，來查看目前 Active Directory 五大角色主機的分布狀況。原則上在部署規劃中如果因應效能的考量需要分拆五大角色的主機，必須優先將 Domain Naming Master 與 Global Catalog 配置在同一台伺服器之中，而 PDC、RID Pool manager 以及 Infrastructure Master 則可以選擇配置在一台效能更好的伺服器之中。

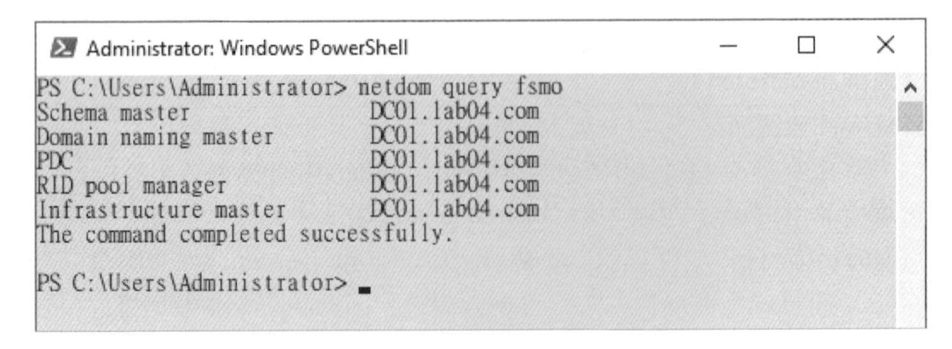

▲ 圖 12-19 查看 AD 五大角色分佈

想要確認 Active Directory 的整體運行是否健康，您可以善用內建的 DCDiag 命令工具，來協助分析樹系中單一網域控制站或所有網域控制站的健康狀態。常見的做法是透過執行 DCDiag 命令搭配 /s 參數，來指定所要診斷的網域控制站主機名稱，如此便可以立即診斷出此網域控制站的各項基本健康狀態，包括了 DNS 的基本測試、轉向測試、委派測試、動態記錄更新測試、記錄註冊測試以及各個 DNS 區域的測試。若要查看更加完整的延伸診斷資訊，則可以像如圖 12-20 所示改執行 DCDiag /v 命令參數，這樣一來除了會顯示錯誤及警告的資訊之外，也會一併呈現各項成功測試的結果資訊。

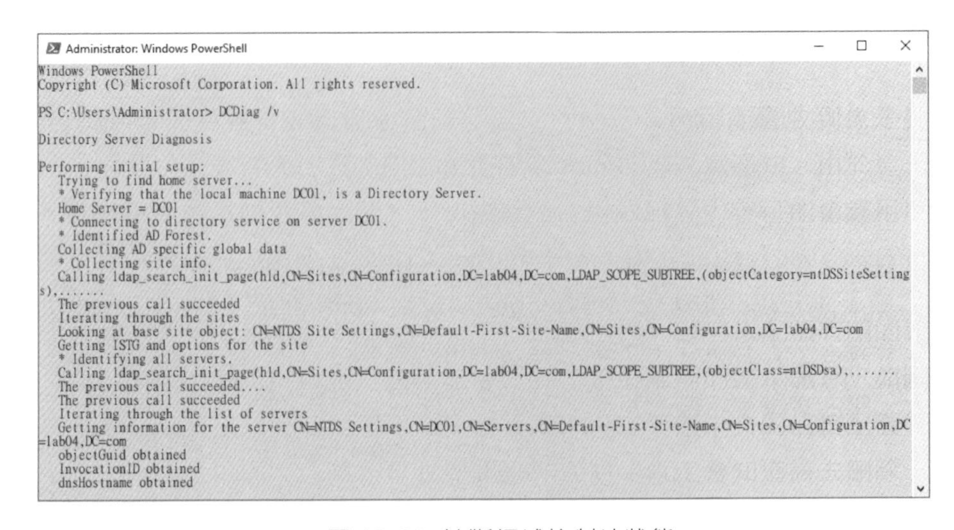

▲ 圖 12-20 診斷網域控制站狀態

如果只是想要診斷 Active Directory 所相依的 DNS 服務，可以分別執行 DCDIAG /DnsBasic 以及 DCDiag /test:dns 兩個命令參數。前者可以測試包括網路的連接、DNS 用戶端配置、服務可用性以及區域的存在性。後者可以僅針對選定 DNS 健康狀態的診斷，若想要一次針對樹系中所有網域控制站的運行進行測試，則可以再增加 /e 參數，不過這在大型的網域架構中可能將會花費漫長的時間來完成。

當測試的結果資訊相當多時，您可能會只想查看有關錯誤的資訊部分，此時只要增加 /q 參數即可。最後如果想要將任何的診斷結果輸入成一個記錄檔案只要增加 /f 參數設定即可，例如您可以透過執行 DCDiag /s:DC01 /f:C:\Logs\dcdiag_dc01.txt 命令，來將針對 DC01 的基本診斷記錄寫入至 dcdiag_dc01.txt 檔案。

12.8 善用 BPA 診斷網域控制站

前面我們曾介紹過藉由內建的 BPA 功能，來找出 Windows Server 現行配置的潛在問題，並且透過官方所提供的線上技術知識庫，來完成效能調校與問題排除的需求。然而相同的做法也可以運用在擔任網域控制站的伺服器角色。如圖 12-21 所示便是筆者在一台名為 DC01 的網域控制站上，執行 [Start BPA Scan] 操作後的結果頁面。在此可以看到許多警告以及一個錯誤的事件報告，在此我們同樣必須以處理錯誤的事件為優先。

在此看到第一個錯誤事件就是系統提示我們 Ethernet0 的網卡，已設定了 loopback 位址（127.0.0.1），不過並非是設定在第一順位，這樣的結果可能會影響本機的網域控制站對於其他網域控制站以及相關伺服器名稱的解析，因此您必須立即去開啟此網卡的屬性來完成修正即可。

接下來來看看另一個警示的事件，它出現了 "MSMQ is installed on a domain controller." 標題，這表示了 MSMQ（Microsoft Message Queue Server）的服務已被安裝此系統之中，一旦該服務所連接的應用程式產生大量的訊息需要處理時，便可能直接影響到網域控制站目錄服務的效能。

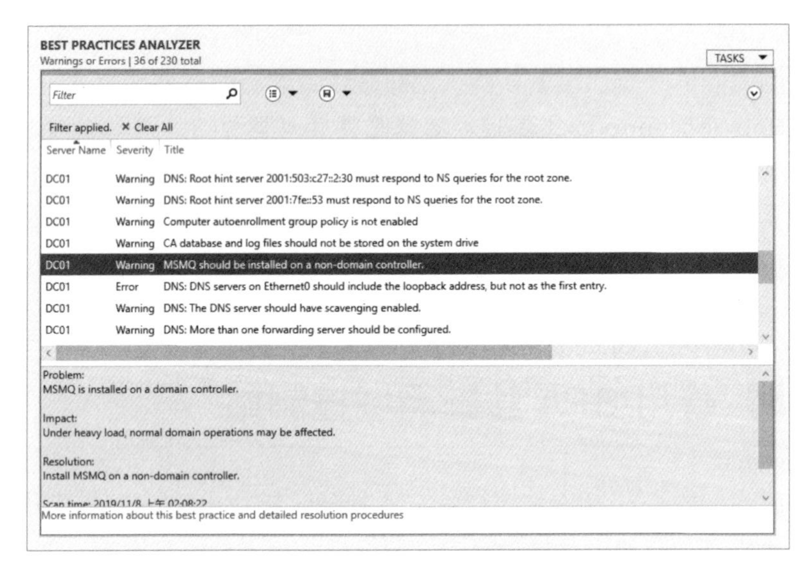

▲ 圖 12-21 BPA 診斷網域控制站

想要解除這一項警示事件您只要到 [Server Manager] 介面中，從 [Manage] 選單中開啟 [Remove Role and Features]，然後在如圖 12-22 所示的 [Features] 頁面中取消對於 [Message Queuing] 功能的選取。點選 [Next] 完成移除即可。必須注意的是這項操作，將會影正在使用這項功能應用程式的正常運行。

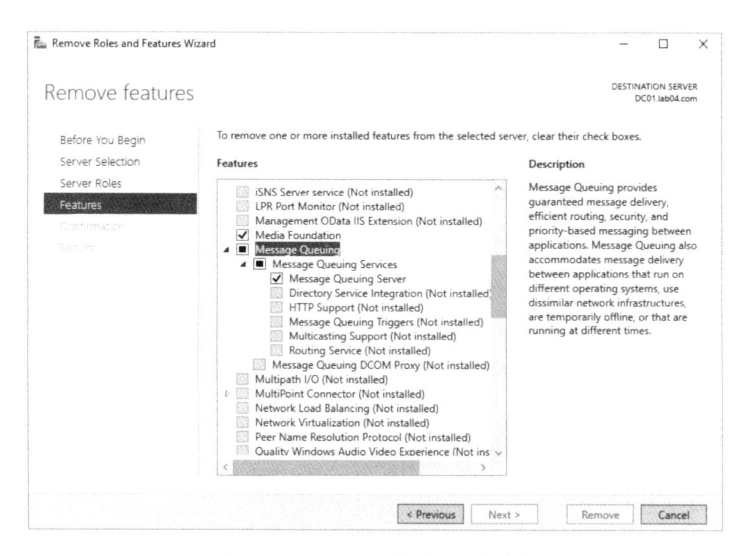

▲ 圖 12-22 伺服器功能移除設定

再來看看另一項警示事件的標題是 "Scavenging is disabled on the DNS server. "，這表示您尚未將 DNS 伺服器配置中的自動清除過時資源記錄的功能打開，而啟用這項功能的優點在於可以讓 DNS 的資料庫不至於成長太大，而導致降低了 DNS 服務進行資料存取的效能。請在 [Server Manager] 介面的 [Tools] 選單中點選開啟 [DNS]。在如圖 12-23 所示的 [Action] 選單中點選 [Set Aging/Scavenging for All Zones] 繼續。

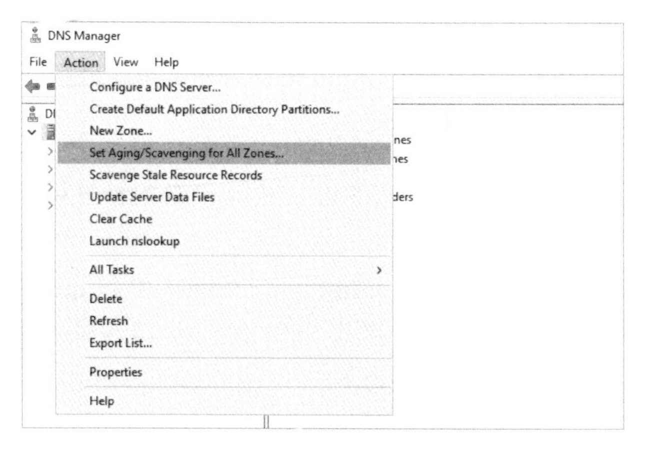

▲ 圖 12-23 DNS 管理員介面

在如圖 12-24 所示的 [Server Aging/Scavenging Properties] 的頁面中，請將 [Scavenge stale resource records] 選項打勾，然後設定不重新整理的間隔以及重新整理的間隔時間。此兩項設定的系統預設值皆為 7 天，不建議您設定小於 6 小時或大於 28 天的值。點選 [OK]。

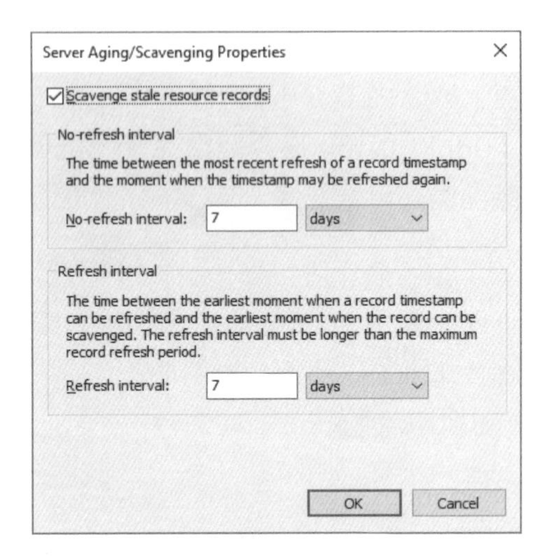

▲ 圖 12-24 設定清除過時的資源記錄

12.9 定期維護 Active Directory 資料庫

在 Active Directory 的運作中，也有它自己專屬格式的資料庫來儲存相關資料，因此對於它的資料庫定期進行相關維護作業肯定是必要的，而這一些在平日就應該進行的維護任務，包括了資料庫的備份、壓縮、重組、校驗以及一致性檢查等等。想要對這個資料庫進行維護必須是在離線狀態才可以，因此在每一個站台中至少有兩台網域控制站就顯得非常重要，如此才能夠在維護期間讓 Active Directory 持續正常運作，進而不會影響到用戶對於 Exchange Server 的連線。

如何讓 Active Directory 資料庫進入離線狀態下。並且開始執行各項維護任務呢？很簡單！請在選定的網域控制站主機上執行 shutdown -o -r 命令，讓系統重新啟動至 Windows Server 2019 的開機選單頁面。接著請點選 [Troubleshoot] 選項來開啟如圖 12-25 所示的 [Advanced options] 頁面。在點選 [Startup Settings] 選項後請於下一個頁面中點選 [Restart] 按鈕繼續。

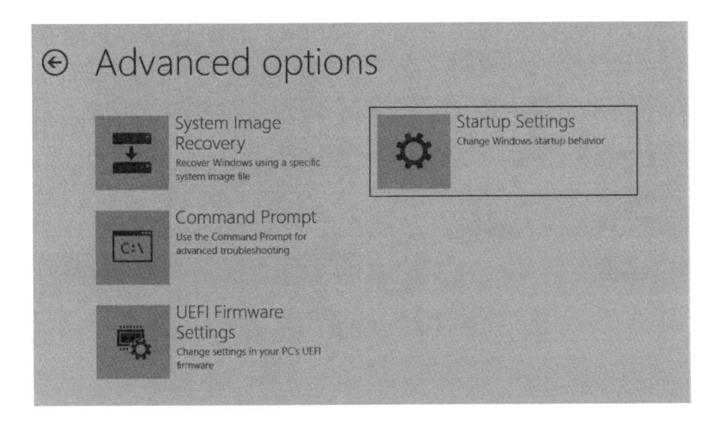

▲ 圖 12-25 開機進階選項

再次重新啟動後將會開啟如圖 12-26 所示的開機選單，請選取 [Directory Services Repair Mode] 並按下 [Enter] 鍵，來準備進入到作業系統的安全模式。必須注意的是在登入的畫面中，您可能會習慣直接輸入網域管理員的密碼來進行登入，然後還會看到無法登入的原因說明。其實您必須改切換到輸入本機的管理員帳號（例如：DC01\Administrator）與密碼來登入即可成功，因為目前的網域服務並沒有在啟動狀態下，這也是我們接下來所需要的 Active Directory 資料庫離線模式。

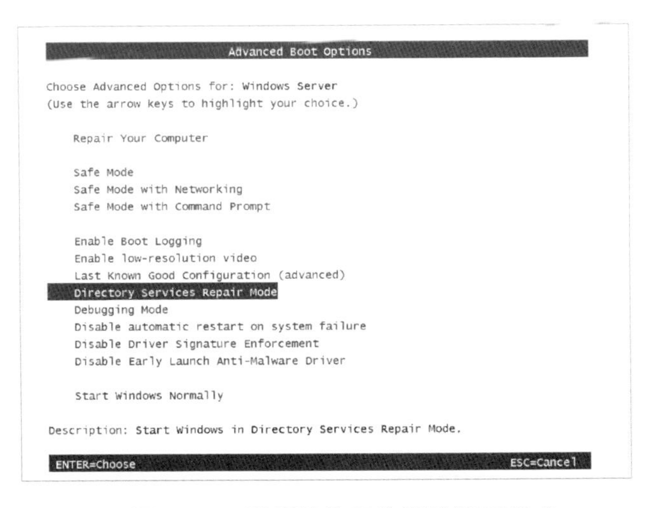

▲ 圖 12-26 選擇進入目錄服務還原模式

登入後請以系統管理員身份在 Windows 開始選單，按下滑鼠右鍵來開啟 Windows PowerShell（Admin）命令視窗，在執行 ntdsutil 命令之後將會進入到 ntdsutil 的提示字元，請執行 activate instance ntds 命令來準備開始存取相關資料庫檔案。接著請執行 Files 命令來進入到 Files 的提示字元，然後您可以輸入 info 命令來查看有關於 NTDS 資料庫與記錄檔的儲存資訊，這一些資訊包括了資料庫與記錄檔案的存放路徑、檔案大小、工作目錄、備份目錄。

如果發現資料庫檔案大小已經成長到很大，可以考慮如圖 12-27 所示輸入 Compact to C:\NTDS 來將它進行壓縮，並且指定將壓縮後的檔案存放到指定的不同資料夾中（例如：C:\NTDS），等完成壓縮之後再將檔案複製到原來的資料夾路徑中，並且刪除舊的記錄檔案即可。

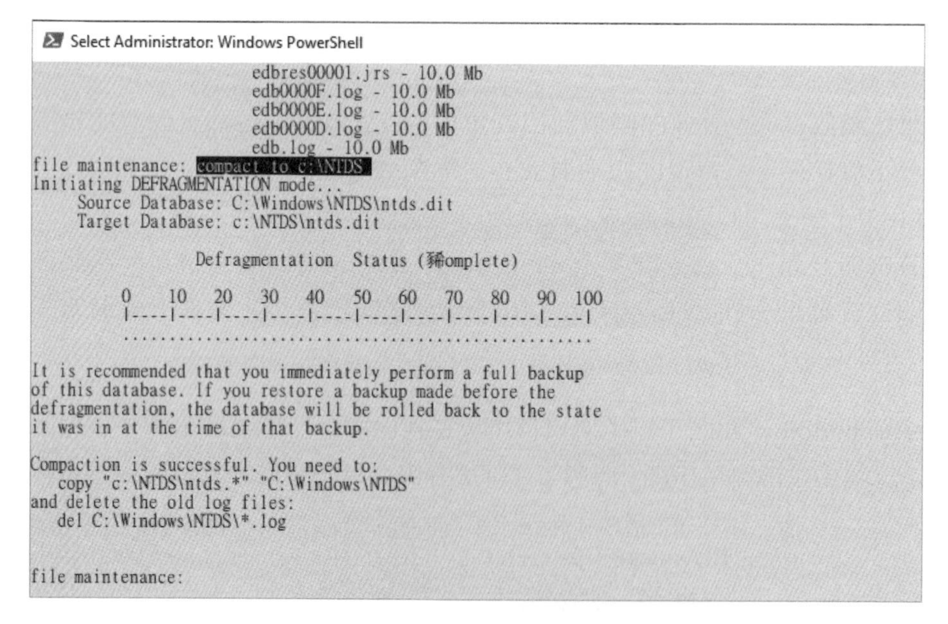

▲ 圖 12-27 壓縮資料庫

此外如果想要檢查 NTDS 資料庫的完整性，則可以如圖 12-28 所示同樣在 Files 的提示字元下執行 Checksum 命令來進行校驗，接著可執行 Integrity 命令來進行一致性的檢查。如果目前有準備高速的磁碟儲存空間，而想要變更目前 NTDS 資料庫與記錄檔的存放路徑，可以執行 Set path DB 資料夾路徑命令，以及 Set path Logs 資料夾路徑命令來完成變更。如果是要進行資料庫與記錄檔的移動，則必須變成執行 Move DB to 資料夾路徑命令，以及 Move Logs to 資料夾路徑命令即可。

```
Select Administrator: Windows PowerShell

file maintenance: checksum
Doing checksum validation for db: C:\Windows\NTDS\ntds.dit.

File: C:\Windows\NTDS\ntds.dit

                Checksum Status (嶠omplete)

        0    10   20   30   40   50   60   70   80   90  100
        |----|----|----|----|----|----|----|----|----|----|
        ...................................................


7168 pages seen.
0 bad checksums.
0 correctable checksums
701 uninitialized pages.
0 wrong page numbers.
0x9048b highest dbtime (pgno 0xb5)

896 reads performed.
56 MB read.
1 seconds taken.
56 MB/second.
1824 milliseconds used.
2 milliseconds per read.
31 milliseconds for the slowest read.
0 milliseconds for the fastest read.

file maintenance:
```

▲ 圖 12-28 資料庫校驗

12.10 網域控制站複寫配置最佳化

在多點營運的企業網路架構，Active Directory 站台與站台之間的網域控制站複寫，便是經由跨 WAN 的網路連線來完成，在網路頻寬極為有限與站台主機數量相當多的情況下，配置適當的複寫排程時間與複寫方式，來改善複寫的網路流量是絕對需要的。

請從開始選單的 [Windows Administrative Tools] 中開啟 [Active Directory Sites and Services] 介面，接著展開至任一站台節點下的伺服器，便可以看到每一個不同伺服器下都會有一個 [NTDS Settings]，在選取之後都會看到在右方的窗格中會有複寫的來源伺服器清單。如果清單中沒有出現任何伺服器，那麼複寫的運作肯定是會有問題的，這時候您可以在 [NTDS Settings] 項目上按下滑鼠右鍵，點選位在 [All Tasks] 子選單下的 [Check Replication Topology] 功能，在等待幾秒鐘之後將會自動產生伺服器清單。

您可以針對清單中任一伺服器按下滑鼠右鍵點選 [Properties]，然後在所開啟的頁面中點選 [Change Schedule] 按鈕，這時候將會開啟排程設定頁面，在此您可以根據實際需求，使用滑鼠拖拉的方式來決定複寫的時間區間，並且決定每一小時複寫的次數。

進一步您還可以配置在每一個站台中負責提供橋接的伺服器（Bridgehead），以提升跨站台之間的網域控制站主機複寫的效率。做法很單只要針對選定的伺服器，按下滑鼠右鍵點選 [Properties]，然後在左方的 [Transports available for inter-site data transfer] 窗格中，把預設採用的 [IP] 項新增至右方的窗格之中即可完成設定。

本章結語

想要全天候 24 小時監視 Exchange Server 的運行，不一定要使用 Windows Server 或 Exchange Server 內建的工具，如果想要作法更簡單些並且讓它幫你產出更多精美的報表，可以考慮安裝其他第三方的付費方案，知名的包括像是 PRTG、ManageEngine、SolarWinds 等等，而這一些解決方案的共同特色就是主動幫您監視 Exchange Server 的服務狀態、信箱狀態、DAG 運行狀態、流量分析，並且在所自定義的閾值到達時，自動發送 Email 警示通知給管理人員。

儘管使用這類付費工具可以幫我們節省掉不少人力成本，但身為 IT 管理員仍應該優先學習並熟悉各種內建工具的使用，畢竟這一些經驗才能夠真正成為自己在技能上的成長，有助於未來在 IT 生涯的發展上加分。

Exchange Server 2019 PowerShell 實戰活用秘訣

想要學會 Exchange Server 2019 的基礎管理，只要通過實作伺服器部署、Exchange 系統管理中心的操作，以及各類用戶端的配置即可，但若想要達到完全精通，則必須從熟悉 PowerShell 命令的管理方式著手。為此本文除了會說明如何在 PowerShell 命令介面中，快速找到當下所需要的 Exchange 命令與用法之外，還將講解幾個在業界實用的案例，並對照圖形操作介面與 PowerShell 的使用技巧，讓讀者們明白兩者之間的差異所在。

13.1 關於命令的使用

記得在 MS-DOS 時代所有的電腦操作，都得靠所記憶的一堆命令來完成。而當時的 Linux 作業系統就更不用說了，光是安裝過程的設定就讓許多人直接放棄，因為實在太複雜了，且就算幸運安裝好了也不知道它究竟能做些什麼。在當時可以說只有真正 IT 等級的用戶才會去使用。

直到 1985 年微軟推出第一套執行於 MS-DOS 之下的 Windows 1.01 視窗程式，才開始讓能少數用戶體驗到了視窗的操作環境。而讓筆者記憶深刻的則是在 Windows NT 3.51 與 Windows 95 版本開始，已經讓許多用戶真正喜愛視窗的作業模式，也因此讓 Microsoft

迅速稱霸全球 PC 的作業系統。從這個時期開始可以確信的是人們，已經無法接受回到純命令操作的環境之中了。

現今的熱潮已不是單機視窗作業系統的相關應用，而是雲端作業架構的相關應用，對普羅大眾來說白了就是網頁瀏覽器、行動裝置以及 App。而對 IT 專業人士來說則就是伺服器、儲存設備、網路以及虛擬化平台。按理說在如今這個時期，IT 人員應該更不需要命令作業模式，而是只要設計更精良的網頁管理介面才是，但結果並非是如此。相反的是讓命令作業模式更加重要，為什麼呢？

13.2 命令工具的重要性

在雲端架構下的 IT 環境為了處理海量的資料，雖然有了虛擬化技術為基礎但架構卻更加複雜了，這包括了伺服器作業系統、應用程式、資料庫、檔案、服務等等都大幅增加了，而唯一減少的就是實體主機與相關周邊設備的數量。IT 部門為了部署、管理以及維護如此龐大的系統、程式、資料、檔案以及服務，單靠圖形介面工具的操作肯定行不通，因為它無法徹底滿足批次查詢與處理的需要，更無法彈性地建立自動化的 Script。

在此筆者舉個簡單的例子，假設您現在奉命要去把全公司 1 千多人信箱中，任何附件大於 50MB 的 Email 通通刪除，如果採用圖形操作介面，就算給你一個月的時間，恐怕都無法完成。但若以命令參數的方法來執行，只要執行以下命令參數，在幾秒鐘之內就能完成這項任務。

```
Get-Mailbox | Search-Mailbox -SearchQuery 'hasattachment:True AND Size >
52428800' -DeleteContent
```

為此，Microsoft 從 2006 年開始推行比傳統 DOS 命令介面更強的方案，那就是 Windows PowerShell。其實打從 Exchange Server 2007 版本開始，便已經開始提供結合 Windows PowerShell 的管理模式，原因就在於以圖形化介面的操作方式，無論介面設計的再精良，都難以滿足在不同 IT 架構環境之下，管理人員想要完全掌握 Exchange 每項細節配置的強烈需求。

有趣的是 PowerShell 命令不僅是提供給管理人員來使用，其實人員在 [Exchange 系統管理中心] 網站上所執行的任何操作，系統背地裡也都是在執行相對應的 PowerShell 命令與參數。關於這點如何證實呢？很簡單！您只要在右上方的人員名稱的選單之中，點選 [顯示命令記錄] 即可開啟如圖 13-1 所示的 [記錄檢視器] 頁面。在此還提供了搜尋功能讓您可以找到近期已執行過的命令。

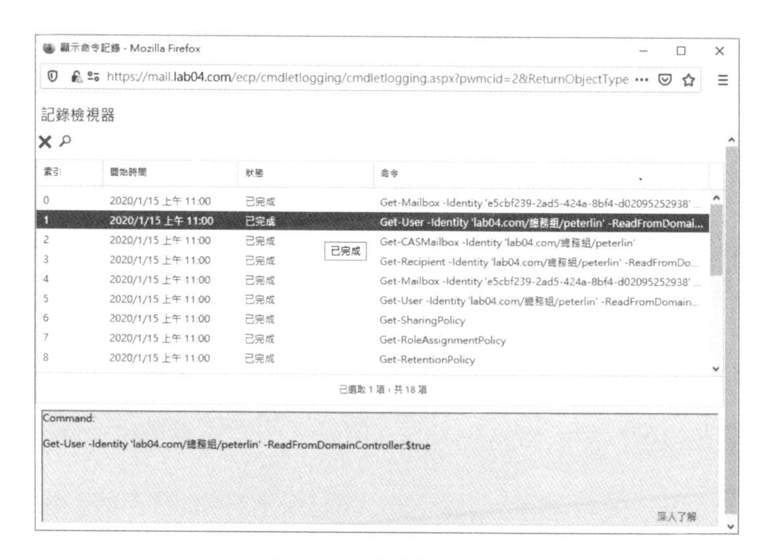

▲ 圖 13-1 命令記錄檢視器

13.3 快速找到需要的命令

Windows PowerShell 的命令不僅可以用管理 Windows 系統的各項配置，還可以管理 Active Directory、Exchange Server、SharePoint 等應用系統，因此可用的命令與參數相當的龐大，其中光是 Exchange 的可用命令就非常多，且還可以區分為內網部署與雲端 Online 版本可以使用的命令或參數。

以 Exchange 來說可用的命令或參數也是隨時更新在官方的雲端之中，因此若想要隨時更新 Exchange PowerShell 說明主題 (Help) 的內容，可以在 PowerShell 命令視窗中，執行 Update-ExchangeHelp -Verbose 命令參數即可立即更新。

接下來學一下在正式使用 Exchange PowerShell 之前，應該知道的幾個操作技巧。首先若要找尋以 Test 為字首的命令，可以如圖 13-2 所示執行 Get-Command -Verb "Test" 命令參數即可。

```
Machine: EX01.lab04.com
[PS] C:\>Get-Command -Verb "Test"

CommandType     Name                                Version    Source
-----------     ----                                -------    ------
Function        Test-ActiveSyncConnectivity         1.0        ex01.lab04.com
Function        Test-ArchiveConnectivity            1.0        ex01.lab04.com
Function        Test-AssistantHealth                1.0        ex01.lab04.com
Function        Test-CalendarConnectivity           1.0        ex01.lab04.com
Function        Test-ClientAccessRule               1.0        ex01.lab04.com
Function        Test-DataClassification             1.0        ex01.lab04.com
Function        Test-Dtc                            1.0.0.0    MsDtc
Function        Test-EcpConnectivity                1.0        ex01.lab04.com
Function        Test-EdgeSynchronization            1.0        ex01.lab04.com
Function        Test-ExchangeSearch                 1.0        ex01.lab04.com
Function        Test-FederationTrust                1.0        ex01.lab04.com
Function        Test-FederationTrustCertificate     1.0        ex01.lab04.com
Function        Test-ImapConnectivity               1.0        ex01.lab04.com
Function        Test-IPAllowListProvider            1.0        ex01.lab04.com
```

▲ 圖 13-2　搜尋 Test 字首的命令

接著您可以如圖 13-3 所示透過執行 Get-Command -Noun *Mailbox* 命令參數，來找到所有含 Mailbox 關鍵字的命令清單。

```
Machine: EX01.lab04.com
[PS] C:\>Get-Command -Noun *Mailbox*

CommandType     Name                                Version    Source
-----------     ----                                -------    ------
Function        Add-MailboxDatabaseCopy             1.0        ex01.lab04.com
Function        Add-MailboxFolderPermission         1.0        ex01.lab04.com
Function        Add-MailboxLocation                 1.0        ex01.lab04.com
Function        Add-MailboxPermission               1.0        ex01.lab04.com
Function        Connect-Mailbox                     1.0        ex01.lab04.com
Function        Disable-Mailbox                     1.0        ex01.lab04.com
Function        Disable-MailboxQuarantine           1.0        ex01.lab04.com
Function        Disable-RemoteMailbox               1.0        ex01.lab04.com
Function        Enable-Mailbox                      1.0        ex01.lab04.com
Function        Enable-MailboxQuarantine            1.0        ex01.lab04.com
Function        Enable-RemoteMailbox                1.0        ex01.lab04.com
Function        Export-MailboxDiagnosticLogs        1.0        ex01.lab04.com
Function        Get-ActiveSyncMailboxPolicy         1.0        ex01.lab04.com
Function        Get-CASMailbox                      1.0        ex01.lab04.com
Function        Get-CASMailboxPlan                  1.0        ex01.lab04.com
Function        Get-ConsumerMailbox                 1.0        ex01.lab04.com
Function        Get-Mailbox                         1.0        ex01.lab04.com
```

▲ 圖 13-3　搜尋 Mailbox 相關命令

當找尋到想要的命令之後，例如：Add-MailboxDatabaseCopy，就可以立即執行 Get-Help Add-MailboxDatabaseCopy-Examples 命令參數，來查看此命令的使用範例。如果需要查看完整的參數說明，可以將 -Examples 參數換成 -Detailed。

13.4 禁止 PowerShell 的連線

在 Exchange Server 伺服端的操作中，除了有之前介紹過的 LaunchEMS 內建命令，可來啟動 Exchange PowerShell 命令介面的方法之外，也可像如圖 13-4 所示一樣先在一般 cmd 的命令列下執行 Powershell，然後再執行 Add-PSSnapin Microsoft.Exchange.Management.PowerShell.SnapIn 命令參數即可。完成執行後便可以開始執行 Exchange 相關的命令操作，例如：Get-Mailbox。

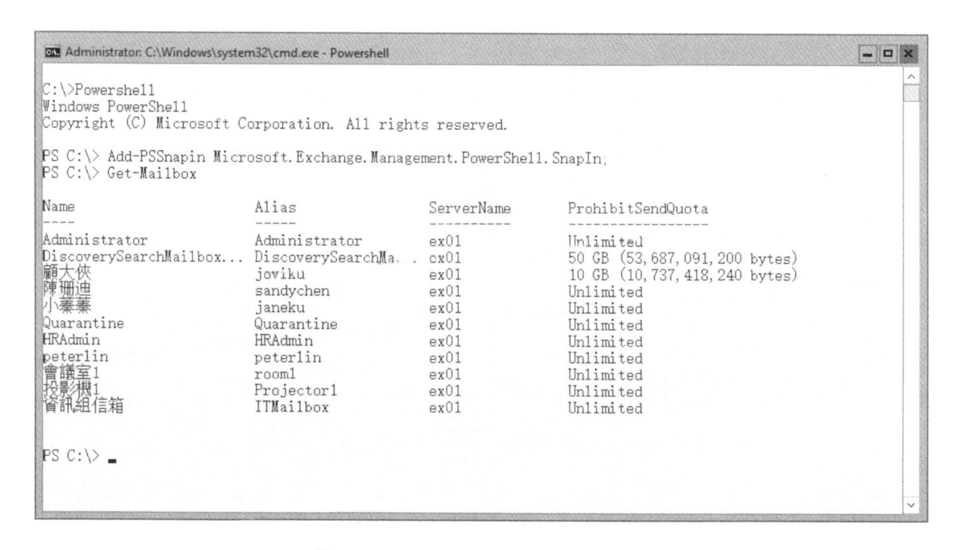

▲ 圖 13-4 伺服端開啟 PowerShell

只是要如何限制某一些 Exchange 的管理人員，無法來使用 PowerShell 連線呢？還記得之前筆者曾經介紹過的方法，是透過 Exchange Server 2019 的新功能之一，也就是用戶端存取規則中的 New-

ClientAccessRule 命令，來限制能夠連線存取的來源 IP 位址與服務類型。而以下命令參數的作法，則是直接啟用或停用使用者的遠端 PowerShell 存取權限，而且也可以使用在舊版的 Exchange Server 中。

如圖 13-5 所示透過執行以下命令參數，可以讓有職稱為 ' 助理 ' 的信箱用戶，無法透過使用 PowerShell 來連線 Exchange Server。

```
Get-User -ResultSize unlimited -Filter {(RecipientType -eq 'UserMailbox')
-and (Title -like '助理')} | Set-User -RemotePowerShellEnabled $False
```

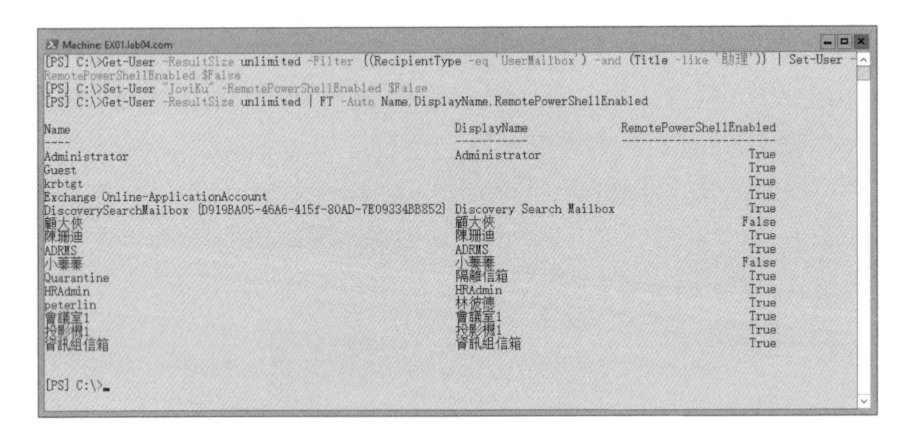

▲ 圖 13-5 限制人員 PowerShell 連線

如果是要對於選定的一位用戶直接停用 PowerShell 連線 Exchange Server 的權限，可以參考以下命令參數。

```
Set-User "JoviKu" -RemotePowerShellEnabled $False
```

想要查詢哪一些用戶已經被關閉了 PowerShell 連線 Exchange Server 的權限，可以參考執行以下命令參數即可。

```
Get-User -ResultSize unlimited | FT -Auto Name,DisplayName,RemotePowerShel
lEnabled
```

在完成了將用戶停用了 PowerShell 連線 Exchange Server 的權限之後，該用戶在透過遠端電腦並執行以下命令參數之後，便會如圖 13-6 所示看到一堆紅字的錯誤訊息，內容中已說明了目前此帳戶的遠端 PowerShell 連線功能已被停用。

```
$UserCredential = Get-Credential

$Session = New-PSSession -ConfigurationName Microsoft.Exchange
-ConnectionUri http://ex01.lab04.com/PowerShell/ -Authentication Kerberos
-Credential $UserCredential
```

```
Administrator: Windows PowerShell
PS C:\> $UserCredential = Get-Credential

cmdlet Get-Credential at command pipeline position 1
Supply values for the following parameters:
Credential
PS C:\> $Session = New-PSSession -ConfigurationName Microsoft.Exchange -ConnectionUri http://ex01.lab04.com/PowerShell/ -Authenticatio
n Kerberos -Credential $UserCredential

PS C:\>
```

▲ 圖 13-6 人員無法以 PowerShell 連線

13.5 人員留職停薪的管理

組織中對於人員留職停薪的處理，在 IT 管理中是經常發生的事件。以 Exchange 信箱的管理而言，我們第一步便會在如圖 13-7 所示的 [Active Directory User and Computers] 頁面中，針對選定的帳戶按下滑鼠右鍵來執行 [Disable Account]，以便讓此帳戶無法登入組織的網域以及連線個人的信箱。

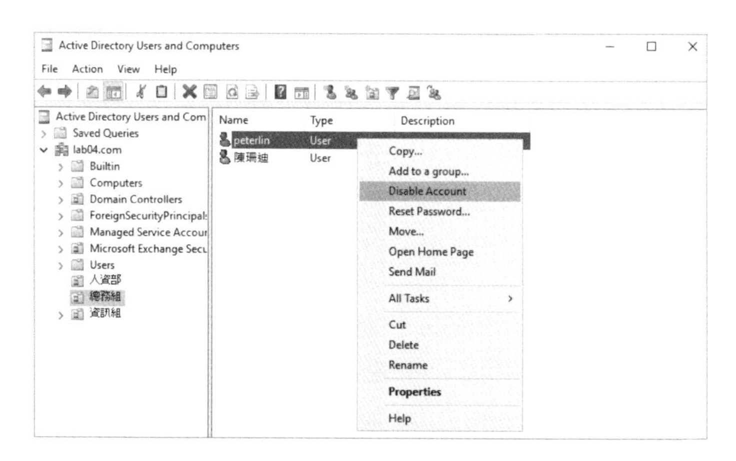

▲ 圖 13-7 AD 帳號右鍵選單

關於停用帳戶功能的方法，您可以透過執行 Disable-ADAccount -Identity PeterLin 命令參數來完成，並且可以透過執行 Get-User -Identity PeterLin | FL DisplayName,AccountDisabled 命令參數來查詢該帳號的停用狀態。

您也可以對於選定的組織容器中所有帳戶進行停用，例如您可以透過以下命令參數，將位在 LAB04.COM 網域下的 HR 組織容器所有帳號完成停用。

```
Get-ADUser -Filter 'Name -like "*"' -SearchBase "OU=HR,DC=LAB04,DC=COM" |
Disable-ADAccount
```

若未來需要針對選定的停用帳戶進行啟用，只要改執行 Enable-ADAccount 命令即可。

前面範例所介紹的是如何停用 Active Directory 帳戶，如果您需要的是停用帳戶的信箱功能而非停用整個帳戶，以 [Exchange 系統管理中心] 操作介面來說，便只要在如圖 13-8 所示 [信箱] 管理頁面中，針對選定的信箱點選位在選項的 [停用] 功能即可。

▲ 圖 13-8 信箱功能選單

請注意！可以停用的信箱類型只有人員信箱、連結信箱以及共用信箱。

以 PowerShell 命令的執行方法，則可以像如圖 13-9 所示一樣執行 Disable-Mailbox PeterLin 命令參數，即可將選定的帳戶信箱功能完成停用。

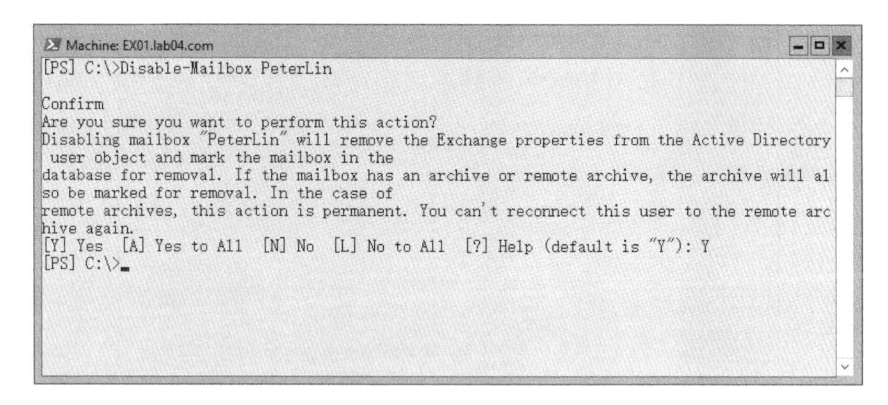

▲ 圖 13-9 停用選定信箱

一旦帳戶的信箱功能被停用了，該用戶在以 OWA 方式連線登入時，便會出現如圖 13-10 所示找不到該帳戶信箱的錯誤訊息。

▲ 圖 13-10 OWA 登入錯誤

如果不是要停用信箱而是要刪除信箱請使用 Remove-Mailbox 命令，兩者的差別在於當您執行刪除信箱命令之後，信箱會與關聯的帳戶中斷連線，並將該帳戶從 Active Directory 之中移除。至於停用的信箱只會中斷帳戶連線該信箱。

而兩者的共同之處則是都會隱藏以及標示該信箱為待移除，其預設的保留時間為 30 天。只要在期限內都可以隨時將其信箱，重新連接至尚未擁有信箱的新帳戶或原有帳戶。

另一個常見的情境是您既不要停用留職停薪人員的信箱，也不要刪除他們的信箱，而只是希望他們暫時不要出現在企業通訊錄之中，這時候您就可以如圖 13-11 所示參考執行以下命令參數，來將選定的人員信箱隱藏於通訊錄。

```
Set-Mailbox -Identity LAB04\PeterLin -HiddenFromAddressListsEnabled $True
```

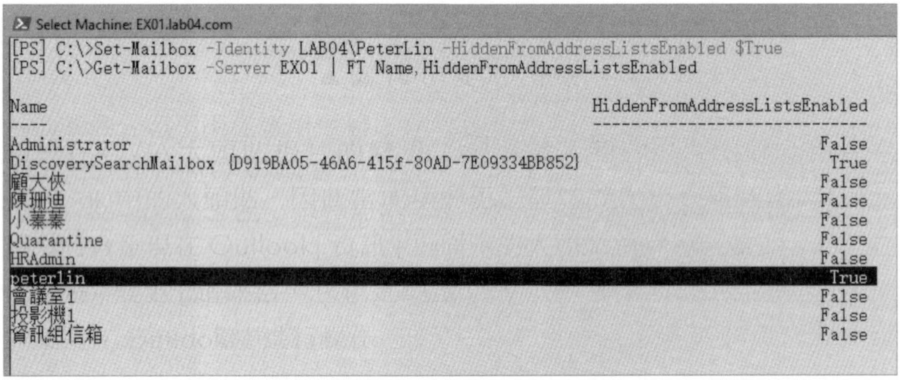

```
Select Machine: EX01.lab04.com
[PS] C:\>Set-Mailbox -Identity LAB04\PeterLin -HiddenFromAddressListsEnabled $True
[PS] C:\>Get-Mailbox -Server EX01 | FT Name,HiddenFromAddressListsEnabled

Name                                                              HiddenFromAddressListsEnabled
----                                                              -----------------------------
Administrator                                                                             False
DiscoverySearchMailbox {D919BA05-46A6-415f-80AD-7E09334BB852}                              True
顧大俠                                                                                    False
陳珊迪                                                                                    False
小蓁蓁                                                                                    False
Quarantine                                                                                False
HRAdmin                                                                                   False
peterlin                                                                                   True
會議室1                                                                                   False
投影機1                                                                                   False
資訊組信箱                                                                                False
```

▲ 圖 13-11 將信箱隱藏於通訊錄

若想要得知某一台 Exchange Server 上有哪一些被設定為隱藏的信箱，請參考以下命令參數來完成即可。

```
Get-Mailbox -Server EX01 | FT Name,HiddenFromAddressListsEnabled
```

13.6 啟用自動轉寄功能

對於那一些留職停薪的人員信箱，如果沒有要選擇停用他們的信箱，則可以改設定自動轉寄功能，讓負責代理的人員可以收到所有發送給他們的 Email。怎麼實作呢？首先來看看在 [Exchange 系統管理中心] 的操作方法。

請在 [信箱] 的頁面中開啟選定的信箱，在 [信箱功能] 頁面中點選位在 [郵件流程] 區域的 [檢視詳細資料] 超連結，來開啟如圖 13-12 所示的 [傳遞選項] 頁面。在此請勾選 [啟用轉寄] 功能並設定收件者信箱，若需要讓原收件者也能夠收到相同的 Email，請將 [將郵件同時傳遞到轉寄地址和信箱] 設定勾選。

▲ 圖 13-12 傳遞選項設定

關於自動轉寄功能的設定，若是透過 PowerShell 命令方式來完成，可以如圖 13-13 所示參考以下兩個命令參數範例，其中使用 -ForwardingSMTPAddress 參數設定，可以轉寄到選定的 Email 的地址且不一定得是 Exchange 組織內的信箱。此外，值得注意的是以上兩種命令參數做法都會讓原信箱繼續收到信，因此如果只想要轉寄的收件地址才能收到 Email，請將參數 -DeliverToMailboxAndForward 拿掉即可。

```
Set-Mailbox -Identity "PeterLin" -DeliverToMailboxAndForward $True
-ForwardingSMTPAddress joviku@lab04.com

Set-Mailbox -Identity "HRAdmin" -DeliverToMailboxAndForward $True
-ForwardingAddress SandyChen
```

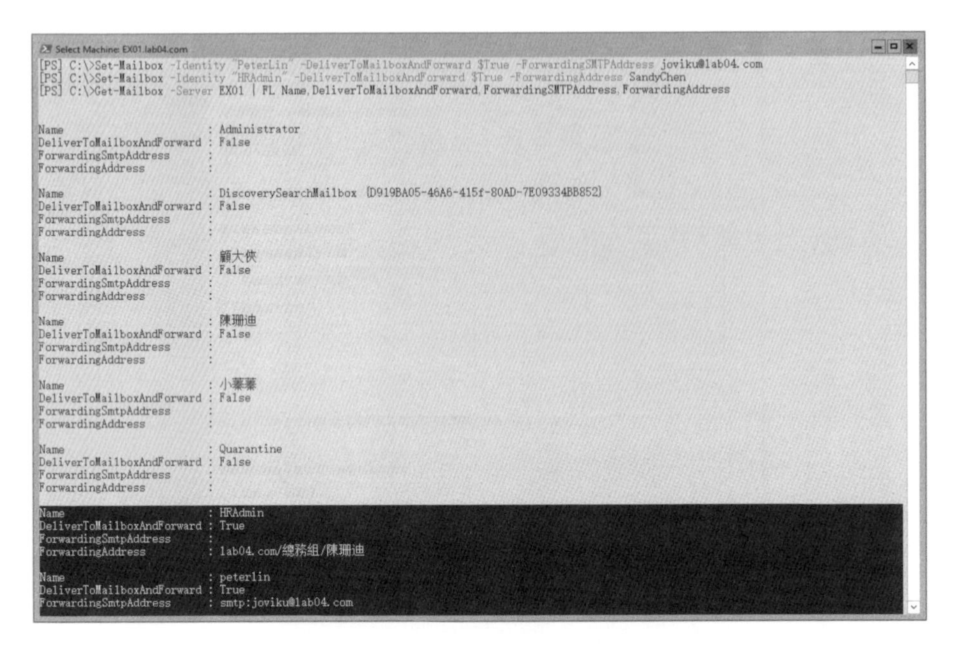

▲ 圖 13-13 設定兩個信箱轉寄

您可以進一步透過以下命令參數的執行，查詢到選定伺服器中所有信箱的自動轉寄功能設定。

```
Get-Mailbox -Server EX01 | FL Name,DeliverToMailboxAndForward,ForwardingSM
TPAddress,ForwardingAddress
```

請注意！如果您在命令中同時設定了 ForwardingAddress 和 ForwardingSmtpAddress 參數，則系統會自動忽略 ForwardingSmtpAddress 的參數設定。

13.7 恢復已停用的信箱

當人員信箱被停用之後，原有的網域帳戶便與此信箱中斷了連接，這時候 Exchange 管理人員可以選擇讓此信箱恢復與原帳戶的連接關係，或是讓此信箱與其他人員的帳戶進行連接，例如讓被停用的 PeterLin 信箱給新進的人員 BillWang 進行連接。

如何重新連接停用的信箱呢？請在 [Exchange 系統管理中心] 網站的 [信箱] 頁面中，點選位在選項中的 [連線信箱]。執行後在如圖 13-14 所示的 [連接信箱] 頁面中，點選 [連線] 圖示繼續。

▲ 圖 13-14 連接已停用信箱

緊接著在如圖 13-15 所示的 [資訊] 頁面中，可以選擇 [是] 來連接原來的網域帳戶，或是點選 [不] 來選擇連接其他使用者帳戶。無論選擇哪一個設定，一旦成功連接之後相對的帳戶將可以直接存取到該信箱，而該信箱也不會再出現於已停用的信箱清單之中。

▲ 圖 13-15 選擇連接設定

您也可以透過命令的執行來完成與中斷信箱的連接。如圖 13-16 所示的命令參數便是讓已中斷的 "PeterLin" 信箱，恢復給原來的 " 林彼德 " 帳戶進行連接。

```
Connect-Mailbox -Identity "林彼德" -Database PFDB01 -User "PeterLin"
```

```
Machine: EX01.lab04.com
[PS] C:\>Connect-Mailbox -Identity "林彼德" -Database PFDB01 -User "PeterLin"
[PS] C:\>Get-User PeterLin

Name     RecipientType
----     -------------
peterlin UserMailbox

[PS] C:\>
```

▲ 圖 13-16 連接已停用信箱

恢復信箱的連接之後，您可以進一步執行 Get-User PeterLin 命令，來查看連接的狀態，只要 Name 的欄位出現信箱的名稱即表示連接成功。

13.8 重置人員信箱密碼

密碼原則是一項讓 IT 人員又愛又恨的功能，因為如果密碼複雜度要求太過簡單，會造成資訊安全的問題，像筆者就有一位企業客戶，過去就是因為如此導致 Mail Server 成為了駭客發送爆量垃圾郵件的跳板。然而如果密碼複雜度要求太過嚴苛，則會發生廣大用戶們經常忘記密碼的窘境，而需頻繁麻煩 IT 人員的問題。

為此我們需要學習如何在 Exchange Server 的管理中，幫選定用戶重置密碼的幾種方法。首先第一種肯定是直接從 [Active Directory 使用者和電腦] 介面中，透過修改選定使用者的屬性來解決，不過這也得必須兼具 Active Directory 管理員的權限才行得通。

如果您只是 Exchange Server 的管理員，那麼就必須學習在 Exchange 管理下的解決方案。開始之前您必須在 PowerShell 命令中，如圖 13-17 所示先執行以下三道命令來確保後續的操作不會出現錯誤。

```
Add-pssnapin microsoft*
Install-CannedRbacRoles
Install-CannedRbacRoleAssignments
```

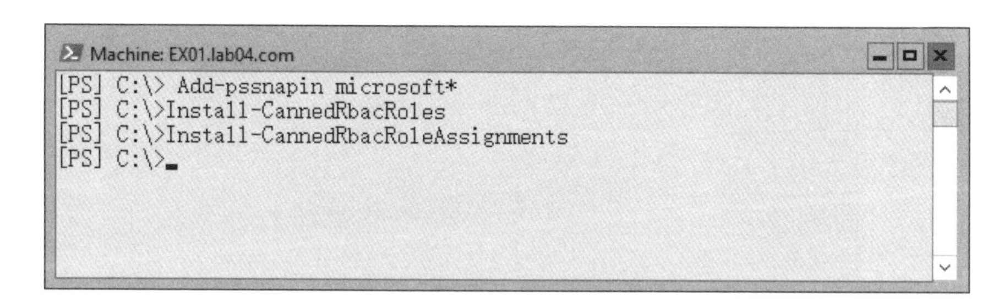

接著請在 [權限]\[管理員角色] 的頁面中，開啟 [Organization Management] 編輯設定頁面。在點選 [新增] 按鈕開啟如圖 13-18 所示的 [選取角色] 頁面之後，請選取 [Reset Password] 角色並點選 [新增] 按鈕。點選 [確定]。

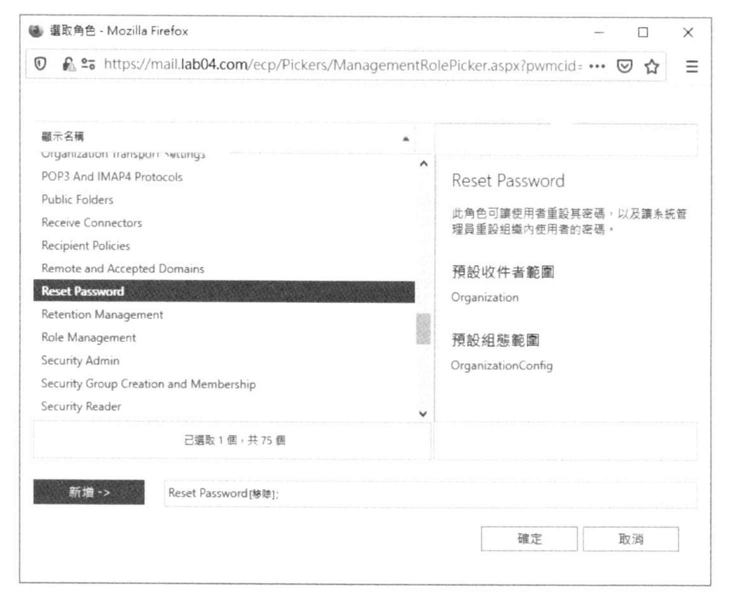

▲ 圖 13-18 管理員角色權限設定

確定了所屬的管理員角色擁有 [Reset Password] 權限之後，便可以如圖 13-19 所示透過以下命令參數來設定一組新的暫時密碼，並將此密碼設定給選定的帳戶 (例如：PeterLin)，以及強制設定他必須在下次登入時變更密碼。

```
$password = Read-Host "Enter password" -AsSecureString
Set-Mailbox PeterLin -Password $password -ResetPasswordOnNextLogon $True
```

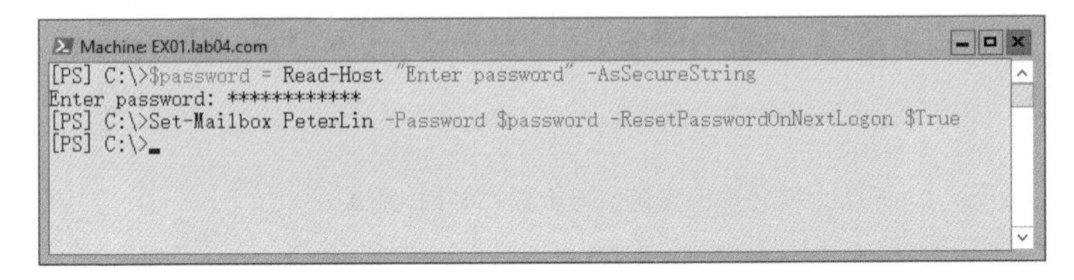

▲ 圖 13-19 重置選定帳戶密碼

在幫用戶完成密碼的重置之後，該用戶在下次以如圖 13-20 所示的 OWA 或 Outlook 登入時，便會出現變更密碼的提示頁面。在完成目前的密碼以及兩次新密碼的輸入之後，便可以完成新密碼的設定以及登入操作。

▲ 圖 13-20 用戶登入 OWA

13.9 幫用戶配置收件匣規則

相信許多 Outlook 用戶都知道建立郵件規則，來讓不同的重要郵件可以自動歸類到選定的資料夾。筆者還曾經遇過有 Outlook 用戶，建立了爆量的郵件規則，以至於無法繼續新增郵件規則，除非他先刪除掉一些郵件規則。究竟郵件規則空間的配額有多大呢？在此可能會有一些 IT 人員，誤以為它與信箱的配額是一體的，但實際上卻是分開配置的。

其實它的有效值是 32KB 到 256 KB，其中如果您一開始部署的 Exchange Server 已是 2019 版本，而非是採用舊版升級移轉的方式來部署，那麼所有用戶信箱的郵件規則配額預設都會是 256KB。

至於較舊以前的版本通常會是低於 256KB 的設定。值得注意的是信箱中所有已停用的規則數目，並沒有在此限制之中。想要查詢目前選定用戶 (例如：JoviKu) 的郵件規則配額，可以執行 Get-Mailbox JoviKu | Select RulesQuota 命令參數。如果是要修改選定用戶的郵件規則配額，可參考 Set-Mailbox JoviKu -RulesQuota 256KB 命令參數。

只要 Outlook 沒有出現郵件規則空間已滿的提示訊息，即表示用戶仍可繼續新增更多的郵件規則設定。如圖 13-21 所示在 [規則及通知] 的頁面中，用戶可以自行修改、複製以及刪除所有新增過的規則設定，並且可以在必要時立即執行任一選定的規則。

▲ 圖 13-21 Outlook 規則及通知

然而並非所有用戶都會自己去設定郵件規則，組織內難免會有一些高階主管需要 IT 人員協助幫他們設定好，不過協助的方式並非是走到他們的電腦面前進行操作，而是直接從 Exchange 伺服端的操作來完成。怎麼做呢？很簡單！如圖 13-22 所示我們可以透過執行以下命令參數，來幫 JoviKu 這位用戶的信箱中所有在 2020 年 12 月 12 日以前的 Email，通通移至 [刪除的郵件] 資料夾之中。

```
New-InboxRule -Name "移至刪除的郵件" -Mailbox JoviKu -MoveToFolder 'JoviKu:\
刪除的郵件' -ReceivedBeforeDate "12.12.2020" -StopProcessingRules $True
```

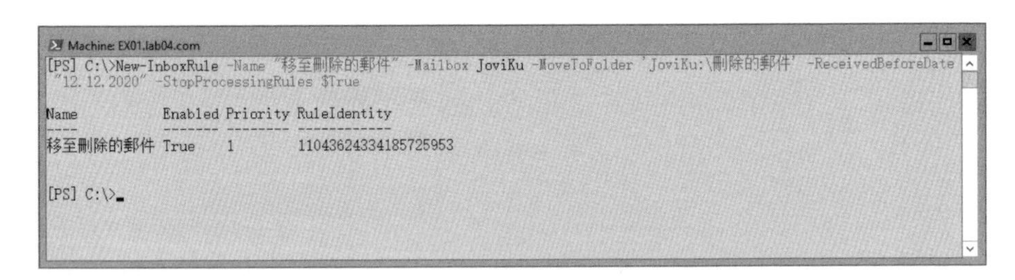

▲ 圖 13-22 幫選定用戶新增郵件規則

如果想知道 JoviKu 這位用戶的信箱究竟設定了哪一些伺服器規則，以及這些規則的啟用狀態，則可以如圖 13-23 所示執行以下的命令參數來進行查詢。

```
Get-InboxRule -Mailbox JoviKu | Select Name, Description,Enabled | FL
```

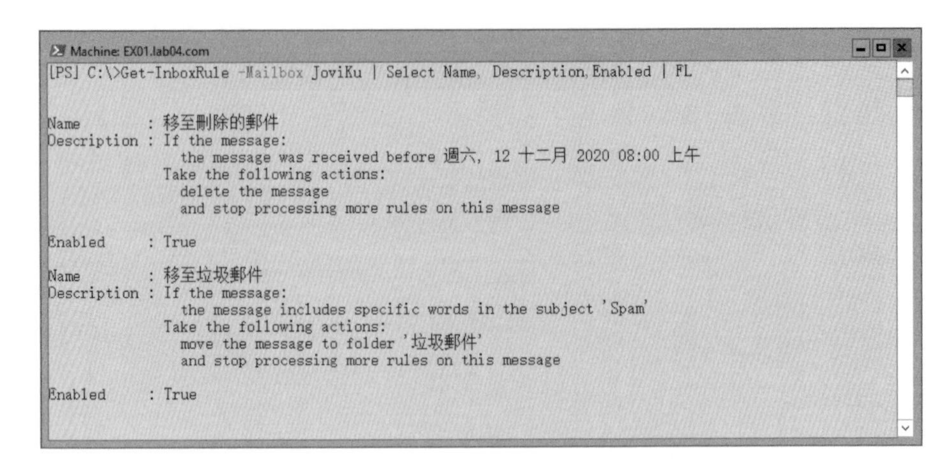

▲ 圖 13-23 查看選定用戶的郵件規則清單

13.10 人員接收郵件的限制

對於一些非常講究資訊安全的企業來說，肯定不會讓所有人員都能夠發送或接收 Internet 的郵件，而是只會讓真正在工作上有需要的人可以使用。在此我們先以限制人員接收外部 Email 的管理為例。在 Exchange Server 所新建立的信箱中，只要傳送連接器與接收連接器沒有特別限制，預設狀態下的人員信箱都是可以接收與發送 Email 到 Internet 的信箱。

如果想要讓選定的人員信箱無法接收來自組織內以外的 Email，請在開啟 [Exchange 系統管理中心] 網站之後，點選開啟該人員信箱的編輯設定頁面，然後在 [信箱功能] 頁面中點選位在 [郵件傳遞限制] 區域中的 [檢視詳細資料] 超連結，來開啟如圖 13-24 所示的 [郵件傳遞限制] 頁面。在此只要將 [需要驗證所有寄件者] 的選項勾選並點選 [確定] 即可完成設定。

▲ 圖 13-24 郵件傳遞限制

同樣的管理需求也可以透過以下如圖 13-25 所示的 PowerShell 命令參數來完成設定。

```
Set-Mailbox -Identity "PeterLin" -RequireSenderAuthenticationEnabled $True
```

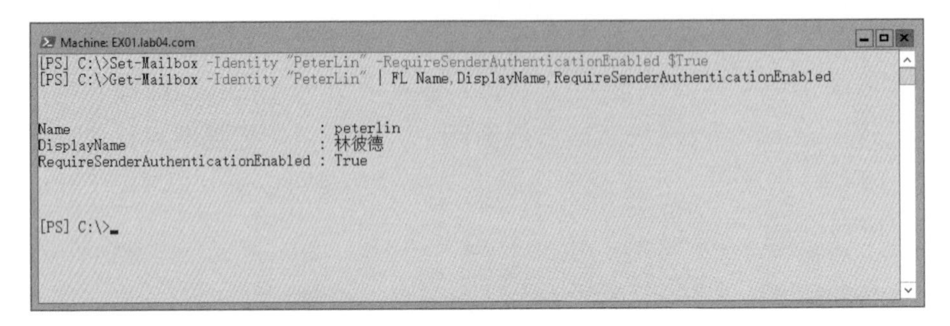

▲ 圖 13-25 限制選定信箱無法接收外部郵件

想要知道選定的人員信箱是否已經完成了上述的郵件傳遞限制，可以執行以下命令參數。若是想要查看所有人員的設定，則只要將 -Identity "PeterLin" 參數設定拿掉即可。

```
Get-Mailbox -Identity "PeterLin" | FL Name,DisplayName,RequireSenderAuthen
ticationEnabled
```

在 Exchange 管理中除了可以設定人員信箱的郵件傳遞限制之外，也可以針對通訊群組來進行限制。請開啟選定的通訊群組編輯設定頁面，然後在如圖 13-26 所示的 [傳遞管理] 頁面中選擇 [只限我組織內的寄件者] 設定即可。如果想更進一步限制只有選定的內部人員可以寄送，則可以點選新增圖示來加入允許的人員名單。點選 [儲存]。

▲ 圖 13-26 通訊群組傳遞管理

關於針對通訊群組的收信限制，同樣也可以透過以下如圖 13-27 所示的命令參數來完成設定，範例中我們限制了僅允許 HRAdmin、SandyChen、JaneKu 三位用戶可以發信到 HR 的通訊群組信箱。

```
Set-DistributionGroup "HR" -AcceptMessagesOnlyFromSendersOrMembers
HRAdmin,SandyChen,JaneKu
```

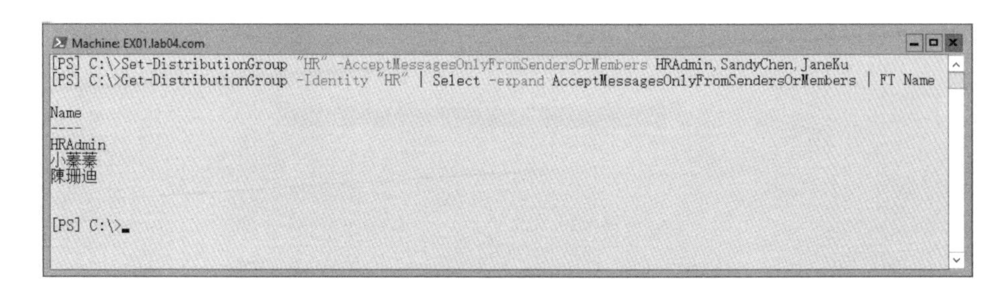

▲ 圖 13-27 限制通訊群組寄件者

若想要查詢針對選定的通訊群組有哪一些人員可以發信到此群組，可以參考執行以下命令參數。

```
Get-DistributionGroup -Identity "HR" | Select -Expand AcceptMessagesOnlyFr
omSendersOrMembers | FT Name
```

13.11 轉換共用信箱

共用信箱是小組協同合作中相當重要的一項功能，它可以讓信箱的郵件聚焦在與這個部門或這個專案有關的內容，還可以讓有被授予相關權限的人員，可以代表該共用信箱來進行郵件的發送。舉例來說，當客戶服務信箱收到顧客申訴的 Email 時，相關部門的人員就可以代表客戶服務信箱來進行回覆，但對於大多數的人員來說可能就僅有查看 Email 的權限。

如圖 13-28 所示便是對於一個名為 " 資訊組信箱 " 設定的編輯頁面，在 [信箱委派] 的設定中，若不是屬於 [傳送為] 權限的清單成員，便無法代表此共用信箱來執行發送 Email。

▲ 圖 13-28 編輯共用信箱

在沒有被授予代表發送 Email 權限的情況之下，如果用戶在 Outlook 中執行代表此共用信箱的 Email 發送，便會在送出郵件的同時收到類似如圖 13-29 所示的退信通知，表示您沒有權限可代表指定的使用者傳送郵件。

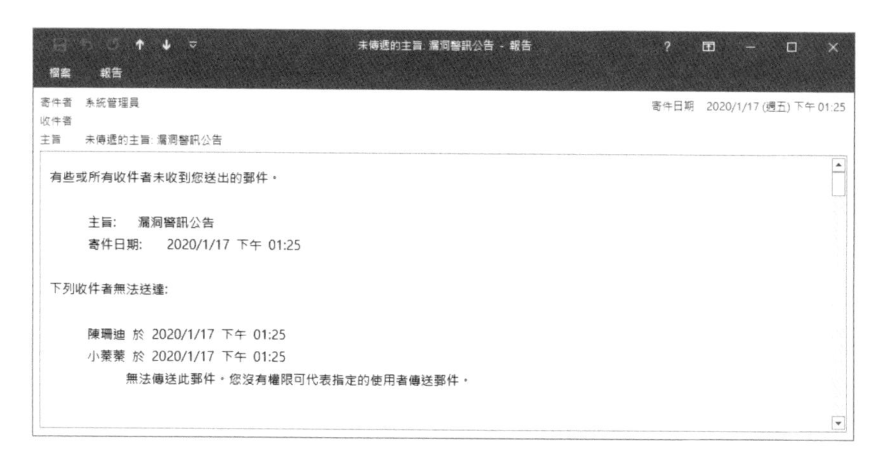

▲ 圖 13-29 無法代表傳送

當某位專案人員 (例如 :PeterLin) 因離職而需要將信箱轉換成共用信箱，以便小組的成員都可以來進行存取時，便可以透過如圖 13-30 所示的執行 Set-Mailbox -Identity PeterLin -Type Shared 命令參數來完整轉換。如果想要知道在選定的 Exchange Server 中，有哪一些共用信箱則可以參考執行 Get-Mailbox -Server EX01 | FL Name,IsShared 命令參數，在此範例中凡是 IsShared 欄位值為 Ture 即為共用信箱。

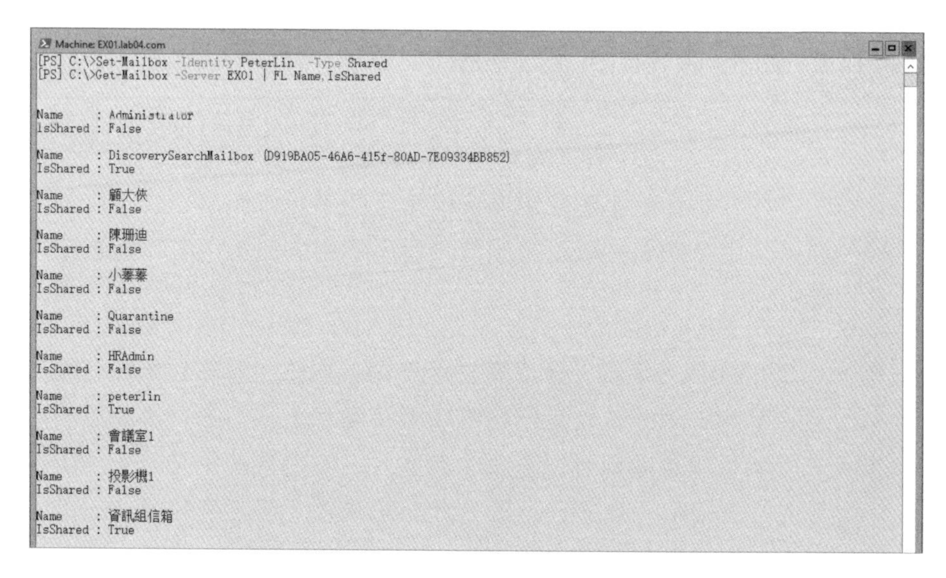

▲ 圖 13-30 轉換成共用信箱

在開啟 [Exchange 系統管理中心] 網站之後，便可以在如圖 13-31 所示的 [收件者]\[共用] 頁面中，查看到剛剛已將選定的 PeterLin 信箱成功轉換成共用信箱。您可以進一步開啟編輯設定頁面，來配置擁有完整存取權限或代表傳送權限的成員。

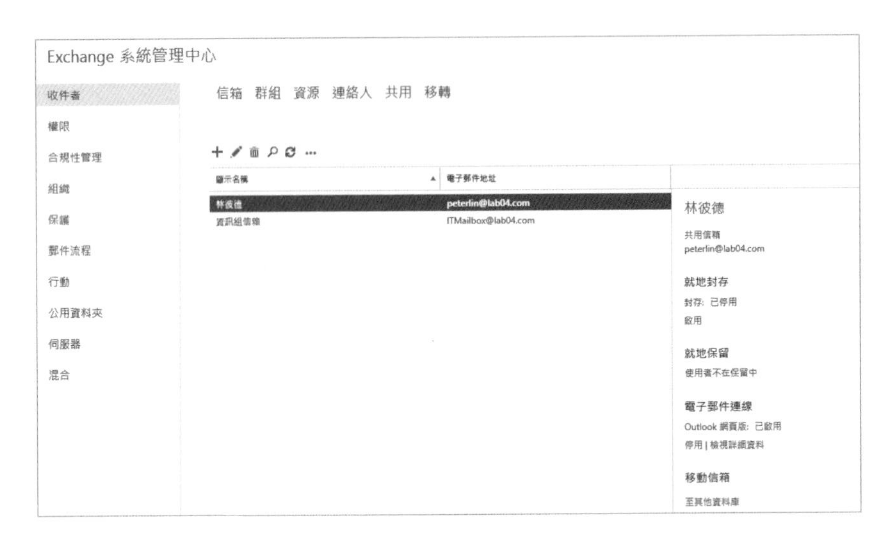

▲ 圖 13-31 成功轉換共用信箱

13.12 自訂配額訊息通知

Exchange 用戶在管理自己信箱郵件的過程中，偶爾可能會收到像是郵件無法寄送、郵件大小超過限制、信箱空間不足等訊息通知。由於這一類的訊息是由系統自動發送，因此預設所採用的訊息內容可能會讓用戶難以明白。

為此 IT 部門可以考慮自行來定義這一些訊息內容。筆者以配額有關的訊息通知來舉例說明，首先是信箱配額即將達到上限前的警示訊息，如圖 13-32 所示可以透過執行以下命令參數，來設定繁體中文的信箱配額警示訊息內容，相信用戶們一旦收到此訊息通知，肯定會知道該去刪除一些舊郵件來騰出更多可用空間。

```
New-SystemMessage -QuotaMessageType WarningMailbox -Language ZH-CHT -Text
" 您的信箱儲存空間即將超過大小限制，請盡速刪除一些舊郵件並清空垃圾桶，謝謝 "
```

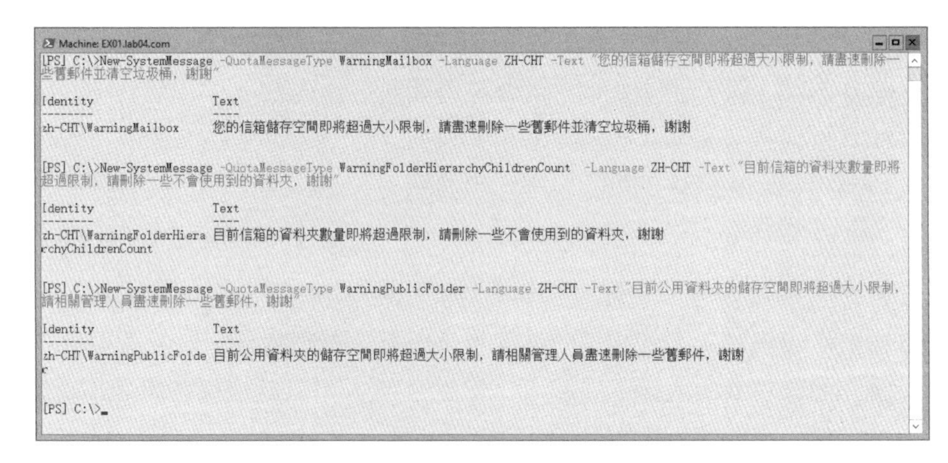

▲ 圖 13-32 自訂配額訊息

接著是信箱資料夾的數量一旦即將超過限制，也可以透過以下命令參數來讓用戶明白，必須動手刪除一些不再使用的分類資料夾。

```
New-SystemMessage -QuotaMessageType WarningFolderHierarchyChildrenCount
-Language ZH-CHT -Text " 目前信箱的資料夾數量即將超過限制，請刪除一些不會使用到的資料
夾，謝謝 "
```

最後對於公用資料夾的管理員來說，最重要的就是可用空間的管制了，您可以透過執行以下命令參數，來讓相關負責的人員可以在收到此訊息通知之後，趕緊清理一下公用資料夾中一些過期的郵件。

```
New-SystemMessage -QuotaMessageType WarningPublicFolder -Language ZH-CHT
-Text " 目前公用資料夾的儲存空間即將超過大小限制，請相關管理人員盡速刪除一些舊郵件，謝謝 "
```

13.13 人員相片批次更新

筆者曾經一再強調要活絡一個社群網站的運行，每個人的相片更新是相當重要的，因為試想如果大多數人在此網站上，都使用系統預設的相片來顯示，這個社群肯定相當冷清，因為根本沒人想要在此久留。所以企

業 IT 部門應該鼓勵用戶經常到 Exchange Server 的 OWA 網站，透過點選頁面右上方的圖示並如圖 13-33 所示點選 [變更] 超連結來更新自己的相片。值得注意的是在整合 SharePoint 的環境之中，SharePoint 也是引用同樣的相片來源。

▲ 圖 13-33 OWA 變更相片

關於人員顯示相片的管理，其實對於初次部署 Exchange Server 的組織來說，可以請人力資源部門協助提供所有人員的相片，然後再交由 IT 人員來進行首批的大量更新即可。負責的 IT 人員只要懂得善用 PowerShell 的 Set-UserPhoto 命令即可輕鬆搞定。

讓我們先來了解一下，此命令對於單一人員相片的更新方法。如圖 13-34 所示可以先執行以下命令與參數來預覽一下 SandyChen 相片的設定。

```
Set-UserPhoto -Identity "SandyChen" -PictureData ([System.
IO.File]::ReadAllBytes("C:\SandyChen.jpg")) -Preview
```

```
Machine: EX01.lab04.com
[PS] C:\>Set-UserPhoto -Identity "SandyChen" -PictureData ([System.IO.File]::ReadAllBytes("C:\SandyChen.jpg")) -Preview

Confirm
Are you sure you want to perform this action?
The photo for mailbox SandyChen will be changed.
[Y] Yes  [A] Yes to All  [N] No  [L] No to All  [?] Help (default is "Y"):
[PS] C:\>Get-UserPhoto "SandyChen" -Preview


RunspaceId  : 4056db33-42a8-41d9-b49c-9ca2ffdf65f4
Identity    : lab04.com/總務組/陳珊迪
PictureData : {255, 216, 255, 224, 0, 16, 74, 70, 73, 70, 0, 1, 1, 1, 0, 96...}
Thumbprint  : -1718512232
IsValid     : True
ObjectState : New


[PS] C:\>Set-UserPhoto "SandyChen" -Save

Confirm
Are you sure you want to perform this action?
The photo for mailbox SandyChen will be saved.
[Y] Yes  [A] Yes to All  [N] No  [L] No to All  [?] Help (default is "Y"):
[PS] C:\>_
```

▲ 圖 13-34 設定單一人員相片

當確認要變更為所選定的相片之後，只要接著執行 Set-UserPhoto "SandyChen" -Save 即可完成。如果要取消上一命令的設定，請將參數 -Save 改成 -Cancel。如果想要直接完成相片變更而不預覽請將 -Preview 參數去掉，如此一來也不需要使用到 -Save 或 -Cancel 參數設定。

上述兩種作法都僅是針對單一人員更新相片，如果想要一次完成大量人員的相片更新，可以先使用 Excel 準備好一個 users.csv 的文字檔，而欄位只要分別建立 username 與 picture 即可，其中 username 就是人員的帳號名稱，picture 則是相片檔案名稱與完整路徑。接著把 users.csv 與所有人員的相片都存放至 C:\Pictures 路徑下即可。最後執行以下 PowerShell 命令與參數便可大功告成！

```
Import-csv C:\Pictures\users.csv | % { Set-UserPhoto -Identity $_.username
-PictureData ([System.IO.File]::ReadAllBytes($_.picture)) -Confirm:$false}
```

13.14 公認網域管理

有少數的企業由於資訊安全的考量，會讓每一位用戶都有兩個 Email 地址，例如顧大俠就有：joviku@lab04.com 與 joviku@mail.lab04.com，不過信箱通常是共用同一個而非分開，其目的就只是為了讓一個用來發信一個用來收信。在這種情境一下用戶就可以在自己的 Outlook 中，來選定回覆專用的 Email 地址。

另一種多 Email 地址的使用需求則是組織網域名稱的異動。常見的情境就是公司被併購了所以組織即將更名，此時在過渡時期新舊網域就必須並存，所以每位用戶也會有兩個 Email 地址可以同時使用。等到所有聯絡人都已使用舊 Email 地址來進行聯繫時，就可以正式刪除舊 Email 地址了。

無論在您的組織中需要使用兩組不同網域 Email 地址的原因為何，在 Exchange Server 運作架構下都可以辦得到。只要分別完成公認的網域以及電子郵件地址原則設定即可解決。首先來看看公認的網域設定。開啟 [Exchange 系統管理中心] 網站，在 [郵件流程]\[公認的網域] 頁面中，預設只會看到一個目前正在使用的組織網域名稱 (例如：lab04.com)。在點選新增的圖示之後會開啟如圖 13-35 所示的 [新增公認的網域] 頁面，在此可以看到以下三種可以選擇的網域類型。

- 權威（Authoritative）：電子郵件僅會傳送給此 Exchange 組織中的有效收件者。傳送給未知收件者的所有電子郵件皆會遭拒。在此筆者將以此選項設定為例，也就是唯一接收至已存在的 Exchange 信箱地址。
- 內部轉送網域（InternalRelay）：電子郵件會傳送給在此 Exchange 組織中的收件者，或轉送至位於其他實體或邏輯位置的電子郵件伺服器。此設定表示可以把接收到的郵件，再轉送至選定的其它郵件伺服器。
- 外部轉送網域（ExternalRelay）：電子郵件會轉送至位於其他實體或邏輯位置的電子郵件伺服器。若要直接轉送至其它外網的郵件伺服器，可以採用此設定。

▲ 圖 13-35 新增公認的網域

關於新增公認的網域之方法，也可以經由執行以下的 PowerShell 命令參數，來完成 mail.lab04.com 網域的新增，並且將其網域設定成權威型網域。當想要查詢目前現有權威型的公認網域清單，則可以像如圖 13-36 所示一樣通過執行以下第二道命令參數來完成。

```
New-AcceptedDomain -DomainName mail.lab04.com -DomainType Authoritative
-Name mail.lab04.com

Get-AcceptedDomain | Where{$_.DomainType -eq 'Authoritative'}
```

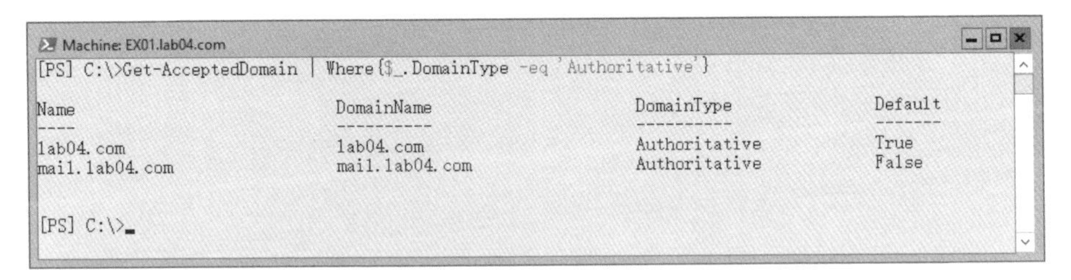

▲ 圖 13-36 查看權威類型公認網域

完成了公認的網域新增之後，接著就可以來設定電子郵件地址原則，以便決定新增加的 Email 地址要套用在哪一些用戶信箱之中。在 [郵件流程]\[電子郵件地址原則] 頁面中，預設只會看到一個目前正在使用的 [Default Policy]，您可以選擇修改這個預設原則或再新增原則。

如圖 13-37 所示便是新增電子郵件地址原則的頁面。接著再點選新增電子郵件地址小圖示之後，除了可以設定原則的順序之外，還可以選定電子郵件地址原則的收件者類型。在此筆者唯一勾選 [擁有 Exchange 信箱的使用者]。接著您可以設定要套用此原則的用戶條件，例如您可以設定只套用在選定的部門。

▲ 圖 13-37 新增電子郵件地址原則

完成上述設定之後，可以點選 [預覽套用此原則的收件者] 超連結，來查看即將被此原則套用的用戶清單。在完成原則的新增之後系統還不會立即進行套用，而是要等到回到主頁面之後，在選定原則時點選 [套用] 超連結。值得注意的是如果套用的用戶超過 3 千位以上，最好能夠在完成此操作之後，再執行 Update-EmailAddressPolicy 的命令讓它立即生效。

關於新增電子郵件地址原則的方法，也可以採用以下的 PowerShell 命令與參數，來建立一個唯一只套用在職稱為 " 經理 " 的用戶信箱之中。

```
New-EmailAddressPolicy -Name "經理電子郵件地址原則" -RecipientFilter
"(RecipientType -eq 'UserMailbox') -and (Title -like '*經理*')
-EnabledEmailAddressTemplates "%m@mail.lab04.com" -Priority 2
```

如果想要查詢目前現行的電子郵件地址原則清單，則可以如圖 13-38 所示執行以下命令參數即可。

```
Get-EmailAddressPolicy | Name,EnabledEmailAddressTemplates,RecipientFilter
```

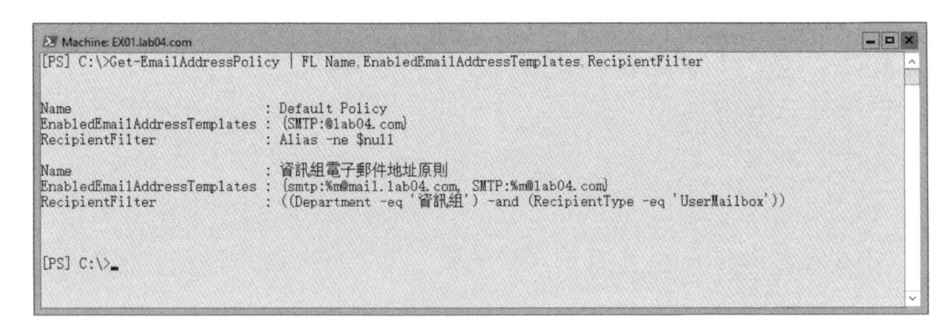

▲ 圖 13-38 查看電子郵件地址原則

在同時擁有多個 Email 地址的配置下，管理員可以幫不同的用戶設定好主要的 Email 地址是哪一個，以作為寄件者的預設配置。不過即便如此，用戶在 Outlook 的發信操作中，一樣可以如圖 13-39 所示在顯示 [寄件者] 欄位的狀態下，自行更換寄件者的 Email 地址。

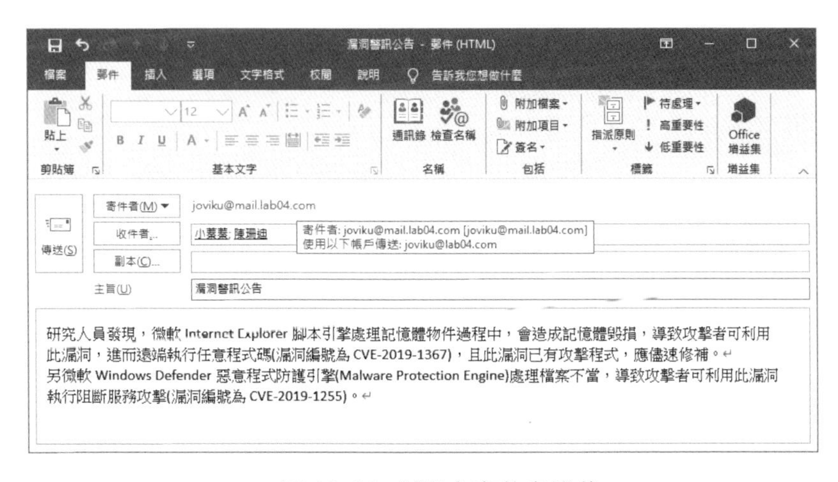

▲ 圖 13-39 以選定寄件者發信

13.15 禁止 ActiveSync 的使用

無論是智慧型手機還是平板等行動裝置，用戶如果想要透過 Outlook App 來連線存取 Exchange Server 中的信箱，除網路連線因素之外還必須確認 Exchange 本身的兩項檢查，才能確定該用戶是否能夠正常連線，分別是 ExchangeActiveSync 網站應用程式以及信箱 ActiveSync 功能。換句話說，對於有一些嚴格管制 Email 訊息安全的組織來說，為了讓所有用戶或部分用戶無法於透過行動裝置來存取信箱，就必須透過停用上述兩項功能之一的方法，來限制用戶的連線存取。

首先若想要禁用所有用戶以 Exchange ActiveSync 的方式來連線存取，只要開啟 IIS 管理主控台，然後在如圖 13-40 所示的 [Application Pools] 頁面中，選取 [MSExchangeSyncAppPool] 應用程式集區，並按下滑鼠右鍵點選 [Stop] 即可。

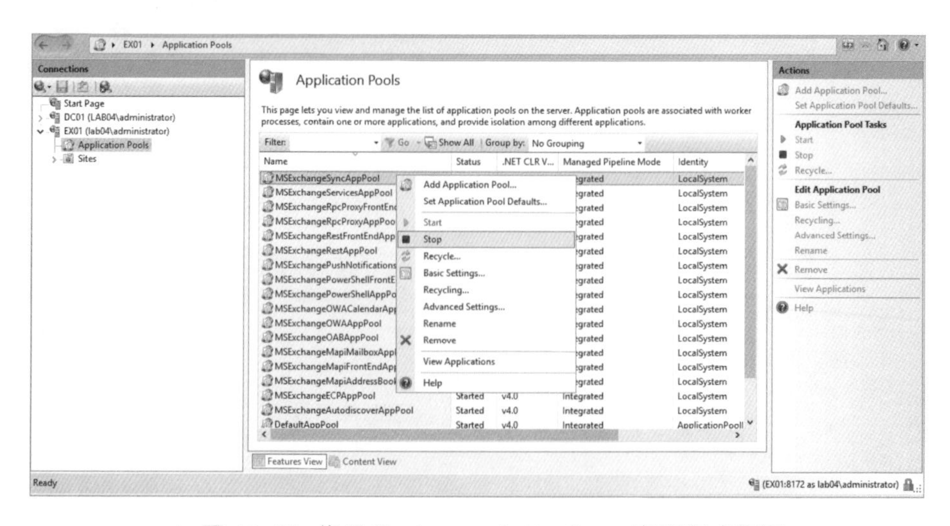

▲ 圖 13-40 停用 ExchangeActiveSync 應用程式集區

對於 Exchange ActiveSync 應用程式集區停用的方式，如圖 13-41 所示也可以透過執行 Stop-WebAppPool -Name "MSExchangeSyncAppPool" 命令來完成。如果想要查詢此集區目前的執行狀態，可以執行 Get-WebAppPoolState -Name "MSExchangeSyncAppPool" 命令即可。

若不使用 Windows PowerShell 命令，而是改開啟傳統的命令視窗，則可以先切換到 CD C:\Windows\System32\inetsrv\ 路徑下，然後再執行以下命令參數也是可以停止此應用程式集區。

```
Appcmd Stop Apppool /apppool.name:MSExchangeSyncAppPool
```

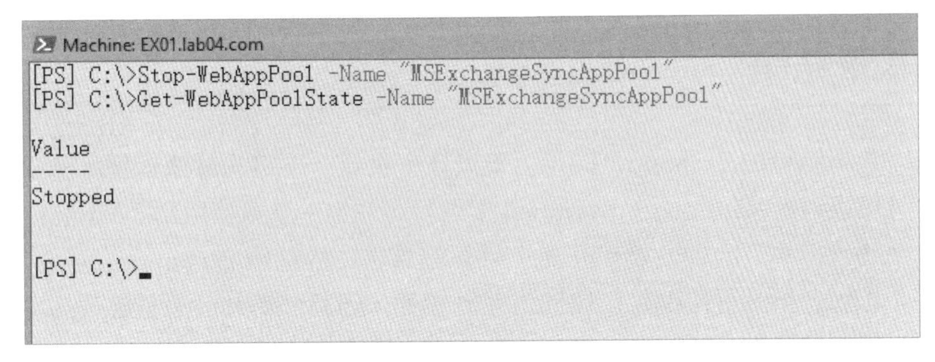

▲ 圖 13-41 停用 ExchangeActiveSync 應用程式集區

當您只是想要關閉特定人員 (例如：JoviKu) 的 Exchange ActiveSync 功能，便不需要選擇去停止整個應用程式集區，而是只要如圖 13-42 所示改去執行 Set-CASMailbox joviku@lab04.com -ActiveSyncEnabled $False 命令與參數，就可以讓此帳戶無法使用手機或平板的 Outlook App 進行連線存取，但依舊可以使用 Outlook 與 OWA。想要知道哪一些人員的信箱已經被關閉 Exchange ActiveSync 功能，只要執行 Get-CASMailbox | FL Name, ActiveSyncEnabled 命令與參數即可。

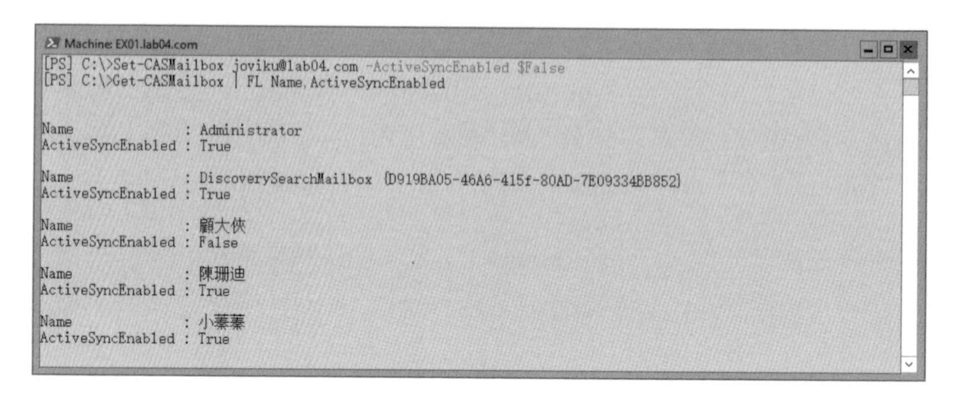

▲ 圖 13-42 停用選定信箱的 Exchange ActiveSync

本章結語

無論組織的 Exchange Server 架構多麼複雜，平日的維護管理，其實都可以透過 Windows PowerShell 來進行，完全不需要使用到 Exchange 系統管理中心的網站操作介面。只是就算是已經接觸 Exchange Server 十年的老手，恐怕也難以達到這樣的境界，因此，筆者仍建議應善用兩者的優勢才是致勝之道。

在此仍要建議 Microsoft 原廠對於未來 Exchange Server On-Premise 的部署，因提供有如現在的 IBM Domino Server 一樣的即時 Console 視窗，這有助於 IT 管理人員即時監看到目前伺服器正在執行的命令與參數，一旦有發現任何異常的警示或錯誤，就可以在第一時間進行偵錯並將問題排除。此外它所生的 Console Log 也有助於事後的問題追蹤。

用戶端關鍵學習指引

Exchange Server 2019 提供了無所不在的用戶存取經驗，讓所有用戶都能夠在不同的情境下使用 Outlook、網頁瀏覽器、手機、平板輕鬆完成連線。它也支援了讓跨平台的第三方軟體，透過以 Exchange Web Services 的方式來進行信箱的存取，讓即便是用使用 Linux 開源作業系統的用戶，一樣可以享有如同 Outlook 般的存取經驗。現在就讓我們趕緊來一同學習一下，不同情境下的 Exchange 用戶端工具使用技巧。

14.1 簡介

企業 IT 部門每一年所要編列的採購預算，無論是軟體還是硬體皆只是為了解決兩件事，那就是強化 IT 人員管理的能力與工具，以及提升廣泛用戶的協同合作效率。其中前者不外乎是著重在資訊安全、網路管理、儲存、備份、備援以及高可用性等解決方案。而後者則是在改善用戶端的系統效能，以及提高人員作業的效率，讓用戶們可以在軟硬兼備的高效能環境中，執行組織所賦予的各項任務。

每一年在編列 IT 預算與專案計劃的過程之中，不管是針對 IT 部門還是一般用戶，除了要審慎評估所選購的軟硬體方案之外，教育訓練的安排也是非常重要的一環，其目的就是要讓相關人員都能夠熟悉新設備或新軟體的操作。為此 IT 部門與協力廠商將扮演重要的關鍵角色。

就以 Exchange Server 2019 的專案計劃來說，教育訓練的安排通常至少會安排以下三個階段：

1. 協力廠商對於 IT 部門的伺服端管理教育訓練，這包括了意外災害的模擬演練，然後由廠商協助製作管理員手冊以及標準程序書（SOP）。
2. 協力廠商對於用戶部門的協作功能教育訓練。這部分參與的人員之中，至少指派一名為種子教師，且最好能夠在課後對於種子教師進行測驗，以掌握學習成效。
3. 系統上線第一天的現場指導。關於這個階段肯定需要有協力廠商的人員在場，來協助用戶於生產環境下的問題解決，並持續監視伺服端系統的運作狀態。

想要讓廣泛的用戶都能夠有良好的學習成效，無論是負責的 IT 人員還是協力廠商，都必須先行熟悉 Exchange Server 2019 在不同用戶端情境下的操作，以及具備常見問題排除的能力。接下來就讓筆者引領讀者們一同來掌握從 Outlook、網頁瀏覽器、行動裝置到跨平台 Linux 下的關鍵技巧。

14.2 Outlook 郵件回收功能

將 Email 發送給錯誤的對象相信許多人都曾經發生過。就以筆者來說也曾經誤傳 Email 到另一位名稱相近的收件者，此時還好公司是使用 Exchange Server，而不是一般常見的 POP3 或 IMAP 的 Mail Server，因此才可以在 Outlook 中點選至 [寄件備份] 並開啟所要進行回收的 Email，即可在如圖 14-1 所示的 [動作] 選單之中點選 [回收此郵件]。

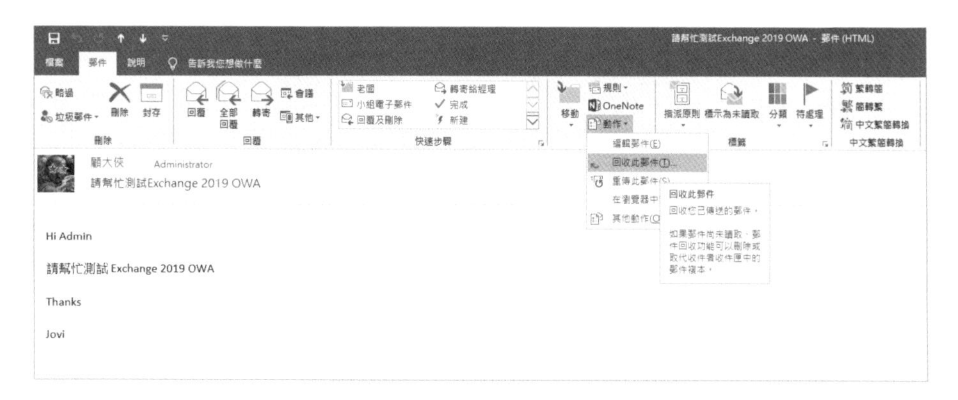

▲ 圖 14-1 郵件操作選單

在如圖 14-2 所示的 [回收這封郵件] 頁面中，您可以根據實際需要來選擇 [刪除這封未讀郵件] 或是 [刪除這封未讀郵件並以新郵件取代]。接著可以將 [回報從各收件者回收是否成功] 的選項打勾。點選 [確定] 即可。此外值得注意的是即便是將郵件發送到公用資料夾之中一樣可以進行回收。

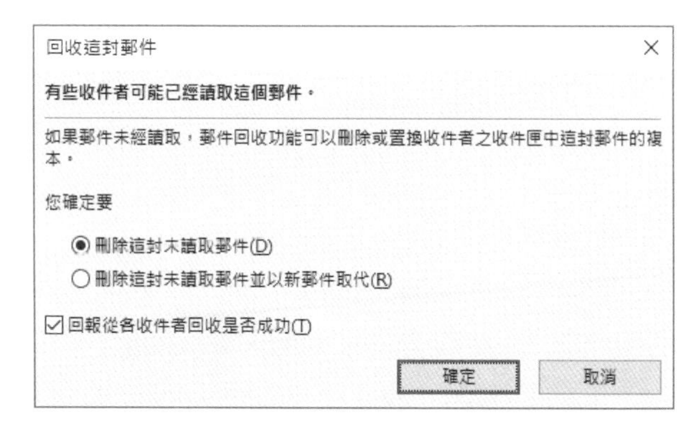

▲ 圖 14-2 回收郵件設定

請注意！您無法在 OWA 網站或 Outlook App 中執行回收郵件的功能，也無法在 Outlook 中執行回收已發送到其他非 Exchange Server 的郵件。

14.3 Outlook 郵件延遲傳送功能

當 Email 發送的速度非常快時在某些情境下不見得是好事，常見的狀況就是用戶把一些高重要性或高敏感度的郵件，誤發了某一些不應該收到的收件者。此時，您或許會想說可以使用前面所介紹過的回收郵件功能，來趕緊將錯發的郵件刪除，但是如果收件者剛好就在操作 Outlook 期間，您錯發的郵件可能早在第一時間就被開啟過，因此想要回收已經是不可能了。

為了解決類似上述的窘境，最好的方法就是透過規則設定，讓這一類的郵件在點選傳送之後，能夠自動延遲幾分鐘後才正式送出。怎麼做呢？請在如圖 14-3 所示的 Outlook 功能列圖示中點選 [規則]\[管理規則及通知] 繼續。

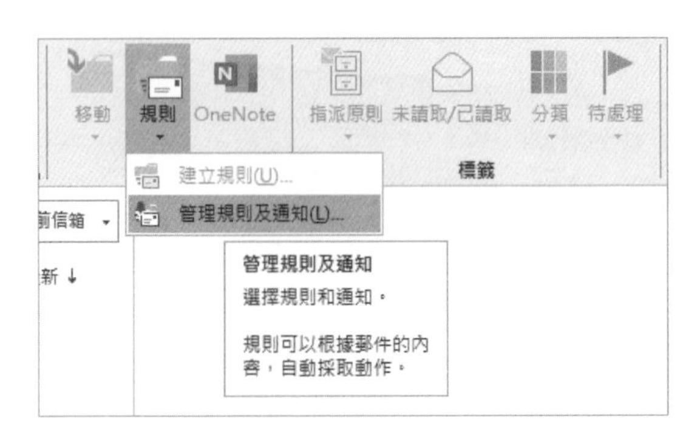

▲ 圖 14-3 Outlook 規則選單

接著會開啟 [規則及通知] 的視窗，請在 [電子郵件規則] 頁面中點選 [新增規則]。在 [規則精靈] 的 [步驟 1: 選取範本] 頁面中，請選取 [將規則套用至我傳送的郵件]。點選 [下一步]。在 [步驟 1: 選取條件] 頁面中，請選定要做為規則執行的條件，例如您可以選定 [標示為高重要性 [以及 [標示為機密] 的設定。點選 [下一步]。在如圖 14-4 所示的 [步驟 1: 選取動作] 頁面中，便可以勾選 [延後數個分鐘傳送] 的選項並輸入要延遲的時間。點選 [下一步]。

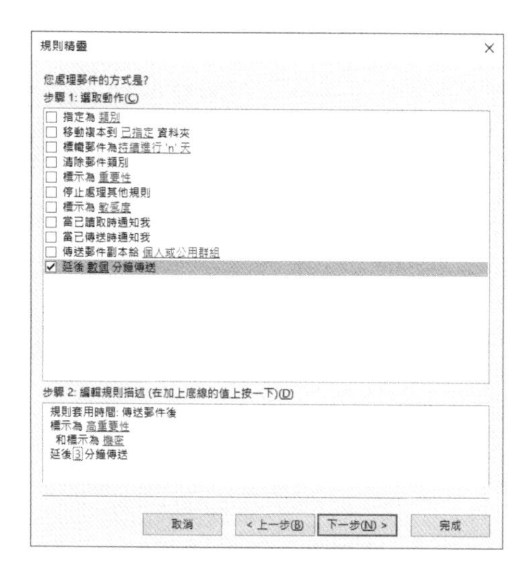

▲ 圖 14-4 規則動作設定

在 [步驟 1: 選取例外] 頁面中，可以設定添加例外的條件，例如當郵件傳送給特定的收件者時，無須進行傳送的延遲的處理。點選 [下一步] 後請輸入一個全新的規則名稱，並確認已經勾選了 [啟用這個規則] 設定。點選 [完成]。如圖 14-5 所示便是筆者所建立的一個名為 " 高重要性延遲傳送郵件 " 規則。後續您仍可以回到此頁面來針對此規則進行修改、複製或是刪除等操作。

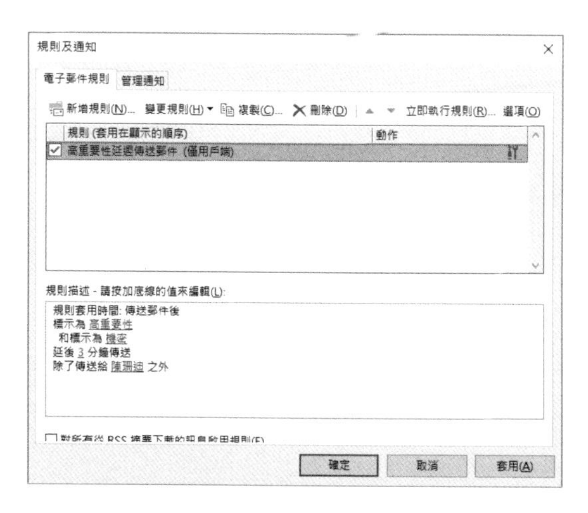

▲ 圖 14-5 完成郵件規則設定

請注意！關於延遲傳送郵件的規則，必須在 Outlook 正在執行的狀態下才能運作，透過 OWA、Outlook App 或其他收發信軟體則不適用。

接下來您便可以嘗試發送一封符合您所設定規則條件的 Email，發送後您會發現此 Email 會像如圖 14-6 所示一樣暫時停留在 [寄件夾] 之中，等待延長時間到達時才會真的進行發送。

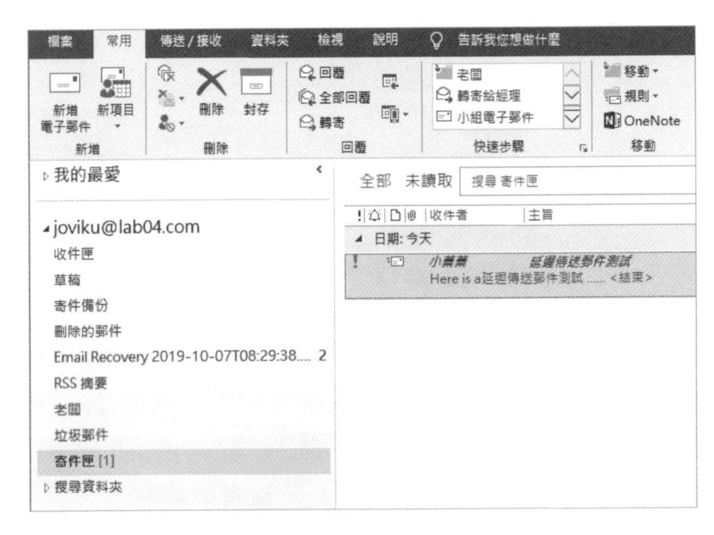

▲ 圖 14-6 延遲的寄送的郵件

在 Outlook 中除了可透過建立郵件規則的方式，來延遲特定郵件的發送方法之外，還有另一種做法則是在新郵件發送前，先開啟如圖 14-7 所示的選項 [內容] 頁面，然後在 [傳送選項] 的區域中便可以設定不要傳送早於選定的時間。上述兩種做法無論您選擇哪一種，請記得 Outlook 應用程式都必須在執行狀態中才能正常運行。

▲ 圖 14-7 郵件傳遞選項設定

14.4 OWA 首次使用必設功能

對於一位經常在外奔波的商務人士來說，最常使用的收發信工具可能不會是 Outlook 或 Outlook App 而是 OWA，因為只要有電腦有 Internet 連線以及網頁瀏覽器的地方就可以直接使用，無須進行任何使用前的安裝或是設定，且即便是從手機或平板的網頁瀏覽器來連線 OWA 網站，系統也會自動切換成行動版而非電腦版的精簡介面來讓用戶使用。也因為經由 OWA 網站就可以進行大部分的訊息協同任務，因此筆者還曾經看過某企業只提供少數用戶安裝 Outlook，而讓大多數的用戶皆只使用 OWA，如此也可以大幅減少 IT 部門的支援成本。

針對 OWA 網站的首次登入使用，用戶除了需要選擇語言與地區設定之外，以下有幾項前置設定，是筆者建議所有用戶都能去完成，以建立個人的使用風格。首先是個人的大頭貼相片設定，用戶只要在登入 OWA 網站之後，點選網站右上方的大頭貼圖示，即可點選 [變更] 超連結來開啟如圖 14-8 所示的頁面。請點選 [上傳相片] 超連結即可將選定的相片完成上傳。

▲ 圖 14-8 變更大頭貼

關於在 OWA 大頭貼相片的變更設定，實際上它也會關聯到用戶在 Outlook 中的大頭貼，因此當成功變更一段時間之後，如圖 14-9 所示用戶將會發現在 Outlook[資訊] 頁面中的大頭貼相片也已變更。若您在此點選 [變更] 超連結，它也是開啟 OWA 網站來讓用戶進行變更，而非直接在 Outlook 中進行操作。

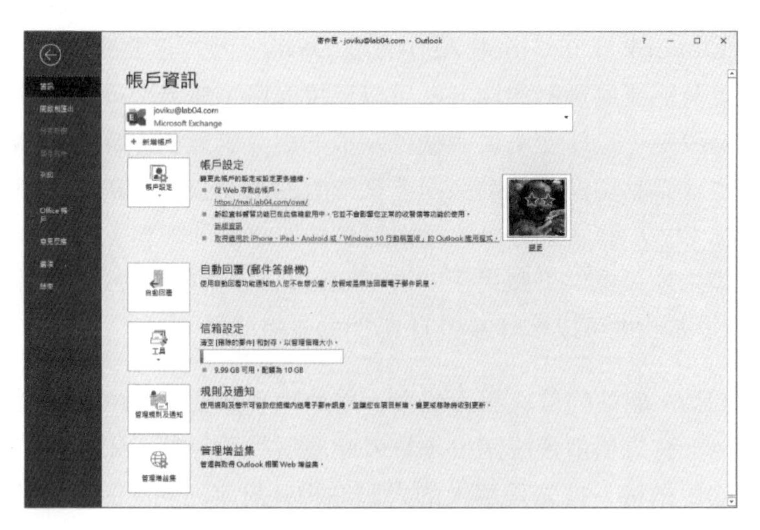

▲ 圖 14-9 Outlook 帳戶資訊

接下來是屬於佈景主題的變更設定，這部分就只會套用在 OWA 而不會影響 Outlook 的介面。請在齒輪圖示的選項中點選 [變更主題]，來開啟如圖 14-10 所示的主題圖示清單。在選定之後再點選 [確定] 即可立即套用。

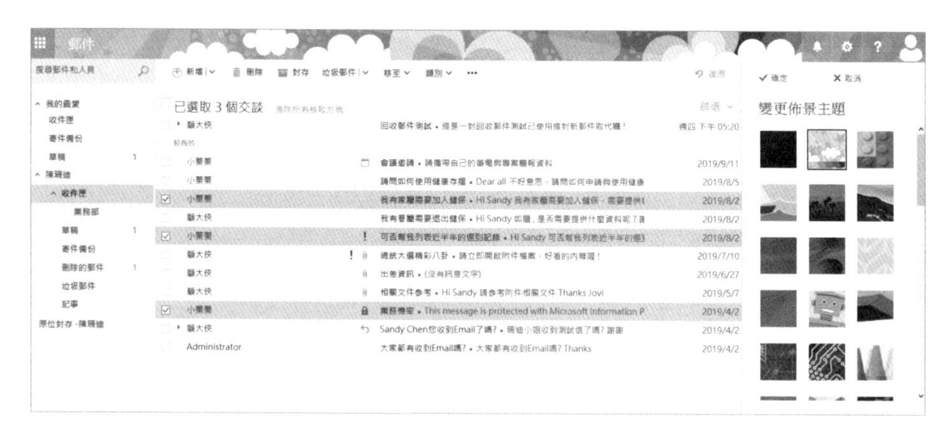

▲ 圖 14-10 變更佈景主題

接下來是兩項對於閱讀郵件習慣的調整。首先是第一項設定，請在齒輪圖示的選項中點選 [顯示設定]。如圖 14-11 所示您可以決定讀取窗格的位置，或是乾脆不要有讀取窗格的功能，且此功能調整可以只針對當前的郵件資料夾。

緊接著可以進一步設定當進行郵件的移動、刪除以及登入時的顯示動作。第二項設定則必須先開啟齒輪圖示選單中的 [選項]，再點選至 [郵件]\[交談] 頁面。在此我們可以決定讓相同主旨的郵件，在以串接顯示後的最新郵件顯示位置（上方或下方），以及是否要連同已刪除的關聯郵件，以標示刪除線的方式來一併顯示。

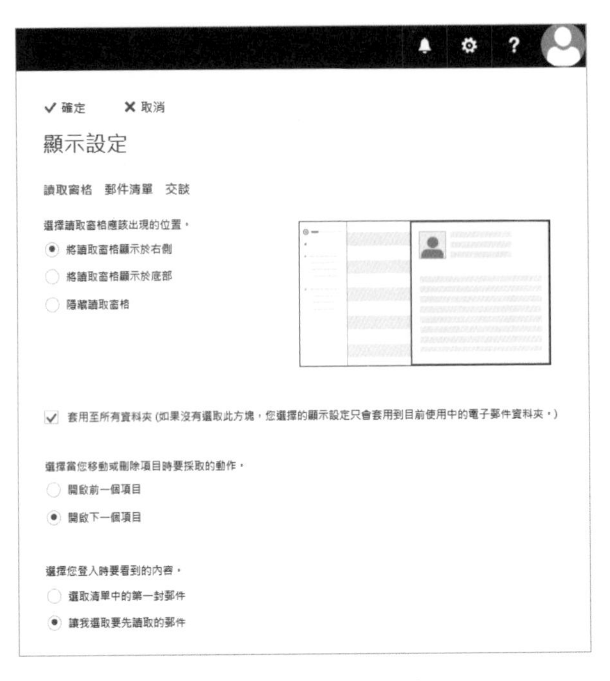

▲ 圖 14-11 顯示設定

14.5 OWA 進階功能設定

除了前面所介紹的 OWA 首次使用必設功能之外，對於一些經常使用的進階用戶來說，筆者會建議進一步學習幾項在 OWA 中的進階設定，如此可讓往後訊息協作的運行更加流暢。請點選開啟齒輪圖示選單中的 [選項]。

首先是在 [郵件]\[自動處理] 下的 [復原傳送] 設定，一旦啟用了如圖 14-12 所示的復原傳送設定（例如：30 秒），當您發送郵件時系統便會自動將郵件暫時停留在 [草稿] 資料夾中 30 秒，換句話說在時間到達之前，您都還有機會去刪除郵件的發送。

必須注意的是如果在您取消郵件發送之前，關閉了瀏覽器或是電腦進入睡眠狀態，該封 Email 也不會進行傳送。這項功能有如是在 Outlook 中的延遲傳送規則以及排程傳送郵件的使用，可以說是有異曲同工之妙，一樣是用來預防錯發郵件的窘境發生。

▲ 圖 14-12 復原傳送設定

接著一樣是在 [郵件]\[自動處理] 選項下的 [自動回覆] 功能設定。如圖 14-13 所示一旦勾選了 [傳送自動回覆] 功能，便可以設定自動回覆的開始與結束時間，並且可以依序決定是否要封鎖在這段期間的行事曆、自動拒絕這段期間發生的新活動邀請、在這段期間拒絕並取消我的會議。最後再來分別輸入要自動回覆給組織內與組織外連絡人的訊息內容。

▲ 圖 14-13 自動回覆設定

許多人為了確定重要的郵件已被收件者讀取，都會開啟要求讀取回條的功能。因此如果用戶希望對於這一些要求能夠讓系統來自動處理，可以在 [郵件]\[自動處理]\[讀信回條] 頁面中，如圖 14-14 所示來自由選擇 [傳送回應前先詢問我]、[一律傳送回覆] 或 [永不傳送回應] 設定。

▲ 圖 14-14 讀信回條設定

前面所介紹的是如何對來信自動回應讀信回條，如果您是反過來要對收件者要求讀信回條，則可以在新郵件發送之前開啟 [顯示郵件選項]，然後在如圖 14-15 所示的 [郵件選項] 頁面中勾選 [索取讀信回條] 即可。至於是否要一併勾選 [索取送達回條] 可自行考量，因為並非是每一種郵件伺服器都有支援送達回條的功能。

▲ 圖 14-15 郵件選項設定

如圖 14-16 所示以下便是一封要求讀信回條的 Email 範例。在我們還沒有啟用自動回應讀信回條的功能之前，頁面中便會出現提示我們傳送讀取回條的超連結，一旦您點選了該連結則收件者將會收到讀取郵件的時間回應。

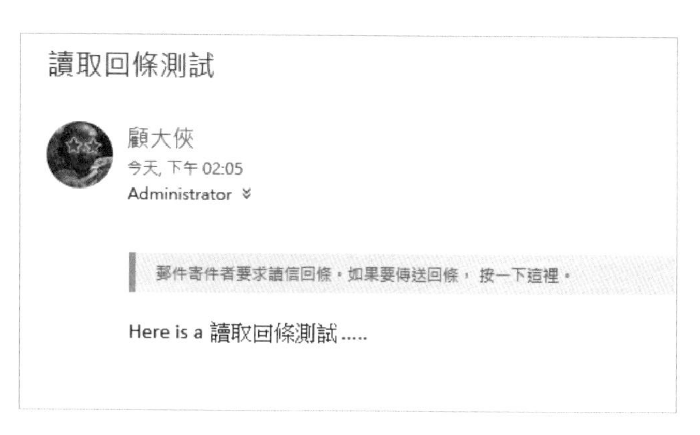

▲ 圖 14-16 來信要求讀取回條

對於我們已經閱讀過的郵件內容，為了方便管理建議您也設定成自動標記為已讀取。請在 [郵件]\[自動處理]\[標記為已讀取] 頁面中來進行設定。在此筆者會建議您設定為 [選取範圍變更時將郵件標示為已讀取]，因為通常在這樣的操作行為下，該郵件的內容確實也已經被閱讀過了。

無論是對於準備發送的新郵件還是收到的郵件，只要內容中帶有超連結，在系統預設的狀態下將會開啟連結預覽功能，以便讓收件者可以馬上預覽到連結的網站頁面。然而並非所有人都喜歡這樣的功能，因此若不想要使用此功能，只要在 [選項] 的 [版面配置]\[連結預覽] 頁面中，將如圖 14-17 所示的 [電子郵件中的預覽連結] 設定取消勾選即可。

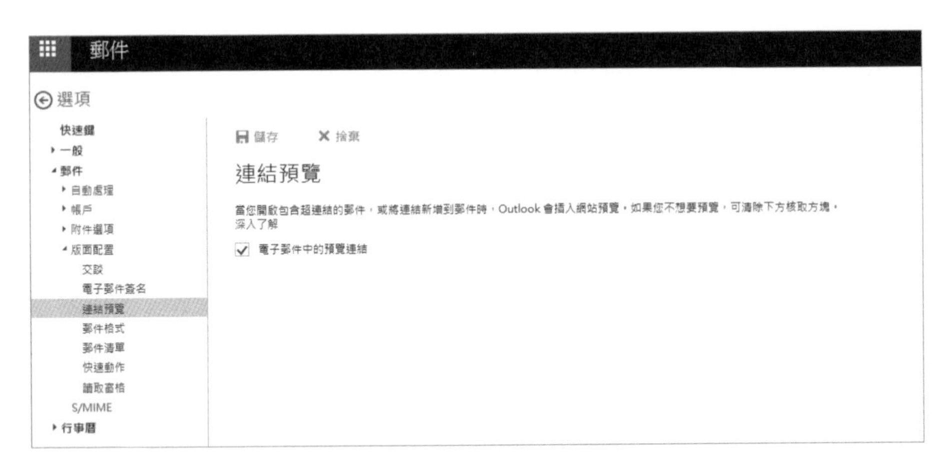

▲ 圖 14-17 設定連結預覽功能

如圖 14-18 所示則是筆者在新郵件的內容之中，插入一個 Youtube 超連結的範例，在此便可以發現系統會自動呈現該網址的預覽畫面。而當您關閉連結預覽的功能之後，則內容中將只會看到網址。

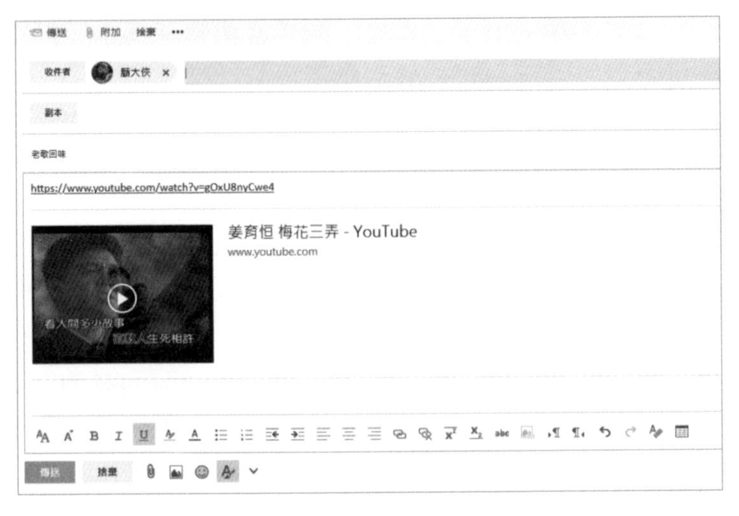

▲ 圖 14-18 啟用超連結預覽功能

14.6 OWA 離線功能的使用

相信大多數人都知道在無法連線網路的狀態下，電腦中的 Outlook 以及手機與平板中的 Outlook App，一樣可以離線閱讀最近一次同步下載過的郵件。可是您可能不知道，即便是純網頁版的 OWA 連線，也可以在沒有網路的情況下進行離線閱讀，甚至於先行完成像是郵件回覆、傳送新郵件、回應會議邀請、新增連絡人等操作，等到電腦網路恢復可正常連線之時，便會自動同步離線時的所有操作。用戶若想要啟用這項功能，只要如圖 14-19 所示在齒輪圖示選單中點選 [離線設定] 繼續。

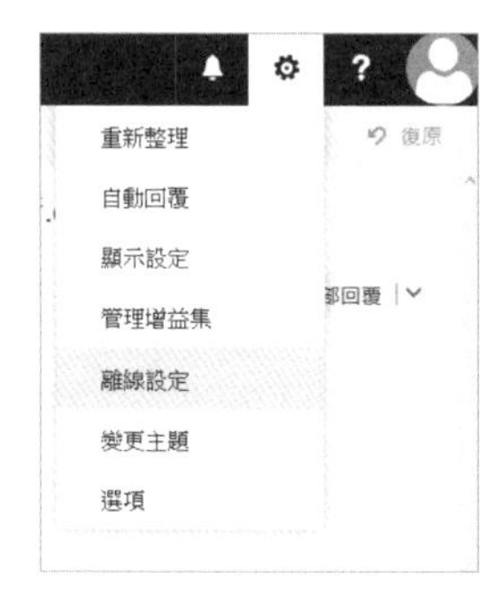

▲ 圖 14-19 OWA 設定選單

接著請勾選 [開啟離線存取功能] 選項，點選 [確定] 後便會開啟如圖 14-20 所示的頁面，以確認該用戶是這部電腦的唯一使用者，否則離線儲存的郵件內容可能被其他用戶看光光。點選 [是]。

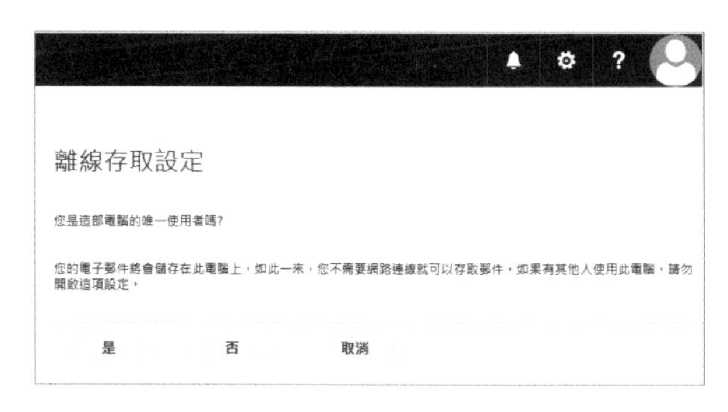

▲ 圖 14-20 離線存取設定

在連續點選 [下一步] 之後可透過按下 [Ctrl]+[D] 鍵，來開啟如圖 14-21 所示的 [編輯此書籤] 頁面，以便將離線信箱的網址加入網頁瀏覽器的書籤之中。點選 [完成]。

▲ 圖 14-21 網頁書籤設定

在完成離線設定的啟用之後，實際上您還可以回來進行進階設定，也就是再一次開啟如圖 14-22 所示的 [離線設定] 頁面，來自行選擇所要同步的五個郵件資料夾，如此一來除了預設的收件夾與草稿能夠離線存取之外，這五個自行選定的資料夾內容也會在有網路連線的狀態下，隨時與離線的資料檔案保持同步。

▲ 圖 14-22 離線設定

14.7 OWA 精簡版的使用

當在您的組織中 OWA 用戶端為主要使用者時，建議您可以進一步將它們區分為進階與精簡用戶群組。前者提供完整的 OWA 功能介面以便人員可以進行進階的訊息協作任務，像是資源預約、信箱權限委派、郵件封存管理、公用資料夾的存取，甚至於結合商用版 Skype Client 的使用等等，這一些用戶通常是以電腦操作任務為主的辦公室人員。

至於後者則僅提供給以純收發 Email 為主的用戶，讓他們能夠在更簡潔的介面中操作 Email 的收發與閱讀。這一些精簡版用戶通常是現場人員，在一整天的工作時間之中，他們只有少數的時間才會使用到電腦，且往往一部電腦是多人一起共用。

在 Exchange Server 管理中可以透過伺服端的原則配置，讓選定的人員僅能使用精簡版的 OWA，或是用戶也可以自行在 [選項] 的 [一般]\[精簡版] 頁面中，如圖 14-23 所示來勾選 [使用 Outlook 精簡版] 功能。

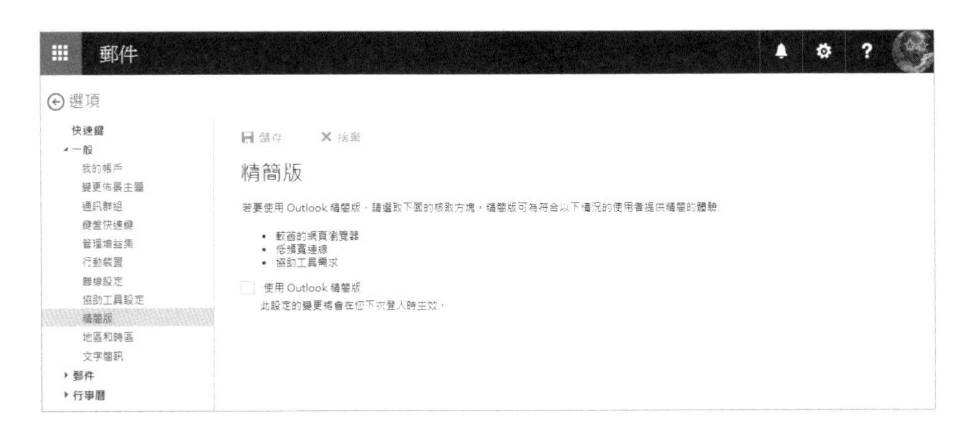

▲ 圖 14-23 OWA 精簡版選項

如圖 14-24 所示便是切換為精簡版後的 OWA 操作介面。可以發現在左方的選單之中，只會將常用的功能與資料夾呈列上去以方便用戶快速點選，這包括了郵件、行事曆、連絡人、收件夾、刪除的郵件、垃圾郵件、草稿、寄件備份。若是想要存取其他系統資料夾或自訂資料夾，則必須進一步點選 [管理資料夾] 的超連結。

Outlook

收件匣 (4)
刪除的郵件 (1)
垃圾郵件
草稿
寄件備份
按一下以檢視所有資料夾
管理資料夾...

寄件者	主旨	收到日期	大小
administrator@la...	EX02磁碟空間警示Email通知	2019/9/16下午 03:45	6 KB
administrator@la...	test1	2019/9/16下午 03:30	6 KB
administrator@la...	test1	2019/9/16下午 03:29	6 KB
administrator@la...	**test1**	**2019/9/16下午 03:28**	**6 KB**
administrator@la...	**test1**	**2019/9/16下午 03:27**	**6 KB**
administrator@la...	**test1**	**2019/9/16下午 03:26**	**6 KB**
administrator@la...	**test1**	**2019/9/16下午 03:25**	**6 KB**
administrator@la...	test1	2019/9/16下午 03:24	6 KB
administrator@la...	test1	2019/9/16下午 03:14	6 KB
administrator@la...	test1	2019/9/16下午 03:12	6 KB
administrator@la...	EX02磁碟空間警示Email通知	2019/9/16下午 02:53	7 KB
administrator@la...	EX02磁碟空間警示Email通知	2019/9/16下午 02:51	7 KB

▲ 圖 14-24 OWA 精簡版介面

在系統預設的狀態下用戶可以切換 OWA 至精簡版介面，當然也可以再開啟 [選項] 頁面，在如圖 14-25 所示的 [Outlook 版本] 頁面中將 [使用精簡版] 設定取消，以恢復進階版的操作介面。不過若用戶發現此設定無法修改，表示已由管理者透過原則配置強制設定了。

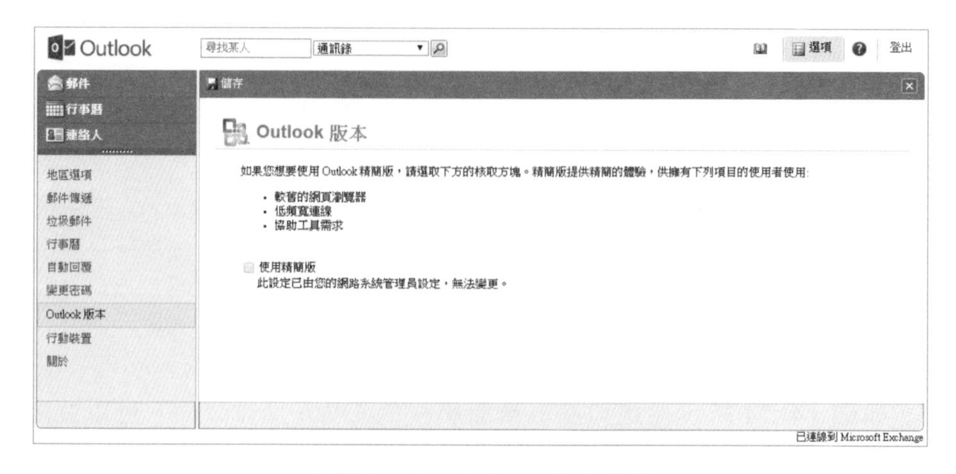

▲ 圖 14-25 Outlook 版本設定

14.8 OWA 增益集的使用

想要讓 OWA 功能更強單靠官方的更新可能太慢了！還好它提供了管理增益集的功能，讓用戶們可以自行下載免費或付費的增益集（Add-Ins），來強化 OWA 以及 Outlook 的功能，如何使用呢？很簡單，只要開啟 [選項] 的 [一般]\[管理增益集] 頁面，然後如圖 14-26 所示在新增的選單中點選 [從 Office 市集新增] 繼續。

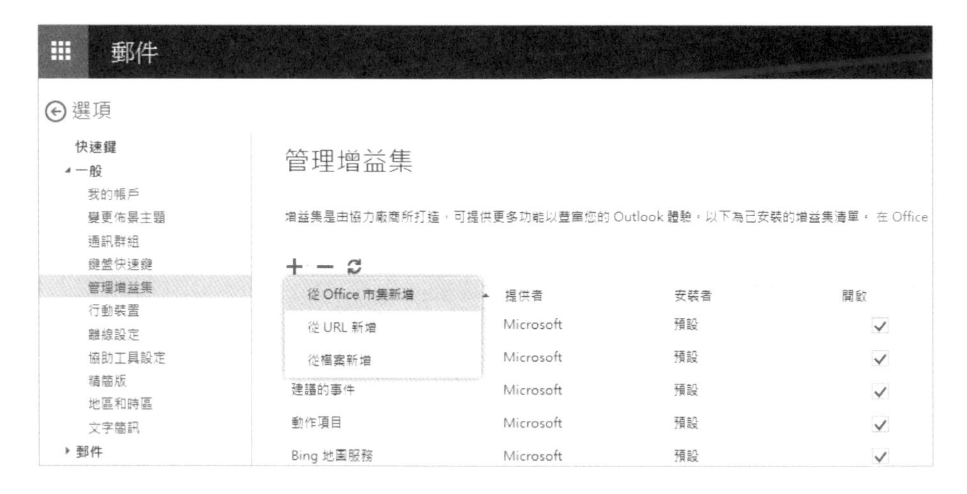

▲ 圖 14-26 管理增益集

接著將會以網頁瀏覽器開啟 Microsoft Outlook 的增益集應用程式搜尋頁面，您可以點選立即取得任何想要的增益集，不過必須注意是付費還是免費的。如圖 14-27 所示便是一個筆者覺得挺實用的 [Email Recovery] 增益集，它可以讓用戶以更簡單的操作方式，來對於已經徹底清除（Purge）或刪除（Delete）的郵件進行還原。

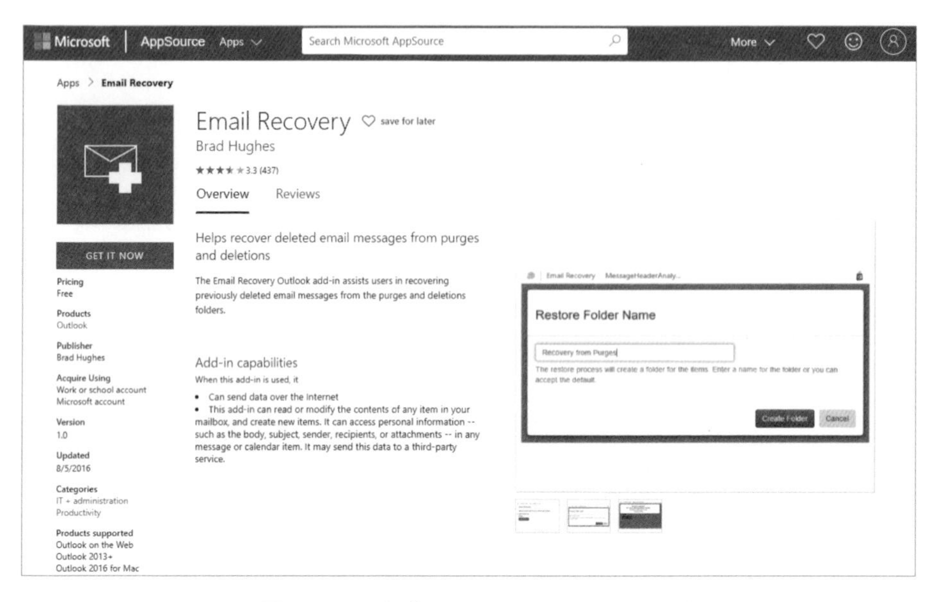

▲ 圖 14-27 免費 Email Recovery 增益集

在完成了 Email Recovery 增益集的安裝之後，您便可以隨時執行還原操作，只要如圖所示點選 [Start Recovery]，而還原的類型以及存放的資料夾都是可以選擇的，例如您可以將目前所有已清除的郵件先還原到新增的資料夾之中，然後再透過拖曳的方式將選定的 Email 還原到選定的資料夾之中。

▲ 圖 14-28 完成 Email Recovery 增益集安裝

除了 Email Recovery 增益集之外，筆者還推薦一個同樣是免費的 [Translator for Outlook] 增益集，在完成安裝之後您將可以在閱讀任何 Email 內容之時，點選翻譯工具的小圖示，來進行即時選定語言的翻譯。在如圖 14-29 所示的範例中，便可以看到筆者將一封繁體中文的 Email 主旨以及內容即刻翻譯成了英文，相信這對於跨多國語言營運組織的用戶肯定相當便利。

▲ 圖 14-29 免費翻譯工具增益集

請注意！每一位用戶所安裝的增益集功能，只會出現在自己的 OWA 與 Outlook 操作介面之中，並不會出現在其他用戶的操作介面之中。

14.9 管理與停用 OWA 功能

筆者曾經服務過一家同時部署有兩種品牌 Mail Server 的公司，其中一部 Mail Server 僅提供組織內的 Email 收發使用，因此僅提供所規範的收發信軟體的連接，而不提供 Web Mail 以及行動 App 的連接存取。

在上述的情境中若是採用的是 Exchange Server 架構，則只要停用 OWA 以及禁止行動裝置的存取即可。若是遭遇相反的需求情境，則一樣可以反過來禁止 Outlook 的 MAPI 方式連線存取，關於這部分的管理技巧筆者曾經已介紹過其作法。接下來讓我們來了解一下如何針對選定的用戶停用 OWA 功能。

請先開啟 [Exchange 系統管理中心] 網站。在 [收件者]\[信箱] 的頁面中請開啟所要設定的人員信箱。在如圖 14-30 所示的 [信箱功能] 頁面中，請點選位在 [Outlook 網頁版] 的 [停用] 超連結即可。

▲ 圖 14-30 信箱功能設定

除了透過 [Exchange 系統管理中心] 網站，來停用選定人員信箱的 OWA 功能操作方法之外，管理員也可以選擇在 EMS 命令介面下，參考執行以下命令參數來停用選定人員信箱的 OWA 功能。無論是透過哪一種方法來停用人員的 OWA 功能，當該用戶在嘗試登入 OWA 網站時便會出現如圖 14-31 所示的 " 您的帳戶已停用 " 錯誤訊息。

```
Set-CasMailbox -Identity "JoviKu" -OWAEnabled $False
```

▲ 圖 14-31 用戶 OWA 已被停用

如何一次停用多個信箱的 OWA 功能呢？在此筆者提供兩個方法。第一個方法是在 Exchange 系統管理中心網站的 [收件者]\[信箱] 中，在連續選取多個信箱之後，再點選位在 [詳細資料] 窗格中 [網頁型 Outlook] 的 [停用] 即可。第二個方法是開啟 EMS 命令介面，透過執行以下命令參數將敘述在 Accounts.txt 文件中的信箱清單全部予以停用 OWA 功能。

```
Get-Content "C:\Accounts.txt" | foreach {Set-CasMailbox $_ -OWAEnabled
$false}
```

如果管理員並非是要停用人員的 OWA 存取功能，而只是要停用 OWA 介面中的某些功能操作，則必須該經由 [權限]\[Outlook Web App 原則] 的配置，然後將所建立的原則套用在選定的人員即可。

如圖 14-32 所示在此筆者是編輯內建的 [Default] 原則，可以發現整個 OWA 功能可區分為通訊管理、資訊管理、安全性、使用者體驗以及時間管理五大類別，例如 IT 部門不允許人員直接透過 OWA 網站來修改 Active Directory 的帳戶密碼，為此便可以將位在 [安全性] 類別中的 [變更密碼] 取消勾選。完成了原則的設定之後，只要再開啟人員信箱的 [信箱功能] 頁面，來設定所要套用的 [Outlook Web App 信箱] 原則即可。

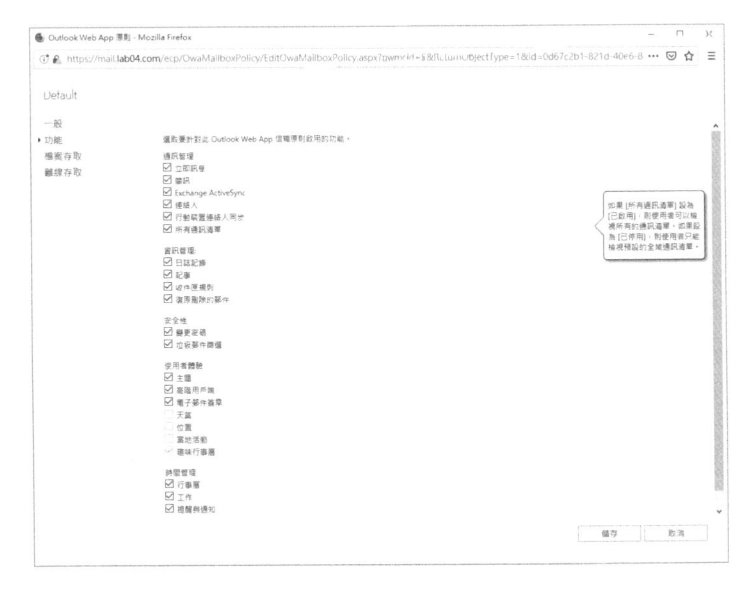

▲ 圖 14-32 OWA 功能管理

14.10 跨平台 Ubuntu Evolution 連線

近年來以 Linux 核心為基礎的開源應用系統與資訊設備，可以說發展速度相當迅猛，以至於讓它不再僅是 IT 專業人士才會去接觸的系統，而是讓許多進階的用戶開始有興趣去學習安裝與使用 Linux 系列的作業系統，或是使用以 Linux 核心為基礎的 Thin Client 設備，因為現今的 Linux 視窗操作介面幾乎都設計得相當直覺與友善，且對於一些常見的 Office 文件編輯與連網操作也都設計得相當棒。

以知名的 Ubuntu 來說就是現今許多進階用戶的最愛，它不需要用戶花太多的時間學習就可以快速上手。因此如果在您的組織中有部署 Ubuntu 的相關用戶端，您將可以讓它們連接使用 Exchange Server，就如同在 Windows 下使用 Outlook 一樣，而且同樣是開源免費的軟體，它就是在 Linux 作業系統的知名收發信軟體 Evolution。如圖 14-33 所示用戶只要在 Ubuntu 的 [軟體中心] 界面中搜尋 Evolution 關鍵字即可找到並安裝它。

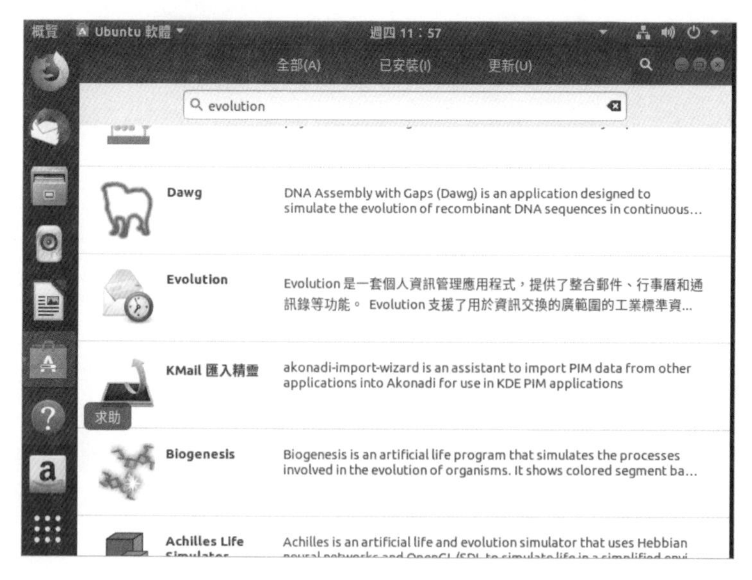

▲ 圖 14-33 Ubuntu 軟體中心搜尋

您可以在命令視窗中透過執行 sudo apt-get install evolution-ews 命令參數來完成 Evolution 的安裝。

在完成 Evolution 的安裝之後，首次的執行將可以進行郵件帳號的設定。然而 Evolution 就如同 Outlook 一樣，可以同時連線與使用多組不一樣的郵件帳號設定，例如您可以同時連線 Outlook.com、Gmail.com 以及組織內網的 Exchange Server。只要在如圖 14-34 所示的 [檔案]\[新增] 選單中點選 [郵件帳號]，即可開始設定新的郵件帳號連線配置。

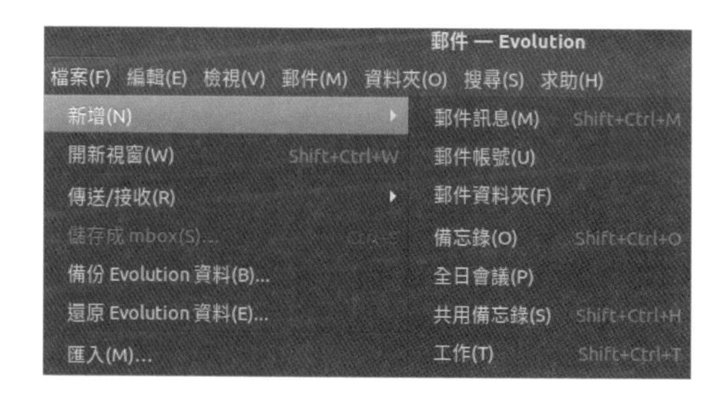

▲ 圖 14-34 Evolution 檔案選單

執行後首先可以在 [身分] 頁面中輸入全名、電子郵件地址，必要時還可以選擇性設定回覆地址。點選 [下一步]。在如圖 14-35 所示的 [接收電子郵件] 頁面中，請先在 [伺服器類型] 欄位中選取 [Exchange Web Services]。

接著在 [Username] 欄位中輸入 Exchange 帳號名稱，並輸入 Exchange Server 主機網址加上 EWS 程式路徑（例如：https://mail.lab04.com/EWS/Exchange.asmx），並點選 [Fetch URL] 按鈕來取得 OAB URL（離線通訊錄網址）。若要同時開啟另一個已被授權的信箱，請勾選 [Open Mailbox of other user] 設定並輸入信箱名稱。點選 [下一步]。

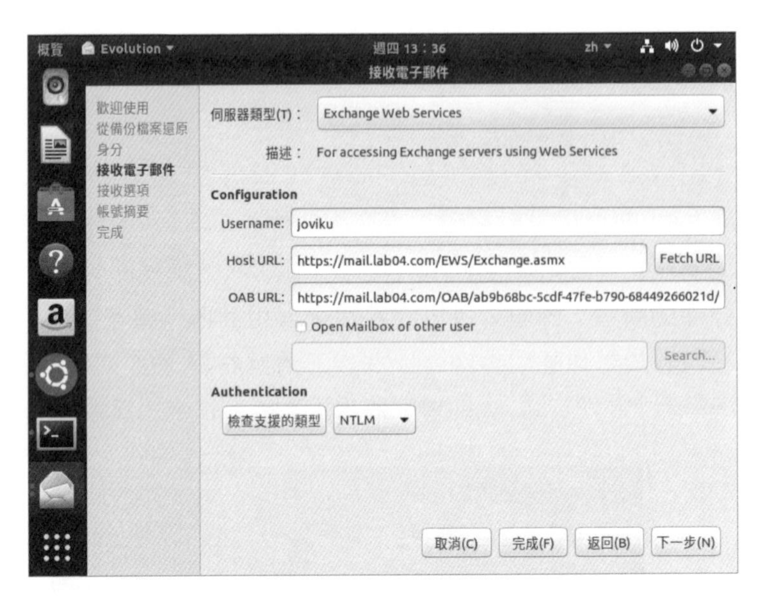

▲ 圖 14-35 接收電子郵件設定

在如圖 14-36 所示的 [接收選項] 頁面中，首先可以自訂自動檢查新郵件的間隔時間，以及不要同步早於多久以前的郵件至本地。接著則是可以自訂連線逾時的秒數。點選 [下一步] 並在 [帳號摘要] 頁面中輸入顯示名稱。點選 [下一步] 完成設定。

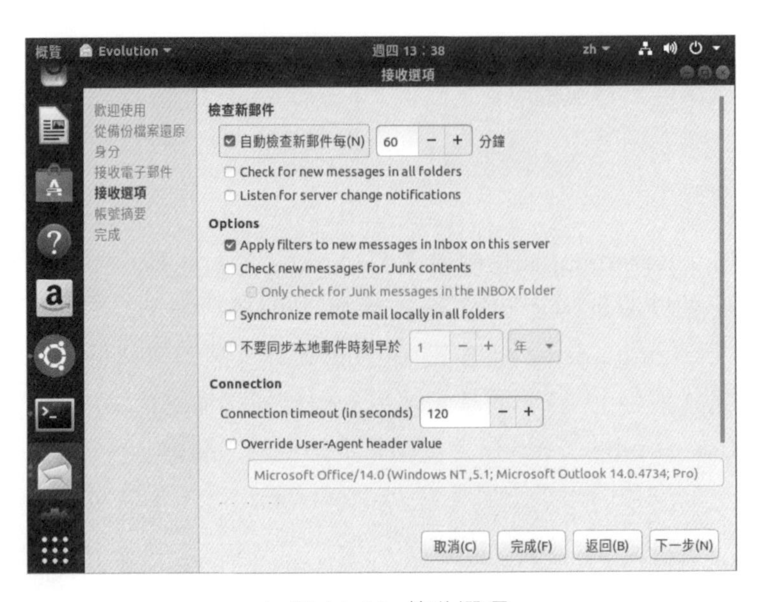

▲ 圖 14-36 接收選項

14.11 Evolution 常用功能操作

如圖 14-37 所示便是成功連線 Exchange Server 的 Evolution 用戶端。在左方的窗格中可以讓我們快速切換郵件、連絡人、行事曆、工作以及備忘錄的操作。對於郵件的管理則可以讓我們在上方的功能列中，快速進行郵件的新增、傳送 / 接收、回覆、群組回覆、轉寄、列印、封存等操作。而對於郵件的附件則可以在按下滑鼠右鍵之後，點選儲存、以選定的應用程式開啟、以壓縮檔案管理員開啟。

▲ 圖 14-37 成功連線 Exchange

在 Ubuntu 的視窗環境中對於 Evolution 的操作方式，還有一項有如行動裝置 App 的操作技巧，那就是像如圖 14-38 所示的 Evolution 程式圖示上直接按下滑鼠右鍵，就可以快速選擇執行編輯郵件、連絡人、行事曆、備忘錄、工作等操作。

▲ 圖 14-38 Evolution 右鍵功能選單

對於在任一收件夾中的郵件管理，如圖 14-39 所示則可以透過滑鼠右鍵來快速執行郵件的回覆、轉寄、編輯為新郵件、列印、移除附件、刪除郵件、複製至資料夾、移至資料夾、標示成垃圾郵件、標籤設定等操作。

▲ 圖 14-39 郵件右鍵功能選單

在郵件資料夾的權限管理部分則如同 Outlook 一樣，可以在開啟選定資料夾的編輯頁面之後，如圖 14-40 所示點選 [加入] 按鈕來加入所要授予權限的用戶，並完成權限級別的選定以及細部權限的勾選即可。

▲ 圖 14-40 資料夾權限配置

在郵件的快速分類管理部分，當然就是得善用規則管理的功能。請先建立準備存放各個類別郵件的資料夾，然後再到 [編輯] 選單中點選 [郵件規則]。在 [郵件規則] 視窗中可以先挑選 [內送] 或 [外送] 的郵件過濾器。接著點選 [加入] 按鈕來開啟如圖 14-41 所示的 [新增規則] 頁面。在此便可以設定新規則的名稱以及規則的條件，並且讓符合條件的郵件自動進入到選定的資料夾。點選 [OK] 完成設定。

▲ 圖 14-41 新增郵件規則

對於進階用戶常使用的傳送郵件回條、自動回覆以及信箱委派等設定，只要開啟帳號的編輯視窗即可修改配置。以信箱委派配置來說，只要在 [Delegates] 頁面中，即可來加入如圖 14-42 所示的新設定，其委派的權限包括了行事曆、工作、收件夾、連絡人、備忘錄以及日誌。其中還包括了是否允許被委派的人員，可以查看到已被標記為私人的事項內容，如果要允許查看則可以將 [Delegate can see my private items] 設定打勾即可。

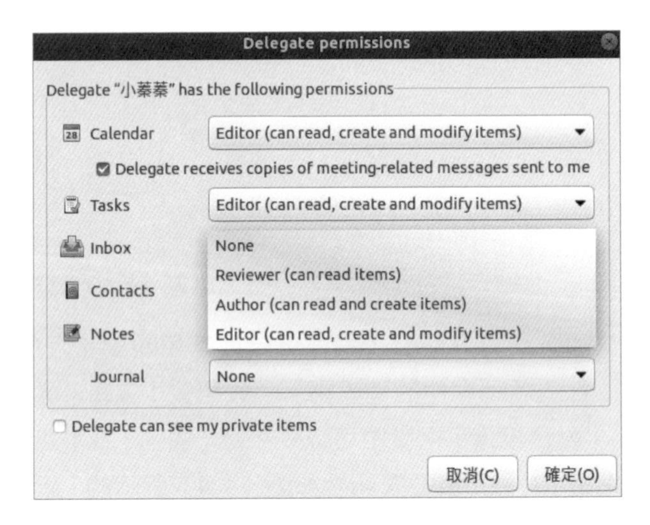

▲ 圖 14-42 信箱委派授權設定

14.12 行動版 OWA 與 Outlook App

想要隨時隨地取得最新的郵件訊息，手機肯定是最快的工具。因此 Exchange 的行動用戶只要在手機上安裝 Outlook App，便可以像如圖 14-43 所示一樣來同時連接 Office365、Outlook.com、Exchange、Google Gmail 等郵件伺服器。

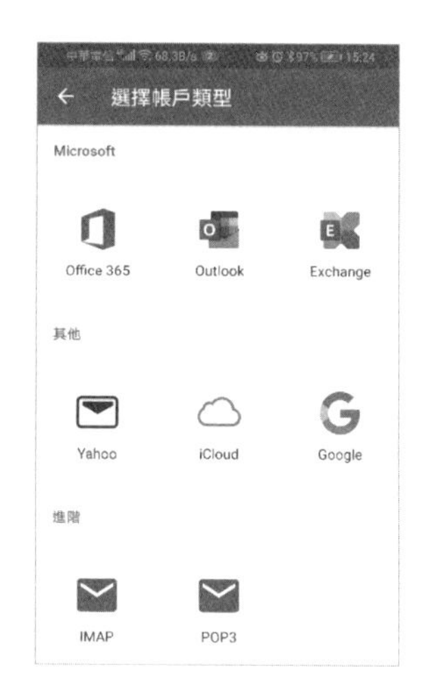

▲ 圖 14-43 Outlook App 連線設定

若不使用 Outlook App 則可以選擇直接在手機上開啟網頁瀏覽器，來輸入連線 Exchange Server 的 OWA 網址。如圖 14-44 所示此時 OWA 網站將會自動以行動版的頁面來呈現操作介面，您可以開始進行常用的一般功能，包括了郵件的收發、搜尋、行事曆以及連絡人的管理。

▲ 圖 14-44 OWA 行動版

本章結語

綜觀市面上各種 Mail Server 解決方案，Exchange Server 仍是比較適合企業的運作需求。其主要原因有個重點，第一是它的架構設計無論是在連線與服務安全，還是在熱備援與冷備份的功能面都是比較完整的。第二則是在人員訊息協作的部分，也是一般採用 IMAP、POP3 或是純 Web Mail 的郵件伺服器所無法達到的。

不過筆者認為 Exchange Server 在各種用戶端程式功能的設計上，仍有很大的成長空間，像是結合時下最夯的 AI 語音助理功能，讓行動商務用戶只要透過語音就能夠輕鬆完成常見的操作功能，這些包括了新郵件的發送、郵件的回覆與轉寄、會議安排、資源預約、任務指派、郵件回收等等。相信有了這些時下科技的結合之後，未來的 Exchange Server 肯定能夠更加獲得廣泛用戶端的喜愛。

整合第三方解決方案強化管理

功能已經如此齊全的 Exchange Server 2019，還需要整合第三方解決方案嗎？筆者的答案是若為了強化伺服端的運行與管理，以及提升用戶端的協作效率，藉由整合第三方的優質解決方案是必要的手段，況且在這些方案當中有許多是免費評估試用，甚至於是完全免費使用的，錯過非常可惜。今日就請一同來學習筆者為大家精心整理的四款 Outlook 工具，以及二款整合於伺服端管理工具，相信可以為進階的用戶與管理員帶來更多的效益。

15.1 簡介

Exchange Server 2019 可說是當今 IT 市場上功能最齊全的電子郵件協作平台，它除了提供基本的郵件、連絡人、行事曆、工作以及記事的管理之外，更重要的是它將這一些基本功能提升，並強化於團隊的訊息協作之中，讓平日許多專案以及任務的協調與溝通更有效率。

除此之外它也賦予了 IT 部門具備全面掌控每日所有電子郵件往來的能力，讓所有重要郵件不僅受到妥善保護，對於那一些夾帶敏感資訊的電子郵件，也能夠輕易地進行加密、封鎖、記錄、保留、探索以及審核，達到事前防範與事後稽查的管理效益。既然它所具備的功能已如此完整，那麼還有必要將它與第三方解決方案進行整合嗎？

在 IT 的解決方案中我們常聽說功能面的完整並不代表就是完善，Exchange Server 雖然已經內建了坊間許多 Mail Server 產品所沒有的功能，對於郵件管理中所能夠想的各種功能，從用戶端到伺服端可以說應有盡有，不過在許多功能細節的設計上仍有不足之處，一旦這一些功能碰巧是您組織在郵件管理上的重點需求，那麼您將可能毫不猶豫地尋求第三方的整合方案來進行補強。

舉個例來說，當規劃與部署 Mail Server 時令 IT 部門最關切的功能就是垃圾郵件的管理問題，因為用戶們不僅要求必須能夠阻絕掉大多數的垃圾郵件，且在發生誤判而遭伺服器隔離時也要能夠很簡單的進行還原。

關於這點 Exchange Server 至今並沒有提供一個完善的用戶介面，讓一般用戶可以在收到郵件隔離通知的第一時間，直接從通知的內容中點選相對的超連結，來開啟專屬的垃圾郵件隔離區並選擇性進行還原。然而此功能在現今許多的第三方整合產品中早已獲得解決，以至於許多企業 IT 都選擇第三方的垃圾郵件伺服器，來替代 Edge Server 的部署。

不過接下來筆者並非是要向大家介紹垃圾郵件伺服器的第三方解決方案，因為這在大多數的企業網路中幾乎都已完成部署。因此選擇實戰講解一款可完美整合於 Exchange Server 2019 的封存伺服器方案，來提升一般用戶與管理人員在封存郵件的管理效率，並降低現有 Exchange Server 主機的沉重附載。除此之外還將介紹四款免費的 Outlook Add-in 工具，以及一款同樣是免費的 Active Directory 相片管理工具。

有興趣的讀者可以在閱讀本章的過程中，到 codetwo 官網來下載四款免費 Outlook 工具，以及一款 Active Directory 相片管理工具。

codetwo 免費 Exchange 相關工具下載：

➥ https://www.codetwo.com/downloads/freeware/

15.2 Email 全部回覆提醒

首先要介紹的第一個 Outlook 免費附加工具（Add-in）就是 [CodeTwo Outlook Reply All Reminder]。此工具主要會偵測當點選 Email[回覆] 功能時，如果此原始 Email 有一位以上的 [收件者] 或 [副本] 收件者時，便會出現如圖 15-1 所示的提示訊息視窗，來讓用戶再度確認是要進行回覆（Reply）、全部回覆（Replay All）還是取消（Cancel），用以避免原本是打算回覆給所有人員的 Email，而變成是只回覆給寄件者。換句話說對於這類的 Email 如果一開始就點選了 [全部回覆]，此訊息提示視窗便不會出現。

它相容於 Outlook 2010 以上版本，安裝後不需要進行任何設定就可以使用，檔案大小也僅有 11.1MB。

▲ 圖 15-1 當點選回覆功能

15.3 跨信箱資料夾同步

在 Exchange Server 的訊息協同合作功能當中，非常棒的一項功能就是讓被授權的用戶可以同時存取多個信箱，例如讓某一位 Outlook 用戶除了自己的信箱之外，還可以同時存取部門信箱、會議信箱以及主管的行事曆、連絡人等等。

對於那些需要在 Outlook 中同時存取多個信箱的用戶，可以建議他們加裝 [CodeTwo FolderSync Addin]，來讓選定的跨信箱資料夾可以進行同步。操作方法很簡單，只要在安裝後點選位在工具列中的 [Synchronize] 功能，即可開啟如圖 15-2 所示的 [Program settings] 頁面。在此只要點選 [Add] 按鈕便可以為 [Folder 1] 與 [Folder 2] 選定兩個來自不同信箱的資料夾來進行同步，例如筆者選擇了一個為個人信箱的行事曆，另一個則為部門信箱的行事曆。

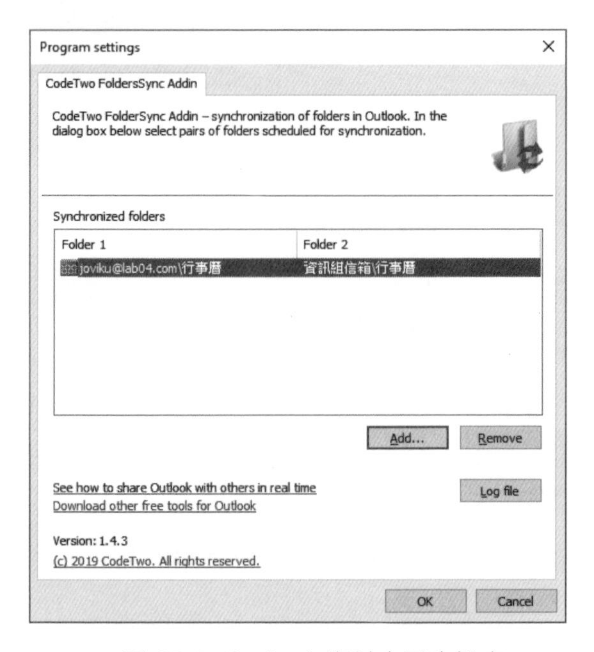

▲ 圖 15-2 Outlook 資料夾同步設定

完成行事曆資料夾同步設定之後，我們可以如圖 15-3 所示勾選顯示這兩個行事曆，並且嘗試新增一個事件在這兩個其中之一的行事曆中，便會發現另一個行事曆將會自動產生相同的事件。

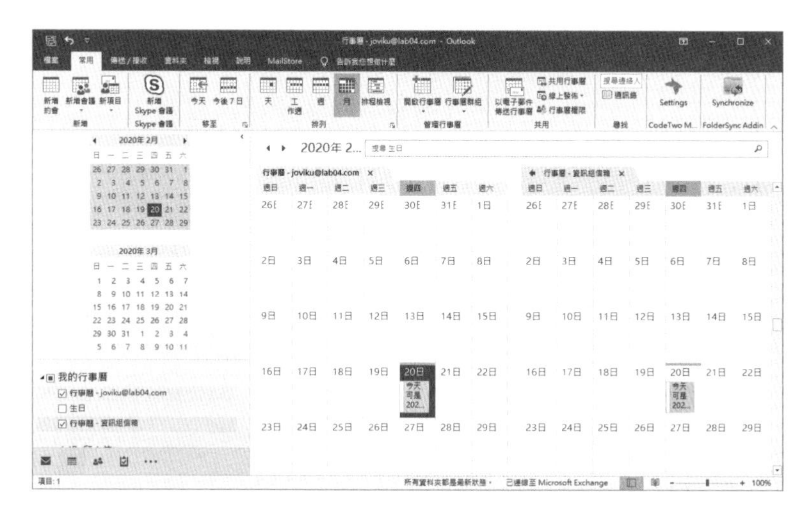

▲ 圖 15-3 跨信箱行事曆同步

關於這項跨信箱的資料夾同步功能，Outlook 不一定得是連接 Exchange Server 信箱，而是可以混搭其他以 POP 或 IMAP 所連接的信箱來使用。

15.4 Outlook 匯出工具

當我們想要將信箱中的各種資料進行彙整時，通常會使用 Outlook 內建的匯出功能來完成，但此功能有許多的限制，包括了無法針對所有的資料夾類型進行匯出，常見的是使用在 E-mail、Contacts、Calendar，並且無法讓用戶自行選定所有能夠匯出的欄位。

為此筆者建議經常有這類需要的用戶，可以加裝 CodeTwo Outlook Export 功能，讓所有資料夾類型中的資料（包括了 Contacts、Calendar、E-mail、Post、Tasks、Journal、Notes），都可以輕易的自由選定要匯出的欄位至 CSV 檔案之中，並由 Excel 來進行開啟與檢視。

當完成此工具的安裝之後，請在選取準備要進行匯出的資料夾之後（例如：E-mail），再點選位在 Outlook 工具列上的 [Export] 按鈕，即可開啟如圖 15-4 所示的 [data export] 視窗。在此筆者以選定匯出 E-mail 資料夾為例，請先點選 [Browse] 按鈕來設定匯出的路徑與檔案名稱。接著可以點選 [Options] 按鈕來設定欄位的間隔符號。最後可以開始點選 [Add] 或 [Remove] 按鈕來加入與移除所要匯出的欄位，並且可以對於所有欄位透過點選 [Up] 與 [Down] 按鈕來進行排序。

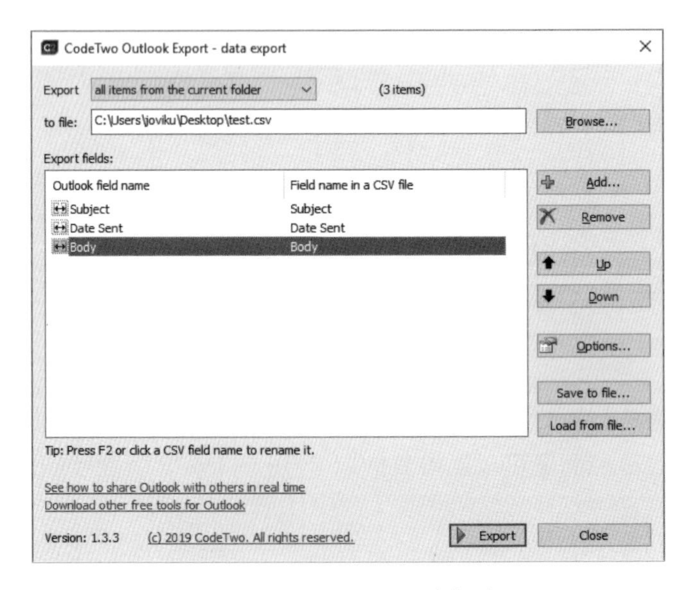

▲ 圖 15-4 Email 匯出設定

如圖 15-5 所示便是在點選 [Add] 按鈕之後所開啟的 [Field Chooser] 頁面。您可以從 [Available field] 清單之中查看所有可以匯出的欄位。以 E-mail 來說需要查看的欄位資料，通常有主旨（Subject）、傳送日期（Date Sent）、內容（Body）、附件檔案名稱與大小（Attachment Names and Size）等等。其中內文（Body）還可以挑選格式，包括了一般文字格式以及 HTML 格式。至於附件檔案則只會顯示其檔案名稱、大小、數量而不會匯出實際的附件檔案。

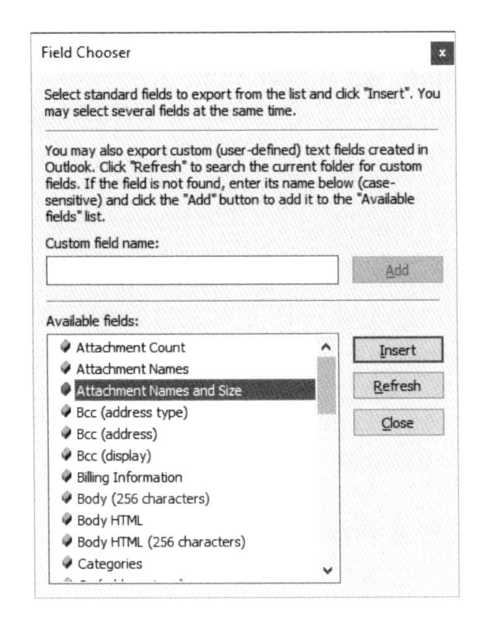

▲ 圖 15-5 匯出欄位選擇

如圖 15-6 所示便是匯出 E-mail 資料夾至 CSV 檔案並由 Excel 開啟的範例，可以清楚看到每一封 E-mail 的主旨、寄送日期、內文、附件檔案名稱以及大小等欄位資料，且不會因為是中文資料而發生顯示亂碼的問題。

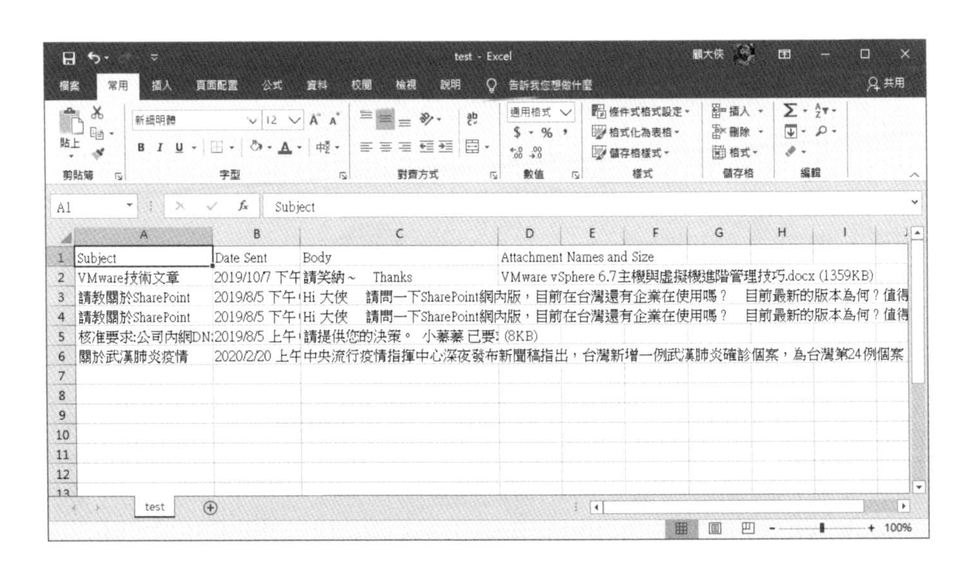

▲ 圖 15-6 匯出 CSV 範例

15.5 Outlook 看門狗

想想看 Exchange 用戶在操作 Outlook 的過程之中，最常會發生的失誤操作有哪一些。我想誤刪資料夾以及誤移動資料夾的兩項操作，肯定會是排列在前五名。以筆者來說就曾經有好幾次，在操作左方資料夾清單的過程之中，不小心把某一個資料夾移動到了其他資料夾之中而不自知，因而造成現行關聯的郵件規則設定找不到該資料夾，直到相關新接收的郵件全部進入到了預設的收件夾之中才驚覺。

為了預防諸如此類的失誤操作發生，建議您可以加裝 [CodeTwo Move & Delete Watchdog] 這個免費的 Outlook 附加工具。如圖 15-7 所示便是完成此工具安裝後的顯示頁面，可以清楚看到在您的 Outlook 之中，將會有一隻看門狗程式隨時盯著您的操作，一旦有發生刪除資料夾或移動資料夾的操作，將會出現提示視窗來加以確認。點選 [Start MS Outlook] 按鈕繼續。

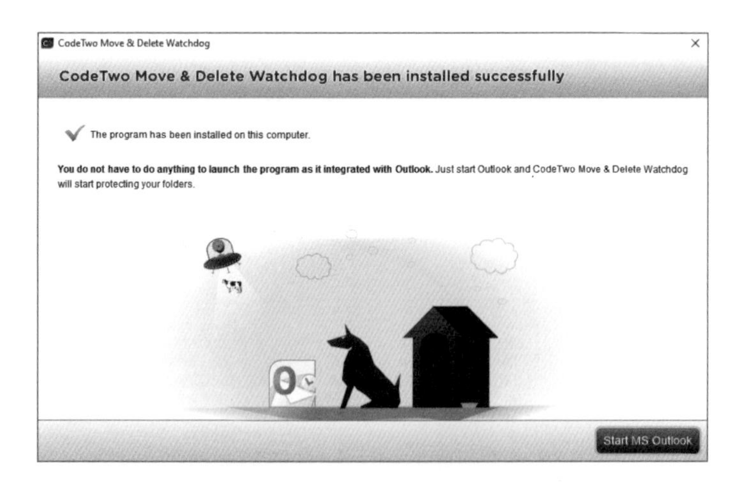

▲ 圖 15-7 成功安裝看門狗工具

在開啟 Outlook 介面之後您可以先點選位在工具列的 [Settings] 按鈕，來開啟如圖 15-8 所示的警示觸發頁面設定。在此首先您可以決定是否要在執行資料夾移動或刪除時，彈跳出看門狗程式的警示視窗。接著可以進一步設定是否要在選定的資料夾，被移動至 [刪除的郵件] 資料夾之中時不要出現警示，如果是直接按下 [Shift]+[Delete] 鍵則一樣會出現警示。另外還可以設定是否要在僅勾選資料夾，但沒有勾選資料夾中的資料項，而執行刪除操作時不要出現警示。

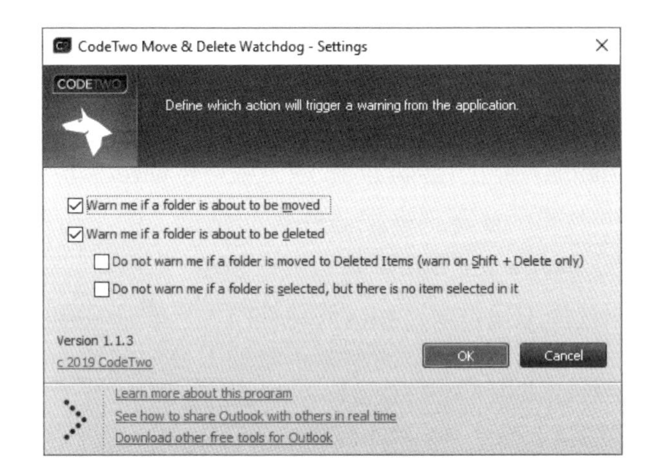

▲ 圖 15-8 警示設定

關於 Outlook 中的誤刪操作情境，筆者最常見的就是有用戶想刪除某一封郵件，但目前所選取的卻是該郵件所在的資料夾，並且在完成了刪除操作之後卻還不自知。現在一旦有了看門狗這支背景程式監視著，當您即將發生誤刪資料夾的操作時，便會出現如圖 15-9 所示的警示訊息來讓用戶再次確認。

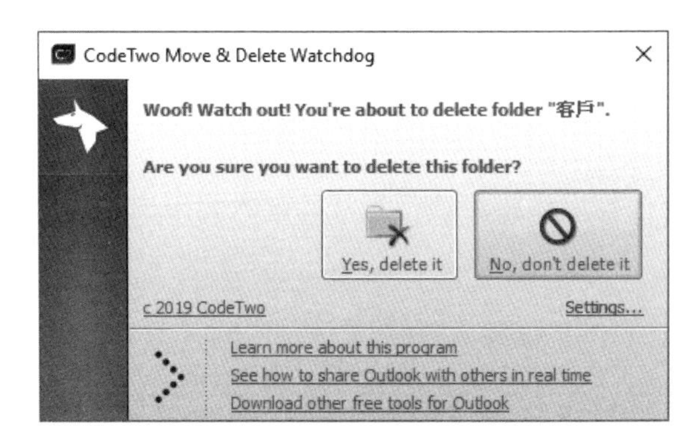

▲ 圖 15-9 刪除 Outlook 資料夾警示

15.6 Active Directory 用戶相片工具

無論是 Internet 還是 Intranet 的社群應用，都有一項相當重要的基本元素，那就是人員資料中的相片。這是因為無論是 Email、IM、KM 還是 Portal 網站上的人員協同合作，過程中人員相片的顯示都是活絡整個社群的必要條件之一。

在 Exchange Server 的協同合作中，Active Directory 人員的相片與聯絡資訊也被顯示在寄件者與收件者的欄位之中。如果有進一步整合 SharePoint、Skype for Business，則一樣會一併顯示相關操作介面之中。當而用戶需要自行進行相片的替換時，只要在 Outlook 或 OWA 的選項設定中來修改即可。如果想經由管理人員於伺服端的操作，來進行選定人員相片的更新，可以參考以下的 PowerShell 命令參數：

```
Set-UserPhoto -Identity "JoviKu" -PictureData ([System.IO.File]::
ReadAllBytes("C:\Users\JoviKu.jpg"))
```

儘管無論是一般用戶還是管理員，Exchange 都有提供更新人員相片的方法，不過對於管理員來説當用戶數量很多時，如果沒有一個更直覺化的工具，可來進行大量相片的匯入 / 匯出管理，肯定會讓此任務的執行相當沒有效率。為此筆者建議安裝這一套免費的 [CodeTwo Active Directory Photos] 視窗介面工具於網域控制站之中，如此一來將可以輕鬆解決以下三大問題：

- 單一視窗工具流暢管理 Active Directory 中數以千計的人員相片，並可任意地進行單選或多選的相片更新。
- 可以對於任何網域帳戶進行相片的匯入與匯出
- 可自動將太大的來源相片自動調整至 100KB 以下，以符合 Active Directory 相片上傳的大小限制如圖 15-10 所示便是 [CodeTwo Active Directory Photos] 安裝後所開啟的管理介面，管理員可以在點選至任何組織容器之中，預覽到目前所有帳號的相片以及主要欄位資訊。在上方的工具列中則可以執行相片的匯入、匯出、編輯、移除以及設定。

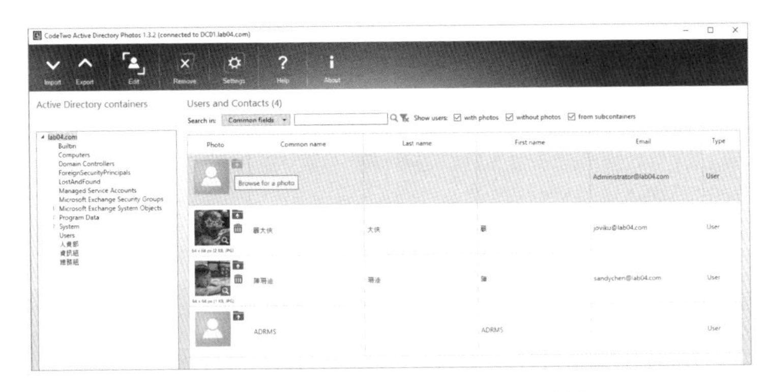

▲ 圖 15-10 Active Directory 相片管理

如圖 15-11 所示便是對於選定的帳戶並點選 [Edit] 按鈕，並選擇上傳的相片之後所開啟的頁面。在預設的狀態下系統會自動將大於 100KB 的相片進行縮減，當然您也可以自行手動輸入所要縮減的大小。此外還可以透過 [Rotate image] 選項來設定相片旋轉的角度。

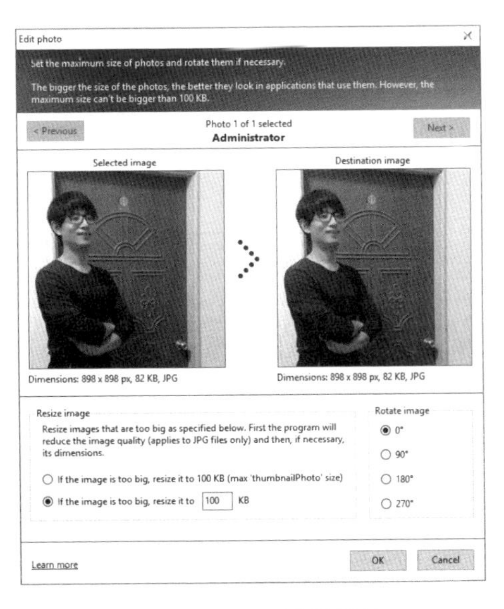

▲ 圖 15-11 編輯相片

請注意！如果您目前登入的不是網域管理員或 Exchange 管理員角色的帳號，在儲存相片設定時可能會出現 "Access is denied" 的錯誤訊息。

在工作列中點選 [Edit] 按鈕只可以對於單一帳戶進行相片設定，如果想要進行大量相片的匯入則必須點選 [Import] 按鈕。執行後在如圖 15-12 所示的 [Import photos] 頁面中，首先可以選擇要針對目前容器中所有的帳戶，還是僅針對已選取的多個帳戶來進行相片的匯入。

舉例來說，如果您想針對整個網域中的所有帳戶進行匯入，就必須先在主頁面中點選至網域節點（如 lab04.com），然後在於此頁面中選取 [Import photos for all currently displayed users] 設定。接著再點選 [Browse] 按鈕來挑選相片存放位置。最後，建議您可以採用預設的 {First.name}_{Last.name} 格式來做為相片檔案名稱的命名方式，如此一來匯入功能執行之後，就可以立即在選定的路徑下找到所有對應的帳號相片。完成設定後點選 [Automatch] 按鈕就能夠開始進行帳號與相片的自動配對任務了。

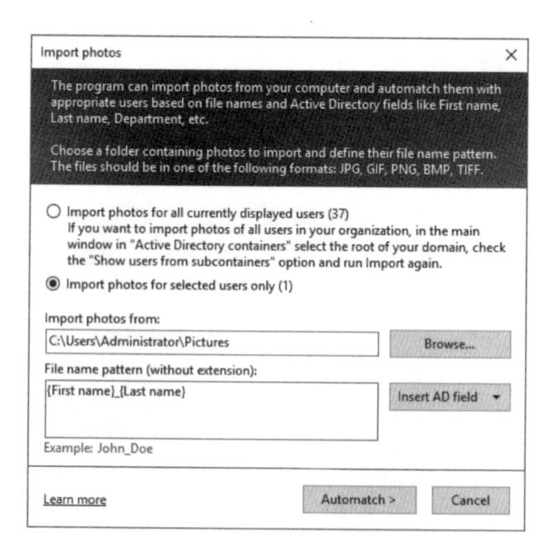

▲ 圖 15-12 相片批量匯入

當完成了 Active Directory 帳號相片的更新之後，Windows 10 用戶在開機登入網域時也能夠檢視到自己的相片。

15.7 部署協力廠商封存伺服器

之前筆者已介紹過在 Exchange Server 2019 中所提供的郵件封存功能，包括了線上封存信箱以及結合 Outlook 用戶端本機封存功能的使用，這一些封存功能雖然好用，但卻會占用掉伺服器以及用戶端的硬體資源，包括了 CPU、RAM 以及龐大的儲存空間。

因此筆者強烈建議在擁有同時 500 人以上的 Exchange Server 信箱伺服器架構中，最好能夠部署一台專屬的封存伺服器，來減少信箱伺服器的負載並提供用戶一個友善的管理介面，讓他們可以隨時快速搜索到任何已封存的 Email，並且可在必要時將選定的封存郵件進行還原。

經評估後在此筆者推薦 MailStore Server 的解決方案，因為它不僅於易於部署於 Exchange Server 2019 的架構之中，對於人員信箱的封存、管理以及全文搜索都相當簡單，更重要的是它也提供了所有信箱用戶一個簡易管理介面，讓他們可以隨時快速找到需要進行還原的 Email。您可以到以下官網下載 30 天試用版本。

MailStore Server 三十天試用版下載網址：

➥ https://www.mailstore.com/en/products/mailstore-server/mailstore-server-trial-download/

關於 MailStore Server 的部署在伺服器的部分，需要安裝在 Windows Server 2008 R2 以上版本的作業系統，不需要加入 Active Directory 即使用，但需要配置連接網域控制站主機。用戶端部分則需要 Windows 7 以上版本的作業系統，還可進一步安裝相容於 Outlook 2003 以上版本的附加功能。

此外無論是用戶端還是伺服器上都需要安裝 Microsoft .NET Framework Version 4.5.1。如果需要使用 Email 附件檔案的全文檢索功能，則需要自行額外加裝 IFilter driver 相關程式，例如適用於 Microsoft Office

文件的 FilterPack64bit.exe，以及適用於 Adobe Acrobat PDF 文件的 PDFFilter64Setup.msi 程式等等，這一些都可以在它們各自的官網上來進行下載。

在執行 MailStore Server 安裝程式之後，便會先出現如圖 15-13 所示的語言選項。在完成了語言設定之後，除了安裝設定頁面會立即變成選定的語言之外，安裝後所開啟的管理介面也會跟著變換。點選 [OK]。

▲ 圖 15-13 安裝 MailStore

接著在 [安裝授權] 的頁面中，可以選擇輸入產品金鑰或選擇授權檔案來完成。點選 [下一步]。在如圖 15-14 所示的 [配置證書] 頁面中，可以選擇以 SSL 連線時的憑證類型，在測試階段我們可以選擇 [建立自我指派憑證] 即可。點選 [下一步]。

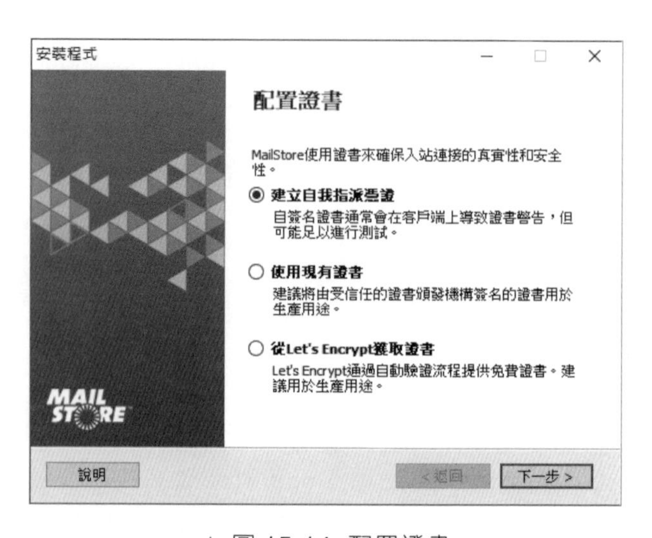

▲ 圖 15-14 配置證書

來到 [建立自我指派憑證] 頁面中，請輸入此伺服器的完整名稱。點選 [下一步]。在 [完成 MailStore Server 安裝精靈] 頁面中，請確認已將 [自動設定 Windows 防火牆] 以及 [產品更新] 的所有設定皆勾選。點選 [下一步] 之後再點選 [完成] 即可。如圖 15-15 所示完成安裝之後，首次的開啟會自動設定好以 [標準驗證] 的 admin 帳號與密碼來進行登入。在點選 [確定] 之後由於是首次的預設管理員帳號登入，因此會要求立即變更密碼。

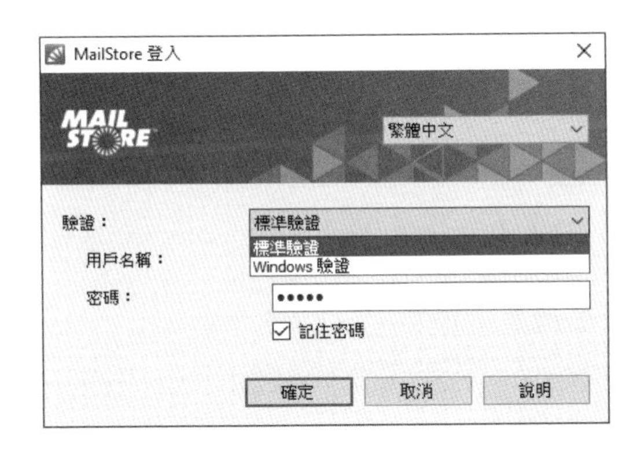

▲ 圖 15-15 首次登入

如圖 15-16 所示便是 MailStore Server 的管理介面，您可以在 [起始頁面] 中執行的快速存取有封存電郵、搜尋電郵、匯出電郵以及管理工具。而在儀表板資訊中則可以檢視到作業系統版本、MailStore Server 版本、Web Access 版本、封存郵件數量、封存區數量、目前登入的用戶數量以及授權等資訊。

此外對於一般用來說，如果在他們自己的電腦上也安裝了此工具，則可以在開啟並登入之後，在視窗左上角的欄位中，快速搜尋到在自己信箱中所有已被封存的郵件。

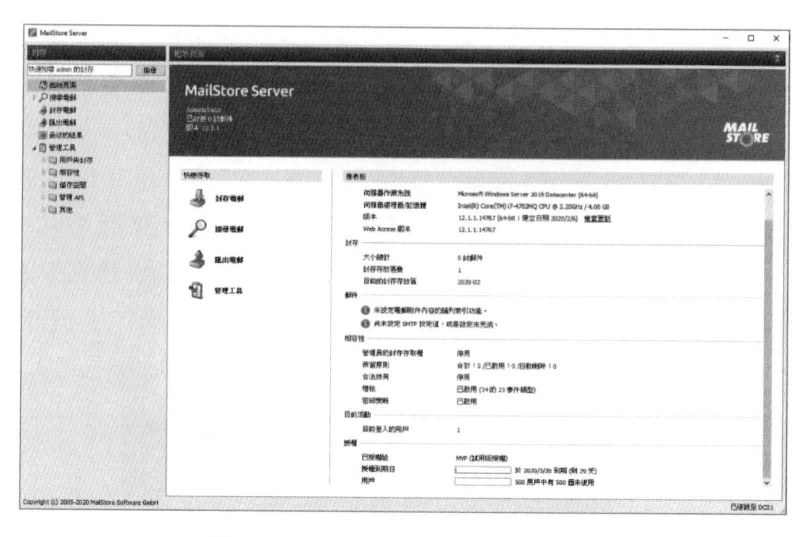

▲ 圖 15-16 MailStore Server 管理介面

無論是管理人員還是一般用戶，只要想連線登入 MailStore Server，就必須確認在如圖 15-17 所示 [Services] 介面中的 [MailStore Server] 服務是在執行狀態（Runing），否則將會出現連線失敗的錯誤訊息。在此建議您所有正在使用 Windows 相關的監視軟體，可以把此服務列入監視目標，以便在發生服務停止時自動以 Email 通知管理人員處理。

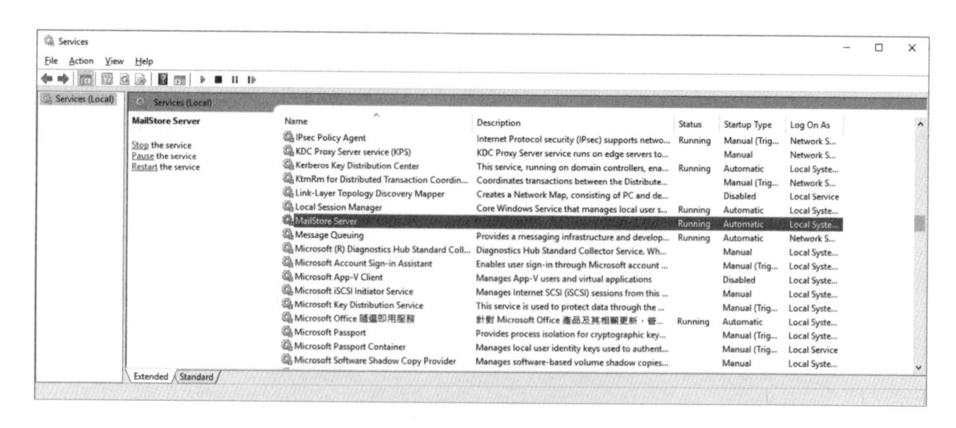

▲ 圖 15-17 服務管理

15.8 開始封存電子郵件

只要 MailStore Server 與 Exchange Server 之間的網路連線是正常的，接下來我們便可以使用 MailStore Server 管理員的帳戶在登入之後，點選至如圖 15-18 所示的 [封存電郵] 來準備開始設定 Email 的封存。在此可以從 [電郵伺服器] 的下拉選單中，發現目前除了支援 [Microsoft Exchange] 之外，還支援了 G Suite、Gmail、MDaemon 以及 IMAP/POP3 等郵件伺服器。

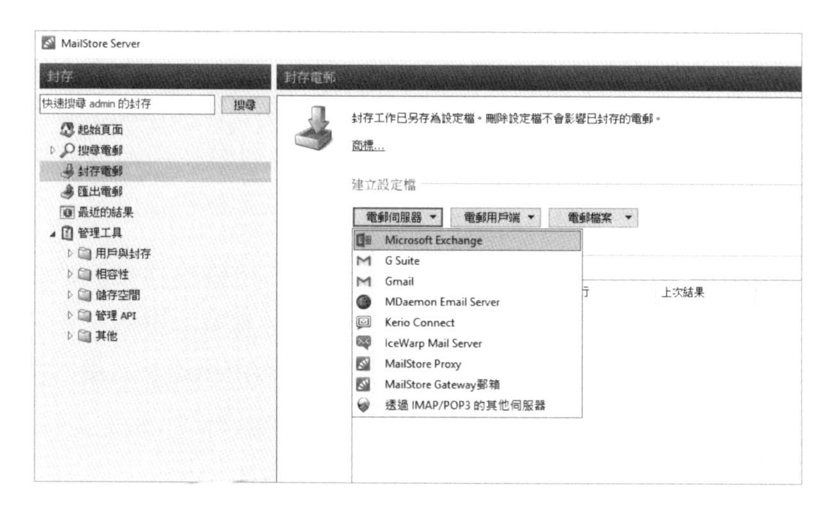

▲ 圖 15-18 封存電郵管理

如圖 15-19 所示便是 [封存 Microsoft Exchange 伺服器] 設定頁面。在此分別有單一信箱、多個信箱、公用資料夾以及自動輸入與輸出電郵的選項。值得注意的是若選取了 [自動輸入與輸出電郵] 設定，則表示將會以日誌方式來開始封存所有在 Exchange Server 上發送與接受的 Email。在版本部分則相容於 Exchange 2003 以上版本以及 Office 365。在此筆者以選取 [多個信箱] 為例，點選 [確定]。

▲ 圖 15-19 選擇封存類型

執行後系統會提示我們將準備與 Active Directory 進行同步，以便取得所有信箱的帳戶資訊。在如圖 15-20 所示的 [目錄服務] 頁面中，原則上只要您所安裝的伺服器已加入網域，並且是使用網域管理員群組（Domain Admins）的帳戶登入，便不需要在此修改任何設定。

反之，則可能需要自行設定 Active Directory 目錄服務類型中的伺服器名稱、基礎 DN、用戶名稱格式等等。此外，建議一併勾選只同步處理 Microsoft Exchange 用戶、通訊清單中顯示的用戶以及啟用的用戶，如此才不會讓一些不相關的帳號出現在 MailStore Server 之中。

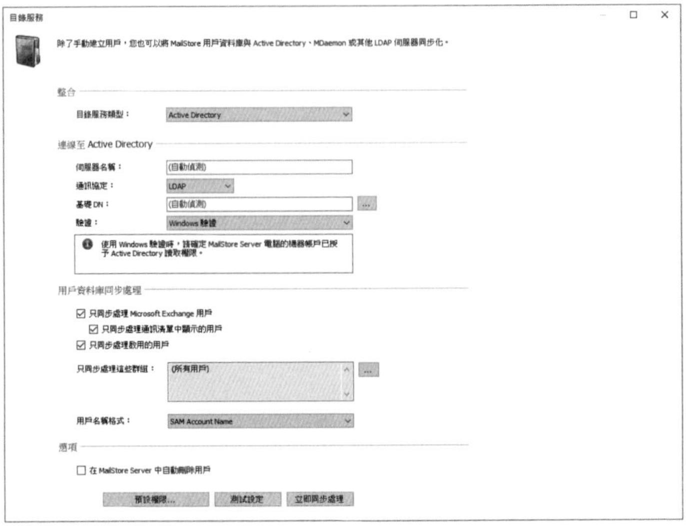

▲ 圖 15-20 設定目錄服務同步

完成上一步驟的設定之後可以先點選 [測試設定] 按鈕，確定沒有問題之後再點選 [立即同步處理]。如圖 15-21 所示便是目錄服務同步結果的頁面，您可以自行決定要顯示的清單條件，包括了未修改的用戶、已修改的用戶、新增的用戶以及刪除的用戶。點選 [關閉]。

▲ 圖 15-21 目錄服務同步完成

接著會開啟如圖 15-22 所示的 [封存 Exchange 信箱]。在此請將 [存取管道] 設定為 [HTTPS] 並勾選 [忽略 SSL 警告]。在完成 Exchange 主機位址、用戶名稱、密碼的輸入之後。點選 [下一步]。

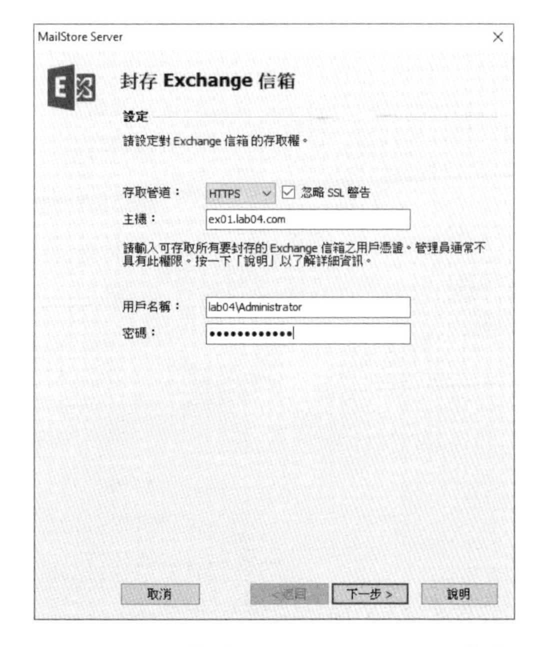

▲ 圖 15-22 設定 Exchange Server 連線

來到如圖 15-23 所示的頁面中，便可以開始勾選準備要進行封存的用戶信箱。必須注意的是此處只會列出已設定 Email 地址的用戶清單。進階部分請點選 [設定]。接著您將可以在 [選取資料夾] 的頁面中，決定要包含與排除的信箱資料夾，一般來說都會將永遠排除 [刪除的郵件]、[草稿]、[垃圾電郵] 以及 [寄件夾] 的設定勾選，以避免封存的信箱太大。另外，您還可以決定是否要對於已經完成封存的郵件立即進行刪除，或設定在封存選定的天數之後才進行刪除。

▲ 圖 15-23 設定封存信箱

最後您可以為本次設定輸入一個新的名稱，然後決定要立即執行此封存任務，還是設定在背景自動執行。如果是選擇後者，則可以在如圖 15-24 所示的 [自動執行] 頁面中，來決定要每間隔多少秒執行一次封存（預設 =300 秒），並且可以自行設定避開每天郵件流量的尖峰時段，以避免影響到 Exchange Server 的運行效能。整個執行封存郵件所需花費的時間長短，則必須根據信箱與郵件的數量，以及當時雙方面伺服器與網路的運行效能來決定。

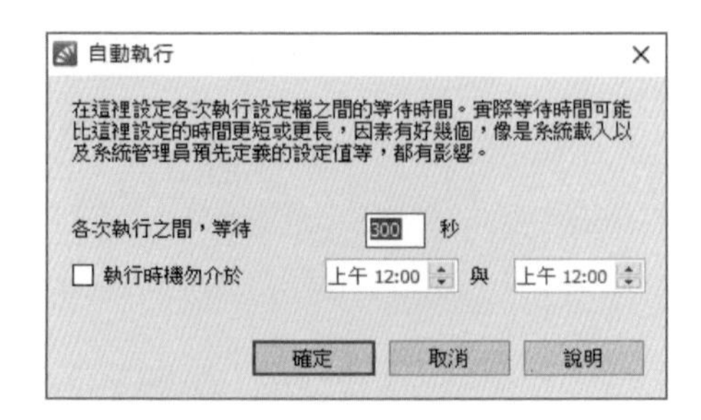

▲ 圖 15-24 設定背景自動封存

如圖 15-25 所示在完成封存電郵的設定並回到主頁面之後，您可以隨時在選取此設定之後點選 [執行] 按鈕，來立即進行郵件封存任務。完成封存任務的執行之後，您還可以透過點選 [明細] 按鈕，來查看封存的信箱清單以及郵件的總量。如果想要修改自動執行的配置，只要在選定的設定上按下滑鼠右鍵並點選 [自動執行] 即可開啟配置頁面。

▲ 圖 15-25 管理封存電郵設定

15.9 存取封存電子郵件

對於那一些已經被封存至 MailStore Server 之中的 Email，管理人員以及一般用戶該如何進行存取呢？很簡單！首先無論用戶身份為何，都可以在他們自己的電腦上安裝 MailStore Server 的管理介面程式來進行登入與存取。以被授權的管理員來說，除了可以存取自己的 [我的封存] 郵件之外，還將可以像如圖 15-26 所示的操作方式一樣，直接展開 [其他封存] 資料夾，來存取所有信箱的封存郵件。

▲ 圖 15-26 存取封存郵件

至於一般用戶則在登入這個管理介面之後，僅能存取到自己已被封存的郵件，並且也無法對於伺服器中的各項配置進行任何修改。對於那一些不想要安裝此管理工具的廣泛用戶，則可以選擇直接開啟網頁瀏覽器來連線登入 MailStore Web Access（預設網址是 https:// 伺服器完整名稱 :8462/）。如圖 15-27 所示便是此網站的登入頁面，用戶可以在選擇喜好語言並輸入用戶名以及密碼之後。點選 [登入] 即可。

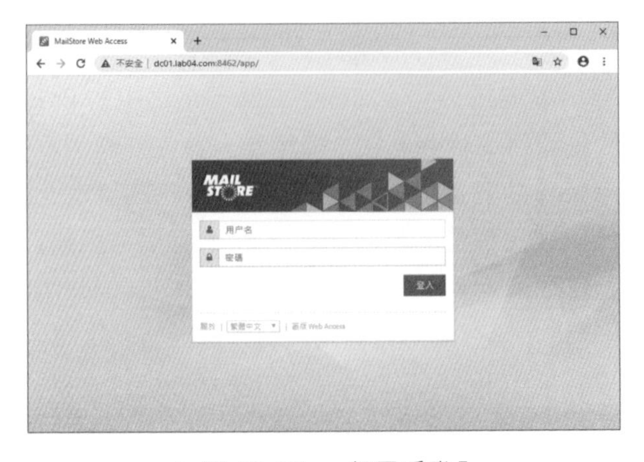

▲ 圖 15-27 一般用戶登入

成功登入 MailStore Web Access 網站之後，可以立即在 [歡迎] 頁面中輸入要搜尋的關鍵字，以找到需要的封存郵件。如圖 15-28 所示當然用戶也可以進一步設定搜尋的篩選條件，包包括了欄位範圍、資料夾、寄件者、收件者、日期、封存日期、大小以及是否包含附件等等。

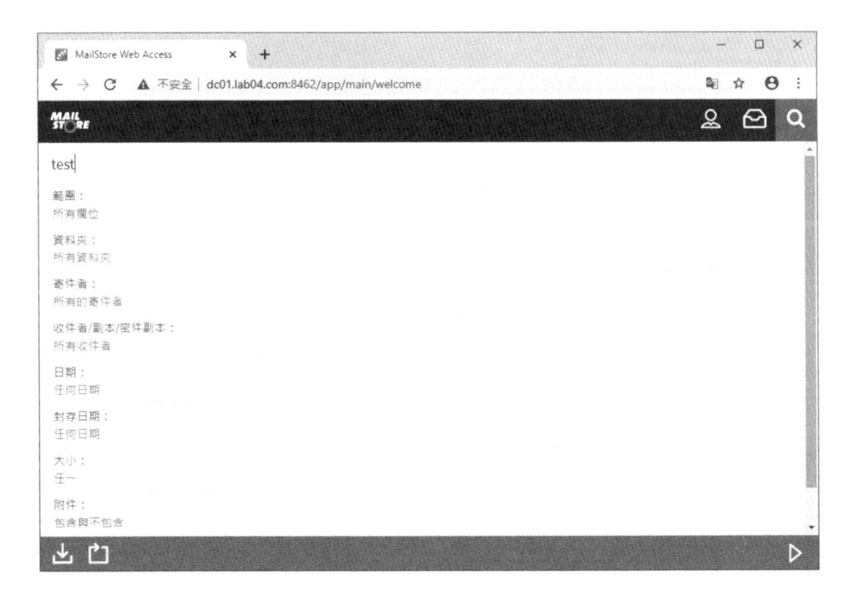

▲ 圖 15-28 搜尋封存郵件

用戶除了可以透過搜尋的方式來找到已封存的郵件之外，也可以點選頁面右上方的信箱圖示，即可開啟所有被封存的信箱資料夾，例如您可以找到所有被封存的 [寄件備份] 郵件。如圖 15-29 所示則是一封從封存之中被開啟的郵件，可以在此檢視到這一封郵件被封存的日期與時間、已傳送的日期與時間、收件者、資料夾、內文以及附件檔案。若想要下載附件檔案只要直接點選該檔案超連結即可。

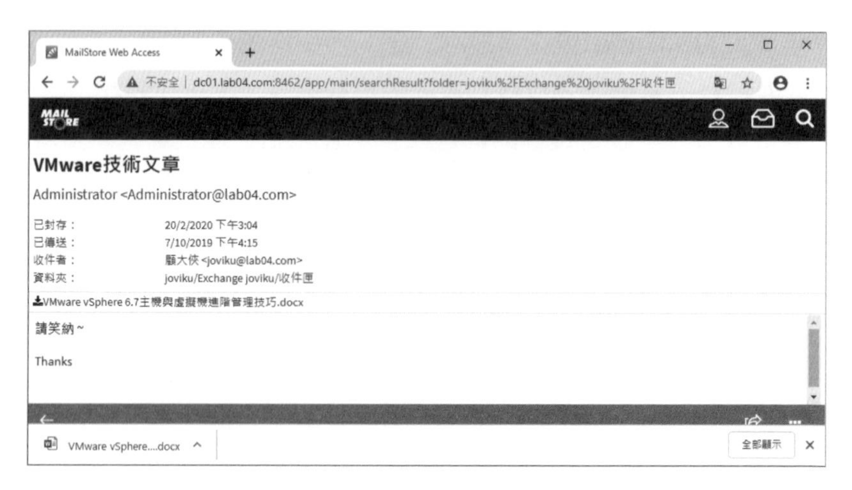

▲ 圖 15-29 開啟封存郵件

前面我們介紹了兩種讓用戶可以存取封存郵件的方法，分別是 MailStore 的視窗管理介面以及 Web Access，然而這種兩方法恐怕都沒有比直接從現行的 Outlook 中，來存取自己的封信箱更方便。

怎麼做呢？很簡單！只要讓 Outlook 用戶加裝 MailStore Outlook Add-in 即可。若有大量的 Outlook 用戶，則管理員可以選擇透過群組原則（Group Policy），來將這個僅有 3.4MB 大小的程式完成大量部署即可。

如圖 15-30 所示便是 MailStore Outlook Add-in 的功能選單，首次的使用需要設定連線的 MailStore Server 位址以及帳號與密碼。您可以在此進行封存信箱的一般搜尋、進階搜尋，以及郵件的瀏覽、開啟、還原、列印。若需要修改顯示的語言，只要點選 [Settings] 按鈕即可，其中如果需要重新設定 MailStore Server 的登入配置，只要點選 [Clear Cached Credentials] 按鈕即可。

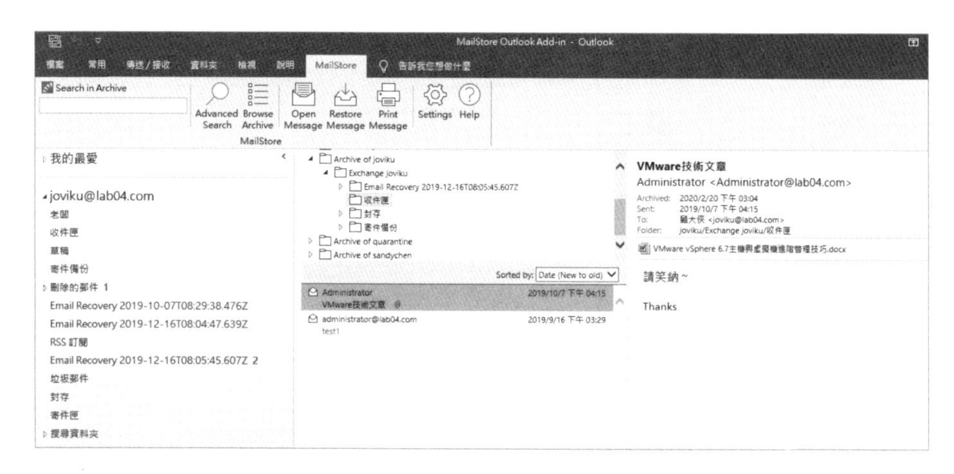

▲ 圖 15-30 從 Outlook 開啟封存郵件

15.9 MailStore Server 進階配置

相信 MailStore Server 預設安裝的配置，已經可以滿足絕大多數中小企業的郵件封存管理需求。但是對於大型企業的 IT 環境來說，不僅用戶信箱的數量相當多，封存所需要的儲存空間也肯定會大上許多。除此之外，還有哪一些可能是管理人員，在正式上線之前需要的調整的呢？

首先存放區的配置肯定是管理人員優先需要注意的地方。請點選至 [管理工具]\[儲存空間]\[存放區位置] 頁面。如圖 15-31 所示在預設的狀態下，封存資料庫的存放位置是本機的 C:\MailArchive 路徑，您可以點選 [變更] 按鈕來進行修改，或是點選 [建立] 按鈕來新增其他存放位置。

▲ 圖 15-31 存放區位置管理

在如圖 15-32 所示的 [建立新的封存存放區] 頁面中，無論是要建立本機還是位在遠端共享的存放區，都可以選擇 [內部封存存放區] 來進行設定。舉例來說，您可以在內網的 NAS 主機中開放一個 MailStore 專屬的存放區，然後為分別為資料庫目錄、內容目錄以及索引目錄，設定好 UNC 的共享路徑即可。

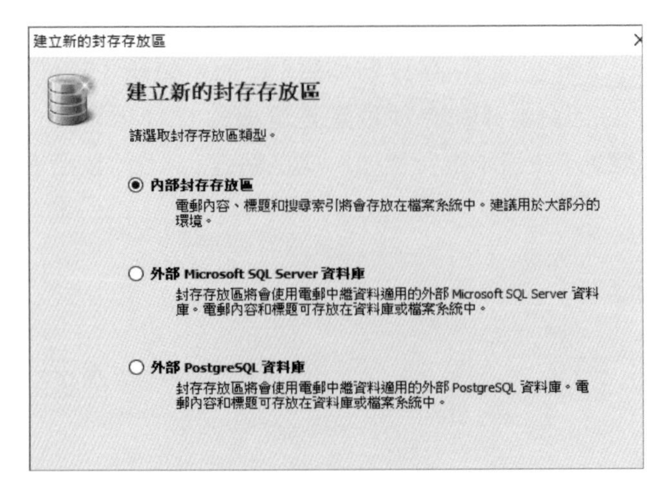

▲ 圖 15-32 建立新的封存存放區

此外比較特別的是除了可以使用檔案系統的存區之外，也選擇以 Microsoft SQL Server 或是 PostgreSQL 的資料庫，來做封存郵件的存放區，且運行的效能甚至於會比檔案系統來得更好，進一步則是對於熟悉 SQL 命令語法的 IT 人員更加方便，因為他們可以更靈活的透過各種 SQL 查詢的設計，找到任何條件下的封存郵件，甚至於開發出專屬公司人員使用的查詢介面。

在 MailStore 的用戶管理部分，如圖 15-33 所示首先可以在 [管理工具]\[用戶與封存]\[用戶] 頁面中檢視到用戶清單。而這些用戶除了可以是經由與 Active Directory 的同步來建立之外，也可以透過點選 [建立新項目] 來手動新增。

▲ 圖 15-33 用戶管理

如圖 15-34 所示便是 [用戶屬性內容] 頁面，在此除了可以修改顯示的 [全名] 之外，其 [驗證] 方式也可以選擇 [目錄服務] 或是 [已整合 MailStore]。在 [電郵地址] 部分則可以在同步 Active Directory 之後，自動取得此用戶所有可用的 Email 地址。

在 [權限] 部分除了可以設定此用戶登入、封存電郵、匯出電郵以及刪除電郵的權限之外，還可以設定所能夠額外存取的封存信箱清單。最後若要賦予此用可以存取所有封存信箱，以及修改 MailStore Server 配置的權限，請勾選 [用戶為管理員] 設定。

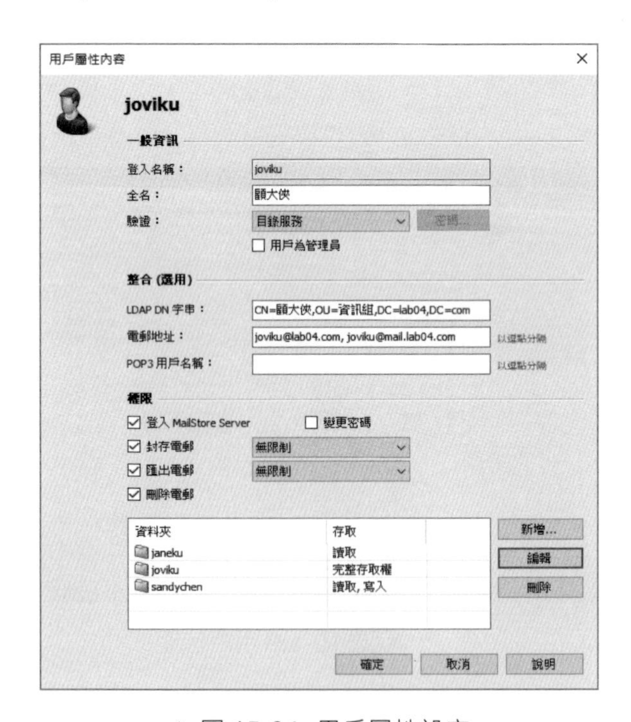

▲ 圖 15-34 用戶屬性設定

在封存郵件的全文檢索部分，在預設的狀態下並非是可以搜尋到所有附件檔案格式的內容，因此請點選至 [管理工具]\[儲存空間]\[搜尋索引] 頁面。在點選 [變更] 按鈕之後會開啟如圖 15-35 所示的 [附件] 頁面。在此可以勾選允許進行全文檢索的檔案類型，其中如果要加入 PDF 檔案格式，則必須在 MailStore Server 上安裝 Acrobat PDF 專屬的 iFilter 才行。此安裝程式可以選擇直接在此頁面中點選 [下載篩選器] 超連結，或是自行到 Acrobat 官網上下載最新版本。

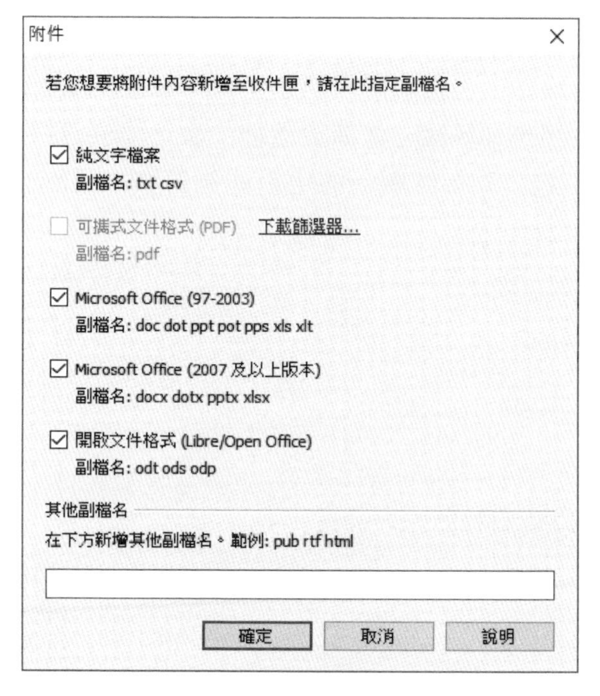

▲ 圖 15-35 附件檔名設定

本章結語

看了這麼多與 Exchange Server、Outlook 相關實用的第三方工具，您是否覺得若這些工具一開始就直接內建是不是更好。的確！筆者一直以來始終感受到 Exchange Server 雖有內建許多設計相當棒的功能，但卻是常發生操作介面設計不夠友善，或是功能只做完半套的強烈感覺，好像非得留個不完美的尾巴，好讓協力廠商來補足不可。

筆者認為如果官方能夠多花點心思，去深度了解這一些好用的第三方整合方案，來做為後續新版本功能強化的參考，肯定可以讓 Exchange Server 的發展更加迅猛。然而更積極的做法或許是選擇直接併購這一些優質的科技公司，讓廣泛的用戶能夠更快享用到更棒的 Exchange Server。

Exchange Server 2019 工作現場實戰寶典｜基礎建置 x 進階管理 x 資訊安全管理

作　　者：顧武雄
企劃編輯：莊吳行世
文字編輯：詹祐甯
設計裝幀：張寶莉
發 行 人：廖文良

發 行 所：碁峰資訊股份有限公司
地　　址：台北市南港區三重路 66 號 7 樓之 6
電　　話：(02)2788-2408
傳　　真：(02)8192-4433
網　　站：www.gotop.com.tw
書　　號：ACA026400
版　　次：2020 年 06 月初版
建議售價：NT$580

國家圖書館出版品預行編目資料

Exchange Server 2019 工作現場實戰寶典：基礎建置 x 進階管理 x 資訊安全管理 / 顧武雄著. -- 初版. -- 臺北市：碁峰資訊, 2020.06
面；　公分
ISBN 978-986-502-526-7(平裝)
1.Exchange 2019(電腦程式)
312.1692　　109007687

讀者服務

- 感謝您購買碁峰圖書，如果您對本書的內容或表達上有不清楚的地方或其他建議，請至碁峰網站:「聯絡我們」\「圖書問題」留下您所購買之書籍及問題。(請註明購買書籍之書號及書名，以及問題頁數，以便能儘快為您處理)
http://www.gotop.com.tw

- 售後服務僅限書籍本身內容，若是軟、硬體問題，請您直接與軟體廠商聯絡。

- 若於購買書籍後發現有破損、缺頁、裝訂錯誤之問題，請直接將書寄回更換，並註明您的姓名、連絡電話及地址，將有專人與您連絡補寄商品。